教育部高等学校材料类专业教学指导委员会规划教材

国家级一流本科专业建设成果教材

土木工程材料系列教材

无机材料计算与模拟

张云升　主编

张文华　刘志勇
侯东帅　刘　诚　副主编

COMPUTATION AND SIMULATION OF INORGANIC MATERIALS

化学工业出版社
·北京·

内容简介

本书整合了分子动力学、第一性原理计算、计算流体力学等多种模拟方法，既包含基础理论又提供典型应用案例，通过本书，读者能系统掌握无机材料从原子尺度到宏观性能的多尺度模拟技术，为材料设计与性能优化提供理论基础和研究手段。

书中系统介绍了无机材料领域的数值模拟方法与应用实践，内容涵盖黏土矿物、水泥基材料、混凝土、陶瓷和玻璃等典型无机材料的模拟技术。全书共 10 章：第 1 章详细阐述黏土矿物的分子模拟方法，包括晶体结构建模、第一性原理计算和分子动力学模拟；第 2 章聚焦硅酸凝胶的分子动力学模拟技术；第 3 章探讨水泥熟料的第一性原理计算方法；第 4 章和第 5 章分别介绍水泥水化硬化过程及微结构演化的数值模拟；第 6 ~ 8 章全面解析混凝土流动性能、静动态力学性能和传输性能的模拟理论与应用；第 9 章阐述陶瓷压制成型及烧结过程的数值模拟方法；第 10 章展示氧化物玻璃和金属玻璃的第一性原理计算研究。

本书可作为高等学校材料、土木、建筑等专业的高年级本科生和研究生教材，也可供相关领域研究人员参考。

图书在版编目（CIP）数据

无机材料计算与模拟 / 张云升主编；张文华等副主编. --北京：化学工业出版社，2025. 6. --（教育部高等学校材料类专业教学指导委员会规划教材）.

ISBN 978-7-122-47638-8

Ⅰ. TB321

中国国家版本馆 CIP 数据核字第 2025K6E923 号

责任编辑：陶艳玲　　　　　　　　文字编辑：王晓露
责任校对：刘　一　　　　　　　　装帧设计：史利平

出版发行：化学工业出版社
　　　　　（北京市东城区青年湖南街 13 号　邮政编码 100011）
印　　装：三河市君旺印务有限公司
787mm×1092mm　1/16　印张 16¾　字数 408 千字
2025 年 9 月北京第 1 版第 1 次印刷

购书咨询：010-64518888　　　　　售后服务：010-64518899
网　　址：http://www.cip.com.cn
凡购买本书，如有缺损质量问题，本社销售中心负责调换。

定　　价：68.00 元　　　　　　　　版权所有　违者必究

土木工程材料系列教材编写委员会

顾　问： 唐明述　缪昌文　刘加平　邢　锋
主　任： 史才军
副主任（按拼音字母顺序）：
　　　　程　新　崔素萍　高建明　蒋正武　金祖权　钱觉时　沈晓冬　孙道胜
　　　　王发洲　王　晴　余其俊
秘　书： 李　凯
委　员：

编号	单位	编委	编号	单位	编委
1	清华大学	魏亚、孔祥明	21	中山大学	赵计辉
2	东南大学	张亚梅、郭丽萍、冉千平、王增梅、冯攀	22	西安交通大学	王剑云、高云
3	同济大学	孙振平、徐玲琳、刘贤萍、陈庆	23	北京交通大学	朋改飞、张艳荣
4	湖南大学	朱德举、李凯、胡翔、郭帅成	24	广西大学	陈正、刘剑辉
5	哈尔滨工业大学	高小建、李学英、杨英姿	25	福州大学	罗素蓉、杨政险、王雪芳
6	浙江大学	闫东明、王海龙、孟涛	26	北京科技大学	刘娟红、刘晓明、刘亚林
7	重庆大学	杨长辉、干冲、杨宏宇、杨凯	27	西南交通大学	李固华、李福海
8	大连理工大学	王宝民、常钧、张婷婷	28	郑州大学	张鹏、杨林
9	华南理工大学	韦江雄、张同生、胡捷、黄浩良	29	西南科技大学	刘来宝、张礼华
10	中南大学	元强、郑克仁、龙广成	30	太原理工大学	阎蕊珍
11	山东大学	葛智、凌一峰	31	广州大学	焦楚杰、李古、马玉玮
12	北京工业大学	王亚丽、刘晓、李悦	32	浙江工业大学	付传清、孔德玉、施韬
13	上海交通大学	刘清风、陈兵	33	昆明理工大学	马倩敏
14	河海大学	蒋林华、储洪强、刘琳	34	兰州交通大学	张戎令
15	武汉理工大学	陈伟、胡传林	35	云南大学	任骏
16	中国矿业大学（北京）	王栋民、刘泽	36	青岛理工大学	张鹏、侯东帅
17	西安建筑科技大学	李辉、宋学锋	37	深圳大学	董必钦、崔宏志、龙武剑
18	南京工业大学	卢都友、马素花、莫立武	38	济南大学	叶正茂、侯鹏坤
19	河北工业大学	慕儒、周健	39	石家庄铁道大学	孔丽娟、孙国文
20	合肥工业大学	詹炳根	40	河南理工大学	管学茂、朱建平

编号	单位	编委	编号	单位	编委
41	长沙理工大学	吕松涛、高英力	56	北京服装学院	张力冉
42	长安大学	李晓光	57	北京城市学院	陈辉
43	兰州理工大学	张云升、乔红霞	58	青海大学	吴成友
44	沈阳建筑大学	戴民、张淼、赵宇	59	西北农林科技大学	李黎
45	安徽建筑大学	丁益、王爱国	60	北京建筑大学	宋少民、王琴、李飞
46	吉林建筑大学	肖力光	61	盐城工学院	罗驹华、胡月阳
47	山东建筑大学	徐丽娜、隋玉武	62	湖南工学院	袁龙华
48	湖北工业大学	贺行洋	63	贵州师范大学	杜向琴、陈昌礼
49	苏州科技大学	宋旭艳	64	北方民族大学	傅博
50	宁夏大学	王德志	65	深圳信息职业技术学院	金宇
51	重庆交通大学	梅迎军、郭鹏	66	中国建筑材料科学研究总院	张文生、叶家元
52	天津城建大学	荣辉	67	江苏苏博特新材料股份有限公司	舒鑫、于诚、乔敏
53	内蒙古科技大学	杭美艳	68	上海隧道集团	朱永明
54	华北理工大学	封孝信	69	建华建材（中国）有限公司	李彬彬
55	南京林业大学	张文华	70	北京预制建筑工程研究院有限公司	杨思忠

土木工程材料系列教材清单

序号	教材名称	主编	单位
1	《无机材料科学基础》	史才军　王晴	湖南大学　沈阳建筑大学
2	《土木工程材料（英文版）》	史才军　魏亚	湖南大学　清华大学
3	《现代胶凝材料学》	王发洲	武汉理工大学
4	《混凝土材料学》	刘加平　杨长辉	东南大学　重庆大学
5	《水泥与混凝土制品工艺学》	孙振平　崔素萍	同济大学　北京工业大学
6	《现代水泥基材料测试分析方法》	史才军　元强	湖南大学　中南大学
7	《功能建筑材料》	王冲　陈伟	重庆大学　武汉理工大学
8	《无机材料计算与模拟》	张云升	东南大学/兰州理工大学
9	《混凝土材料和结构的劣化与修复》	蒋正武　邢锋	同济大学　广州大学
10	《混凝土外加剂》	冉千平　孔祥明	东南大学　清华大学
11	《先进土木工程材料新进展》	史才军	湖南大学
12	《水泥与混凝土化学》	沈晓冬	南京工业大学
13	《废弃物资源化与生态建筑材料》	王栋民　李辉	中国矿业大学（北京）　西安建筑科技大学

本书编写人员名单

主　　编　张云升

副 主 编　张文华　刘志勇　侯东帅　刘　诚

参编人员　王天雷　王　攀　周　扬　朱建平　冯　攀　王倩倩　刘　豫　陈　庆
　　　　　　张洪智　刘清风　高　云　李　凯　邓腾飞　刘　凯　李　能

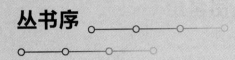

丛书序

  土木工程材料是当前使用最为广泛的大宗材料之一，在国民经济中占据重要地位。随着科学技术的飞速发展，对土木工程材料微观结构与宏观性能的认识不断深入，许多新的方法和理论不断涌现，现有教材的内容已不能反映过去二三十年里土木工程材料的进展和成果，无法满足现在教学和学习的需求。

  在此背景下，湖南大学史才军教授发起并组织了土木工程材料系列教材的编写工作，得到了包括清华大学、东南大学、同济大学、重庆大学、武汉理工大学、中南大学、南京工业大学、中国矿业大学（北京）等高校的积极响应和大力支持。系列教材共 13 种，全面覆盖了土木工程材料的知识体系，采用多校联合编写的形式，以充分发挥各高校自身的学科优势和各参编人员的专长，将土木工程材料领域的最新研究成果融入教材之中，编写出反映当前技术发展和应用水平并符合现阶段教学要求的高质量教材。教材在知识结构和逻辑上自成体系，很好地结合了基础知识和学科前沿成果，除了介绍传统材料外，对当今热门的纳米材料、功能材料、计算机模拟、混凝土外加剂、固废资源化利用等前沿知识以及相关工程实例均有涉及，很好地体现了知识的前沿性、全面性和实用性。系列教材包括《无机材料科学基础》《土木工程材料（英文版）》《现代胶凝材料学》《混凝土材料学》《水泥与混凝土制品工艺学》《现代水泥基材料测试分析方法》《功能建筑材料》《无机材料计算与模拟》《混凝土外加剂》《先进土木工程材料新进展》《水泥与混凝土化学》《混凝土材料和结构的劣化与修复》和《废弃物资源化与生态建筑材料》。

  系列教材内容丰富、立意高远，帮助学生了解国家重大战略需求与前沿研究进展，激发学生学习积极性和主观能动性，提升自主学习效果，具有较高的学术价值与实用意义，对于土木工程材料领域的研究与工程应用技术人员也具有重要的参考价值。

中国工程院院士

2023 年 9 月

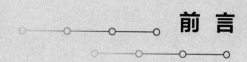

前 言

材料是人类社会赖以生存和发展的重要物质基础，是人类文明的重要里程碑。无机非金属材料是指除有机高分子材料和金属材料以外的所有材料，其中以水泥、混凝土、玻璃、陶瓷、黏土、钙钛矿等为代表的无机非金属材料占我国基础材料总量的 75% 以上，用途极其广泛，在国民经济建设和社会进步中占有十分重要的地位。随着科学技术的发展，社会对各种无机非金属材料，尤其是新型无机非金属材料，提出了更多、更高的要求。通过计算机数值模拟，可对材料组成、结构与性能进行科学理解和深层次挖掘，将使材料的效能得到更大发挥，有助于按预定性能设计与制备材料，具有广阔的发展前景。

本教材由张云升主编，参编人员来自我国 20 多个高等院校，均是长期在一线工作的科研工作者。具体内容和分工如下：黏土矿物的分子动力学模拟（王天雷）、硅酸凝胶的分子动力学模拟（侯东帅、王攀、周扬）、水泥熟料的第一性原理计算（朱建平、刘诚）、水泥水化硬化模拟（张云升、刘诚、刘志勇）、水泥微结构和性能数值模拟（冯攀、王倩倩、刘志勇）、混凝土流动性数值模拟（刘豫）、混凝土静动态力学性能数值模拟（张文华、陈庆、张洪智）、混凝土传输性能数值模拟（刘清风、刘志勇、刘诚、高云、李凯）、陶瓷压制成型及烧结过程数值模拟（邓腾飞、刘凯）、玻璃第一性原理计算（李能）。

无机非金属材料和数值模拟的科学技术发展迅速，新材料、新工艺、新方法不断涌现，计算机的运算速度、相关软件、数值模拟方法也在不断发展，加之编者水平所限，书中难免存在疏漏和不妥之处，恳请广大读者和专家不吝指正。

编者

2025 年 1 月

目 录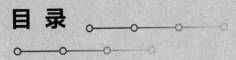

第 3 章 水泥熟料的第一性原理计算

第 4 章 水泥水化硬化模拟

第 5 章　水泥微结构和性能数值模拟

第 6 章　混凝土流动性数值模拟

第 7 章 混凝土静动态力学性能数值模拟

第 8 章 混凝土传输性能数值模拟

第 9 章　陶瓷压制成型及烧结过程数值模拟

第 10 章　玻璃第一性原理计算

第 1 章

黏土矿物的分子动力学模拟

在自然界中，黏土矿物随处可见，是大部分土壤、岩石的重要组成部分。《黏土矿物学》[1]一书中将黏土矿物定义为：黏土矿物是自然界分布广泛、具有无序过渡结构的微粒（<2μm）、含水的层状结构硅酸盐和层链状结构硅酸盐矿物，它是构成地区表面岩石和土壤细颗粒部分（<2μm）的主要矿物。黏土矿物具有独特的层状结构、层板元素的可调控性以及部分层间离子的可交换性等结构特征，使其表现出溶胀、表面酸性、离子交换以及催化活性等特有的物理化学性质，并在陶瓷烧制、耐火材料制造、水泥烧制、饮用水净化、有毒和放射性废物处理、页岩气开采、纳米功能复合材料开发等领域发挥着重要作用。

采用 X 射线衍射法能够获得黏土矿物的晶体结构，如晶胞参数、层间距等信息。然而，天然黏土矿物的夹层结构特征使其长程有序性不明显，特别是利用 X 射线粉末衍射法测量层间距通常只能基于客体分子尺寸进行假定猜测，以反映层间客体分子的排列方式以及取向。层间客体分子假定更趋向于竖向排布，通过 X 射线粉末衍射法确定黏土矿物层间距，推断层间客体分子是单层或多层排列以及客体的倾斜角度。如果客体分子在层间呈横向排列，则该方法完全不适用。同时，层间的含水量以及层板元素、层板电荷、共生矿物等因素均可影响层间客体分子的排列状态，诸多因素在 X 射线粉末衍射法中很难将众多影响因素全部考虑进去。此外，其他很多技术，如：中子衍射、傅里叶变换红外光谱（FTIR）、近边 X 射线吸附精细结构（NEXAFS）分析和穆斯堡尔光谱也被用于表征黏土矿物层间客体的排列方式，但都存在一定的缺陷或不足。比如：中子衍射技术能够确定黏土矿物的层间间距，能够通过同位素标记层间客体分子的方法表示客体分子在层间所处的位置及其在特定时间下的运动轨迹，但这些仅提供部分有关层间区域内客体的分子结构和排列的有限信息。

随着计算机技术和理论计算的逐渐发展，分子模拟已被誉为除试验研究与理论推导之外的"第三种了解、认识微观世界的手段"[2]。研究人员尝试采用分子模拟技术对黏土矿物进行计算分析，以便可以合理地观察甚至预测其物理化学性质的变化规律。相较于传统的试验研究和理论推导，分子模拟技术具有自己独特的优势。①黏土矿物多为细泥组成，尽管提纯技术不断改进优化，但依旧较难将结构或性能相似的黏土矿物彻底分选，残余组分会对试验阶段以及试验结果产生一定的影响。将分子模拟应用于黏土矿物中不需考虑人为及环境等因素，其结果相对更客观、真实，而传统试验与检测手段很难确保其过程及结果是正确、无干扰的。②针对黏土矿物的分子模拟能够预测材料属性及结构的大致变化规律，从而为实际过程的材料筛选、试验设计阶段提供参考数据，可以减小甚至避免试验失败的可能性，缩短研发周期，降低研发成本。③针对黏土矿物的分子模拟能够依据理论状态、理想状态甚至地质作用下的反应和反应参数，设置相应的试验条件，这解决了部分试验设备或试验环境不能完全满足试验需求，或不能清晰观测试验现象变化的问题，比如超高压、超低压、超高温、超低温甚至反应时间过长或过短等特殊试验条件。④分子模拟能够模拟黏土矿物处理对人类或生物体生命健康有较大威胁的有毒和放射性废物，从而避免大量重复的高危试验，降低危险系数。⑤分子模拟能够从分子角度对试验过程进行阐述、分析，能够直观地观察到分子运动的模式。将模拟结构与试验结果相结合，可以更加清晰明了地呈现规律、机理和理论等。分子模拟技术不仅能够解释说明试验现象、试验过程以及试验机理，也能够进行方案设计、性能预测等可行性分析，因此近年来分子模拟技术被广泛应用于化学、能源、生物、催化等众多领域[3-7]。

1.1 黏土矿物晶体结构特征

分子模拟技术，不仅在试验现象、试验过程和机理分析中展现出巨大的优势，也为试验方案设计、性能预测等可行性研究提供了一定的理论基础。为确保模拟计算数据的真实性、科学性与有效性，首先必须明确相关矿物的结构特征。

1.1.1 黏土矿物基本结构

黏土矿物是地层中含量最丰富的矿物之一，多为原生矿物长石及云母经风化而成。大多数黏土矿物主要是由硅、铝、镁、铁等元素构成，且多为层状结构硅酸盐矿物，少部分黏土矿物（如海泡石、坡缕石等）呈层链状结构。虽然黏土矿物的种类繁多，但它们均是由基本结构单元经不同排列方式构成的。

1.1.1.1 基本结构单元

（1）硅氧四面体

图 1.1　硅氧四面体（其中黄色代表 Si 原子，红色代表 O 原子）

黏土矿物中最基本的结构单元是硅氧四面体$[SiO_4]$（符号为 T），它是由一个硅离子（Si^{4+}）和四个氧离子（O^{2-}）组成。其中，Si^{4+}处于四面体的中央，四个 O^{2-}等距分布在四面体的顶点，如图 1.1 所示。在每一个硅氧四面体中，三个氧离子构成一个三角形作为四面体的底面，这三个氧离子一般称为底氧（basal oxygen，O_b）；另外一个氧离子作为四面体的顶点，称为顶氧（apical oxygen，O_a）。除了硅氧四面体，中心位置的硅离子也被少量 Al^{3+}、Fe^{3+}等体积较相近的离子所取代，这些可以占据四面体配位位置的阳离子称为四面体阳离子。

（2）硅氧四面体片

硅氧四面体的顶氧都在氧平面的同一侧，彼此不相联结。硅氧四面体中的每个底氧都是与相邻的硅氧四面体共用，从而使得所有硅氧四面体分布于同一平面，使得硅酸盐黏土矿物宏观表现为层状结构，如图 1.2 所示。同时，硅氧四面体在平面上呈六边形，它的化学式为$[Si_4O_{10}]^{4-}$。

图 1.2　硅氧四面体片（其中黄色代表 Si 原子，红色代表 O 原子）

（3）铝氧八面体

铝氧八面体是黏土矿物的另一个基本结构单元，其是由一个铝离子（Al^{3+}）与六个氧离子（O^{2-}）紧密堆垛而成。Al^{3+}处于八面体中心，六个O^{2-}处于八面体的顶点，如图 1.3 所示。占据八面体配位位置的阳离子称为八面体阳离子，铝氧八面体中的阳离子Al^{3+}可被Fe^{3+}、Fe^{2+}、Mg^{2+}等体积相近的离子所取代，但Ca^{2+}、Na^+、K^+等体积更大的阳离子则不适合进行取代。铝氧八面体顶点上的六个O^{2-}可被OH^-、F^-、Cl^-等多种阴离子所取代。

图 1.3　铝氧八面体（其中紫色代表 Al 原子，红色代表 O 原子）

（4）铝氧八面体片

在层状结构中，所有的铝氧八面体分布在同一平面，相邻的铝氧八面体通过共用棱边彼此连接，从而形成二维无限延伸的八面体片，如图 1.4 所示。八面体顶端的O^{2-}（OH^-、F^-、Cl^-）上下排列，从而形成两个平行的平面。

图 1.4　铝氧八面体片（其中紫色代表 Al 原子，红色代表 O 原子）

（5）二八面体与三八面体

与硅氧四面体不同，八面体片能够独立存在，如水镁石[$Mg_3(OH)_6$]、三水铝石[$Al_2(OH)_6$]均是完全由八面体片组成的矿物。根据其配位位置阳离子不同，八面体分为三八面体（trioctahedron）和二八面体（dioctahedron）。三八面体是八面体阳离子配位位置全部（三分之三）被二价阳离子（Mg^{2+}、Fe^{2+}）等填充，而二八面体则是八面体阳离子配位位置只有三分之二被三价阳离子（Al^{3+}、Fe^{3+}）等填充。其中，水镁石结构中所有阳离子配位位置均有阳离子Mg^{2+}占位，即水镁石是三八面体结构矿物；而三水铝石结构中却仅有三分之二的阳离子配位位置上被阳离子Al^{3+}占位，表明三水铝石是二八面体结构矿物。此外，类水滑石（layered double hydroxides，LDHs）的八面体结构中既有三价阳离子（如Al^{3+}、Fe^{3+}）也有二价阳离子（如Mg^{2+}、Ca^{2+}、Zn^{2+}、Co^{2+}、Ni^{2+}、Fe^{2+}），说明类水滑石是两种八面体结构都有的过渡型结构[8-9]。

1.1.1.2　基本结构层

层状硅酸盐矿物晶体结构主要是由四面体片和八面体片组合构成的，依据四面体片和八面体片的配合比例主要分为以下两种。

（1）1:1型矿物

1:1型矿物的晶体结构是由一个八面体片层和一个四面体片层结合而成，典型代表是高岭石族及蛇纹石族矿物。硅氧四面体中的顶氧被八面体共用，从而构成一个基本结构层。在1:1型矿物中，八面体可以是三八面体（蛇纹石，其八面体阳离子主要为Mg^{2+}），也可以是二八面体（高岭石，其八面体阳离子主要为Al^{3+}）。

（2）2∶1型矿物

层状硅酸盐黏土矿物的另外一个典型晶体结构为2∶1层型，即两个四面体片和一个八面体片结合而形成的单元层，典型代表有云母、滑石、蒙脱石、蛭石、伊利石等。两个四面体片将一个八面体片夹杂其中，同时两个四面体的顶氧方向相对，并被八面体片共用，从而构成一个2∶1型基本结构层。在2∶1层型中，八面体可以是三八面体（如滑石、蛭石等，其八面体阳离子主要为Mg^{2+}），也可以是二八面体（如云母、蒙脱石、伊利石等，其八面体阳离子主要为Al^{3+}）。大部分2∶1型矿物的晶层结构基本相似，除了元素组成以外最大的差异应该是其层电荷、层间物的不同。

在上述基本结构类型之上，2∶1型矿物还衍生出很多独特的结构，典型矿物如下。

① 绿泥石族矿物　绿泥石族矿物在晶体结构上与2∶1型黏土矿物相似，只是其层间的铝氧八面体层替换为氢氧化物，其可以看成是由滑石层和水镁石层作为基本结构层交替排列而成。绿泥石中的八面体绝大多数是三八面体，二八面体绿泥石相对较少见。绿泥石族矿物的化学组成可表示为$Y_3(OH)_6[Y_3(Z_4O_{10})(OH)_2]$。其中，八面体阳离子Y主要是$Mg^{2+}$、$Fe^{2+}$，在某些矿物中还可以被Cr、Ni、Mn、V、Cu或Li元素阳离子所替换；四面体阳离子主要是Si^{4+}、Al^{3+}，偶尔或有Fe^{3+}、B^{3+}。不同的化学组成导致矿物呈现各种各样的绿色，且多为泥状，从而得名绿泥石[10-11]。

② 坡缕石-海泡石族矿物　坡缕石-海泡石族矿物典型代表有海泡石、坡缕石等，其晶体结构也是由两个四面体片和一个八面体片结合而成，但其和上述典型2∶1型矿物（云母、滑石、蒙脱石、蛭石、伊利石等）结构又截然不同。坡缕石-海泡石族矿物的硅氧四面体底氧组成的面一直处于同一平面，但其顶氧方向在一定周期下会发生翻转，导致其四面体片不连续，进而使得结构中的八面体片也不连续，形成了能够容纳水分子、可交换阳离子的孔道结构。该族矿物在结构上均具有沿b轴方向的层状以及沿c轴方向发育的链状，所以将其定义为层链状过渡型结构。正是由于这一独特的结构，该族矿物宏观形态特征多为纤维状或板柱状。坡缕石的化学组成可表示为$Mg_5(H_2O)_4(OH)[Si_4O_{10}]_2(OH)_2$，其中$Si^{4+}$可被$Al^{3+}$、$Fe^{3+}$取代从而使得其孔道内部呈现正电性。海泡石的化学组成可表示为$Mg_8(H_2O)_4(OH)[Si_6O_{15}]_2(OH)_4\cdot8H_2O$，其中$Si^{4+}$可被$Al^{3+}$、$Fe^{3+}$取代，$Mg^{2+}$可被$Fe^{2+}$、$Ca^{2+}$、$Ni^{2+}$等取代[12]。

③ 间层矿物　自然界中存在着大量间层矿物，但大多数天然间层黏土矿物均是由2∶1型黏土矿物构成，其晶体结构是由两种或两种以上晶层重复堆叠而构成的，如累托石（白云母-蒙脱石）、水黑云母（云母-蛭石）、柯绿泥石（绿泥石-蛭石、绿泥石-蒙脱石），含有1∶1型的天然间层黏土矿物非常少见。间层矿物不是简单的机械混合物，其结构内部的晶层间会发生较好的键合作用，从而使得体系内部达到稳定。其中，一般都是晶层内部的键合作用较强，而晶层间的键合作用较弱[1]。

1.1.1.3　层间域、层间物

在层状硅酸盐黏土矿物中，由相邻基本结构层围成的空间称为层间域。层间域因结构层间的彼此键合作用强弱以及层间物质的种类、尺寸、电荷大小等因素的影响，其间距也会随之发生变化，其范围可以从几埃一直变化到几十埃。

在高岭石、滑石等层状硅酸盐黏土矿物中，其层间域内不存在物质。但部分层状硅酸盐黏土矿物的层间域中是有物质存在的，这种物质就称为层间物。黏土矿物均是由1∶1型或2∶1型的基础结构层重复堆叠而成，其结构也大致相似，因此，层间物的种类及数量等信息直接反映出各种矿物的种类。当高岭石层间域内存在大量的水分子时，其层间距增加，高岭石结构将转化为埃洛石结构。当层间物主要是带正电荷的阳离子，且以 K^+ 居多时，则该矿物可能是云母类矿物。当层间域内存在大量的水及可交换阳离子时，则该类矿物可能是蒙脱石或蛭石。近年来，关于层状黏土矿物的插层研究日益增多，通过插层使其层间域增大或赋予其特殊功能，从而其层间物变得越来越丰富[13-14]。

1.1.1.4　层电荷

层电荷也是层状硅酸盐黏土矿物的主要差别之一，直接制约着层间物的种类、电荷大小以及层间域尺寸。当黏土矿物内部的电荷达到平衡，其层间不需要带电离子进行补偿，同时很少吸附水分子或小分子有机物，典型的矿物就是高岭石、滑石以及叶蜡石等。但自然界中很多黏土矿物都会发生类质同象现象，从而使得其层板元素组成、层电荷、层间物随之发生变化。类质同象是指晶体结构中的部分离子、原子的位置被其他性质相近的离子、原子所占据，但其晶体结构、化学键类型以及体系整体电荷保持不变或基本不变，但其晶胞参数、电子结构以及理化性质会随着占据数量的变化而发生改变的现象。对于硅酸盐类黏土矿物来说，类质同象作用一般会导致其结构层出现多余的负电荷，这主要是结构层内的低价离子置换高价离子导致的，如四面体中 Si^{4+} 一般会被 Al^{3+} 置换，八面体中 Al^{3+} 常会被 Fe^{2+}、Mg^{2+} 等置换。结构层呈现的多余负电荷，使得体系电荷不平衡，其层间必然会吸附大量阳离子进行电荷补偿，使得体系达到电荷平衡。如蒙脱石的八面体内的三价阳离子 Al^{3+} 的位置被 Mg^{2+}、Fe^{2+}、Zn^{2+}、Co^{2+}、Ni^{2+} 等二价阳离子所占据，使得其层板呈负电荷，其层间则会吸附大量的 Ca^{2+}、Na^+ 以及 K^+、Li^+ 等进行电荷补偿。在云母族矿物中，四面体中 Si^{4+} 的位置更容易被 Al^{3+} 所占据，从而使其层板呈现负电荷。类质同象作用不仅仅包含低价离子置换高价离子，同样也包括高价离子置换低价离子的现象，如类水滑石。类水滑石的结构类似于水镁石，当其结构层的八面体中二价阳离子 Mg^{2+} 被 Al^{3+}、Fe^{3+} 等三价阳离子所占据时，其层板带有一定数量的正电荷，其层间势必会填充大量的阴离子（CO_3^{2-}、SO_4^{2-}、NO_3^-、Cl^-、F^-、I^-），从而实现体系的电荷平衡，这也是目前为数不多的层板呈现正电性的二维层状材料。

1.1.2　高岭石

高岭石分布十分广泛，主要是长石及其他富铝硅酸盐在酸性条件下经风化或热液蚀变作用而形成的产物[12]。Gruner[15] 首次利用 X 射线粉末衍射技术采集到高岭石图谱，认为高岭石是单斜晶系（monoclinic）。但 Brindley[16] 发现高岭石不应属于单斜晶系，应该属于三斜晶系（triclinic）。随后，人们对高岭石及其相似结构（地开石、纳开石等）进行了晶体结构分析，详细研究了其晶体结构组成及表面羟基分布等信息[17-20]。Bish[21-22] 和 Neder[23] 等通过 Rietveld 精修获得高岭石的结构式为 $Si_4Al_4O_{10}(OH)_8$，晶格常数为：$a=0.515nm$，$b=0.894nm$，$c=0.739nm$，$\alpha=91.93°$，$\beta=105.05°$，$\gamma=89.80°$。利用 X 射线粉末衍射和中子衍射的方法确定了高岭石结构中所有原子的坐标，其原子坐标如表 1.1 所示[24-25]。

表 1.1　高岭石晶体结构模型的原子坐标

原子	x	y	z
Si	0.49338	0.30139	0.06463
	0.24381	0.14662	0.06691
	0.75263	0.74848	0.06463
	0.50307	0.59353	0.06691

原子	x	y	z
Al	0.06111	0.43279	0.3324
	0.3205	0.28277	0.33169
	0.32036	0.87989	0.3324
	0.57976	0.72987	0.33169
O	−0.03443	0.3037	0.22598
	−0.00084	0.58237	0.22741
	0.00158	0.44709	0
	0.1001	0.20413	0.0214
	0.10376	0.68617	0.00071
	−0.03351	0.8604	0.23183
	0.37881	0.13359	0.43298
	−0.09543	0.40799	0.43127
	−0.09543	0.75268	0.43127
	0.22483	0.75079	0.22741
	0.25842	1.02946	0.22741
	0.26084	0.89418	0
	0.35936	0.65123	0.0214
	0.36301	1.13031	0.00071
	0.22575	1.30749	0.23183
	0.63806	0.58068	0.43298
	0.16383	0.85508	0.43127
	0.16472	1.19977	0.43441
H	0.01239	0.05034	0.23254
	−0.1088	0.12861	0.52714
	−0.12028	0.4345	0.52215
	0.13633	0.26444	0.51929
	0.27165	0.49743	0.23254
	0.15046	0.57571	0.52714

　　高岭石是典型的二八面体 1∶1 型层状硅酸盐矿物，其晶体结构由一个硅氧四面体片和一个铝氧八面体片组成。理想的高岭石一般不会发生类质同象现象，即结构内部很少发生离子置换，其结构层呈电中性。层间域不存在阳离子，也不存在水分子，结构层之间通过氢键联结，也不具有膨胀性。当层间域内填充水分子时，即形成埃洛石结构。因层间距增大，以氢键键合的结构层系统被破坏，从而促使埃洛石形成铝氧四面体在外、硅氧八面体在内的卷曲结构。

　　自然界中，风化或热液蚀变程度的不同导致高岭石结构中的硅氧四面体片、铝氧八面体片相对平移或转动，从而出现多种与高岭石相似的结构。高岭石结构中，相邻硅氧四面体片与铝氧八面体片的相对位移为 $a_0/3$[22]；地开石结构中，结构层间的相对位移为 $a_0/6$，同时其 b 轴方向层间交替平移 $\pm b_0/6$，因此地开石的单胞是双层结构[26]；而纳开石的结构片层相对位移为 $-a_0/3$，同时其 a 和 b 晶胞轴互换并旋转 180°，同样呈现为双层结构[27]。

　　纯净的高岭石一般呈白色致密块状或土状，但杂质的进入使其表现出不同的颜色，如：带黄、浅褐、浅灰、浅红、浅绿、浅蓝等。高岭石具有可塑性、黏结性、耐火性等优异的物理化学性质，已成为陶瓷、纸张、耐火材料、沸石分子筛等材料的原材料，同时也可作为橡胶、塑料等有机高分子材料的填料。

1.1.3 蒙脱石

蒙脱石是较常见且应用最广泛的层状硅酸盐矿物，其结构层是由上下两层的硅氧四面体片层和中间的铝氧八面体片层组成的，是典型的 2:1 型层状结构。它属于单斜晶系，空间群为 $C2/m$，对称型为 L^2PC。晶胞参数为 $\alpha=90°$，$\beta=99°$，$\gamma=90°$，$a=5.23Å(1Å=10^{-10}m)$，$b=9.06Å$，$c=9.5\sim20.5Å$，层间的水分子数量及阳离子种类对 c 值影响较大[28]。蒙脱石的晶体结构式 $E_x(H_2O)_n\{(Al_{2-x}, Mg_x)_2[(Si, Al)_4O_{10}](OH)_2\}$，表 1.2 为蒙脱石模型的各原子的常用空间坐标。

表 1.2　Na-蒙脱石单位晶胞中各原子的空间坐标

原子	12.5Å			15.5Å			18.5Å		
	x	y	z	x	y	z	x	y	z
Al	0.000	3.020	12.500	0.000	3.020	15.500	0.000	3.020	18.500
Si	0.472	1.510	9.580	0.472	1.510	12.580	0.472	1.510	15.580
O	0.122	0.000	9.040	0.122	0.000	12.040	0.122	0.000	15.040
O	−0.686	2.615	9.240	−0.686	2.615	12.240	−0.686	2.615	15.240
O	0.772	1.510	11.200	0.772	1.510	14.200	0.772	1.510	17.200
O(OH)	0.808	4.530	11.250	0.808	4.530	14.250	0.808	4.530	17.250
H(OH)	−0.103	4.530	10.812	−0.103	4.530	13.812	−0.103	4.530	16.812
M^+	0.000	4.530	6.250	0.000	4.530	9.250	0.000	4.530	12.250

硅氧四面体片层中的 Si^{4+} 可被 Al^{3+}、Fe^{3+} 等低价离子取代，铝氧八面体片层中的 Al^{3+} 可被 Mg^{2+}、Fe^{2+} 等低价离子置换，因此蒙脱石片层具有过剩负电荷。蒙脱石层间必须通过静电作用吸附一定量的 K^+、Na^+、Ca^{2+}、Mg^{2+} 等阳离子来维持体系的电荷平衡。同时，蒙脱石片层中的 Si^{4+} 和 Al^{3+} 可以被选择性溶出，导致其层电荷也具有良好的可调控性。天然蒙脱石层间阳离子通常是 Ca^{2+}、Na^+，可以通过离子交换的方式获得其他阳离子蒙脱石以及有机柱撑蒙脱石。此外，蒙脱石具有较强的亲水性，水分子很容易进入蒙脱石的层间域，使得其层间距增大，导致蒙脱石膨胀。因不同层间阳离子类型的不同，蒙脱石的膨胀倍数也不同，最大可达 40 倍。蒙脱石的分散性较好，易在溶液中形成絮凝状，片层与周围水分子的特殊作用使其颗粒之间形成网状结构，形成均匀的液体。当有外力搅拌时，液体就会表现出良好的流动性，但是外力去除后又恢复为凝胶状，因此在油田钻井液中常常被用来调控黏结性与触变性。因此，具有特殊晶体结构特征的蒙脱石，已成为黏土矿物家族中性质较为独特的一类。其特有的吸附性、催化性、吸水膨胀性、离子交换性等物理化学性质使其被广泛应用于环保、医药、农业、石油化工等领域。

1.2　黏土矿物的晶体模型构建及优化

近些年，分子模拟方法得到了飞速发展，这是由于传统试验与检测手段很难确保其过程及结果是正确、无干扰的，而分子模拟则不需要考虑人为及环境等因素，其结果更客观、真实，已被成功应用到各个领域的研究中。高岭石类矿物具有层状结构，尤其是其层间水分子不稳定、易脱失，而且常有晶粒间吸附水的干扰等。同时，蒙脱石、高岭石等黏土矿物常常与石英、方解石以及其他物理化学性质相似的硅铝酸盐矿物伴生，使得其提纯十分困难。虽然目前提纯方法以及测试手段得到较大提升，但实际上还是不能得到 100%纯的黏土矿物，总会含有少量杂质。利用常规试验方法、测试手段很难准确地将其宏观性质及反应机理说明清楚，但是分子模拟技术能够准确地构建黏土矿物模型，通过合理的参数设置能够准确预测黏土矿物的晶胞结构、原子键长、电子结构等信息的变化趋势，能够分析晶体缺陷对晶胞结构、电子结构等性能的影响以及其物理化学性质的变化情况。因此，分子模拟能够对黏土矿物结构进行预测、对性能提出调控方向以及对微观机制进行深入剖析，具有重要的作用及意义。

1.2.1 模型构建

晶体结构的建立是模拟计算进行的基础，是基于晶体结构试验数据来完成的。只有建立合适的计算模型，才能获得准确的计算结果，所有的计算都需要在正确可靠的晶体结构的基础上来完成。目前来说，Materials Studio 软件中的 Visualizer 模块可以较方便完成模型构建。以高岭石的晶体模型构建为例。首先，利用软件中的 Visualizer 模块进行初始模型建立，选择高岭石晶体对应的空间群，并准确输入其相关晶胞参数（a=5.149Å，b=8.934Å，c=7.384Å，α=91.93°，β=105.04°，γ=89.79°）。随后，依据表 1.1 中各原子的坐标分别添加 Si 原子、Al 原子、O 原子、H 原子，从而获得高岭石单晶胞模型。如高岭石结构中涉及类质同象现象，依据具体的参数信息进行部分离子的取代。一般，Mg^{2+}、Ca^{2+}、Fe^{2+}可替换铝氧八面体层中的 Al^{3+}，Fe^{3+}、Al^{3+}能够替换硅氧四面体中的 Si^{4+}。

如对高岭石表面性质进行分析模拟，需对其表面进行剪切。自然界中的高岭石晶体较容易沿硅氧四面体片及铝氧八面体片方向解理，也就是高岭石的主要暴露面［（001）面］。利用软件中 Cleave Surface 命令沿（001）方向切面，即可分别得到高岭石晶体结构模型的硅氧四面体层（001）面和铝氧八面体层（001）面。同时，为避免相邻两层间的相互影响，确保层板一面是表面而另一面是非表面，一般会在依据高岭石真实层间距或经验数据在（001）面上加置真空层。

此外，在模拟过程中，为了充分体现高岭石晶体的周期性及对称性，常常将单晶胞模型扩大为超晶胞模型。但扩大倍数越大，体系的原子数目越多，后期模拟计算所需要的时间越长。

1.2.2 模型优化

模型优化中最主要的是几何优化，其目的是通过调节结构模型的几何参数来获得稳定结构，其结果是使模型结构尽可能地接近真实结构。几何优化一般通过自洽场收敛（对给定的结构模型进行自洽场计算时，相继两次自洽计算得到的晶体总能量之差足够小，相继两次自洽计算的晶体总能量之差小于设定的最大值）、晶体内作用力（每个原子所受的晶体内作用力足够小，即单个原子受力小于设定的最大值）、应力（每个结构模型单元中的应力足够小，即应力小于设定的最大值）、位移（相继两次结构参数变化引起的原子位移的分量足够小，即原子位移的分量小于设定的最大值）来进行判据。

一般，可采用 CASTEP 模块及 Forcite 模块对黏土矿物晶体结构及其表面结构进行优化。CASTEP 模块属于量子力学模块，能够进行晶体结构的几何优化、晶体结构的缺陷（如掺杂、空位等）、动力学的计算、电子结构的分析（如能带、态密度等）、晶体及表面的性质研究。同样，Forcite 模块也可以进行能量计算和几何优化，可以对体系进行动力学计算。该模块既可以分析均方位移、波动性质、应力和速度的自相关函数等动力学，也可以分析径向分布函数、粒子浓度分布、角度、距离和扭曲等结构方面的信息。以 CASTEP 模块对高岭石晶体模型进行几何优化为例，将 Task 中的 Energy 改为 Geometry Optimization。Quality 一般选择 Medium，精度越高，计算时间越长。交换关联函数一般选择 GGA-PW91，核与电子间的相互作用选择倒易空间中的超软赝势，而优化的方法选择 BFGS 算法，自洽场 SCF（self-consistent field）的收敛精度设置一般为 $1.0×10^{-6}$eV/个（原子），选择合适的 k 点。如需对晶胞同时进行优化，需勾选 Optimize Cell。特别需要注意的是，一定检查 k 点数值，使体系能够达到收敛状态。高岭石（001）表面的几何优化步骤基本同上述步骤相同，但在进行表面几何优化时，一般不勾选 Optimize Cell。一般来说，高岭石晶胞在经过几何优化后，分子内能量（键能、键角能、扭转能）都有明显降低。随着迭代步数的不断增大，高岭石系统中的总能量先减小后趋于稳定，体系内的总能量下降并且趋于稳定。同时，其底氧整齐有序地排列，内羟基的延伸方向与铝氧八面体面基本平行，表面羟基出现了部分倾斜，证实模型优化后可达最稳定状态。但需要特别注意的是，几何优化获得的构型并非一定是全局能量最低的构型，它只能找到与其相邻的能量最低构型。该方法无法把交叠原子分散排开，因此在建模时一定要选择合理的初始结构，并确保原子不发生交叠。

1.3　黏土矿物的第一性原理计算

第一性原理计算是当前国内外非常热门的一种模拟计算方法，其理论基础为量子力学。采用该方法能够对黏土矿物的电子结构、力学性质、热力学性质甚至动力学性质进行解释或预测，目前已被广泛应用于物理、化学、生物、材料等众多领域。

1.3.1　黏土矿物的电子结构计算

电子结构与材料的诸多物理性质有着重要的关系，电子结构的计算有助于在原子尺度上认识材料的电子性质，并对其他性能进行解释说明。其中，能带结构是第一性原理计算最基本的电子结构。能带是具有一定周期性结构的固体材料中的各个孤立原子间相互作用使得原本孤立的能级发生扩展而形成的。由于结构内部的周期性排列，不同固体材料具有不同的能带结构，而态密度与能带结构之间则是一一对应的关系，可以说态密度是能带结构的另外一种表现形式。

在 Materials Studio 软件中的 CASTEP 模块下，能够完成黏土矿物的电子结构计算。其一般顺序是在 Setup 选项卡中，设置 Task 为 Energy，Quality 一般选择 Medium，选择关联泛函 GGA-PBE，依据体系选择是否勾选 Spin polarized、Use formal spin as initial、Metal 复选框，有些体系需要勾选 Use LDA+U；在 Electronic 选项卡中选择超软赝势 Ultrasoft，截断能一般选择 $400～800$eV 之间，设置 k 点；在 Properties 选项卡中勾选 Band Structure、Density of states，如需要其他电子结构信息同样可以勾选。通过以上步骤即可获得黏土矿物的能带结构、总态密度、分波态密度等信息。

1.3.2　黏土矿物的弹性常数计算

弹性常数描述的是晶体结构对外加应变响应的刚度，在一定范围内体现应力与应变间的相互关系。晶体在受到外力作用时会发生变形，当撤去外力时，晶体仍能恢复到原来状态。使晶体发生弹性变形的应力必须低于一定的极限值，即所谓的弹性极限，低于弹性极限的应变与应力的关系属于弹性性质。晶体呈现各向异性，所以其弹性一般都表现为各向异性。在应变很小的情况下，体系的内能与应变的大小存在二次线性关系，满足胡克定律。胡克定律定义了固体受作用时应力与应变之间的正比关系，广义胡克定律可表示为：

$$
\begin{bmatrix} \sigma_x \\ \sigma_y \\ \sigma_z \\ \tau_{yz} \\ \tau_{zx} \\ \tau_{xy} \end{bmatrix} = \begin{bmatrix} C_{11} & C_{12} & C_{13} & C_{14} & C_{15} & C_{16} \\ C_{21} & C_{22} & C_{23} & C_{24} & C_{25} & C_{26} \\ C_{31} & C_{32} & C_{33} & C_{34} & C_{35} & C_{36} \\ C_{41} & C_{42} & C_{43} & C_{44} & C_{45} & C_{46} \\ C_{51} & C_{52} & C_{53} & C_{54} & C_{55} & C_{56} \\ C_{61} & C_{62} & C_{63} & C_{64} & C_{65} & C_{66} \end{bmatrix} \begin{bmatrix} \varepsilon_x \\ \varepsilon_y \\ \varepsilon_z \\ \gamma_{yz} \\ \gamma_{zx} \\ \gamma_{xy} \end{bmatrix} \qquad (1.1)
$$

式中，$[\sigma]$ 为法向应力，$[\tau]$ 为切向应力，$[\varepsilon]$ 为法向应变，$[\gamma]$ 为切向应变，$[C_{ij}]$ 为弹性常数。$[C_{ij}]$ 弹性常数矩阵中共有 36 个常数，可表示为：

$$
\begin{bmatrix} C_{ij} \end{bmatrix} = \begin{bmatrix} C_{11} & C_{12} & C_{13} & C_{14} & C_{15} & C_{16} \\ C_{21} & C_{22} & C_{23} & C_{24} & C_{25} & C_{26} \\ C_{31} & C_{32} & C_{33} & C_{34} & C_{35} & C_{36} \\ C_{41} & C_{42} & C_{43} & C_{44} & C_{45} & C_{46} \\ C_{51} & C_{52} & C_{53} & C_{54} & C_{55} & C_{56} \\ C_{61} & C_{62} & C_{63} & C_{64} & C_{65} & C_{66} \end{bmatrix} \qquad (1.2)
$$

对于晶体结构而言，由于晶系存在 $C_{ij} = C_{ji}$ 的关系，所以弹性常数由 36 个减少到 21 个。晶系的对称性越高，独立的弹性常数就会越少。例如：立方晶系的独立弹性常数只有 3 个，六方晶系的独立弹性常数有 5 个，四方晶系的独立弹性常数有 6 个，而单斜晶系的独立弹性常数则有 13 个。

$$
\begin{bmatrix} C_{ij} \end{bmatrix} = \begin{bmatrix} C_{11} & C_{12} & C_{13} & C_{14} & C_{15} & C_{16} \\ & C_{22} & C_{23} & C_{24} & C_{25} & C_{26} \\ & & C_{33} & C_{34} & C_{35} & C_{36} \\ & & & C_{44} & C_{45} & C_{46} \\ & & & & C_{55} & C_{56} \\ & & & & & C_{66} \end{bmatrix} \qquad (1.3)
$$

第一性原理很容易计算变性前后晶体的能量和应力等信息，根据弹性理论即可获得弹性常数，从而获得晶体结构的稳定性。但在计算弹性常数前，首先了解需要计算的黏土矿物的晶体结构，如立方、六方、四方、单斜、三斜等，然后确定计算对象的独立弹性常数的个数。

通过 Materials Studio 软件中的 CASTEP 模块计算弹性常数的步骤一般如下：首先，在 Task 选项卡中选择 Elastic Constants，在 More 按钮内设置 Number of steps for each strain 以及 Maximum strain amplitude，选择相应的应变模式，其他的同电子结构计算设置。通过以上计算即可得到黏土矿物的弹性性质，如弹性常数、弹性柔量、体积模量、剪切模量、杨氏模量、泊松比等信息。

1.4 黏土矿物的分子动力学模拟

分子动力学模拟方法不断成熟，已经广泛应用于黏土矿物的研究中，主要集中在黏土矿物的水化过程、吸附污染物、固化重金属以及气体吸附等众多领域。

1.4.1　黏土矿物的吸附模拟

针对黏土矿物表面吸附行为模拟，多选用 Sorption 模块来进行。如对体系环境和压强进行设置从而控制吸附环境，可选用 Fixed pressure 任务，并采用 Metropolis 方法，Quality 等级越高，所需模拟时间越长。一般，平衡步数比总模拟步数低一个数量级。模拟步骤中包含体系平衡以及计算吸附量和吸附热等热力学参数两个阶段。力场依据具体的体系可选择 UFF 或 cvff 等力场，电子势和范德华势分别采用 Ewald 和 Atom based 方法进行统计处理。

黏土矿物的原子是按照周期性排列的，当其表面发生断裂时，晶体内部就会产生大量断键，从而体系能量发生变化，因此晶体表面具有一定的表面能。为中和过多的表面能，其表面必然会吸附水分子或其他小分子来降低其表面自由能。

例如：不同温度、压力下高岭石的吸附量可通过公式计算。高岭石晶体的表面自由能 E_{su} 计算公式为：

$$E_{su}=(E_{s1}-NE_{bu})/(2C) \tag{1.4}$$

式中，N 为超晶胞中所含的高岭石分子数；E_{su} 为 N 个高岭石分子的表面能，J/mol；E_{s1} 为高岭石分子的单个表面能量，J/mol；E_{bu} 为体相中每个高岭石分子的能量，J/mol；$2C$ 为整个超晶胞的表面积，nm^2。

高岭石对水吸附量的计算可参考如下公式：

$$V_s = \frac{E_{su}}{\mu} \tag{1.5}$$

式中，V_s 为高岭石的吸附量，mol；μ 为高岭石系统吸附一个水分子所需要的表面能，J/mol。μ 计算公式如下：

$$\mu = \mu_0 + RT\ln\left(\frac{\rho k_B T + \dfrac{W}{V}}{P_0}\right) \tag{1.6}$$

式中，μ_0 为标准状态下高岭石系统吸附一个水分子所需要的表面能，J/mol；R 为理想气体常数，J/(mol·K)；T 为温度，K；ρ 为水的密度，kg/m^3；k_B 为玻尔兹曼常数，1.381×10^{-23}J/K；P_0 为标准状态下水蒸气的孔隙压力，MPa；W 为维里系数，m^3/mol；V 为体积。

在吸附过程中，吸附质从游离态变成吸附态时释放出的热量称为吸附热，它能够反映吸附质与基体之间吸附能力的强弱以及该过程中的物理化学性能。一般来说，吸附热越大，其吸附能力越强。在高岭石吸附水的计算过程中，设置压力及温度为计算环境的自变量。因此，根据 Clausius-Clapeyron[29]（克劳修斯-克拉珀龙）的方程，可用如下公式计算高岭石对水的吸附热：

$$Q_i = -R\left[\frac{\partial(\ln P)}{\partial(1/T)}\right] \tag{1.7}$$

式中，Q_i 为高岭石对水的吸附热，kJ/mol；P 为压力，MPa；T 为温度，K。

1.4.2　黏土矿物的扩散模拟

如将上述吸附构型作为初始模型进行分子动力学计算，能够获得扩散系数、扩散活化能和膨胀率等动力学参数。如使用 Sorption 模块得到的吸附构型作为初始模型，启动 Forcite 模块中的 Dynamic 任务，依据具体体系及环境选择微正则系综（NVE）、正则系综（NVT）、等温等压系综（NPT）等系综。NVE 是粒子数（N）、体积（V）和能量（E）在模拟过程中都保持不变，压力（P）和温度（T）在平衡值附近波动，其特点是体系的能量和粒子数固定的孤立系综，与外界无能量交换也无粒子交换。NVT 是粒子数（N）、体积（V）和温度（T）在模拟过程中都保持不变，总能量（E）和系统压强（P）在平均值附近波动。平衡体系为封闭系统与大热源热接触，通过能量交换达到热平衡。NPT 是保持粒子数（N）、压强（P）和温度（T）在模拟过程中都保持不变，总能量（E）和体积（V）存在起伏。其中前半段模拟时间用于使体系达到平衡，后半段时间即可用于计算扩散系数、扩散活化能、彼此间相互作用能和膨胀率等动力学参数。

习题

1. 运用 Materials Studio 软件中的 Visualizer 模块进行常见黏土矿物的模型构建，如蒙脱石、海泡石等。
2. 为什么在计算晶体结构的物理化学性质前需要先进行几何结构优化？
3. 运用 Materials Studio 软件中的 CASTEP 模块计算蒙脱石的能带结构、态密度。
4. 如何计算甲烷在蒙脱石表面的吸附特性？
5. 如何用分子动力学模拟 CO 在高岭石孔隙间的扩散系数？

参考文献

[1] 高翔. 黏土矿物学[M]. 北京：化学工业出版社, 2017.

[2] Frenkel D, Smit B. Understanding molecular simulation: from algorithms to applications[M]. Amsterdam: Elsevier, 2001.

[3] 刘丹, 张晓彤, 桂建舟, 等. 分子模拟在分子筛催化研究中的应用[J]. 石油化工高等学校学报, 2004, 17(3): 9-15.

[4] 欧阳芳平, 徐慧, 郭爱敏, 等. 分子模拟方法及其在分子生物学中的应用[J]. 生物信息学, 2004, 3(1): 33-36.

[5] 吕家桢, 陆小华, 周健, 等. 化学工程中的分子动力学模拟[J]. 化工学报, 1998, 49: 64-70.

[6] Scheraga H A, Khalili M, Liwo A. Protein-folding dynamics: overview of molecular simulation techniques[J]. Annual Review of Physical Chemistry, 2007, 58(1): 57.

[7] 李国青, 邱俊, 刘栋梁, 等. 蒙脱石分子模拟研究进展[J]. 矿产综合利用, 2019, 4: 26-32.

[8] Evans D G, Duan X. Preparation of layer double hydroxides and their applications as additives in polymers, as precursors to magnetic materials and in biology and medicine[J]. Chemical Communications, 2006, 5: 485-496.

[9] 段雪, 张法智. 插层组装与功能材料[M]. 北京：化学工业出版社, 2007.

[10] Pauling L. The structure of the chlorites[J]. Proceedings of the National Academy of Sciences of the United States of America, 1930,16(9):578-582.

[11] 李佩玉. X 射线鉴定绿泥石方法及其意义[J]. 中国地质科学院南京地质矿产研究所所刊, 1987, 8: 14-23.

[12] 马鸿文. 工业矿物与岩石[M]. 4 版. 北京：化学工业出版社, 2018.

[13] Pinnavaia T J. Intercalated clay catalysts[J]. Science, 1983, 220(4595): 365-371.

[14] 吴平霄, 叶代启, 明彩兵. 柱撑黏土矿物层间域的性质及其环境意义[J]. 矿物岩石地球化学通报, 2002, 21(4):6.

[15] Gruner J W. The Crystal Structure of Kaolinite[J]. Zeitschrift für Kristallographie-Crystalline Materials, 1932, 83(1): 75-88.

[16] Brindley G W. The Structure of Kaolinite[J]. Structural Chemistry, 1946, (1): 52-55.

[17] Newnham R E, Brindley G W. The crystal structure of dickite[J]. Acta Crystallographica, 1957, 10(1): 301-309.

[18] West G B. Further Consideration of the Crystal Structure of Kaolinite[J]. Mineralogical Magazine, 1958, 31(240): 781-786.

[19] Newnham R E. A Refinement of the Dickite Structure and Some Remarks on Polymorphism in Kaolin Minerals[J]. Mineralogical Magazine, 1961, 32(252): 683-704.

[20] Girse R F, Deru P. Hydroxyl Orientation in Kaolinite, Dickite, and Nacrite[J]. American Mineralogist, 1973, 58: 471-479.

[21] Bish D L. Rietveld Refinement of Non-Hydrogen Atomic Positions in Kaolinite[J]. Clays & Clay Minerals, 1989, 37(4): 289-296.

[22] Bish D L. Rietveld Refinement of the Kaolinite Structure at 1.5 K[J]. Clays & Clay Minerals, 1993, 41(6): 738-744.

[23] Neder R B. Refinement of the Kaolinite Structure from Single-Crystal Synchrotron Data[J]. Clays & Clay Minerals, 1999, 47(4): 487-494.

[24] Suitch P R. Atom Positions in Highly Ordered Kaolinite[J]. Clays & Clay Minerals, 1983, 31(5): 357-366.

[25] Young R A. Verification of the Triclinic Crystal Structure of Kaolinite[J]. Clays & Clay Minerals, 1988, 36(3): 225-232.

[26] Bish D L, Johnston C T. Rietveld Refinement and Fourier-Transform Infrared Spectroscopic Study of the Dickite Structure at Low Temperature[J]. Clays & Clay Minerals, 1993, 41(3): 297-304.

[27] Zheng H, Bailey S W. Refinement of the nacrite structure[J]. Clays & Clay Minerals, 1994, 42(1): 46-52.

[28] 赵杏媛, 张有瑜. 黏土矿物与黏土矿物分析[M]. 北京: 海洋出版社, 1994.

[29] Skipper N T, Chang F R, Spocito G. Monte Carlo simulations of interlayer molecular structure in swelling clay minerals methodology[J]. Clays & Clay Minerals, 1995, 43: 285-293.

第 2 章

硅酸凝胶的分子动力学模拟

随着科学技术的不断进步，人类在解决自然界中存在的各种复杂问题的同时，也不断发现更加深奥复杂的新问题。分子模拟技术是在分子和原子尺度上模拟微观物质世界运动规律的一种方法，是继理论研究方法和试验研究方法之后第三种研究物质世界行之有效的方法。该技术既具有理论研究的精准性，又具有试验研究的可操作性，被誉为虚拟试验研究方法。分子模拟技术最大的优点是能够克服理论研究在复杂体系研究中的局限性。它通过目的性地设定模拟条件，可以在计算机中重现理想的物理世界，并且模拟结果具有非常好的重现性，这是一般试验研究所做不到的。分子模拟技术的发展离不开计算机技术的进步，早在计算机诞生之初（MANIAC 计算机，20 世纪 50 年代），分子模拟的先驱们（Metropolis 等人[1]）就已经利用有限的计算资源进行简单的分子模拟。随着计算机计算能力不断攀升，人们可以重现微观甚至介观尺度下原子的运动过程。通过对分子原子运动过程的分析，可以得到分子体系演化的规律；通过对演化平衡态和非平衡态的结构分析，可以实现对物质结构性质的计算和预测，从而为人们更好地理解微观世界规律提供有力的帮助。分子模拟的方法很多：Monte Carlo（蒙特卡洛）随机模拟方法、分子动力学方法、粗粒化分子动力学方法等。其中分子动力学模拟方法是一种利用经典动力学方程研究在原子和分子尺度下物质动力学演化规律的计算机模拟技术，随着计算机科学的不断进步，其应用领域越来越广泛，已经成为探索新材料的结构与性质、研究生物大分子功能与结构的强有力工具。

分子模拟技术在 21 世纪初被引入混凝土材料领域，在水泥水化产物微结构和性能研究方面起着非常重要的作用，有效地辅助试验和理论研究，较大程度完善混凝土材料的微观特性表征。为了能够预测混凝土材料的特性、耐久性和退化的内在来源，在"自下而上"的多尺度框架内进行优化设计是提高混凝土材料性能的新途径，有了对原子尺度机理的更好理解，才能更好和更有效地指导高性能混凝土材料的设计。此外，随着计算机硬件和优化算法水平力的不断提高，计算材料科学能够将物理和化学结合起来预测混凝土的微观结构和性能。原子尺度的从头算建模、分子动力学(MD)和能量最小化为水泥科学提供了新的潜力，揭示了发生在纳米尺度上的过程，这对宏观层面上理解材料性能和改善混凝土性能提供了有益帮助。

本章介绍分子模拟相关基础理论，力图结合水化硅酸钙凝胶分子模拟研究应用实例使读者尽快地掌握分子模拟在混凝土材料中的应用。

2.1 分子模拟方法

2.1.1 分子力学

分子力学采用传统的经典力学方法来模拟分子系统。经典力学通过使用牛顿第二定律来描述宏观物体的运动。分子力学有两个基本假设模拟：

① 原子被当作粒子来处理，描述这个粒子的性质包括半径（通常是范德华半径）、极化率和一个恒定的净电荷（通常通过量子计算和/或试验获得）。

② 键的相互作用通常使用"弹簧"势来描述，其参数包含描述位置变化程度的弹性系数和平衡距离，平衡距离可以通过试验或者计算获得。原子之间的相互作用则由简单的解析函数来描述，解析函数仅考虑原子的位置，并假设原子周围的电子以合理的方式分布在其周围。这些解析函数通常被称为"势函数"或"力场"[2]。

分子力学中的系统能量是所有原子间相互作用的总和。两个原子或一组原子之间的作用势函数形式的选择通常基于对原子间共价或非共价键的描述。函数的精确参数是用从头算或试验方法拟合得到的。水泥相关体系所用到的常见的力场形式将在下一节中简单介绍。

2.1.1.1 力场

分子动力学中所用到的力场可以分为两类：经验力场和反应力场。ClayFF 和 CSHFF 均为经验力场[3]，ReaxFF 为反应力场。

（1）ClayFF

ClayFF 是一个适用于模拟水合晶体化合物及其与液体接触界面的分子模拟力场[4]，其采用共价键对金属氧化物与水化相进行描述。ClayFF 力场已经被成功地应用于模拟氧化物和氢氧化物的结构、氧化物和氢氧化物与水的界面作用、水和离子在层状结构中的行为等[5-6]。前人利用 ClayFF 对于不同水泥体系的成功研究，包括氢氧化钙、AFm（单硫型硫铝酸盐）、托贝莫来石等，证明了 ClayFF 适用于硅酸钙体系的模拟，尽管力场参数最初并不是为水泥体系特别参数化的。

对于水分子，ClayFF 采用了简单的点电荷水模型（SPC）来描述[7]。O—H 之间的共价键势能 U_{ij}^{HB} 用简谐函数进行描述。其中 K_b 为键伸缩的弹性系数，r 为 O—H 键键长，r_0 化为 O—H 键平衡键长。

$$U_{ij}^{HB} = \frac{1}{2} K_b \left(r - r_0 \right)^2 \tag{2.1}$$

这一方程对于描述化学键的贡献是很有效的，而库仑力的作用不被计算在内。与简谐类似，H—O—H 的键角弯曲势能 U_{ij}^{HA} 被定义为：

$$U_{ij}^{HA} = \frac{1}{2} K_a \left(\theta - \theta_0 \right)^2 \tag{2.2}$$

式中，θ_0 为三原子达到平衡位置时的夹角；θ 为三原子的夹角；K_a 为 H—O—H 键角弯曲的弹性系数。

在 ClayFF 中，所有原子都被定义为带有点电荷的粒子，这些粒子可以自由移动。金属阳离子与氧原子的作用基于简单的 Lennard-Jones 势（伦纳德-琼斯势，LJ 势）[式（2.3）]，同时与库仑作用相结合。体系的总势能（U）的计算公式为所有原子的库仑作用和 LJ 势的总和，其中 LJ 势模拟了短程范德华作用中的色散部分。

$$U = \sum_{i,j} \left\{ \frac{q_i q_j}{4\pi \varepsilon_0 r_{ij}} + 4\varepsilon_{ij} \left[\left(\frac{\sigma_{ij}}{r_{ij}} \right)^{12} + \left(\frac{\sigma_{ij}}{r_{ij}} \right)^6 \right] \right\} \tag{2.3}$$

式中，r_{ij} 为 i、j 原子间距；q_i 和 q_j 为原子 i 和 j 所带电荷；σ_{ij} 为原子间势能为零时的平衡距离；ε_{ij} 反映的是势能曲线的深度；ε_0 为真空介电常数（8.85419×10^{-12} F/m）。σ 和 ε 为势能参数，不同原子的势能参数算法如式（2.4）以及式（2.5）所示。

$$\sigma_{ij} = \frac{\sigma_{ii} + \sigma_{jj}}{2} \tag{2.4}$$

$$\varepsilon_{ij} = \sqrt{\varepsilon_{ii} \varepsilon_{jj}} \tag{2.5}$$

（2）CSHFF

尽管 ClayFF 可以较为准确地描述 C-S-H（水化硅酸钙凝胶）的结构和动力学特征，但是其对矿物弹性性质的预测相较于第一性原理的预测往往偏低。为了克服简单点电荷的缺陷，一种新的力场 CSHFF[8] 被提出以同时校正 C-S-H 的结构和弹性性质。CSHFF 中的参数拟合考虑到了 ClayFF 的短程参数设置，并利用 GULP 的力场功能调整了全部电荷（水分子除外）。其中对于层间钙（Ca_w）和层内钙（Ca_s）的区分通过第一性原理计算得到。通过与 11Å 托贝莫来石的晶胞参数、体积模量、剪切模量和全部弹性张量进行拟合，得到其包括原子部分点和 LJ 作用的全部 29 个参数。虽然 CSHFF 和 ClayFF 非常相似，其对长程库仑作用和短程 LJ 作用的描述存在显著差异。CSHFF 对于 C-S-H 的结构、能量、力学性能的描述较为准确，但是其应用范围较窄，只能应用于托贝莫来石发展的 C-S-H 模型[9-13]。

（3）ReaxFF

ReaxFF 反应力场充当了连接量子化学和基于半经验力场（EFF）的分子力学间桥梁的角色。这是因为尽管量子化学计算方法可以被应用于任何化学系统，但是其计算成本与所计算化学结构的电子数成正比，因此基于计算成本的考虑，应用量子化学的计算体系其原子数通常不超过 100。另一方面，基于半经验力场的分子力学方法通过一系列简单的势能函数来描述体系的势能与其结构之间的关系，如上述两节所介绍的 ClayFF 和 CSHFF 所示，EFF 方法用简单的和谐势来描述分子或凝聚态体系中化学键拉伸和压缩以及键角的弯曲，同时，由范德华势函数和库仑相互作用来描述非键相互作用。由于计算相对简单，EFF 力场可以有效地模拟数以百万计的粒子的大体系，EFF 方法在描述分子和凝聚态体系之间的相互作用方面非常成功。对于不同的研究对象，需要对 EFF 力场参数分别进行拟合或校正，因此在可靠性上与第一性原理相比，EFF 力场缺乏不同体系间的力场穿越性。这也是经典的 EFF 力场不能描述反应体系的原因，大多数情况下，基于所采用的和谐势函数形式，其仅能描述有限范围内化学键的变化，而超过一定范围，键能会变得无穷大，因此，采用和谐势函数的 EFF 力场很难找到合适的参数来准确描述化学反应中化学键的断裂过程。

为了解决 EFF 力场不能描述化学反应的问题，我们需要新的方法来描述化学键的生成与断裂。由 Tersoff 首先提出的键级/键能关系的概念[14]在原则上允许 EFF 力场处理化学键的变化。这个概念被 Brenner[15]用来构建 REBO（反应性经验键序）势函数，一种用于烃类系统的 EFF 方法，这一方法的应用也成为首次研究大体系（远大于 100 个原子）动态过程的成功范例。多年来，尽管 REBO 已经得到了广泛的应用，但是由于 REBO 的参数仅拟合自很小的训练集，同时也不考虑非键相互作用，因此其模拟不同体系间的可移植性并不高。

原子间键级/键能是 ReaxFF 作用势的核心。键级由原子间的距离得到，并在每次 MD 或能量最小化（MM）过程中不断更新，也因此实现了原子间化学键的动态变化。这些键级综合考虑了成键相互作用中各项的影响（例如键的伸缩势能、键角及二面角的弯曲势能），确保与这些成键相互作用相关的能量和相互作用力在化学键发生断裂后为零。此外，ReaxFF 中非键相互作用包含所有原子，因此，不管原子间存不存在化学键，彼此间都存在非键相互作用。此外，范德华与库仑相互作用在极短距离内的吸引/排斥相互作用被有效地屏蔽。

ReaxFF 旨在提供一种可被应用于不同体系间具有可移植性的作用势。为确保其可移植性，在其发展过程中采用了如下的指导原则。

① 能量和作用力具有连续性（包括在反应过程中）。

② 每个元素都由一个原子类型的力场描述。ReaxFF 中金属氧化物的氧原子与有机分子中的氧原子使用相同的力场参数。

③ 使用 ReaxFF 不需要预先定义反应位点。此力场不需要通过定义反应位点来约束反应过程，只要提供合适的反应温度和化学反应所需要的化学环境，反应就能自发完成。

ReaxFF 和经验力场的根本区别是 ReaxFF 不使用固定的化学键连接分配，而是通过键级描述是否成键[16]。键级的基本假设是键级与原子间距存在一定的数学关系，通过原子间距可以直接得到任意两个原子间的键级。将键级 BO_{ij} 定义为原子间距离 r_{ij} 的函数，并且使用化学键中的单键 $BO_{ij}'^{\sigma}$、双键 $BO_{ij}'^{\pi}$ 和三键 $BO_{ij}'^{\pi\pi}$ 的定义将键级分为有化学意义的三个部分的贡献，键级 BO'直接由原子间的瞬时距离 r_{ij} 以公式（2.6）计算得到并不断更新。这允许创建和模拟过程中的键解离。当键级为 0 时，键能逐渐转变为零，表明键解离没有不连续。

$$
\begin{aligned}
BO_{ij}' &= BO_{ij}'^{\sigma} + BO_{ij}'^{\pi} + BO_{ij}'^{\pi\pi} \\
&= \exp\left[p_{bo,1}\left(\frac{r_{ij}}{r_0^{\sigma}}\right)^{p_{bo,2}}\right] + \exp\left[p_{bo,3}\left(\frac{r_{ij}}{r_0^{\pi}}\right)^{p_{bo,4}}\right] + \exp\left[p_{bo,5}\left(\frac{r_{ij}}{r_0^{\pi\pi}}\right)^{p_{bo,6}}\right]
\end{aligned}
\tag{2.6}
$$

式中，BO'为未经过校正的键级；p_{bo} 为无量纲经验常数，r_0 为平衡键长（Å）。在此基础上 ReaxFF 定义了表示中心原子过配位的函数 Δ'，同样 Δ' 也是未经过校正 [式（2.7）] 的，其中 Val_i 为原子 i 的总键级，如碳原子的 Val 值为 4，氢原子的 Val 值为 1：

$$
\Delta_i' = -Val_i + \sum_{j=1}^{neighbours(i)} BO_{ij}'
\tag{2.7}
$$

在前面定义的和基础上，ReaxFF 通过校正可以得到新的键级 BO_{ij}，同时过配位数 Δ_i [式（2.8）~式（2.24）中的 Δ 均表示过配位数，下标 ij 表示原子 ij，上标用于区分经过各种校正后的过配位数] 可以由下式得到：

$$
\Delta_i = -Val_i + \sum_{j=1}^{neighbours(i)} BO_{ij}
\tag{2.8}
$$

ReaxFF 力场与经验力场的能量组成类似，也包含库仑力作用项、范德华力作用项、化学键键长、键角、二面角等，与传统经验力场不同的是 ReaxFF 力场中除了非成键相互作用外，分子内能量各部分均通过键级来表达。ReaxFF 力场的一般函数形式介绍如下。

$$E_{\text{system}} = E_{\text{bond}} + E_{\text{over}} + E_{\text{under}} + E_{\text{lp}} + E_{\text{val}} + E_{\text{pen}} + E_{\text{coa}} + E_{\text{tors}}$$
$$+ E_{\text{conj}} + E_{\text{vdwaals}} + E_{\text{coulomb}} \tag{2.9}$$

① 键能 E_{bond}。

任意两个键的键能可以通过下式得到［式中 D 为经验常数（kcal/mol，1cal=4.1868）］：

$$E_{\text{bond}} = -D_e^{\sigma} \text{BO}_{ij}^{\sigma} \exp\left\{ p_{\text{be,1}} \left[1 - \left(\text{BO}_{ij}^{\sigma} \right)^{p_{\text{be,2}}} \right] \right\} - D_e^{\pi} \text{BO}_{ij}^{\pi} - D_e^{\pi\pi} \text{BO}_{ij}^{\pi\pi} \tag{2.10}$$

式中，p_{be} 为无量纲常数。

② 孤对电子项 E_{lp}。

在某些体系中，如 NH_3、H_2O，孤对电子对于体系的结构和能量有着较大的影响，为使 ReaxFF 能够处理这些特定体系，引入函数 Δ_i^{e} 和 $n_{\text{lp},i}$ 表示外层的孤对电子数：

$$\Delta_i^{\text{e}} = -\text{Val}_i^{\text{e}} + \sum_{j=1}^{\text{neighbours}(i)} \text{BO}_{ij} \tag{2.11}$$

$$n_{\text{lp},i} = \text{int}\left(\frac{\Delta_i^{\text{e}}}{2} \right) + \exp\left\{ -p_{\text{lp1}} \left[2 + \Delta_i^{\text{e}} - 2\text{int}\left(\frac{\Delta_i^{\text{e}}}{2} \right) \right]^2 \right\} \tag{2.12}$$

式中，Val_i^{e} 为原子的最外层电子数（氧为 6，硅为 4 等）；p_{lp1} 为无量纲常数。以氧为例，一般情况下，氧原子的键级为 2，根据公式（2.11）可以得到 $\Delta_i^{\text{e}}=4$，再由式（2.13）得到氧的孤对电子为 2。当氧原子的键级发生变化时，如某些情况下氧原子的键级超过了 2，则引起孤对电子数 $n_{\text{lp},i}$ 发生变化，由式（2.13）可以得到此时氧原子的孤对电子与一般情况下氧原子孤对电子数 $n_{\text{lp,opt}}$（例如氧为 2，氮为 1，硅为 0）的变化：

$$\Delta_i^{\text{lp}} = n_{\text{lp,opt}} - n_{\text{lp},i} \tag{2.13}$$

由此得出孤对电子对体系能量的贡献：

$$E_{\text{lp}} = \frac{p_{\text{lp2}} \Delta_i^{\text{lp}}}{1 + \exp\left(-75\Delta_i^{\text{lp}} \right)} \tag{2.14}$$

式中，p_{lp2} 为能量常数，kcal/mol。

③ 过配位的能量校正项 E_{over}。

当原子的过配位数 $\Delta_i > 0$ 时，由 BO 得到体系能量需要通过下式进行校正。式（2.15）表示，当体系存在孤对电子时，需要对其进行校正：

$$E_{\text{over}} = \frac{\sum_{j=1}^{\text{Hbond}} p_{\text{ovun1}} D_e^{\sigma} \text{BO}_{ij}}{\Delta_i^{\text{lpcorr}} + \text{Val}_i} \Delta_i^{\text{lpcorr}} \left[\frac{1}{1 + \exp\left(p_{\text{ovun2}} \Delta_i^{\text{lpcorr}} \right)} \right] \tag{2.15}$$

式中，p_{ovun} 均为无量纲常数。

$$\Delta_i^{\text{lpcorr}} = \Delta_i - \cfrac{1}{1 + p_{\text{ovun3}} \exp\left\{ p_{\text{ovun4}} \left[\sum_{j=1}^{\text{neighbours}(i)} \left(\Delta_j - \Delta_j^{\text{lp}} \right) \left(\text{BO}_{ij}^\pi + \text{BO}_{ij}^{\pi\pi} \right) \right] \right\}} \tag{2.16}$$

式中，p_{ovun} 均为无量纲常数。

④ 配位不足的能量校正项 E_{under}。

当原子的过配位数 $\Delta_i < 0$ 时，同样需要对体系的能量进行校正，可以通过下式进行：

$$E_{\text{under}} = -p_{\text{ovun5}} \frac{1 - \exp\left(p_{\text{ovun6}} \Delta_i^{\text{lpcorr}} \right)}{1 + \exp\left(-p_{\text{ovun2}} \Delta_i^{\text{lpcorr}} \right)} \times$$

$$\cfrac{1}{1 + p_{\text{ovun7}} \exp\left\{ p_{\text{ovun8}} \left[\sum_{j=1}^{\text{neighbours}(i)} \left(\Delta_j - \Delta_j^{\text{lp}} \right) \left(\text{BO}_{ij}^\pi + \text{BO}_{ij}^{\pi\pi} \right) \right] \right\}} \tag{2.17}$$

式中，p_{ovun5} 为能量常数，kcal/mol；其余均为无量纲常数。这种校正只有存在 π 键时才存在。

⑤ 键角能量项 E_{val}。

与价键项相似，键角的能量在 ReaxFF 中同样表示为键级 BO 的函数，键角的能量可以通过式（2.18a）～式（2.18g）计算。其中平衡键角 Θ_0 取决于 π 键键级总和的函数 SBO（SBO2 也为键级函数，两者形式不同），通过条件判断式（2.18f）可以对于键角中心原子的杂化状态进行判断。

$$E_{\text{val}} = f_7\left(\text{BO}_{ij} \right) f_7\left(\text{BO}_{jk} \right) f_8\left(\Delta_j \right) \left(p_{\text{val1}} - p_{\text{val1}} \exp\left\{ -p_{\text{val2}} \left[\Theta_0\left(\text{BO} \right) - \Theta_{ijk} \right]^2 \right\} \right) \tag{2.18a}$$

$$f_7\left(\text{BO}_{ij} \right) = 1 - \exp\left(-p_{\text{val3}} \text{BO}_{ij}^{p_{\text{val4}}} \right) \tag{2.18b}$$

$$f_8\left(\Delta_j \right) = p_{\text{val5}} - \left(p_{\text{val5}} - 1 \right) \frac{2 + \exp\left(p_{\text{val6}} \Delta_j^{\text{angle}} \right)}{1 + \exp\left(p_{\text{val6}} \Delta_j^{\text{angle}} \right) + \exp\left(-p_{\text{val7}} \Delta_j^{\text{angle}} \right)} \tag{2.18c}$$

$$\text{SBO} = \sum_{n=1}^{\text{neighbours}(j)} \left(\text{BO}_{jn}^\pi + \text{BO}_{jn}^{\pi\pi} \right) + \left[1 - \prod_{n=1}^{\text{neighbours}(j)} \exp\left(-\text{BO}_{jn}^8 \right) \right] \left(-\Delta_j^{\text{angle}} - p_{\text{val8}} n_{\text{lp},i} \right) \tag{2.18d}$$

$$\Delta_j^{\text{angle}} = -\text{Val}_j^{\text{angle}} + \sum_{n=1}^{\text{neighbours}(j)} \text{BO}_{jn} \tag{2.18e}$$

$$\begin{aligned} &\text{SBO2} = 0 \left(\text{SBO} \leqslant 0 \right) \\ &\text{SBO2} = \text{SBO}^{p_{\text{val9}}} \left(0 < \text{SBO} < 1 \right) \\ &\text{SBO2} = 2 - \left(2 - \text{SBO} \right)^{p_{\text{val9}}} \left(1 < \text{SBO} < 2 \right) \\ &\text{SBO2} = 2 \left(\text{SBO} > 2 \right) \end{aligned} \tag{2.18f}$$

$$\Theta_0(\text{BO}) = \pi - \Theta_{0,0}\left\{1 - \exp\left[-p_{\text{val10}}(2 - \text{SBO})\right]\right\} \qquad (2.18\text{g})$$

式中，p_{val1} 为能量常数，kcal/mol；p_{val2} 为弧度常数；其余 p_{val} 均为无量纲常数；f 为修正拟合函数，下标用于区分不同函数。

⑥ 键角能量惩罚项 E_{pen}。

为处理键角中心原子两边各连两个双键的情况，如丙二烯，ReaxFF 中加入键角能量惩罚项式（2.19a）和式（2.19b）：

$$E_{\text{pen}} = p_{\text{pen1}} f_9(\Delta_j) \exp\left[-p_{\text{pen2}}\left(\text{BO}_{ij} - 2\right)^2\right] \exp\left[-p_{\text{pen2}}\left(\text{BO}_{jk} - 2\right)^2\right] \qquad (2.19\text{a})$$

$$f_9(\Delta_j) = \frac{2 + \exp\left(-p_{\text{pen3}}\Delta_j\right)}{1 + \exp\left(-p_{\text{pen3}}\Delta_j\right) + \exp\left(p_{\text{pen4}}\Delta_j\right)} \qquad (2.19\text{b})$$

式中，p_{pen1} 为能量常数，kcal/mol；其余 p_{pen} 均为无量纲常数。

⑦ 三体共轭项 E_{coa}。

在一般共轭体系中，ReaxFF 的四体共轭项 E_{conj} 均能合理描述，但在描述—NO_2—基团的共轭时遇到了问题，为此引入三体共轭项式（2.20）：

$$\begin{aligned}
E_{\text{coa}} = {} & p_{\text{coa1}} \frac{1}{1 + \exp\left(p_{\text{coa2}}\Delta_j^{\text{val}}\right)} \exp\left[-p_{\text{coa3}}\left(-\text{BO}_{ij} + \sum_{n=1}^{\text{neighbours}(i)} \text{BO}_{in}\right)^2\right] \\
& \exp\left[-p_{\text{coa3}}\left(-\text{BO}_{jk} + \sum_{n=1}^{\text{neighbours}(i)} \text{BO}_{kn}\right)^2\right] \\
& \exp\left[-p_{\text{coa4}}\left(\text{BO}_{ij} - 1.5\right)^2\right] \exp\left[-p_{\text{coa4}}\left(\text{BO}_{jk} - 1.5\right)^2\right]
\end{aligned} \qquad (2.20)$$

式中，p_{coa1} 为能量常数，kcal/mol；其余 p_{coa} 均为无量纲常数。

⑧ 二面角旋转位垒 E_{tors}。

与键角处理相同，在处理二面角时同样需要确定连接四个原子的键级数 BO，ReaxFF 中通过式（2.21a）～式（2.21c）计算 E_{tors}：

$$\begin{aligned}
E_{\text{tors}} = {} & f_{10}\left(\text{BO}_{ij}, \text{BO}_{jk}, \text{BO}_{kl}\right) \sin\Theta_{ijk} \sin\Theta_{jkl} \times \\
& \left(\frac{1}{2}V_2 \exp\left\{p_{\text{tors1}}\left[\text{BO}_{jk}^{\pi} - 1 + f_{11}(\Delta_j, \Delta_k)\right]^2\right\}\left(1 - \cos 2\omega_{ijkl}\right) + \frac{1}{2}V_3\left(1 + \cos 3\omega_{ijkl}\right)\right)
\end{aligned} \qquad (2.21\text{a})$$

$$\begin{aligned}
f_{10}\left(\text{BO}_{ij}, \text{BO}_{jk}, \text{BO}_{kl}\right) = {} & \left[1 - \exp\left(-p_{\text{tors2}}\text{BO}_{ij}\right)\right]\left[1 - \exp\left(-p_{\text{tors2}}\text{BO}_{jk}\right)\right] \\
& \left[1 - \exp\left(-p_{\text{tors2}}\text{BO}_{kl}\right)\right]
\end{aligned} \qquad (2.21\text{b})$$

$$f_{11}(\Delta_j, \Delta_k) = \frac{2 + \exp\left[-p_{\text{tors3}}\left(\Delta_j^{\text{angle}} + \Delta_k^{\text{angle}}\right)\right]}{1 + \exp\left[-p_{\text{tors3}}\left(\Delta_j^{\text{angle}} + \Delta_k^{\text{angle}}\right)\right] + \exp\left[p_{\text{tors4}}\left(\Delta_j^{\text{angle}} + \Delta_k^{\text{angle}}\right)\right]} \qquad (2.21\text{c})$$

式中，V_2、V_3 为经验系数，kcal/mol；p_{tor} 均为无量纲常数；ω 为弧度。

⑨ 四体共轭项 E_{conj}。

$$E_{\text{conj}} = f_{12}\left(\text{BO}_{ij}, \text{BO}_{jk}, \text{BO}_{kl}\right) p_{\text{conj1}} \left[1 + \left(\cos^2 \omega_{ijkl} - 1\right) \sin \Theta_{ijk} \sin \Theta_{jkl}\right] \quad (2.22a)$$

$$f_{12}\left(\text{BO}_{ij}, \text{BO}_{jk}, \text{BO}_{kl}\right) = \left[-p_{\text{conj2}} \exp\left(\text{BO}_{ij} - \frac{3}{2}\right)^2\right] \left[-p_{\text{conj2}} \exp\left(\text{BO}_{jk} - \frac{3}{2}\right)^2\right]$$
$$\left[-p_{\text{conj2}} \exp\left(\text{BO}_{kl} - \frac{3}{2}\right)^2\right] \quad (2.22b)$$

式中，p_{conj1} 为能量常数，kcal/mol；p_{conj2} 为无量纲常数。

⑩ 非键作用项 E_{vdwaals}、E_{coulomb}。

对于范德华相互作用，ReaxFF 采用 Morse 函数形式。

$$E_{\text{vdwaals}} = D_{ij} \left\{ \exp\left[\alpha_{ij} \left(1 - \frac{f_{13}\left(r_{ij}\right)}{r_{\text{vdw}}}\right)\right] - 2\exp\left[\frac{1}{2}\alpha_{ij}\left(1 - \frac{f_{13}\left(r_{ij}\right)}{r_{\text{vdw}}}\right)\right]\right\} \quad (2.23a)$$

式中，r_{vdw} 为范德华半径。

$$f_{13}\left(r_{ij}\right) = \left[r_{ij}^{p_{\text{vdw1}}} + \left(\frac{1}{r_{\text{w}}}\right)^{p_{\text{vdw1}}}\right]^{\frac{1}{p_{\text{vdw1}}}} \quad (2.23b)$$

式中，p_{vdw} 为无量纲常数；r_{w} 为经验常数。

库仑作用力的表达式如下：

$$E_{\text{coulomb}} = C\frac{q_i q_j}{r_{ij}^3 + \left(1/\gamma_{ij}\right)^3} \quad (2.24)$$

式中，q 为电荷数；C 为静电常数；γ_{ij} 为经验常数。

2.1.1.2 能量最小化

能量最小化就是找到势能面中最稳定的分子构型。能量最小化的方法包括最速下降法和共轭梯度法[17]。这些算法是基于求导体系能量和作用力的微分方程。原子所收到的作用力（F）是其能量（U）对其与其他原子间距离（r）的负一阶导数。系统的势能可以用泰勒级数展开来表示，如下：

$$F = -\frac{\partial U}{\partial r} \quad (2.25)$$

$$U\left(r + \text{d}r\right) = U\left(r\right) + \frac{\partial U}{\partial r}\text{d}r + \frac{1}{2!} \times \frac{\partial^2 U}{\partial r^2}\left(\text{d}r\right)^2 + \cdots \quad (2.26)$$

势能表达式通常仅展开到一阶导数，称为梯度向量（g），或展开到二阶导数，称为 hessian 矩阵（H）。

在最速下降法中，式（2.26）仅展开到一阶导数。计算过程中，该算法的每一个迭代步骤都是直线搜索或任意步长搜索来确定势能面能量等高线中到达能量极小值点的最短路径。单个原子的合力由势能和原子位置的表达式（2.27）来计算：

$$r_i^j = r_i^{j-1} + \alpha F_i \tag{2.27}$$

每个时间步(j)重复这个过程，直到每个原子所受到的作用力（F）收敛到零。其中 i 是原子序号，j 是时间步长，α 是乘数因子，F_i 是在时间步长（j）中作用在原子上的合力。在这个方法中，迭代过程中的相邻两步方向是垂直的。

当初始构象的能量与全局最小值相距很远的时候，最速下降法非常有效，例如势能面能量梯度很大的时候。当能量与全局最小值相距很近的时候，势能面能量变化的梯度非常不明显，于是最速下降法开始变得无效。然而，对于给定的乘数因子，体系的势能不可能增长，因此最速下降法具有较高的数值稳定性。因此，当能量梯度变化不明显的时候，共轭梯度法则能提供快速有效的能量最小化。

如上所述，共轭梯度法能有解决势能面能量梯度变化不大时全局最小值的构象搜索。在该方法中，我们选择一系列（相互）正交的搜索方向，在每一个搜索方向上我们都只移动一步，而这一步的长度又刚好能够均匀地对齐到最小值点，这样不停地迭代计算直到迭代结束，到达最小值点。

2.1.2 分子动力学

2.1.2.1 系综

所谓系综（ensemble）是指在一定的宏观条件下，大量性质和结构完全相同的、处于各种运动状态的、各自独立的系统的集合。它是统计物理中最重要也是最基本的概念之一，全称统计系综。系综是统计理论的一种表述方式，系综理论使得统计物理成为普遍的微观统计理论。但系综并不是实际的物体，构成系综的系统才是实际物体。

按照宏观约束条件，分子动力学中常见的系综如下。

① 正则系综（canonical ensemble），简写为 NVT 系综，表示具有恒定粒子数（N）、体积（V）、温度（T）。假设 N 个粒子在体积为 V 的盒子内，将其置于温度恒定为 T 的热浴之中。这时总能量（E）和系统的压强（P）可能在某一平均值附近涨落变化。其对应的物理体系是封闭的、与大热源相接触的平衡恒温系统。这种系综主要应用于真空体系的分子动力学模拟，更常见于蒙特卡洛模拟方法中。

② 微正则系综（micro-canonical ensemble），简写为 NVE 系综，表示具有确定的粒子数（N）、体积（V）、总能量（E）。假设 N 个粒子在体积为 V 的盒子中，固定总能量（E）。这时系统的温度（T）和系统的压强（P）可能在某一平均值附近起伏变化。其对应的物理体系是孤立系统，即与外界无能量交换，也无粒子交换的系统。这种系综在分子动力学中应用很广泛。

③ 等温等压系综（constant-pressure, constant-temperature ensemble），简写为 NPT 系综，表示具有确定粒子数（N）、压强（P）、温度（T）。假设 N 个粒子处于压强为 P、温度为 T 的体系之中。这时体系的总能量（E）和系统体积（V）可能在某一平均值附近涨落。其对应的物理体系是连续体系，即在可移动系统边界下处于恒温热浴中的系统。这种系综在模拟连

续体系，如溶液体系、生物体系等领域应用广泛，也可应用于蒙特卡洛方法中。

在不同系综条件下的分子动力学模拟过程中，需要通过温度和压力的耦合算法（coupling algorithm）[18-21]对体系的温度和压力参数进行调节。在统计热力学中，分子体系的运动剧烈程度用温度描述，大小由分子中原子的平均动能决定。由于力场中的截断处理和误差等因素，在分子动力学计算过程中体系动能一般不能恒定，所以体系的温度会发生变化。因此研究者用温度耦合的方法或"热浴"的方法控制体系温度。常用的温度耦合算法有速度重新标度法、Nosé-Hoover 温度耦合算法、Berendsen 温度耦合算法。在 NPT 系综模拟过程中，通过压力耦合或"压浴"的方法维持压力的恒定。常见的方法有 Parrinello-Rahman 压力耦合算法和 Berendsen 压力耦合算法。

（1）Berendsen 温度耦合算法

该方法的基本思想是，通过温度的一阶导数利用公式（2.28）将体系的温度缓慢修正到设定温度 T_0，即尝试在一阶动能与给定温度为 T_0 的外部热浴间建立弱的耦合作用。

$$\frac{\mathrm{d}T}{\mathrm{d}t} = \frac{T_0 - T}{\tau} \tag{2.28}$$

公式（2.28）表明温度 T 会随时间常数 τ 呈指数下降，因此可以通过改变 τ 来调节外部热浴的耦合强度。

用一个与时间步相关的参数 λ 对每个时间步中所有粒子的速度进行修正，以此保证体系的温度恒定。λ 由公式（2.29）给出：

$$\lambda = \left\{ 1 + \frac{\Delta t}{\tau_T} \left[\frac{T_0}{T\left(t - \dfrac{\Delta t}{2}\right)} - 1 \right] \right\}^{1/2} \tag{2.29}$$

式中，t 为时间；Δt 为时间增量；τ_T 为时间常数。参数 τ_T 接近但不等于温度耦合过程中的时间常数 τ，如公式（2.30）所示。

$$\tau = 2C_V \tau_T / (N_{df} k) \tag{2.30}$$

公式中，C_V 为体系热容；N_{df} 为体系的总自由度数目；k 为玻尔兹曼常数。

Berendsen 温度耦合算法可以非常有效地将一个体系弛豫到指定温度，但体系达到平衡后，该算法不能给出严格的正则系综分布。

（2）Berendsen 压力耦合算法

该方法是通过压力的一阶导数利用公式（2.31）将体系的压力缓慢修正到指定的压力大小。

$$\frac{\mathrm{d}P}{\mathrm{d}t} = \frac{P_0 - P}{\tau_P} \tag{2.31}$$

具体做法是，用一个标度矩阵 μ 对每个时间步的坐标和周期边界盒子的大小进行重新标度。标度矩阵可以通过公式（2.32）计算：

$$\mu_{ij} = \delta_{ij} - \frac{\Delta t}{3\tau_P}\beta_{ij}\left[P_{0ij} - P_{ij}(t)\right] \tag{2.32}$$

式中，δ_{ij} 为克罗内克函数；P 为压力；P_0 为大气压力；下标 ij 为压力张量矩阵中第 i 行第 j 列的元素；β 为系统的恒温压缩系数。一般标度矩阵为对角矩阵，且对角线上元素不可知。但 β 值仅影响压力松弛时间即压力耦合时间并不影响平衡压力值，因此可通过常见物质的压缩系数估计 β 的大小。例如水在 300K，1atm（1atm=101325Pa）下，$\beta = 4.6 \times 10^{-5}\,\mathrm{bar}^{-1}$（1bar=$10^5$Pa），那么在模拟其他液体时可取与其相近的值。

2.1.2.2 分子动力学算法

分子动力学通过对分子运动规律的统计得到各种热力学和动力学参数，实现对微观体系性质的预测和计算。通过对体系动力学演化过程的分析，可以实时观察物理化学过程的演变过程，跟踪分子的运动轨迹，计算出其结构上的变化，实现对体系演化动力学的功能性预测，为解释复杂物理化学过程中的控制机理提供可靠的证据。

分子动力学模拟实际上是对 N 原子的多体相互作用体系，在规定的模拟时间内计算体系的运动状态。体系状态由 N 个原子的位置 $\{r_i\}$ 和动量 $\{p_i\}$ 或速度 $\{v_i\}$ 标志，体系的能量为 H（$\{r_i, p_i\}$），体系的运动方程为：$\dfrac{\partial}{\partial t}p_i = -\dfrac{\partial}{\partial r_i}H$ 和 $\dfrac{\partial}{\partial t}r_i = \dfrac{\partial}{\partial p_i}H$。分子动力学的主要目的是求解上面的方程得到体系状态空间演化的轨迹 $\{r_i, p_i\}_{t0}$，$\{r_i, p_i\}_{t1}$，$\{r_i, p_i\}_{t2}$，$\{r_i, p_i\}_{t3}$，…。进而计算感兴趣的物理量的值 Q（$\{r_i, p_i\}$）。在实际的应用中，将上面的哈密顿方程转化为牛顿方程式（2.33），并且用位置 r_i 和速度 v_i 作为描述体系的参量。

$$H = \frac{1}{2}\sum_{i=1}^{N}m_i v_i^2 + V(\{r_i\})$$

$$m_i \frac{\mathrm{d}^2}{\mathrm{d}t^2}r_i = -\frac{\partial}{\partial r_i}V(\{r_i\}) \tag{2.33}$$

V（$\{r_i\}$）是原子间相互作用势，通过解上面的方程式可以得到体系在相空间的轨迹，进而通过式（2.34）求得物理量的平均值[$t(1)$, $t(2)$, $t(3)$, …, $t(M)$]。

$$\overline{Q} = \frac{1}{M}\sum_{t(m)}Q\{r_i, v_i\}_{t(m)} \quad (m = 1,2,3,\cdots,M) \tag{2.34}$$

分子动力学模拟的基本算法可以分为四步：

① 输入初始构象，包括粒子的坐标、粒子间相互作用参量及模拟的条件。

② 计算体系中任一粒子的受力：$\boldsymbol{F}_i = \dfrac{\partial V}{\partial r_i}$，对所有粒子的成键作用力和非成键作用力进行矢量加和：$\boldsymbol{F}_i = \sum\limits_{j}\boldsymbol{F}_{ij}$。

③ 更新构象，采用数值方法求解牛顿方程：

$$\frac{\mathrm{d}^2\boldsymbol{r}_i}{\mathrm{d}t^2} = \frac{\boldsymbol{F}_i}{m_i}\ 或者\ \frac{\mathrm{d}\boldsymbol{r}_i}{\mathrm{d}t} = \boldsymbol{v}_i,\quad \frac{\mathrm{d}\boldsymbol{v}_i}{\mathrm{d}t} = \frac{\boldsymbol{F}_i}{m_i}$$

计算加速度，进而计算速度和位移。

④ 按需要输出结果，将坐标、速度、能量、温度、压力等参量输出，然后根据输出的构象，返回到②重新计算受力情况，依次迭代直至模拟步数达到参数设定值。

在对牛顿方程数值求解时，通常采用如下积分方法。

（1）Verlet 法则[22]

$$m_i \frac{r_i(t+h) - 2r_i(t) + r_i(t-h)}{h^2} = -\frac{\partial}{\partial r_i} V(\{r_i\}) + O(h^4) \tag{2.35}$$

$$v_i(t) = \frac{r_i(t+h) - r_i(t-h)}{2h} + O(h^3) \tag{2.36}$$

式中，h 为时间步长；O 为高阶无穷小。由前面两个时刻的位置，根据方程式（2.35）推得下一个时刻的位置，速度由方程式（2.36）计算，因此需要记录两个时刻的位置。

（2）Verlet 速度法则

$$\frac{r_i(t+h) - r_i(t)}{h} = v_i(t) + \frac{F(t)}{2m_i} h \tag{2.37}$$

$$v_i(t+h) = v_i(t) + \frac{F(t+h) + F(t)}{2m_i} h \tag{2.38}$$

此法则需要知道上一个时刻的位置、速度和力。首先由方程式（2.37）计算新的位置，然后计算新的力 $F(t+h)$，再由方程式（2.38）计算新时刻的速度，需要储存前一时刻的位置、速度和力。

（3）Gear Predictor-Corrector 法则

$$\frac{r_i^p(t+h) - r_i(t-h)}{2h} = v_i(t) \tag{2.39}$$

$$m_i \frac{v_i(t+h) - v_i(t)}{h} = \frac{F_i(t+h) + F_i(t)}{2} \tag{2.40}$$

$$\frac{r_i(t+h) - r_i(t)}{h} = \frac{v_i(t+h) + v_i(t)}{2} \tag{2.41}$$

首先由方程式（2.39）初步预测新的位置 $r_i^p(t+h)$，并且计算力 $F_i(t+h)$。然后根据方程式（2.40）计算新的速度 $v_i(t+h)$，再由方程式（2.41）计算最后新的位置 $r_i(t+h)$。

（4）Leap-Frog 法则

$$m_i \frac{v_i(t+\frac{1}{2}h) - v_i(t-\frac{1}{2}h)}{h} = F_i(t) \tag{2.42}$$

$$\frac{r_i(t+h) - r_i(t)}{h} = v_i(t+\frac{1}{2}h) \tag{2.43}$$

$$v_i(t) = \frac{v_i(t+\frac{1}{2}h) - v_i(t-\frac{1}{2}h)}{2} \tag{2.44}$$

此法则需要知道上一个时刻的位置 $r_i(t)$，中间时刻的速度 $v_i(t-0.5h)$ 和力 $F_i(t)$。首先由方程式（2.42）计算 $v_i(t+0.5h)$，然后由方程式（2.43）计算新时刻的位置 $r_i(t+h)$，再由方程式（2.44）计算 $v_i(t)$。

2.1.2.3 结果分析

（1）径向分布函数（radial distribution function）

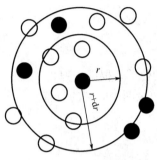

径向分布函数的物理意义如图 2.1 所示。中间的黑色球体是参考分子。径向分布函数可以解释为局部密度与体积密度的比值，其定义为：

$$g(r) = \frac{dN}{\rho 4\pi r^2 dr} \tag{2.45}$$

图 2.1 径向分布

式中，dN 为距参考分子 $r \sim r+dr$ 范围内的分子数；ρ 为系统的密度。径向分布函数表示不同原子或离子间的距离分布，并能给出重要的结构信息并说明原子的空间相关性。

（2）均方位移（mean square displacement）

均方位移 $\mathrm{MSD}(t)$[23]是表征原子动力学的参数，可由下式定义：

$$\mathrm{MSD}(t) = \left\langle \left| r_i(t) - r_i(0) \right|^2 \right\rangle \tag{2.46}$$

式中，$r_i(t)$ 为原子 i 在 t 时刻的位置；$r_i(0)$ 为原子 i 的原始位置。MSD 在三维坐标系下计算。MSD 值越大表明原子扩散速度越快，距离原来的位置越远。自扩散系数（D）可以由对 MSD 扩散区域的线性拟合得到：

$$2D(t) = \frac{1}{3} \left\langle \left| r_i(t) - r_i(0) \right|^2 \right\rangle \tag{2.47}$$

（3）时间相关函数（time correlated function）[3]

时间相关函数（TCF）可以描述原子对间的动态关联性，也可以描述材料中原子与溶液中粒子的键合稳定性。模拟体系中粒子对的 TCF 可以表示为下式：

$$C(t) = <\delta b(t) \delta b(0)> \tag{2.48}$$

式中，$\delta b(t) = b(t) - \langle b \rangle$，$b(t)$ 是一个二元运算符，即 t 时刻，在最邻近距离（水合壳内）范围中离子-水对数目，其他时刻其值为 0。$<b>$ 为整个模拟过程中离子-水对的平均值。水化壳的边界可以定义为离子-氧原子径向分布函数的第一极小值。对于溶液中的物质，TCF 表示初始时刻水合壳中的水分子或离子，在时刻 t 仍然出现在水合壳中的概率。对于溶液中的物质和表面原子，TCF 表示在初始阶段与表面原子 i 形成化学键的分子或离子，在时刻 t 仍与相同的原子 i 键合。$C(t)$ 的演化描述了离子-水对结构弛豫的动力学过程，其弛豫时间 τ 可以通过对 $C(t)$ 积分得到。

$$\tau - \int_0^\infty C(t)\mathrm{d}t \tag{2.49}$$

（4）单轴拉伸测试（uniaxial tension test）[3]

采用单轴拉伸试验研究材料的力学性能和断裂过程。超细胞可通过周期性扩展模拟模型的单轴拉伸试验得到。需要注意的是，使用大量原子的超晶胞可以给出稳定的统计模拟结果，特别是对于真实的实效模式。为了探讨材料的失效机理，在材料加载过程中研究其应力-应变关系和分子结构的变化。

为了得到应力-应变关系，在恒定的应变率下，对结构施加单轴拉伸荷载使其逐渐拉伸。应变率通常在 0.008/ps～0.08/ps 范围内。在整个模拟过程中，采用 NPT 系综。以在 300K 下 x 方向的拉伸为例，首先体系在 300K 下进行松弛 500ps，且使其 x、y、z 方向的外部压力耦合为 0。之后，当三个方向上的压力都达到平衡时，在 x 方向对模拟结构进行拉伸。同时，y 和 z 方向的压力仍保持为 0。内应力 σ_{xx} 可以用 x 方向的压力变化表示。设置垂直于拉伸方向的压力为 0，能够允许法向不受任何约束地各向异性地进行松弛。该设置考虑了泊松比，可以消除变形的人为约束干扰。

应力张量分量由下式计算：

$$P_{ij} = \frac{\sum_{k}^{N} m_k v_{ki} v_{kj}}{V} + \frac{\sum_{k}^{N} r_{ki} f_{kj}}{V} \tag{2.50}$$

式中，V 为模拟体系的体积；m_k、v_{ki}、v_{kj}、f_{kj} 分别为第 k 个原子的质量、速度及作用力。

2.2 硅酸盐水泥水化产物分子动力学模拟

2.2.1 硅酸盐水泥水化产物组成

水泥是一种由许多化合物组成的混合材料，主要成分包括：硅酸三钙（C_3S）、硅酸二钙（C_2S）、铝酸三钙（C_3A）和铁铝酸四钙（C_4AF）。在水化过程中，这些成分的水化反应速率不同，并且涉及不同的化学反应，因此形成了各式各样的水化产物，主要包括水化硅酸钙凝胶（C-S-H）、氢氧化钙[$Ca(OH)_2$]、钙矾石（ettringite，AFt）和单硫型硫铝酸钙（monosulphate，AFm）。在水化早期，C_3S 与水反应生成 C-S-H 凝胶和 $Ca(OH)_2$，而在水化的后期主要是 C_2S 与水反应生成 C-S-H 凝胶和 $Ca(OH)_2$，具体的反应方程式如式（2.51）、式（2.52）所示。两者所生成的 C-S-H 凝胶在钙硅比（钙与硅摩尔比，下文用 Ca/Si 表示）和形貌上都基本相同，但 C_2S 水化生成的 $Ca(OH)_2$ 的数量较少且结晶较粗大。

$$3CaO \cdot SiO_2 + nH_2O = xCaO \cdot SiO_2 \cdot yH_2O + (3-x)Ca(OH)_2 \tag{2.51}$$

$$2CaO \cdot SiO_2 + nH_2O = xCaO \cdot SiO_2 \cdot yH_2O + (2-x)Ca(OH)_2 \tag{2.52}$$

C-S-H 凝胶和 $Ca(OH)_2$ 是普通硅酸盐水泥水化最主要的两种产物，其中 C-S-H 约占水化产物体积的 70%，是水泥水化产物最主要的强度来源；$Ca(OH)_2$ 约占 20%，为水泥混凝土提供碱性环境保护钢筋免于锈蚀。除了 C_3S 和 C_2S 水化产生 C-S-H 和 $Ca(OH)_2$ 这两种最主要的水化产物之外，C_3A 和 C_4AF 则会水化形成 AFt 或者 AFm，其体积约占 10%。由于水化反应的复杂性，水泥水化产物的纳米结构尚未完全定型。但是，有一系列具有类似结构特征的晶体相，可用于研究水泥水化产物的主要化学和物理特性。因此，本节主要介绍 C-S-H、Ca(OH)₂、AFt 和 AFm 这四种主要水化产物的分子结构模型。

2.2.2 硅酸盐水泥主要水化产物分子结构模型建立

以托贝莫来石 11Å 晶体为起始模型，通过超晶胞扩展，除去结构中吸附的水分子，得到钙硅骨架结构。通过随机除去硅氧链上的硅氧四面体，使得硅氧四面体聚合度分布符合 NMR（核磁共振）测试结果，创建了 Ca/Si 从 1.1～2.0 不等的 10 个模型，得到的硅酸钙骨架如图 2.2 所示。对于 Ca/Si 较低的模型，仅仅是硅氧链上的桥硅氧四面体被移除，而 Ca/Si 较高的 C-S-H 模型中部分硅氧二聚体也被删去形成离子氧结构。随后，通过蒙特卡洛吸水的方法，随机生成水分子，通过反应分子动力学模拟 C-S-H 结构中水分子水解、硅氧链断裂和聚合反应，模拟 C-S-H 骨架水化。蒙特卡洛模拟设置化学势为 0eV，温度为 300K，以模拟材料在理想水溶液中的吸水反应。反应分子动力学模拟过程中，温度为 300K，压力为 1 个大气压，模拟时长为 1ns。图 2.3 为不同 Ca/Si 的水化硅酸钙的分子结构图。

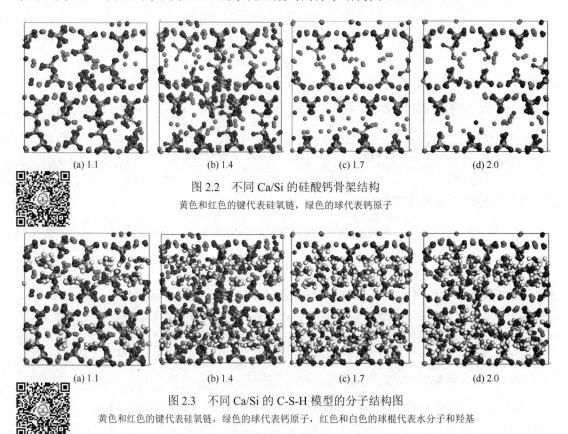

(a) 1.1　　　　(b) 1.4　　　　(c) 1.7　　　　(d) 2.0

图 2.2　不同 Ca/Si 的硅酸钙骨架结构

黄色和红色的键代表硅氧链，绿色的球代表钙原子

(a) 1.1　　　　(b) 1.4　　　　(c) 1.7　　　　(d) 2.0

图 2.3　不同 Ca/Si 的 C-S-H 模型的分子结构图

黄色和红色的键代表硅氧链，绿色的球代表钙原子，红色和白色的球棍代表水分子和羟基

2.2.3 硅酸盐水泥主要水化产物结构、反应、动态特性

图 2.3 为不同 Ca/Si 的 C-S-H 的分子结构图，图 2.4 为对应的密度分布函数。从图 2.3 中可以看出主层钙与周围的氧形成的钙氧八面体层以及层两侧排列的具有缺陷的硅链，形成了C-S-H 的主层结构，主层之间为平衡电荷的层间钙和水分子。从密度分布图中 Ca、Si、O 和

H 四种元素交替的密度峰也可以看出 C-S-H 凝胶是具有"三明治"特征的层状结构。从图 2.4（a）中可以看出，水分子被束缚在小于 7Å 的纳米孔道中。层间水分子的羟基指向钙硅基体，表明 C-S-H 界面具有亲水性。随着 Ca/Si 升高，硅链的缺陷逐渐增加，层间水分子逐渐穿透钙硅主层。此外，水分子中氧原子（Ow）的密度峰由二项分布变为三项分布，说明了层间水分子由两层转变为三层结构。低 Ca/Si 时，层间水分子分为上下两层分别吸附在 C-S-H 钙硅主层上，高 Ca/Si 时形成了新的水分子层，其与上下两层水分子层之间通过氢键结合。

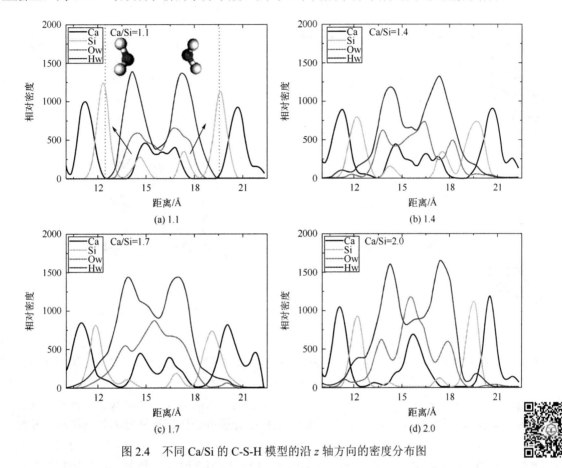

图 2.4　不同 Ca/Si 的 C-S-H 模型的沿 z 轴方向的密度分布图

图 2.5（a）为不同 Ca/Si 的 C-S-H 的水分子、羟基的数量和水化程度。从图中可以看出，随着 Ca/Si 增加，C-S-H 体系含水量增加，即高 Ca/Si 的 C-S-H 具有更高的吸水性，这与 Thomas 等人的试验结果一致。C-S-H 的反应活性也随着 Ca/Si 增加而增加，这是由于高 Ca/Si 的 C-S-H 中硅氧链缺陷较多，含有大量非桥氧(O_{nb})。在钙硅骨架水化过程中，水分子与 O_{nb} 原子反应形成羟基，而桥氧(O_b)表现出较低的亲水性。图 2.5（b）为 C-S-H 结构中 Ca—OH 和 Si—OH 数量随 Ca/Si 的变化。在低 Ca/Si 的 C-S-H 中，Ca—OH 和 Si—OH 的数量接近，但随着 C-S-H 的 Ca/Si 增加，Ca—OH 占有的比例逐渐增大。图 2.6 为 C-S-H 结构中水分子分解的快照，低 Ca/Si 的 C-S-H 中单个水分子与 O_{nb} 反应水解形成一个 Si—OH 和 Ca—OH，而高 Ca/Si 的 C-S-H 结构中，水分子可以和离子氧反应形成两个 Ca—OH。因此，高 Ca/Si 的 C-S-H 结构中水解更加容易生成 Ca—OH。Thomas 等人的非弹性中子散射（IENS）结果也表明随着 C-S-H 中 Ca/Si 的增加，其结构中 Ca—OH/Ca 含量增加，验证了所建立模型的准确性。

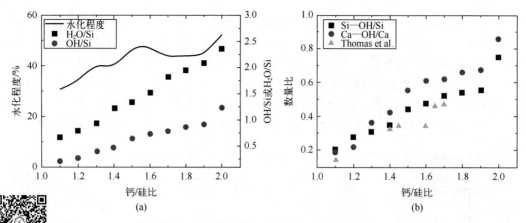

图 2.5　C-S-H 中水分子、羟基的数量和水化程度随 Ca/Si 的变化（a）以及 C-S-H 中
Ca—OH 和 Si—OH 数量随 Ca/Si 的变化（b）

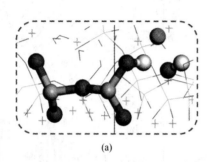
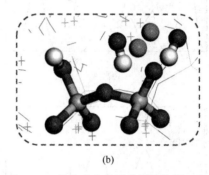

图 2.6　高 Ca/Si（a）和低 Ca/Si（b）的 C-S-H 结构中水分子分解的快照

　　C-S-H 纳米孔中氢键是将主层之间结合起来的重要作用力。图 2.7（a）为不同 Ca/Si 的 C-S-H 结构中氢键数目变化。随着 Ca/Si 增加，结构中氢键数目逐渐从 2.27 增加到 2.71，这主要是由于 C-S-H 结构中含水量越来越高。根据氢键供体和受体的不同，将其分为 5 个部分。可以看出，随着 Ca/Si 增加，水分子与硅链上桥氧之间形成的氢键数目减少，而与羟基间形成的氢键数目增加。这是由于 Ca/Si 增加，结构中硅氧链长链逐渐转变为断链结构，桥氧原子数目减少，部分桥氧由于水解反应转变为 Si—OH。此外，水分子与水分子之间形成的氢键数目增加，在 C-S-H 沿 z 轴密度分布图中可以发现，随着 Ca/Si 增加，C-S-H 模型形成了第三层水分子层。图 2.7（b）为 C-S-H 层间氢键网络连接的示意图，从图中可看出，随着结构中含水量的增加，水分子之间的氢键数目增加。同时，随着 Ca/Si 的增加，C-S-H 结构中钙硅主层间的作用也被水分子层所屏蔽。

　　图 2.8 为 C-S-H 沿 x、y 和 z 轴拉伸时的应力-应变曲线，沿三个方向的应力应变关系不一样，说明 C-S-H 结构的各向异性。以 Ca/Si 为 1.1 的 C-S-H 模型为例，在 x 轴方向拉伸过程中，应力随应变增加呈线性增加，在应变为 0.17 时达到最大值 13GPa，然后应力迅速降低，在应变为 0.24 时降至 6.5GPa。随后，应力随着应变的增加开始缓慢降低。在 y 轴方向拉伸过程中，材料破坏后还存在一个阶梯形曲线，可以分为三个阶段，随着应变从 0.15 增加到 0.21，应力降低了大约 1GPa，之后应力进入了一个高原区。最后，应力开始随应变增大缓慢下降。阶梯状的应力-应变曲线说明结构在该方向有良好的塑性。在 Ca/Si 为 1.2 和 1.4 的 C-S-H 模型拉伸过程中，也能观察到阶梯状应力-应变曲线，而 Ca/Si 为 1.7 的模型的应力-应变曲线，

在破坏后变化较平缓。在 z 轴拉伸方向，C-S-H 结构呈脆性特征，在应变为 0.4 时，应力均降至 0GPa。

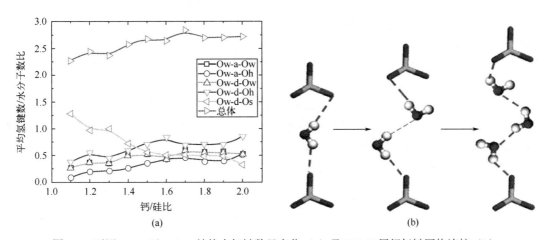

(a)　　　　　　　　　　　　　　　　(b)

图 2.7　不同 Ca/Si 下 C-S-H 结构中氢键数目变化（a）及 C-S-H 层间氢键网络连接（b）

（Ow-a-Ow 表示水分子作为受体与水分子形成的氢键，Ow-a-Oh 表示水分子作为受体与羟基间的氢键，Ow-d-Ow 表示水分子作为供体与水分子间的氢键，Ow-d-Oh 表示水分子作为供体与羟基间的氢键，Ow-d-Os 表示水分子作为供体与硅链上桥氧的氢键）。

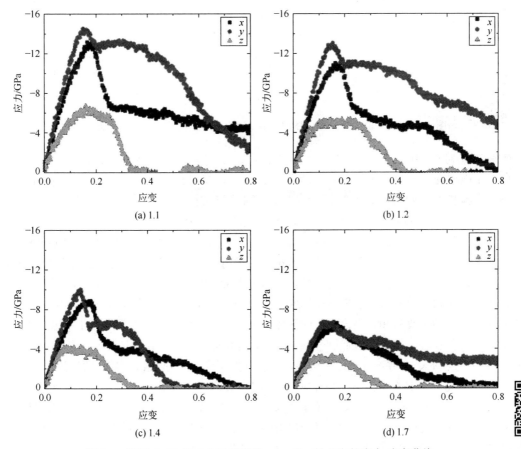

图 2.8　不同 Ca/Si 的 C-S-H 模型沿 x、y 和 z 轴方向的应力-应变曲线

图 2.9 为不同 Ca/Si 的 C-S-H 模型杨氏模量和抗拉强度，所有的 C-S-H 在 xy 平面的硬度和黏结强度都比层间方向大，表明了材料的力学各向异性。在 y 轴方向，随着 Ca/Si 从 1.1 增加到 1.7，抗拉强度从 14.5GPa 降低到 7GPa，而杨氏模量从 113.7GPa 降低到 62GPa，Ca/Si 从 1.7 增加到 2.0 时，抗拉强度和杨氏模量变化幅度较小。在 x 和 z 轴方向也可以观察到类似的规律，随着 Ca/Si 增加，材料沿 x 轴方向的杨氏模量和抗拉强度降低。本次模型计算所得结果和试验结果吻合较好，均表明随着 Ca/Si 上升 C-S-H 的杨氏模量降低。C-S-H 力学性能的演变主要是由硅氧链形貌和层间水结构导致的。一方面，Ca/Si 增加导致硅氧链变短，结构中 Si—O—Si 键逐渐被 Si—O—Ca 键所取代。第一性原理研究表明 Si—O 比 Ca—O 键能大，因此 Ca/Si 增加破坏了 C-S-H 中的硅氧骨架结构，降低了其力学性能。另一方面，高 Ca/Si 的 C-S-H 中含水量较高，水分甚至可以穿透入钙硅骨架当中，导致骨架中部分离子键被氢键所代替，水分子的扩散和水解反应降低了 C-S-H 结构的稳定性。

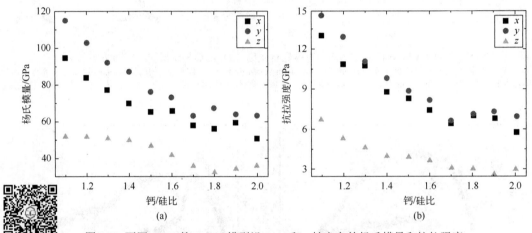

图 2.9　不同 Ca/Si 的 C-S-H 模型沿 x、y 和 z 轴方向的杨氏模量和抗拉强度

图 2.10 为 Ca/Si=1.1 和 1.7 的 C-S-H 模型沿 y 轴方向拉伸过程中的结构变化图。低 Ca/Si 的 C-S-H 模型在拉伸过程中的弹性阶段［图 2.10（a）］，硅氧链由于荷载作用受拉伸，Si—O—Si 键被打开吸收应力，在屈服阶段，硅氧链逐渐断裂导致硅氧四面体聚合度变化。从图 2.10（a）中可以看出，应变为 0.4 时，由于拉伸过程中硅链的断裂和再聚合，层状的晶体结构已经转变为无定形状。随着应变的继续增加，结构中开始出现微小裂缝，但是硅链的聚合反应减缓了裂缝的扩张，在应变达到 0.6 时，裂缝尺寸增加不大。拉伸过程中 C-S-H 的结构重组增加了其在破坏阶段结构的塑性，可以很好地解释应力-应变曲线呈阶梯形状的原因。高 Ca/Si 的 C-S-H 拉伸破坏机理和低 Ca/Si 时具有差异。从图 2.10（b）中可以看出，在应变为 0.2 时，由于硅链长度较短，多为硅氧四面体二聚体，此时拉伸荷载主要由钙硅主层的钙氧八面体承受。在弹性阶段，随着结构的变形，Ca—O 键拉伸且扭曲。在破坏阶段，在硅氧链的缺陷处，裂缝迅速生长、合并，导致结构破坏，这也导致了应力-应变曲线在破坏阶段连续的下降。

图 2.11 为 C-S-H 模型沿 y 轴方向拉伸过程中硅氧四面体聚合状态变化。如图 2.11（a）所示，低 Ca/Si 的 C-S-H 拉伸破坏可以分为三个阶段。第一阶段，在应变小于 0.15 时，材料呈弹性变形，硅氧链中 Si—O—Si 键角展开承受荷载，因此硅氧四面体聚合度没有变化。应变超过 0.15 时，Q^2 开始转变为 Q^1 和 Q^0（Q 指代硅链连通性），这意味着硅氧链开始断裂，由长链向二聚体转变。在应变为 0.3 时，还产生了 Q^3，表明形成了硅氧链支链结构，这是由

部分断裂的硅氧链重新聚合形成。新形成的硅氧链支链可以将相邻钙硅主层交联起来形成三维网络结构，这种结构重组可以提高 C-S H 结构的力学性能，与应力-应变曲线中的高原区相对应。第三阶段，少部分 Q^1 转变为 Q^2。对比图 2.11（a）、图 2.11（b）和图 2.11（c）可以看出，随着 Ca/Si 从 1.1 增加到 1.4，拉伸过程中 Q^2 降低，比例从 33% 减少到 5%，意味着硅氧链缺陷增加，其对于力学性能的贡献削弱。在 Ca/Si 增加到 1.7 时，C-S-H 拉伸过程中硅氧四面体聚合度不变，说明结构变形过程中硅氧链没有断裂。以上结果说明硅氧链的平均分子链长是决定 C-S-H 的力学性能的一个重要参数，C-S-H 拉伸过程中的形变伴随着硅氧链的解聚。在本模型中，平均分子链长降低到 4 后，材料后破坏阶段的阶梯状应力应变关系逐渐消失，硅链无结构重组以抵御拉伸荷载。高 Ca/Si 的 C-S-H 中桥硅氧四面体缺失，硅氧链呈弥散分布，因此其在 y 轴方向的力学性能大幅度降低。

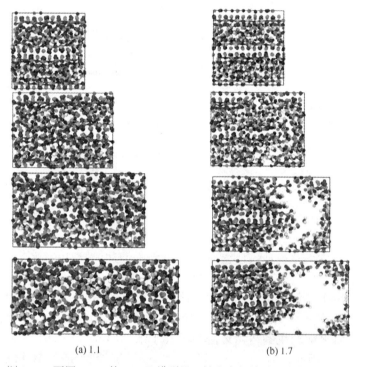

(a) 1.1   (b) 1.7

图 2.10   不同 Ca/Si 的 C-S-H 模型沿 y 轴方向拉伸过程中的结构变化
从上到下应力分别为 0.0、0.2、0.4 和 0.6

图 2.12 为 C-S-H 模型沿 y 轴方向拉伸过程中水分子和羟基数目变化。从图中可以看出拉伸过程中水分子数目不断降低，而 Ca—OH 和 Si—OH 的数目增加，表明了水解反应大量发生。在应变低于 0.05 时，水解反应的速率降低，仅有少量的水分子分解转变为羟基。Zhu 等人的研究表明增加应力可降低水解反应的能垒。因此可以推测，在应变低于 0.05 时，应力较小，不足以促进水解反应发生。对比图中各 Ca/Si 情况下的水分子和羟基数目变化可以发现，随着 Ca/Si 从 1.1 增加到 1.7，羟基的生成具有不同的特征。Ca/Si 为 1.1 时，拉伸前期 Ca—OH 和 Si—OH 的数目增加速率相同，但应变达到 0.2 时，Si—OH 数量增加速率超过了 Ca—OH。Ca/Si 为 1.2 的 C-S-H 模型拉伸过程中也可以观察到此现象，而 Ca/Si 为 1.4 和 1.7 的模型拉伸过程中 Ca—OH 和 Si—OH 的增加速率始终接近，这是因为不同 Ca/Si 的 C-S-H 模型在承受拉伸荷载过程中反应机理具有差异。

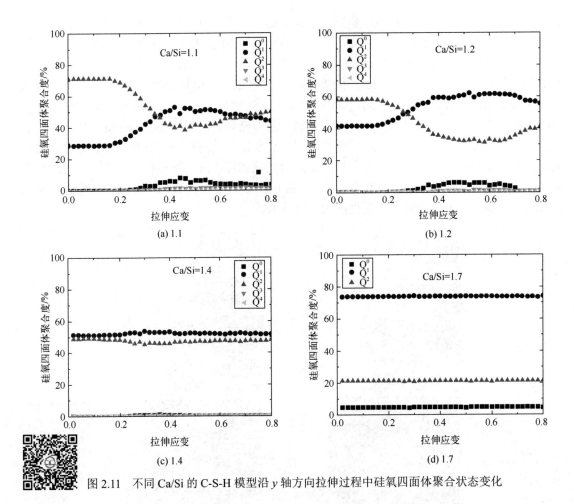

图 2.11　不同 Ca/Si 的 C-S-H 模型沿 y 轴方向拉伸过程中硅氧四面体聚合状态变化

图 2.13 为 C-S-H 中化学键的水解反应路径。在拉伸屈服阶段，Si—O—Ca 中的离子键较弱，首先断裂，水分子受到硅氧四面体的吸附并与其形成连接。接着水分子水解形成羟基和 Si—OH，而水解产生的自由羟基与钙离子结合形成 Ca—OH，导致 Si—O—Ca 中桥接 Ca—O 键断裂。因此，Si—O—Ca 键水解形成了等量的 Si—OH 和 Ca—OH。

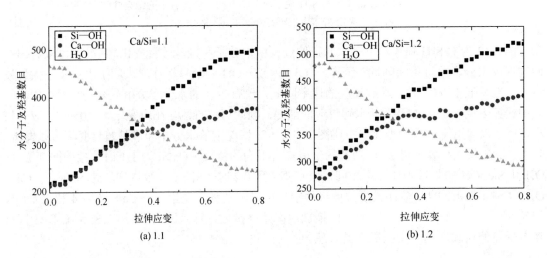

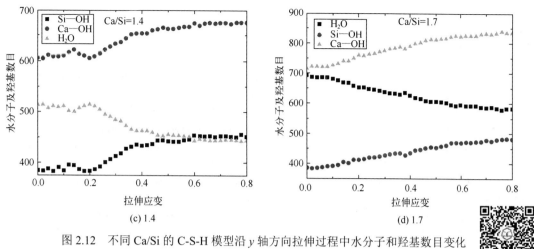

图 2.12　不同 Ca/Si 的 C-S-H 模型沿 y 轴方向拉伸过程中水分子和羟基数目变化

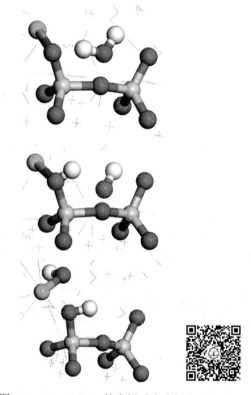

图 2.13　Si—O—Ca 的水解反应路径

习题

1. 何谓分子动力学的静态性质和动态性质？
2. 分子动力学模拟可以得到材料的哪些性质？
3. 分子动力学模拟通常需要哪些步骤？
4. 怎样用分子动力学模拟材料的扩散系数和力学性能？
5. 在分子动力学模拟中，用哪些量来表征非晶材料？

参考文献

[1] Metropolis N, Rosenbluth A W, Rosenbluth M N, et al. Equation of state calculations by fast computing machines [J]. The Journal of Chemical Physics, 1953, 21(6): 1087-1092.

[2] Leach B A R. Molecular modelling: Principles and applications [M]. London: Longman, 1996.

[3] Hou D S. Molecular Simulation on Cement-Based Materials: From Theory to Application[M]. Berlin: Springer, 2020.

[4] Cygan R T, Liang, J J, Kalinichev A G. Molecular models of hydroxide, oxyhydroxide, and clay phases and the development of a general force field [J]. Journal of Physical Chemistry B, 2004, 108(4): 1255-1266.

[5] Kirkpatrick R J, Kalinichev A G, Hou X, et al. Experimental and molecular dynamics modeling studies of interlayer swelling: Water incorporation in kanemite and ASR gel [J]. Materials and Structures, 2005, 38(4): 449-458.

[6] Cygan R T, Greathouse J A, Heinz H, et al. Molecular models and simulations of layered materials [J]. Journal of Materials Chemistry, 2009, 19(17): 2470-2481.

[7] Berendsen H J C, Grigera J R, Straatsma T P. The missing term in effective pair potentials [J]. Journal of Physical Chemistry, 1987, 91(24): 6269-6271.

[8] Shahsavari R, Pellenq R J, Ulm F J. Empirical force fields for complex hydrated calcio-silicate layered materials [J]. Physical Chemistry Chemical Physics, 2010, 13(3): 1002-1011.

[9] Pellenq J M, Kushima A, Shahsavari R, et al. A realistic molecular model of cement hydrates [J]. PNAS, 2009, 106(38): 16102-16107.

[10] Youssef M, Pellenq R J M, Yildiz B. Glassy nature of water in an ultraconfining disordered material: The case of calcium-silicate-hydrate [J]. Journal of the American Chemical Society, 2011, 133(8): 2499-2510.

[11] Ji Q, Pellenq J M, Vliet K J. Comparison of computational water models for simulation of calcium-silicate-hydrate [J]. Computational Materials Science, 2012, 53(1): 234-240.

[12] Bonnaud P A, Ji Q, Coasne B, et al. Thermodynamics of water confined in porous calcium-silicate-hydrates [J]. Langmuir, 2012, 28(31): 11422.

[13] Manzano H, Moeini S, Marinelli F, et al. Confined water dissociation in microporous defective silicates: Mechanism, dipole distribution, and impact on substrate properties [J]. Journal of the American Chemical Society, 2012, 134(4): 2208-2215.

[14] Tersoff J. Newempirical model for the structural properties of silicon [J]. Physical Review Letters, 1986, 56(6): 632.

[15] Brenner D W, Shenderova O A, Harrison J, et al. A second-generation reactive empirical bond order (REBO) potential energy expression for hydrocarbons [J]. Journal of Physics: Condensed Matter, 2002, 14(4): 783-802.

[16] 杨小震. 分子力学力场及参数化方法, 软物质的计算机模拟与理论方法[M]. 北京:化学工业出版社, 2010.

[17] Knyazev A V, Lashuk I. Steepest descent and conjugate gradient methods with variable preconditioning [J]. SIAM Journal on Matrix Analysis and Applications, 2007, 29(4): 1267-1280.

[18] Berendsen H J, Postma J P, Van G W, et al. Molecular-dynamics with coupling to an external bath [J]. The Journal of Chemical Physics, 1984, 81(8): 3684-3690.

[19] Parrinello M, Rahman A. Polymorphic transitions in single crystals: A new molecular dynamics method [J]. Journal of Applied Physics, 1981, 52(12): 7182-7190.

[20] Nosé S. A molecular dynamics method for simulations in the canonical ensemble [J]. Molecular Physics, 1984, 52(2): 255-268.

[21] Hoover W G. Canonical dynamics: Equilibrium phase-space distributions [J]. Physical Review A, 1985, 31(3):1695-1697.

[22] Verlet L. Computer"experiments"on classical fluids. I. Thermodynamical properties of Lennard-Jones molecules [J]. Physical Review, 1967, 22(1): 79-85.

[23] Kerisit S, Liu C J. Molecular simulations of water and ion diffusion in nanosized mineral fractures [J]. Environmental Science & Technology, 2009, 43(3): 777-782.

第 3 章

水泥熟料的第一性原理计算

水泥作为高耗能行业，是我国碳排放第二大户，在工业行业中仅次于钢铁。减少水泥行业的污染，实现更高质量、更有效率、更可持续发展是水泥行业的未来发展方向。水泥熟料的制备需要消耗大量天然资源，而利用工业固废代替部分原料制备水泥既可有效减少固体废弃物的堆放，又可大大缓解我国资源短缺的压力[1]。工业固废主要来源于工业生产的排放过程，其中含有种类较多的重金属离子，如果使用工业固废作为原料来生产水泥，其中的重金属离子会对熟料性能产生多种影响。若能通过合适的模拟和试验，掌握重金属离子在水泥熟料各矿中的迁移固化过程，探明重金属元素在水泥物相中的分布规律，将为处理工业固废提供重要的参考，使工业固废成为一种廉价的水泥熟料生产原料，实现水泥行业的可持续发展[2]。

以普通硅酸盐水泥（ordinary portland cement，OPC）和硫铝酸盐水泥（sulphate aluminium cement，SAC）为例，目前已经有一些关于重金属离子在 OPC 和 SAC 熟料中的固溶倾向和取代行为的探索，但仍需要进一步研究。在 OPC 和 SAC 水泥系统中，多元多相发生复杂的物理化学反应，通过传统的试验观测手段难以观察到重金属离子在煅烧时的迁移过程，也无法在原子尺度上对重金属离子掺杂之后的取代倾向做出合理解释，此外试验中采用不同的原材料以及煅烧制度也会使结果产生偏差。尽管国内外有关研究工作者通过离子半径差、电负性、化合价等基础化学性质来解释推测其可能取代的位点，但仍缺乏强有力的理论模拟支撑这些推测，所以目前重金属离子取代机理仍然不是很明确。随着大规模并行计算技术的发展，理论模拟技术在材料科学领域逐步开展应用，越来越多的国内外学者将理论模拟方法应用到了水泥研究中，如通过建立水泥熟料矿物相的晶胞模型，使用理论模拟分析其稳定态的能量从而算出重金属离子掺杂后的缺陷形成能，并进一步分析其晶格参数的变化、价键变化、分子轨道结合方式和电荷分布等，以揭示其取代的机理。

本节主要介绍第一性原理计算的方法，使用 VASP 软件进行计算模拟[3]，令其分别在水泥熟料体系中五种矿物相 C_3S、C_2S、C_3A、C_4AF 和 $C_4A_3\bar{S}$ 的晶格模型中进行取代，并通过计算得到缺陷形成能、差分电荷分布、局域电子密度等，通过理论计算获得重金属离子分别在五种矿物相中的固溶倾向和取代行为，进一步分析重金属离子掺杂在原子尺度上对晶体晶格结构的变化、原子位点的变化、能量的变化等的影响，为利用固废制备水泥熟料提供重要的理论指导。

3.1 熟料矿物相晶胞模型的建立

计算科学离不开建模，好的建模往往是计算成功的第一步。建模的方法有很多种，首先可以使用 Materials Studio 软件中的 Build-Crystals-Build Crystal 功能[4]，通过查阅相关文献并输入晶胞参数来建立试验所需的晶体结构，但这只适用于结构简单、原子数目少的晶胞。水泥熟料矿物晶胞原子数目过多，通过此方法建立过于繁琐复杂，这就用到另一种方法来建立水泥熟料矿物晶胞，通过查阅相关文献得到 OPC 和 SAC 熟料五种矿物晶胞的空间群和晶格参数，导入软件即可。目标矿物的晶胞模型文件（cif 文件格式）可以从相关晶体结构数据库中找到，如美国矿物学家晶体数据库（American mineralogist crystal structure database，AMCSD）（图 3.1）和无机晶体结构数据库（the inorganic crystal structure database，ICSD）等。

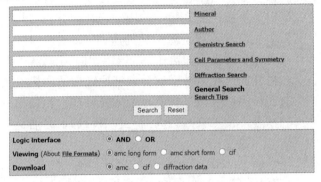

图 3.1　美国矿物学家晶体数据库网站界面

之后要进行的是重金属离子在目标矿物晶胞模型中取代位点的选取，在水泥熟料煅烧过程中重金属离子可以通过置换替代、间隙固溶等方式固溶在熟料矿物中形成置换固溶体和间隙固溶体。重金属离子置换多属替代固溶体，这是由于熟料矿物的晶体结构中的间隙空间有限，比较容易容纳离子半径较小的碳离子、氢离子和氮离子等，而重金属离子的离子半径通常偏大，很难进入熟料矿物的结构间隙，主要通过置换取代的方式形成固溶体。要进行取代的是金属阳离子，所以被取代的也主要是矿物相中的阳离子，如钙离子、硅离子、铁离子、铝离子等。

为了使各矿物中的缺陷浓度相差不大，需要进行晶胞扩胞，各矿物相超胞如表 3.1 所示。以 Zn 掺杂进入普通硅酸盐水泥为例，扩胞后用 Zn 原子在不同位置分别取代目标原子，建立掺杂后的 C_3S、C_2S、C_3A 和 C_4AF 晶胞模型，如图 3.2 所示[4]。将生成的模型导出保存为 cif 文件。

表 3.1　四种矿物用于模拟掺杂的超胞

矿物相	T1-C_3S	β-C_2S	C_3A	C_4AF
超胞	1×1×1	2×2×1	1×1×1	2×2×1
a/ Å	11.67	11.01	15.26	11.17
b/ Å	14.24	13.51	15.26	14.60
c/ Å	13.72	9.31	15.26	10.75
α/ Å	105.50	90.00	90.00	90.00
β/ Å	94.33	94.51	90.00	90.00
γ/ Å	90.00	90.00	90.00	90.00

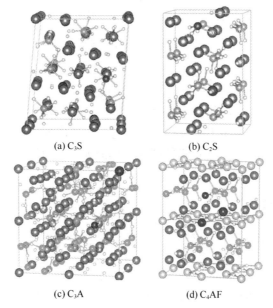

(a) C₃S   (b) C₂S

(c) C₃A   (d) C₄AF

图 3.2　Zn 在 C_3S、C_2S、C_3A 和 C_4AF 不同位置掺杂的结构
蓝色、绿色、浅蓝色、橙色、白色和紫色球体分别代表 Ca、Si、Al、Fe、O 和 Zn 原子

3.2　计算过程

3.2.1　结构优化

　　结构优化主要通过 VASP 软件进行。将晶胞模型文件使用 VESTA 软件打开，点击 File 中的 Export Data，导出文件格式为 POSCAR，把导出的 POSCAR.vasp 文件重命名为 POSCAR，POSCAR 是描述体系的结构文件，包括原胞（或晶胞）的基矢、原子的位置、原子是否移动、原子的初始速度等，分数坐标和笛卡尔坐标，以及对原子位置进行选择性的弛豫（selective dynamic）。这就是进行 VASP 优化计算的四大输入文件之一，除此之外还包括 INCAR、KPOINTS 和 POTCAR 三个输入文件[3]。INCAR 是计算控制参数的文件，KPOINTS 是一种简单的 k 点设置方法，POTCAR 是赝势文件，一般 PBE 泛函用得比较多。（Perdew-Burbe-Emzerhof）

　　此过程需要连接远程服务器的 Xshell 软件，将数据文件上传到远程服务器计算。打开 Xshell 后登录，点击进入文件传输界面，在远程服务器节点下建立对应的文件夹，把输入文件拷贝进去，然后输入指令进行上传计算。按照设定好的参数精度等一一输入，最后提交计算任务进行优化。通过晶胞结构优化依次对矿物相晶胞模型的不同位点进行取代并优化，优化前后得到的晶胞参数对比发生变化，由此做进一步的结构分析。

3.2.2　缺陷形成能

　　缺陷形成能（E_f）是表征缺陷形成难易程度的物理量，引入杂质原子后会产生间隙缺陷或取代缺陷，缺陷形成能越大表示反应所需要跨过的能垒越高，反应越难发生，反之较低的缺陷形成能表示反应越容易发生。由于产生间隙缺陷所需的能量远高于产生取代缺陷的能量，因此本文只考虑后者。通过对各矿物相掺杂前后的晶胞进行优化，可以得到它们在 0K 时的

能量，将这些能量按照公式（3.1）进行计算可以得到缺陷形成能[5]：

$$E_f = E_t - E_0 - \mu_{sub} + \mu_x \tag{3.1}$$

式中，E_f 为缺陷形成能，eV；E_t 为引入杂质原子后晶胞的能量，eV；E_0 为晶胞未掺杂时的能量，eV；μ_{sub} 为杂质原子的化学势，eV；μ_x 为被取代原子的化学势，eV。

原子的化学势是单质稳定结构中单个原子的能量。缺陷形成能的数据可以在输出文件 OSZICAR 中读取，同一元素在不同位点取代，得到的形成能一般不同。缺陷形成能越低表示反应越容易发生，所以对比不同位点的缺陷形成能大小，可以判断杂质原子对不同原子的取代倾向顺序。

3.2.3　态密度（DOS）

态密度有分波态密度（PDOS）和总态密度（TDOS）两种形式。态密度表示单位能量范围内的电子数目，也就是电子在不同能级上的分布状态。

要计算 DOS，首先要设置新的输入文件 INCAR 文件参数。计算时需要用到的输入文件有 INCAR、POSCAR、POTCAR、KPOINT 和脚本文件，其中 POSCAR 是由优化后的 CONTAR 改名而成，计算态密度的 k 点一般比结构优化用到的密度大，步骤与之前优化计算一样，进入 vaspkit 进行参数设置，设置完成后提交任务计算，得到 DOSCAR 文件。然后通过 split-dos 对 DOSCAR 进行分割，可以得到 DOS0、DOS1、DOS2…。其中 DOS0 是总的态密度，DOS1、DOS2…分别是第一、第二……个原子的态密度。DOS1 是第一个原子的分波态密度值，第一列是能量，第二、三、四列数据分别对应于 s、p、d 态的分波态密度值。

各个原子的 PDOS 文件中，PDOS-UP 表示自旋向上，PDOS-DW 表示自旋向下，把两个文件分别用 Origin 绘图软件打开，用自旋向上减去自旋向下就得到该原子对应的 PDOS 图。PDOS 图可用于分析能带，也可以从中得到成键信息、价带宽度、导带宽度、每个轨道对于成键的贡献等信息。分波态密度可以帮助判断成键信息。通过分析取代前后分波态密度的重叠程度，可以用来判断取代构象的稳定性，也可以分析电荷转移情况。若取代后成键加强，则成键分子轨道向下移动，反键分子轨道向上移动，导致态密度图发生移动，能带变宽；反之则能带变窄。通过比较取代前和取代后的 PDOS，可以判断有哪些键发生变化，PDOS 的稳定与否可以通过分析对应取代原子的 PDOS 是否往低能级移动和重叠程度的变化来解释。

以 Zn 在 OPC 熟料矿物中的掺杂为例，图 3.3 显示了本征和掺杂 Zn 的 C_3S、C_2S、C_3A 和 C_4AF 稳定构型中所有元素的 PDOS。结果表明，Fe—O 键主要由 Fe 的 3d 轨道和 O 的 2p 轨道的电子布局重叠形成。Ca—O 键主要是由 Ca 的 d、p 和 s 轨道中的电子态与 O 原子中的 p 轨道的电子态杂化而形成。Si—O 和 Al—O 键主要由 Si/Al 的 3p、2s 轨道和 O 的 2p 轨道的电子布局重叠形成。在所有引入 Zn 的 PDOS 中，Zn@Fe 与未发生取代的原始矿物的轨道形成相似[4]。因此，在 C_4AF 中，Zn—O 和 Fe—O 之间相似的电子贡献揭示了锌对铁的优先取代倾向。

3.2.4　差分电荷密度（EDD）

差分电荷密度 EDD（electron density difference）是通过成键后区域内电荷密度减去成键前对应区域的电荷密度得来的。差分电荷密度可以直观地显示相邻原子之间电子的重新分布，用来解释成键的强度。

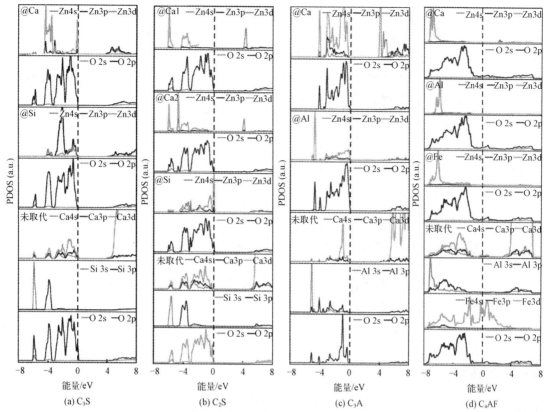

图 3.3　Zn 掺杂取代 OPC 熟料前后的分波态密度图对比

@表示元素取代

差分电荷密度（EDD）的计算公式为：

$$\Delta \rho = \rho_{AB} - \rho_A - \rho_B \tag{3.2}$$

式中，ρ_{AB} 为离子掺杂后经过优化的结构电荷密度；ρ_A 为未掺杂的矿物相的结构电荷密度；ρ_B 为掺杂原子的结构电荷密度。

将结构优化后得到的 CONTAR 文件通过 Materials Studio 软件打开，通过 CASTEP 模块进行能量和电子密度的计算，设置相关计算参数，具体参数设置因计算材料而进行调整。计算完成后，找到对应文件目录下 xsd 文件格式的晶胞模型，用 Materials Studio 软件打开，选定目标原子，通过 Create Slices 切面，并选择蓝白色作为背景，更有利于观察。图 3.4 是 Cr 掺杂取代 SAC 熟料矿物相 C_4AF 得到的 EDD 图。

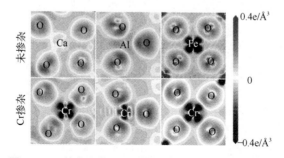

图 3.4　Cr 掺杂取代 SAC 熟料前后差分电荷密度对比

通过对差分电荷密度进行解析，可以得到成键前后电荷移动和成键极化的信息，也可以直观地显示相邻原子之间的电子分布，进而了解键的强度。EDD 图中的蓝色和红色分别代表失去和得到电子，颜色越深说明在该区域发生的电子转移越多。对于 C_4AF 中以 Cr 为中心的区域，与以铁离子为中心的区域相比，形状和亮度几乎是完全相同的，表明 Cr—O 键和 Fe—O 键之间的电子贡献相似，Cr 更容易取代 Fe 进入 C_4AF 中。因此，主客体离子之间的电子结构匹配解释了 Cr 离子在 C_4AF 相中具有掺杂倾向的内禀因素[5]。

习题

1. 第一性原理模拟计算与传统试验方法相比有什么优点和缺点？
2. 正确下载安装并熟练掌握模拟计算所需的软件。
3. 在 Materials Studio 软件中建立水泥熟料矿物相 C_3S 的球棍晶胞模型。
4. 建立 Cu 原子掺杂 C_3S 的晶胞模型并进行优化计算。
5. 对计算数据进行分析计算，得出缺陷形成能并判断可能发生取代的位点。
6. 计算态密度和差分电荷密度并分析。
7. 简述 VASP 四大输入文件的主要内容。

参考文献

[1] 杜祥琬, 刘晓龙, 葛琴, 等. 通过"无废城市"试点推动固体废物资源化利用, 建设"无废社会"战略初探[J].中国工程科学, 2017, 19(4):119-123.

[2] Lu L N, Xiang C Y, He Y J, et al. Early hydration of C_3S in the presence of Cd^{2+}, Pb^{2+} and Cr^{3+} and the immobilization of heavy metals in pastes [J]. Construction and Building Materials, 2017, 152(15): 923-932.

[3] Kresse G, Hafner J. Ab initio molecular dynamics for liquid metals[J]. Physical review, 1993,47(1): 558

[4] Zhu J P, Yang K, Chen Y, et al. Revealing the substitution preference of zinc in ordinary Portland cement clinker phases: A study from experiments and DFT calculations[J]. Journal of Hazardous Materials, 2021, 409: 124504.

[5] Zhao R Q, Zhang L, Guo B K, et al. Unveiling substitution preference of chromium ions in sulphoaluminate cement clinker phases [J]. Composites Part B: Engineering, 2021, 222: 109092.

第 4 章

水泥水化硬化模拟

水泥水化过程是决定水泥基材料力学性能、体积变形、渗透性及耐久性等各种宏观性能的重要环节。水泥熟料的主要成分包括硅酸三钙(C_3S)、硅酸二钙(C_2S)、铝酸三钙(C_3A)和铁铝酸四钙(C_4AF)。在硅酸盐水泥水化初期，C_3S 的水化反应占据主导，产物主要为水化硅酸钙凝胶(C-S-H)及充填在胶体中的氢氧化钙晶体(CH)；C_2S 的水化速度相较于 C_3S 很缓慢，其主要产物为 C-S-H 和少量 CH，但该水化产物对 28 天水泥石强度的改善具有重要意义；C_3A 反应速率最高，对水泥浆流变性能有显著影响，其主产物为钙矾石(AFt)和单硫型硫铝酸盐(AFm)；C_4AF 的反应活性远弱于 C_3A，早期水化相对缓慢。此外，由于水化反应过程中不同熟料之间的相互作用及干扰，不同矿物相的溶解平衡常数和溶解速率存在差异，水化过程异常复杂。在过去半个世纪中，诸多分析和数值模型被提出以描述水泥水化进程。

4.1 单颗粒模型

4.1.1 模型综述

在单颗粒模型中，水泥颗粒一般假设为球形的单相矿物 C_3S，且随着水化反应进行，颗粒半径逐渐减小，水化产物覆盖在颗粒表面并沿着轴心方向不断增长。为了描述诱导期，Kondo[1]认为水泥在最初与水接触时会生成亚稳态产物层，这会阻碍水泥的进一步溶解并降低反应速率，随着时间推移，该层溶解或变得更具渗透性，导致反应速率加快。如图 4.1（a）所示，随着水化反应的进行，水泥颗粒收缩并被一层内部水化产物所取代，而在亚稳态产物层外部，一层水化产物向外生长并进入毛细孔隙空间。随着水泥颗粒周围产物层厚度的增加，其对反应物离子扩散的阻力增大，水化动力学过程最终转变为扩散控制的状态，致使反应速率不断减缓。基于 Kondo 的假设，Pommersheim[2-3]通过引入相边界反应和扩散反应的经典处理方法，提出了 C_3S 水化反应-扩散一体化且具有严格数学表达的单颗粒模型。如图 4.1（b）所示，在球面坐标系中，水通过产物层的时间依赖扩散方程的解可近似表述为：

$$\frac{\partial C}{\partial t} = \frac{1}{r^2} \times \frac{\partial}{\partial r}\left(Dr^2\frac{\partial C}{\partial r}\right) \tag{4.1}$$

假定水的扩散满足稳态条件（$dC/dt = 0$），边界条件为 $r = R$，$C = C_0$，$r = r_i$，$C = C_{eq}$。式中，r 是产物层内径，R 是水泥颗粒的原半径，D 为水化产物的扩散系数，C 是水的浓度，下标"i"表示未水化水泥颗粒核，下标"0"和"eq"分别表示固定值和平衡态值。

水泥颗粒的反应速率可表述为：

$$\frac{dy}{dt} = \frac{-1/\tau}{y^2\left[\left(\dfrac{1}{my^2}+\dfrac{1}{y}-1\right)+\dfrac{D_i}{D_x}\times\dfrac{x}{R}+\dfrac{D_i}{D_x}\left(1-\dfrac{R}{r_0}\right)\right]} \qquad (4.2)$$

式中，$y=r_i/R$ 表示无量纲半径；R 为水泥颗粒的原半径；$\tau=aR^2\delta/(C_0D_i)$（δ 表示 C_3S 的密度，a 是一个经验常数）；$m=kR/D_i$（k 表示反应速率）；D_i 为水化产物内部的扩散系数；r_0 为 y 的函数；x 表示亚稳态层厚度；下标 i、0、x 分别表示内部、外部和亚稳态水化产物层。

虽然这个模型明确解释了内部和外部水化产物的生长，但为了得到一个可求解的微分方程，它也包含了许多简化和假设[4]，如：一级反应动力学，内部和外部水化产物耦合生长（外部产物只取决于内部产物数量以及内外部产物化学计量数和摩尔密度），r_0 被简单地表述为 y 的函数，亚稳态层的厚度假设为呈指数衰减过程，内外部水化产物的扩散系数为常数 D_i 以及 D_0 经验地被认为随着水化程度的增加而降低。

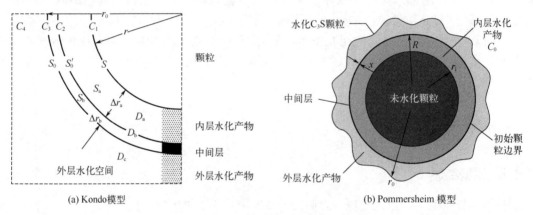

图 4.1 单颗粒 C_3S 水化

4.1.2 模型局限

单颗粒模型的普遍问题是没有考虑水泥颗粒之间的相互作用，以及不能准确地表示各种尺寸水化颗粒集合的整体动力学[5]。多分散粉末动力学[6]可以通过引入多个单一粒径的影响来近似模拟，因此，拟合参数不同于单一平均粒径的拟合参数。虽然这种方法可以提供一些粒径分布对水化进程影响的见解，但该方法的推导和使用往往是繁琐的。同时，一些将单颗粒模型整合到整体水泥水化模型中的经验方法已经相当成功。例如，Parrot[7]利用 X 射线衍射定量分析了不同组成、粒径及水灰比水泥浆体中水泥四大矿相的水化程度。基于这些时间依赖的试验数据，各矿物相溶解速率被表述为水灰比、相对湿度和粉末比表面积的函数。这些方程本质上是根据水灰比和饱和度等微观结构影响因素改进的单矿物相的单颗粒模型，同时，方程中的参数是通过 X 射线衍射数据经验拟合得到的。Tomosawa[8]在 1997 年提出了与 Parrott-Killoh 相同的模型，但试图考虑水泥细度和水灰比对水化动力学的影响。Parrot-Killoh 模型和 Tomosawa 模型在其适用性范围内是相当有效且容易实现的，是一些现代水泥水化动力学模拟的基础。

虽然这些方法成功地预测了水泥水化动力学，但它们本质上是经验性的。因此，这些模型的预测只对与校正拟合参数相似的水泥拌合物有效，对于新的水泥或具有明显不同配合比的水泥拌合物，需要重新校准参数。同时，它们仍没有考虑水泥颗粒间的相互作用以及水化浆体中孔隙空间的填充问题，忽略了相邻水泥颗粒间水化产物层的碰撞和有效孔隙空间整体充填的动力学影响。

4.2 成核生长模型

试验表明早期水化产物的生成速率是水化速率控制过程[9-10]，这一发现促进了模拟水化产物成核和生长现象的水化动力学模型的发展。虽然成核和生长有不同的速率常数和驱动力，但这一现象通常被简化为单一过程。如果做出某些简化和假设，成核和生长的整体动力学可用数学方法来描述。在成核和生长过程的早期阶段，即当水化程度较低时，各个区域的产物生长互不干扰，且生长速率满足幂函数关系；在水化后期，必须考虑水化产物在邻近区域的碰撞，这一过程将变得更加复杂。本节将分别讨论以上两个阶段的成核生长模型。

4.2.1 早期成核生长模型

当稳定的核形成并开始生长时，核体积随时间的变化将取决于所处环境条件以及它的形态。如果反应所需的反应物不断补充，致使过饱和度恒定，则动力学可被描述为相边界控制。在这种情况下，任何线性方向上的区域增长率将是恒定的，核体积（v）随时间（t）增加满足：

$$v \propto (Gt)^p \tag{4.3}$$

式中，G 为线性增长速率；p 为维数，对于针状、片状和球状生长，p 分别等于 1、2 和 3。如果向生长区域提供反应物的速率是速率控制步，则反应受扩散控制，单个区域核体积增长可描述为：

$$v \propto (Gt)^{p/2} \tag{4.4}$$

在早期成核生长过程，水化产物的总体积（V）随时间增加满足幂函数[11]：

$$V \propto t^m = t^{p/(s+q)} \tag{4.5}$$

式中，s 为速率控制形式（相边界控制时，$s=1$；扩散控制时，$s=2$）；q 为成核形式。如果早期核能快速形成，但由可用的成核位置耗尽或成核所需的物质耗尽而导致驱动力减少，致使成核迅速停止，这种情况下，$q=1$；如果初始阶段的成核活性位点没有耗尽，那么成核就不会突然停止，其生长速率与任何给定时间内未反应水泥数量成正比，此时 $q=2$。可以看出，m 的值介于 1/2～4 之间。

4.2.2 JMAK 成核生长模型

通过假设核在转化体内的分布，可以用数学方法描述水化产物碰撞过程。其中，基于核在转化体内随机分布的假设，推导出的方程是最简单和应用最广的，也就是著名的 JMAK 方程[12-14]：

$$X(t) = 1 - \exp\left[-(kt)^m\right] \tag{4.6}$$

式中，$X(t)$ 为在时间 t 时已反应水泥的体积分数；k 为包含生长和成核的联合速率常数。值得注意的是，这些速率依赖于温度，所以该方程只适用于等温系统。该方程经常应用于 C_3S 水化动力学研究，而 m 值报道的范围很广。如图 4.2 所示，Gartner[15]以及 Thomas[16]都报道了 JMAK 方程可以很好地拟合 C_3S 等温量热数据。因为 m 值直接与水化产物形貌和速率控制步等物理参数有关，因此，m 值的差异并不能准确解释水泥水化进程。虽然 JMAK 方程的数学形式可以很好地拟合 C_3S 水化动力学，但它不能在几何上表征合适的水化过程，因此拟合参数的物理意义有限。

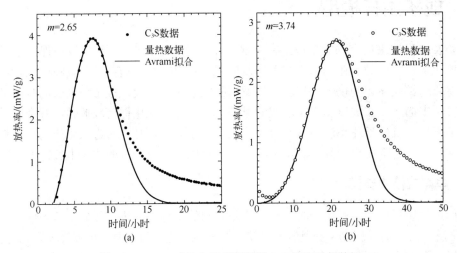

图 4.2　JMAK 成核生长模型预测 C_3S 等温量热数据

4.2.3　平面生长成核模型

为了理解不同浓度稀释石灰溶液中 C_3S 水化速率的试验数据，Garrault 和 Nonat[10]建立了 C-S-H 核在 C_3S 单平面上生长的数值模型。该模型中，在每一迭代步里，核都平行和垂直于 C_3S 表面生长。可以发现，如果假设 C-S-H 垂直生长速率高于平行生长速率，就可以很好地拟合试验数据。该模型预测了在水化初期颗粒表面仅部分被水化产物覆盖，在水化峰期后才会形成完整的水化层。尽管该模型解释了水化产物的成核主要发生在水化颗粒表面，但却无法解释不同颗粒碰撞导致水化产物层之间的作用。

4.2.4　边界成核生长模型

Thomas[16]指出，与 JMAK 方程相比，用于描述多晶材料晶界上成核的固-固相变的边界成核生长模型可以更好地描述水泥水化过程。在该模型中，水泥或 C_3S 颗粒的表面类似于成核发生的晶界，颗粒之间充满流体的孔隙空间类似于颗粒本身，成核仅在平面边界上发生，且在体积内随机分布。边界成核生长模型的数学表达式如下：

$$X = 1 - \exp\left\{-2O_v^B \int_0^{G_t} \left[1 - \exp\left(-Y^e\right)\right]\right\} \tag{4.7}$$

其中

$$Y^e = \begin{cases} \dfrac{\pi I_B}{3} G^2 t^3 \left(1 - \dfrac{3y^2}{G^2 t^2} + \dfrac{2y^3}{G^3 t^3}\right) & \text{当} \, t > y/G \\ 0 & \text{当} \, t < y/G \end{cases} \tag{4.8}$$

式中，G 为线性生长速率；I_B 表示单位面积的成核速率；O_v^B 表示单位体积的总边界面积；x 为体积分数；y 为无量纲半径；t 为时间。边界成核生长方程可通过数值求解，临时变量 Y^e 和 y 在积分过程中消失，最终得到 X。Thomas 同时指出 G、I_B 和 O_v^B 三个物理参数只有两个自由度相互依赖，并提出了两个以时间倒数为单位的速率常数：

$$k_B = \left(I_B O_v^B\right)^{1/4} G^{3/4} \tag{4.9}$$

$$k_G = O_v^B G \tag{4.10}$$

如图 4.3 所示，当边界成核生长模型应用于纯 C_3S 或阿利特（用离子取代改性的 C_3S）粉末的量热法数据时，该模型比 JMAK 方程提供了明显更好的拟合[17]。

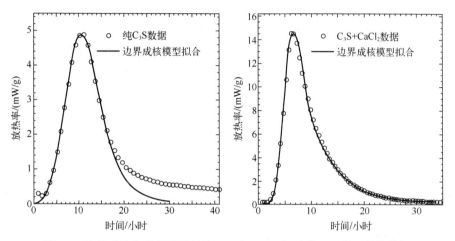

图 4.3　边界成核生长模型模拟纯 C_3S 和 $CaCl_2$ 加速的 C_3S 等温量热数据

4.2.5　模型局限

虽然传统 JMAK 模型已经使用多年，在许多情况下能提供合理的符合动力学的数据，但是随机成核假设与实际 C-S-H 表面成核现象严重不符，这意味着拟合参数很少或根本没有物理意义。与 JMAK 模型相比，边界成核模型明显提高了对水泥水化的拟合程度。然而，即使假定的成核和生长机制对矿物水化是有效的，由于边界假定为静态边界，所以边界成核模型也只是近似模拟。实际上，溶解会导致反应边界移动，所以在原始边界两侧水化产物发展会有所不同。对于最新版本的边界成核生长模型，颗粒表面单位面积成核速率一般假定为常数，在这种情况下，绝对成核速率在水泥与水最初混合后最高，然后随着表面被产物覆盖而逐渐下降。然而，根据成核理论，成核速率还应取决于孔隙溶液相对于水化产物的过饱和度。同时，边界成核生长模型假定水化产物可跨越边界生长，但是，在实际水化过程中，水化产物不能渗透到相邻未水化颗粒中，而只能停留在颗粒表面。虽然目前还不清楚哪一特定假设对描述水泥水化最准确，但修改成核生长模型以匹配数值模拟或微观研究的规律能使它们成为研究早期水化机理的有力工具。

4.3　连续基水化仿真模型

随着计算机技术的飞速发展，基于水泥水化动力学理论建立胶凝材料水化计算机模型已成为可能。计算机模型可以定量描述水泥基复合材料微结构的演变过程，对加深水化过程的理解和预测水泥浆体的宏观性能有着重要的理论价值和实际意义。目前主要有两类有代表性的水泥水化模型：连续基模型和离散基模型。前者试图建立水泥水化过程的连续介质模型；后者主要利用计算机图像技术模拟水化进程和微结构演变。本节主要介绍各种连续基水化仿真模型。

4.3.1 Jennings-Johnson 模型

1986 年 Jennings 和 Johnson[18]首次开发了一种模拟水泥浆体微结构的模型，它是水泥水化模型发展中的一个重要里程碑。该模型试图反映颗粒胶凝系统的复杂分布特性，最终目标是建立一个没有预设条件和人为假设的模拟平台。如图 4.4 所示，Jennings-Johnson 模型利用球形水泥颗粒与水组成系统来研究三维微结构的形成过程。球形水泥颗粒在立方体单元内随机分布，随着水化进行，未水化水泥颗粒半径逐渐减小，覆盖在水泥颗粒表面的 C-S-H 凝胶层逐渐变厚，而氢氧化钙则生长在空隙中。尽管该模型的水化过程类似于之前描述的单颗粒模型，但是这个新模型可以考虑许多额外的信息，如水泥颗粒粒径和粒径分布、氢氧化钙核的位置和数量，以及产物层发生碰撞时的分布。该模型能够在一定程度上反映真实水化浆体的微结构，然而没有考虑严格的动力学和水传输效应。同时未能证明孔溶液化学、C-S-H 成核等重要的水化机制。虽然水化动力学可以引入该模型，但在模型程序化过程中并没有明确地包含动力学速率表达式。由于受到计算机运算能力的限制，该模型并没有进一步发展和广泛应用，但是它为后来的计算机水化动力学模型开发铺平了道路。

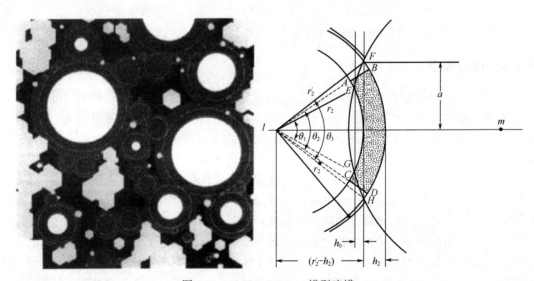

图 4.4　Jennings-Johnson 模型建模

4.3.2 Navi-Pignat 模型

1996 年 Navi 和 Pignat[19]在 Jennings-Johnson 模型的基础之上，引入"整体颗粒动力学"概念，开发了一款基于 C_3S 水化进程更为完善的微结构演变模型。该模型同样首先将 C_3S 颗粒近似成球形颗粒随机分布在一个立方体空间中。为了模拟 C_3S 水化，相界面反应控制机制和扩散控制反应机制被引入该模型中，并提出了如下水化动力学方程：

$$\frac{\mathrm{d}r_{\mathrm{in}}^{i}(t)}{\mathrm{d}t} = K_0 \left(\frac{\delta_{\mathrm{tr}}}{\delta^{i}(t)}\right)^{\beta} C_s^{i}(t) C_w(t) \tag{4.11}$$

式中，$r_{\mathrm{in}}^{i}(t)$ 为在时间 t 时未水化颗粒半径；K_0 为基本速率常数；δ^{i} 为水化产物壳的厚度，等于水化产物外部半径与未水化颗粒半径之差；δ_{tr} 为过渡半径，等于当控制机制从相界面反应机制（$\beta = 0$ 和 $\frac{\delta_{\mathrm{tr}}}{\delta^{i}} \leqslant 1$）转变为扩散机制时（$\beta = 1$ 和 $\frac{\delta_{\mathrm{tr}}}{\delta^{i}} > 1$）的水化产物壳厚度；$C_s^{i}$ 为与颗粒自由表面减少相关的参数，等于颗粒自由表面与总表面的面积之比；C_w 为与水含量降低相关的参数。

$$C_w(t) = 1 - \frac{v\alpha(t)}{\rho w_0 + \alpha(t)} \tag{4.12}$$

式中，v 为总水化产物与反应的 C_3S 体积之比；α 为 C_3S 水化程度；ρ 为新拌水泥浆体比表面积；w_0 为初始水胶比。随着水化进行，整个体系从起初的两种物相（C_3S、H_2O）逐渐变成五种物相（C_3S、C-S-H、CH、H_2O 和孔隙）。该模型可以持续记录整个体系的水化程度、孔隙率变化、固相表面积等信息。同时，Navi 和 Pignat 进一步开发了 MTPVS 技术用以统计微结构演变过程中孔径分布曲线的变化以及毛细孔的连通性，图 4.5 分别展示了在水灰比（w/c）为 0.4 的浆体中不同龄期的孔径分布曲线以及不同水灰比浆体中的毛细孔隙连通度曲线。

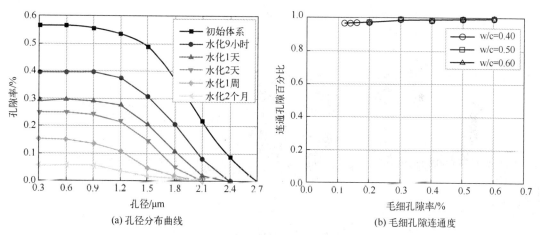

(a) 孔径分布曲线　　　　　　　　　　(b) 毛细孔隙连通度

图 4.5　Navi-Pignat 模型统计孔径分布曲线与毛细孔隙连通度

4.3.3　SPACE 模型

为了考虑水泥多矿物相的水化，Le 等[20]拓展了 Navi-Pignat 模型使其能模拟硅酸盐水泥水化和三维微结构演变，并将该模型取名为 SPACE。不同于 Navi-Pignat 模型中理想的水泥颗粒堆积模型，SPACE 模型采用离散元方法来堆积水泥颗粒，使其更加接近初始水化堆积状态。同时，如图 4.6 所示，在水化前，每个球形颗粒假设为由多矿物相构成；在水化过程中，每个水泥颗粒的未水化核与水发生反应，因此未水化核尺寸会减小，并伴随着水化产物会部分沉淀在颗粒外表面和反应核所占的区域。为了定量描述该水化过程，Le 等将动力学公式（4.11）拓展为：

$$\frac{\mathrm{d}r_{\mathrm{in}}^{\lambda,\mathrm{i}}(t)}{\mathrm{d}t} = K_0^\lambda \left\{ \left[\frac{\delta_{\mathrm{tr}}^\lambda}{\delta^{\lambda,\mathrm{i}}(t)} \right]^\gamma \right\}^\beta C_s^{\mathrm{i}}(t) C_{\mathrm{w}}(t) \qquad (4.13)$$

式中，λ 为 C_3S、C_2S、C_3A、C_4AF；γ 为控制反应速率的参数。由于多种矿物相的存在，公式（4.12）拓展为：

$$C_{\mathrm{w}}(t) = 1 - \frac{V_{\mathrm{prod}}(t)}{V_{\mathrm{w},0} + V_{\mathrm{m,reac}}(t)} \qquad (4.14)$$

式中，$V_{\mathrm{w},0}$ 为初始水的体积；$V_{\mathrm{m,reac}}$ 为反应水泥的体积；$V_{\mathrm{prod}}(t)$ 为总水化产物体积。基于试验测得的不同水泥水化进程数据，可以获得各矿物相基本速率常数与水泥矿物组分和细度之间的关系。因此，该模型可连续获得水泥水化进程和微结构演变信息。利用相似的动力学方程，Le 等将稻壳灰（SiO_2）引入 SPACE 模型，并研究了其对水泥水化进程的影响。然而，该模型将水泥颗粒的形状近似为球形，这与实际情况相差甚远。同时，水化进程严重依赖孔溶液信息，但是该模型并不能考虑孔溶液的影响。

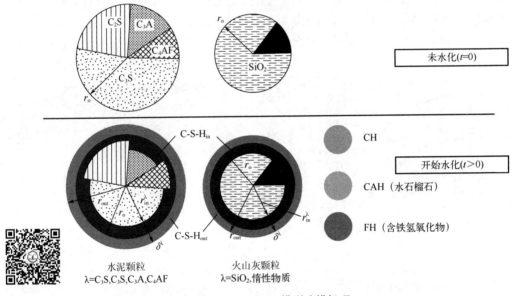

图 4.6　SPACE 模型建模机理

4.3.4　HYMOSTRUC 模型

荷兰 Delft 理工大学 Van Breugel[21]基于水泥水化动力学采用连续基方法开发了 HYMOSTRUC3D 模型。如图 4.7 所示，该模型中所有的水泥颗粒近似为球形颗粒，并根据水泥颗粒的粒径分布和水灰比将球形颗粒随机且不重合地投入正方体的反应体系中。根据化学反应的质量和体积守恒，水泥颗粒从外部向内部逐渐发生水化反应，生成的产物包裹在水泥颗粒的周围，并以最初未反应的水泥颗粒表面为边界，区分内部水化产物和外部水化产物。为了准确描述水泥颗粒微结构随时间和温度的变化，Van Breugel 提出了一个包含所有水化动力学参数的整体水化动力学等式来控制模型中水泥颗粒的水化进程：

$$\frac{\Delta\delta_{\mathrm{in},i}}{\Delta t} = K_0 \Omega_1 \Omega_2 \Omega_3 F_1 F_2 \left[\frac{\delta(\alpha_i)}{\delta_{\mathrm{tr}}}\right]^\lambda \qquad (4.15)$$

式中，$\delta_{\mathrm{in},i}$ 表示颗粒 i 的反应深度；t 为时间；K_0 为矿物相反应速率因子；Ω_j 为系统中水状态因子，$j=1$ 表示水的消耗量，$j=2$ 表示水的总量，$j=3$ 表示水的分布；F_k 为温度影响因子，$k=1$ 表示 Arhenius 方程中温度的影响，$k=2$ 表示孔结构对温度的影响；α_i 为水化程度；δ_{tr} 为从边界反应过渡到扩散反应中厚度的变化；λ 为颗粒嵌入状态，取值为 0 表示未嵌入较大水泥颗粒中，取值为 1 则表示嵌入。

HYMOSTRUC3D 在建立模型时，主要有以下四点假设：首先，在相同的状态下，粒径相同区间内的水泥颗粒水化程度相同；其次，在体系温度不变时，水化产物与反应产物的体积比不变；再次，反应产物只堆积在水泥颗粒的表面；最后，在微结构形成过程中，反应体系内的内应力是不考虑的。基于以上假设，在执行该水化模型时，随着水化的进行，水泥颗粒不断向外"扩张"，并不断"吞噬"其他外围的小颗粒，并按照一定的重叠算法，将颗粒的重叠体积分别"生长"在重叠颗粒的外部。近些年，研究者在改进和拓展 HYMOSTRUC3D 模型上也作出了巨大贡献。例如，为了更真实地表示水泥颗粒形状，Zhu 等[22]用非球形颗粒替代了球形颗粒来模拟水泥水化和微结构演变。同时，最新版本的 HYMOSTRUC3D 可模拟二元和三元复合水泥的水化和微结构演变[23]。然而，由于未考虑颗粒之间的相互作用，同时 HYMOSTRUC3D 对整个微结构信息的处理是采用统计方式，并不是追踪每个颗粒相的水化。因此，该模型并未考虑新生成微结构信息以及孔溶液的信息。

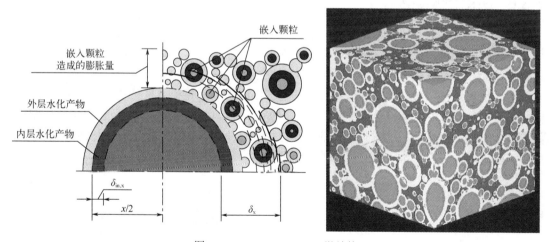

图 4.7　HYMOSTRUC3D 微结构

4.3.5　μic 模型

Bishnoi 和 Scrivener[24]基于早期 Navi 和 Pignat 开发的整体颗粒水化动力学模型开发了新的模拟水泥水化模型——μic（"mike"），该模型与 HYMOSTRUC3D 模型相似，都是采用连续基方法进行建模（如图 4.8 所示），这款模型在很好地预测水泥水化以及微结构演变的同时，具有以下优点：①在建模时运用了网格划分法显著提高计算机运算能力，在计算颗粒之间的重合或距离时，运算能更加集中，故而在几个小时内就可以对上百万个颗粒进行计算；②由于水泥水化进程在诸多方面未能得到很好的理解，μic 模型允许研究者自行设置参数；③其他研究者可以编写相应的插件，获取水泥水化进程和微结构演变的各种物理化学变化进程；④μic 模型具有极强的扩展性，基于获取的微结构可以很方便地进行有限力学分析，亦可以研究湿气及离子的在微结构中的传输情况。然而与 HYMOSTRUC3D 模型一样，μic 在建模时亦没有直接考虑孔溶液的变化。故而该模型无法模拟热力学驱动的微结构变化或者相传输现象，如扩散，这就影响了水化产物的分布情况。同时，模型中有太多参数需要操作者自行设置，这就导致了该模型应用的普适性较差。

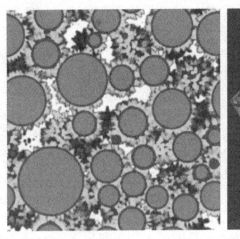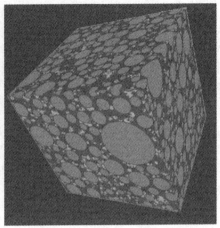

图 4.8　μic 模型微结构

4.3.6　DuCOM 模型

日本东京大学的 Maekawa 等[25]建立了 DuCOM（durability model of concrete）数值模拟体系，该模型可将水化动力学计算、微结构演变、孔压计算、氯离子传输及平衡等诸多模块耦合在一起，同时可以用于预测混凝土的诸多性能。其中，水化模块主要包含四步：初始状态重构、水化过程、微结构发展以及物质传输。DuCOM 水化模型也是基于连续基方法来建模，体系中将水泥假定为初始分布均匀（某一粒径）和组成相同的球形颗粒置于反应系统中。如图 4.9 所示，水化反应的预测也是基于水化热计算模型，各种矿物组分水化热的释放速率是基于改进后的 Arrhenius（阿伦尼乌斯）定律：

$$H = C\sum\left(P_i H_i\right) \tag{4.16}$$

$$H_i = \gamma\beta_i\lambda\mu s_i H_{i,T}\exp\left[-\frac{E_i}{R}\left(\frac{1}{T}-\frac{1}{T_0}\right)\right] \tag{4.17}$$

式中，C 为水泥含量；P_i 为水泥中各熟料矿物组分的相对含量；E_i 为化学活化能；$H_{i,T}$ 为参考温度 T_0 下的水化热释放速率；s_i 为水泥细度；γ 为考虑化学外加剂对水化反应速率的影响；β_i 为由缺乏自由水而产生的延迟效应；μ 为 C_3S 与 C_2S 之间的相互作用；T_0 为参考温度；T 为温度。水化程度定义为 $\alpha=Q/Q_{max}$，其中 Q 为累积放热量，Q_{max} 为完全水化放热量。水化产物可分为内部和外部两种水化产物，内部水化产物的孔隙率假定为 0.28 不变。对于外部水化产物的孔隙率，其随厚度增加从内到外呈线性变化。物质传输过程中，在微结构的基础上，考虑温度过程和水分传输，依据传输的偏微分方程，即可得到水分和温度的分布。DuCOM 模型的重点是考虑了不同水泥矿物组分对水化反应动力学的影响，而模型的缺陷在于并未将水泥的粒径分布考虑到微观结构模拟中，只是将水泥颗粒看作是某一粒径的均匀球状颗粒。

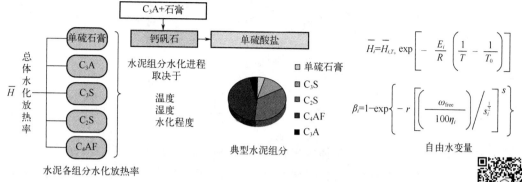

图 4.9　DuCOM 模型中水化模块建模

4.3.7　Wang 模型

为了模拟矿物掺合料对水泥水化进程的影响，Wang[26]拓展了硅酸盐水泥动力学方程，使其适用于二元或三元复合水泥水化。其中，硅酸盐水泥水化动力学表述为：

$$\frac{\mathrm{d}\alpha^j}{\mathrm{d}t} = \frac{3C_{w\infty}}{\left(v + w_{\mathrm{ag}}\right)r_0^j \rho} \times \frac{1}{\left(\frac{1}{k_{\mathrm{d}}} - \frac{r_0^j}{D_{\mathrm{e}}}\right) + \frac{r_0^j}{D_{\mathrm{e}}}\left(1 - \alpha^j\right)^{-\frac{1}{3}} + \frac{1}{k_{\mathrm{r}}}\left(1 - \alpha^j\right)^{-\frac{2}{3}}} \tag{4.18}$$

式中，α^j 为水泥颗粒 j 的水化程度；v 为水与水泥质量的化学计量比；w_{ag} 为物理结合水含量；ρ 为水泥密度；r_0^j 为未水化水泥颗粒半径；D_{e} 为水化产物层中水的有效扩散系数；$C_{w\infty}$ 为水化产物外部区域水的浓度；k_{r} 为水泥反应速率系数；k_{d} 为水化早期与诱导期相关的反应系数，可表述如下。

$$k_{\mathrm{d}} = \frac{B}{\left(\alpha^j\right)^{1.5}} + C\left(r_0^j - r_{\mathrm{t}}^j\right)^4 \tag{4.19}$$

式中，B 和 C 为决定水泥水化反应速率的系数；r_{t}^j 为水化水泥颗粒内半径。水的有效扩散系数受水化产物的凝胶孔曲折度和半径影响，可定量表述为：

$$D_{\mathrm{e}} = D_{\mathrm{e0}} \ln\left(\frac{1}{\alpha^j}\right) \tag{4.20}$$

式中，D_{e0} 为初始扩散系数。水化程度表述为：

$$\alpha = \sum_{j=1}^{j=n} \alpha^j g^j \tag{4.21}$$

式中，g^j 为颗粒 j 的质量分数；n 为水泥颗粒总数。

根据相似的动力学方程，矿物掺合料的动力学方程为：

$$\frac{\mathrm{d}\alpha_{\mathrm{SCM}}}{\mathrm{d}t} = \frac{m_{\mathrm{CH}}(t)}{P} \times \frac{3}{v_{\mathrm{SCM}} r_{\mathrm{SCM0}} \rho_{\mathrm{SCM}}} \times$$

$$\frac{1}{\left(\dfrac{1}{k_{dSCM}}-\dfrac{r_{SCM0}}{D_{eSCM}}\right)+\dfrac{r_{SCM0}}{D_{eSCM}}\left(1-\alpha_{SCM}\right)^{-\frac{1}{3}}+\dfrac{1}{k_{rSCM}}\left(1-\alpha_{SCM}\right)^{-\frac{2}{3}}} \tag{4.22}$$

$$k_d = \frac{B_{SCM}}{\left(\alpha_{SCM}\right)^{1.5}} + C_{SCM}\left(r_{SCM0}-r_{SCMt}\right)^4 \tag{4.23}$$

$$D_{eSCM} = D_{eSCM0}\ln\left(\frac{1}{\alpha_{SCM}}\right) \tag{4.24}$$

式中，$m_{CH}(t)$ 为复合水泥浆体中单位氢氧化钙质量；P 为矿物掺合料质量分数。如图 4.10 所示，该模型可准确地预测复合水泥水化进程，然而却未考虑孔溶液信息对水化进程的影响。同时，该模型主要关注水化进程模拟，无法获取微结构演变信息。

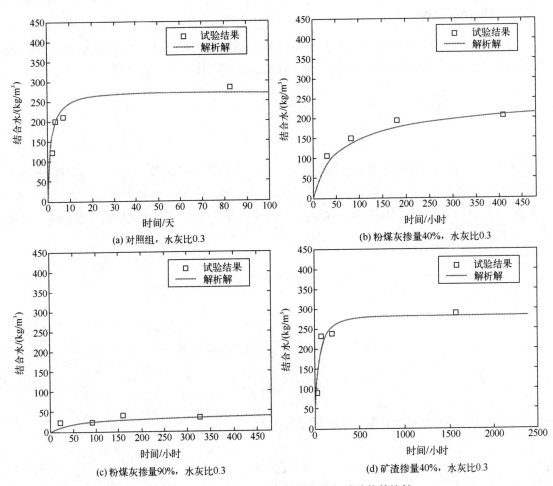

图 4.10　水泥浆体中结合水的模拟值与试验值的比较

4.3.8　HYDCEM 模型

Holmes 等[27]开发了连续基 HYDCEM 模型用以模拟硅酸盐水泥水化进程，如物相体积变化、物相组成、水化程度、放热过程等。该模型利用 Parrott-Killoh 经验等式计算各熟料矿物相的溶解速率，即成核生长、扩散和水化产物形成的控制机制：

$$R_t = \frac{K}{N}(1-\alpha_t)\left[-\ln(1-\alpha_t)\right]^{1-N} \tag{4.25}$$

$$R_t = \frac{K(1-\alpha_t)^{\frac{2}{3}}}{1-(1-\alpha_t)^{\frac{1}{3}}} \tag{4.26}$$

$$R_t = K(1-\alpha_t)^N \tag{4.27}$$

式中，α_t 为水化程度；K、N 为经验参数；R_t 为水化速率参数（最小值表示反应速率控制机制）。为了描述水泥水化真实物相组成，Holmes 等[28]将热力学模型 PHREEQC[29]耦合入 HYDCEM，并将其程序化。图 4.11 展示了 HYDCEM 模拟硅酸盐水泥浆体中各物相随时间的演变规律。虽然 HYDCEM 解决了水化热力学模拟的难题，但是常见水化模型的局限性仍未克服，如孔溶液对水化的影响，而且微结构演变和复合水泥水化模块仍需进一步发展。

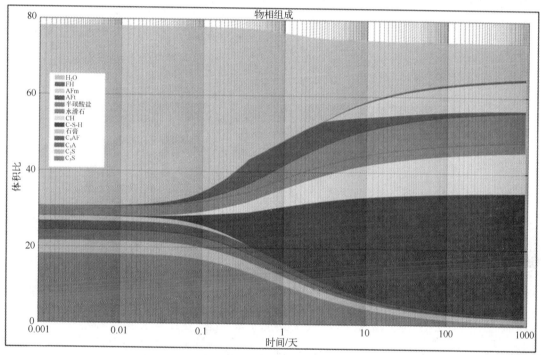

图 4.11　水泥水化物相组成

4.4　离散基模型水化仿真模型

另一类水化仿真模型被称为离散基模型，本节将介绍 CEMHYD3D、THAMES 和 HydratiCA 离散基模型。

4.4.1　CEMHYD3D 模型

美国国家标准与技术研究院的 Bentz[30]根据数字图像基技术开发了第一款模拟水泥水化

的离散基模型——CEMHYD3D，与之前所述的连续基模型不同，CEMHYD3D 模型首先将系统空间和球形水泥颗粒离散成尺寸大小相同的体素点，然后基于粒径分布将数字球投入系统空间中，结合处理水泥颗粒相分布的 BSE-EDS 数字图像后得到各熟料相含量及分布信息，运用体视学及图像处理等方法将数字水泥颗粒进行物相的划分，如图 4.12 所示。最后运用元胞自动机技术控制各体素点的溶解、扩散及成核和反应过程，图 4.13 展示了建模过程中水泥物相之间的相互作用。结合经典的水泥水化反应方程式和经验性的时间与循环次数的定量关系，该模型可连续获得水泥的水化进程和三维微结构演变。利用该模型不仅能够获取各水化产物和未水化矿物相的种类、数量以及分布等微结构信息，而且还可以得到水泥浆体的化学收缩、孔溶液变化、凝结时间、渗透性、水化程度、逾渗阈值以及力学性能等物理化学性能。为了克服球形颗粒的过度简化，Garboczi 等[31]利用 X-射线三维断层扫描技术获取了真实水泥颗粒形状数据，建立了各种水泥的形状数据库，并将其引入 CEMHYD3D 模型；Liu 等[32]基于元胞自动机算法提出了一种新型的中心生长模型来构建不规则水泥颗粒，以此作为CEMHYD3D 的输入，最终实现对不规则水泥颗粒水化过程的模拟。同时，由于离散基水化模型的模拟结果具有像素依赖性，Chen 等[33]引入扩散控制反应机制，减轻了像素选择对水泥水化模拟结果的影响。随着现代胶凝材料的发展，一些研究者[34-35]进一步拓展了 CEMHYD3D 模型使其能模拟硅灰、粉煤灰、矿渣、石粉等复合水泥水化和微结构演变。尽管该模型取得了很大的成功，但它也有一些局限性，譬如，不能从水化动力学理论上解释水化时间与循环次数的关系以及无法考虑胶凝体系内的热力学信息。

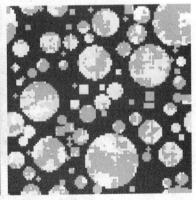

图 4.12　基于 CEMHYD3D 模型划分不同矿物相的三维微结构与二维截面
红色，C_3S；绿色，C_2S；淡绿色，C_3A；黄色，C_4AF；灰色，石膏；黑色，孔隙、水分

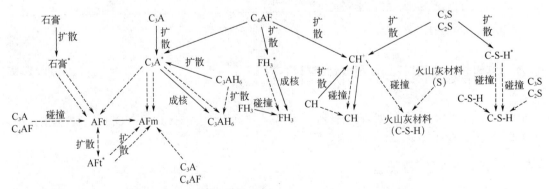

图 4.13　CEMHYD3D 模型中物相之间转变关系（*为扩散相）

4.4.2 THAMES 模型

为了克服 CEMHYD3D 模型中缺少热力学和动力学信息的缺陷，美国国家标准与技术研究院的 Bullard 等[36]新开发了基于数字图像技术的水化模型——THAMES（thermodynamic hydration and microstructure evolution）。THAMES 模型主要有三个特点：①含有水泥熟料相溶解的动力学模型，而这个模型能够确定孔溶液中单元浓度的时间独立性；②基于吉布斯能最小化原理，利用热动力学平衡计算来决定相组成及孔溶液组成和形成方式，而不是基于熟料相信息；③基于数字图像模型来描述水泥颗粒的空间分布。在每一个时间间隔中，每种熟料物相的溶解速率根据经验性的 Parrot-Killoh 模型计算一次。Parrot-Killo 模型是利用等式来描述能控制水泥颗粒每一时刻水化速率的替代机制，包括水化相的成核和生长及溶解相的扩散。水化速率取决于该时刻的水化程度、颗粒的表面积、水灰比、温度以及 Parrot-Killo 模型中的六个经验参数。在考虑热力学时，需要与热力学软件 GEMS[37]同时使用，利用 GEMS 来计算每一时刻的产物量、种类、组成以及孔溶液的组成等。图 4.14 展示了硅酸盐水泥水化典型的三维微结构演变。虽然 THAMES 将热力学和动力学信息考虑了进去，但是该模型只能较好地适用于水泥水化早期，在水化后期与真实试验结果偏差较大，同时，不能模拟常见的复合水泥水化和微结构演变，故而模型还需进一步调试和发展。

图 4.14　THAMES 模型微结构

4.4.3 HydratiCA 模型

美国国家标准与技术研究院的 Bullard 在 CEMHYD3D 模型的基础上开发了一款兼顾水化动力学的新型水化模型——HydratiCA 模型[38]，该模型能够明确阐述时间与循环次数之间的关系。该模型将 CEMHYD3D 模型中每一个体素点进一步细分，细分成某一固相[C_3S、$Ca(OH)_2$]或者液相（如 Ca^{2+}、OH^-）的集合,同样采用概率规则来模拟时间微增量步内发生的化学反应，每个增量步又被划分成独立的离子扩散与反应过程。用大量的蚂蚁随机行走模拟扩散过程，该过程可以考虑非理想溶液与离子间静电作用的影响，微小体积单元、时间增量内的化学反应服从耦合标准速率方程的分子动力学。因此该模型可以模拟矿物相的溶解、离子在溶液中的扩散、离子在溶液中或固相表面发生的络合反应以及新矿物相的成核长大等过程。该模型需要输入大量的材料参数与反应参数，如摩尔体积、扩散迁移速率、速率常数、平衡常数、活化能与反应焓等。值得说明的是当改变体系的初始物相、配合比与反应条件时，并不要改变已有的参数，只需要增加新增物相缺失的参数即可。相比于其他水化模型，HydratiCA 模型能更为详细地表征各物相与微结构随溶液化学组分与温度的变化规律。为确保数值计算的稳定性，通常将时间微增量步设定得非常小（一般为 0.2ms），导致该模型的时间耗费非常大，一般只能用于模拟早期数小时的水化反应。即使如此，该模型在验证 C_3S 和 C_3A 各种水化机制的合理性时仍有非常重要的价值，以 C_3S 为例，其在 24 小时内的微结构演变如图 4.15 所示。然而，由于 HydratiCA 模拟尺度太小且所需计算量较大，只能用于模拟熟料单矿的水化，并不能应用于模拟多矿相水泥。

| (a) 初始状态 | (b) 水化3.5小时 | (c) 水化24小时 |

图 4.15　C_3S 微结构演变

其中棕色为 C_3S，米黄色为 C-S-H，蓝色为 CH，水溶液为淡蓝色

习题

1. 单颗粒水化模型有哪些？简述其建模机理与局限。
2. 成核生长模型有哪些？各模型间的差异是什么？
3. 连续基水化微结构模型有哪些？建模差异是什么？
4. 离散基水化微结构模型的建模机理是什么？简述其发展历程。
5. 请简述连续基与离散基水化微结构模型的优缺点。

参考文献

[1] Kondo R. Kinetics and Mechanism of the Hydration of Cements [C]. Proc. of 5th Int. Symp. on the Chem. of Cem., 1968: 203-248.

[2] Pommersheim J M, Clifton J R. Mathematical modeling of tricalcium silicate hydration [J]. Cement and Concrete Research, 1979, 9: 765-770.

[3] Pommersheim J M, Clifton J R. Mathematical modeling of tricalcium silicate hydration. Ⅱ. Hydration sub-models and the effect of model parameters [J]. Cement and Concrete Research, 1982, 12: 765-772.

[4] Thomas J J, Biernacki J J, Bullard J W, et al. Modeling and simulation of cement hydration kinetics and microstructure development [J]. Cement and concrete research, 2011, 4: 1257-1278.

[5] Brown P W. Effects of particle size distribution on the kinetics of hydration of tricalcium silicate [J]. Journal of the American Ceramic Society, 1989, 72: 1829-1832.

[6] Bezjak A, Jelenić I. On the determination of rate constants for hydration processes in cement pastes [J]. Cement and Concrete Research, 1980, 10: 553-563.

[7] Parrot L. Prediction of cement hydration[C]. Proceedings of the British Ceramic Society, 1984: 41-53.

[8] Tomosawa F. Development of a kinetic model for hydration of cement [C]. Proc. of the 10th Int. Cong. on the Chem. of Cem., 1997.

[9] Garrault-Gauffinet S, Nonat A. Experimental investigation of calcium silicate hydrate (C-S-H) nucleation [J]. Journal of crystal growth, 1999, 200: 565-574.

[10] Garrault S, Nonat A. Hydrated layer formation on tricalcium and dicalcium silicate surfaces: experimental study and numerical simulations [J]. Langmuir, 2001, 17: 8131-8138.

[11] Brown P W, Pommersheim J, Frohnsdorff G. A kinetic model for the hydration of tricalcium silicate [J]. Cement and Concrete Research, 1985, 15: 35-41.

[12] Avrami M. Kinetics of phase change. I General theory[J]. The Journal of chemical physics, 1939, 7(12): 1103-1112.

[13] Johnson W A. Reaction kinetics in processes of nucleation and growth [J]. Am. Inst. Min. Metal. Petro. Eng., 1939, 135: 416-458.

[14] Kolmogorov A N. On the statistical theory of the crystallization of metals [J]. Bull. Acad. Sci. USSR, Math. Ser, 1937, 1: 355-359.

[15] Gartner E M. Hydration Mechanisms 2 [J]. Materials Science of Concrete, 1991, 2: 9-39.

[16] Thomas J J. A new approach to modeling the nucleation and growth kinetics of tricalcium silicate hydration [J]. Journal of the American Ceramic Society, 2007, 90: 3282-3288.

[17] Thomas J J, Allen A J, Jennings H M. Hydration kinetics and microstructure development of normal and CaCl$_2$-accelerated tricalcium silicate pastes [J]. The Journal of Physical Chemistry C, 2009, 113: 19836-19844.

[18] Jennings H M, Johnson S K. Simulation of microstructure development during the hydration of a cement compound [J]. Journal of the American Ceramic Society, 1986, 69: 790-795.

[19] Navi P, Pignat C. Simulation of cement hydration and the connectivity of the capillary pore space [J]. Advanced Cement Based Materials, 1996, 4: 58-67.

[20] Le N L, Stroeven M, Sluys L J, et al. A novel numerical multi-component model for simulating hydration of cement [J]. Computational materials science, 2013, 78: 12-21.

[21] Van Breugel K. Numerical simulation of hydration and microstructural development in hardening cement-based materials (I) theory [J]. Cement and concrete research, 1995, 25: 319-331.

[22] Zhu Z, Xu W, Chen H, et al. Evolution of microstructures of cement paste via continuous-based hydration model of non-spherical cement particles [J]. Composites Part B: Engineering, 2020, 185: 107795.

[23] Peng G. Simulation of hydration and microstructure development of blended cements [D]. Delft: TU Delft, 2018.

[24] Bishnoi S, Scrivener K L. μic: A new platform for modelling the hydration of cements [J]. Cement and concrete research, 2009, 39: 266-274.

[25] Mackawa K, Ishida T, Kishi T. Multi-scale modeling of concrete performance integrated material and structural mechanics [J]. Journal of Advanced Concrete Technology, 2003, 1: 91-126.

[26] Wang X Y, Lee H S. Modeling the hydration of concrete incorporating fly ash or slag [J]. Cement and concrete Research, 2010, 40: 984-996.

[27] Holmes N, Kelliher D, Tyrer M. Simulating cement hydration using HYDCEM [J]. Construction and Building Materials, 2020, 239: 117811.

[28] Holmes N, Kelliher D, Tyrer M. HYDCEM-A new cement hydration model [C]. International Conference of Sustainable Building Materials, 2019.

[29] Parkhurst D L, Appelo C. Description of input and examples for PHREEQC version 3: a computer program for speciation, batch-reaction, one-dimensional transport, and inverse geochemical calculations [J]. US geological survey techniques and methods, 2013, 6(43): 497.

[30] Bentz D P. Three-dimensional computer simulation of Portland cement hydration and microstructure development [J]. Journal of the American Ceramic Society, 1997,80: 3-21.

[31] Garboczi E J, Bullard J W. Shape analysis of a reference cement [J]. Cement and concrete research, 2004, 34: 1933-1937.

[32] Liu C, Huang R, Zhang Y, et al. Modelling of irregular-shaped cement particles and microstructural development of Portland cement [J]. Construction and Building Materials, 2018, 168: 362-378.

[33] Chen W, Brouwers H. Mitigating the effects of system resolution on computer simulation of Portland cement hydration [J]. Cement and concrete composites, 2008, 30: 779-787.

[34] Chen W, Brouwers H. The hydration of slag, part 2: reaction models for blended cement [J]. Journal of Materials Science, 2007, 42: 444-464.

[35] Liu C, Wang F, Zhang M. Modelling of 3D microstructure and effective diffusivity of fly ash blended cement paste [J]. Cement and Concrete Composites, 2020: 103586.

[36] Bullard J W, Lothenbach B, Stutzman P E, et al. Coupling thermodynamics and digital image models to simulate hydration and microstructure development of portland cement pastes [J]. Journal of Materials Research, 2011, 26: 609-622.

[37] Lothenbach B, Winnefeld F. Thermodynamic modelling of the hydration of Portland cement [J]. Cement and Concrete Research, 2006, 36: 209-226.

[38] Bullard J W, Enjolras E, George W L, et al. A parallel reaction-transport model applied to cement hydration and microstructure development [J]. Modelling and Simulation in Materials Science and Engineering, 2010, 18: 025007.

第 5 章

水泥微结构和性能数值模拟

在过去的十到十五年，原子模拟方法被越来越多地用于研究胶凝材料的反应活性和性能。作为试验测量方法的补充，它们提高了我们对水泥熟料相和水化产物的理解。本节综述了基于密度泛函理论、分子动力学和相关计算模拟方法在纳米尺度上研究水泥熟料相活性及水化反应。最后，讨论了这些方法的局限性，并介绍了可供选择的方法和挑战。

5.1 原子模拟方法研究水泥熟料相的反应活性及水化机理

5.1.1 历史与现状

硅酸盐水泥（PC）的水化包括从分子物质的溶解/解离到它们的沉淀，以及水化产物的形成等几个过程。硅酸盐水泥熟料主要由四个物相组成：阿利特（在组成和晶体结构上用离子取代改性的硅酸三钙，C_3S），贝利特（用离子取代改性的硅酸二钙，C_2S），铝酸三钙（在组成和/或结构上用离子取代改性的铝酸三钙，C_3A）以及才利特（在组成上通过改变 Al/Fe 比和离子取代改性的铁铝酸四钙，C_4AF）。它们水化形成的水化产物主要有氢氧化钙（CH）和水化硅酸钙（C-S-H），以及较少含量的钙矾石（AFt）和单硫型硫铝酸钙（AFm）等。C_3S 是熟料的主要组成物相（质量分数为 50%～80%），是硬化水泥浆体强度增加的主要原因，尤其是早期强度。在水泥与水接触后，C_3S 在反应开始的几分钟内快速溶解，对应等温量热测量曲线中急剧的放热信号；随后其反应速率快速下降，对应等温量热测量曲线中几乎不变的水化放热信号，称为诱导期。诱导期长短对水泥混凝土施工具有重要影响，关于诱导期产生的原因及其持续时间调控一直是研究热点。目前主要有两种理论来解释这一期的结束：保护膜理论，阿利特水化后在表面产生高 Ca/Si 比和低 Ca/Si 比的两种 C-S-H 凝胶，形成保护层，因而产生离子扩散势垒阻碍水化反应进行；随着地球化学[1-2]和矿物溶解理论[3]的发展，研究人员 Juilland 等[4]首次于 2010 年引入矿物溶解理论解释阿利特诱导期产生的主要原因在于表面侵蚀坑的形成以及侵蚀坑周围台阶撤退机制，而非保护层理论。然而，到目前为止，这些理论都没有得到证实，这个问题仍然悬而未决[5]。因此，量化熟料相的反应性并了解它们与水接触时的水化行为特征是解释诱导期产生机理的第一步，对水泥外加剂研发和可持续性胶凝材料设计起到理论指导作用。

随着 2011 年美国"材料基因组计划"的提出以及高性能计算资源的不断增加，原子模拟方法在许多研究领域的应用越来越广泛，并降低了新材料研发周期。这种方法对由于成本高或技术限制而无法在试验室进行的试验具有显著优势。原子模拟方法目前通常分为两个层次：量子力学方法和经典力学方法。量子力学或第一性原理计算方法主要指对薛定谔方程波函数和本征值求解的近似算法。Hatree-Fock 方法和密度泛函理论（DFT）方法都可以近似求解多体系统的基态问题。Hohenberg 和 Kohn[6]将多体系统中 3N（N 表示系统中电子个数）个变量简化为 3 个变量的计算方法，明显降低了薛定谔方程求解电子波函数的时间，即将每个电子的位置参数视为系统整体的电子密度变化。Kohn-Sham 方程[7]和自洽场迭代收敛法是最经常计算电子密度和基态的方法，在多个量化计算程序中都有实现。DFT 计算材料 0K 下的结构及电子结构性质，当前的高性能计算机计算能力最多可达几千个原子体系，然而非常耗时。另一方面，基于经典力学的原子模拟方法忽略系统中的电子运动，将原子视为经典粒子，并将它们之间的相互作用用力场（FF）来描述，该力场提供了一个函数和一组参数来计算体系的势能。这些结构和力场参数通常可以从试验测量和/或量子力学计算来优化得到。在蒙特卡洛模拟中，物理性质是通过对统计系综采样来计算的。蒙特卡洛方法是一种概率方法：它没有明确考虑热波动，但给出了有限温度下系统的统计表示。相反，同样基于统计力学的分子动力学（MD）模拟方法可以描述系统随时间的演化过程。MD 中多粒子体系的牛顿方程无法求解析解，需要通过数值积分方法求解，在这种情况下，运动方程可以采用有限差分法来求解。遍历性假设在 MD 中很重要，它指出对于足够长的轨迹，一个物理性质的时间平均等于其系综平均。通常情况下，在分子动力学运行期间，当体系达到平衡（最好是全局平衡状态）之后计算物理性质，但是在某些情况下，也可以执行非平衡模拟。

在 MD 模拟或使用基于经典力学的能量最小化方法模拟过程中，力场（FF）本身及其参数化对精确地计算需要的性质是至关重要的。Cemff 数据库提供了模拟胶凝材料的主要 FF 的信息，包括它们的参数，以及几何和弹性性质等[8]。该库中，力场（FF）分为两类。第一类为经典力场，其中共价键是预先定义的，在模拟过程中不会发生任何反应。其中 ClayFF[9-10]是黏土的通用 FF，CSH-FF[11]为 ClayFF 原始参数的重新参数化，为 C-S-H 提供了更精确的描述。CementFF[12-16]和 INTERFACE FF (IFF)[17]为水化硅酸钙和各种熟料相提供了较为一致的参数[8]。第二类是以 ReaxFF 为代表的反应力场[18-19]，其中 Ca/O/H[20]和 Si/O/H[21]参数合并成 Si/Ca/O/H 组集[22]。

该部分内容概述了用原子模拟方法描述熟料相的反应活性和表面水化的特征。读者要注意的是 MD 模拟时间不会超过几纳秒，这与诱导周期的时间尺度相差甚远。然而，原子模拟可以基于电子结构、单个水分子或水膜在熟料表面的吸附机制给出一定见解。此外，这些模拟产生的观测和结果可以在更大的时间和空间尺度上详细说明模型。本文仅涉及水与无水水泥相的相互作用的研究，而没有涉及在水化产物的原子描述方面所做的巨大科学努力，特别是 C-S-H。此外，本文介绍的方法已经广泛应用于描述各种常见离子矿物的水界面，如碳酸钙[23-31]、硫酸钙[32-33]和橄榄石[34-35]。此外，关于原子模拟方法在对水泥熟料相反应活性和水化机理的研究内容中，大多集中在 C_3S 和 C_2S 上，而对 C_4AF 和 C_3A 的研究报道很少。这就是本文主要关注硅酸钙矿物相的原因。

5.1.2 未水化水泥熟料相的反应活性

5.1.2.1 硅酸钙矿物相及其多晶型现象

阿利特是水泥熟料中最具水化反应活性的相，是形成 C-S-H 和强度发展的主要原因。这种反应活性的提高是以生产过程中更大的能量消耗为代价的：在 963K 时，石灰和石英形成 β-C_2S[35]，它与石灰在 1430℃进一步反应形成 C_3S[36]。对高达 1100℃的纯 C_3S 的相变研究揭示了三个三斜晶型（T_i）、两个单斜晶型（M_i）和一个三方晶型（R）[37]：

$$T_1 \underset{620℃}{\rightleftharpoons} T_2 \underset{920℃}{\rightleftharpoons} T_3 \underset{980℃}{\rightleftharpoons} M_1 \underset{990℃}{\rightleftharpoons} M_2 \underset{1070℃}{\rightleftharpoons} R \qquad (5.1)$$

在不纯 C_3S 中，单斜 M_3 具有以下多晶型现象[38]：

$$M_1 \underset{990℃}{\rightleftharpoons} M_2 \underset{1060℃}{\rightleftharpoons} M_3 \underset{1070℃}{\rightleftharpoons} R \qquad (5.2)$$

C_2S 只含有正硅酸盐 SiO_4^{4-} 和 Ca^{2+}，但 C_3S（Ca_3SiO_5）还含有 O^{2-}。值得注意的是，目前水泥相的化学缩写都是以氧化物组成为基础的，而没有描述其实际的化学组成。此外，根据国际纯粹与应用化学联合会（IUPAC）命名法，Ca_3SiO_5 应被命名为氧化硅酸三钙，以说明与硅酸二钙（Ca_2SiO_4）相比，C_3S 具有额外的氧阴离子[39]。阿利特多晶型矿物主要在于硅酸盐四面体的取向不同，这会导致 Ca 和 O 之间的配位数的变化[37]以及水化反应性不同[40-41]。纯 C_3S 在室温下为 T_1 型[36]，而 M_1 和 M_3 是工业硅酸盐水泥中最常见的晶型[42-43]。相组成试验表明，M_3-C_3S 随 MgO 含量的增加而稳定，而 SO_3 含量的增加有利于 M_1-C_3S 的稳定[42-43]。最近的一项研究表明，阿利特中的 M_1 含量和抗压强度发展可以通过调控 SO_3/MgO 比来优化[41]。M_3 晶型 C_3S 被广泛用作原子模拟的初始模型，而 M_1 晶型 C_3S 晶体结构仍在评估中，因为高分辨率同步辐射[44]、高温 X 射线粉末衍射[36]和透射电镜（TEM）[41]的结果仍需协同。

C_2S 在加热过程中呈现出 4 种多晶型，在冷却过程中呈现出 5 种多晶型，特别是在有杂质存在的情况下：

$$\gamma \underset{780\sim860℃}{\rightleftharpoons} \alpha'_L \underset{1160℃}{\rightleftharpoons} \alpha'_H \underset{1425℃}{\rightleftharpoons} \alpha \qquad (5.3)$$

$$\gamma \underset{<500℃}{\rightleftharpoons} \beta\alpha'_L \underset{1160℃}{\rightleftharpoons} \alpha'_H \underset{1425℃}{\rightleftharpoons} \alpha \qquad (5.4)$$

γ 晶型 C_2S 在结构上与橄榄石相似，且其亲水性不如 β-C_2S。由于低能耗和生产所需原材料（包括工业固体废物）来源多样，人们对富含贝利特的硫铝酸盐水泥越来越感兴趣[45-48]。贝利特水泥也是一种可替代性低热水泥，具有良好的耐久性。然而，贝利特的活化对水化浆体早期强度的发展至关重要[49]。这种活化一般是由低温退火 α-C_2S 得到[50]。此外，最近通过扫描透射电子显微镜对 β-C_2S 和 α'_H-C_2S 水化产物的研究表明，α'_H 晶型具有更高的水化活性[51]。

除了贝利特和阿利特的晶格常数以及晶体结构的对称性不同外，它们主要的区别在于后者含有孤立的氧化物离子。第一性原理计算表明与贝利特相比，阿利特具有更高的反应活性，这是由于其孤立的氧化物离子周围的价带最大值具有更高的电荷密度[52-53]。这为进一步研究阿利特和贝利特不同多晶型的电子结构和反应位点预测提供了基础。

5.1.2.2 反应位点预测及离子掺杂对反应活性影响

（1）基本物理定义

以下是便于读者理解的几个物理定义。

① 态密度（DOS）是描述每个能级上能被占据电子能态数目的概率密度函数。

② 分波态密度（PDOS）是 DOS 在特定轨道和（或）原子上的投影，描述了每个轨道和（或）原子对 DOS 的贡献。

③ 局域态密度（LDOS）是给定能级下局域态密度的空间分布。

④ 费米能级理论上定义为 0K 时电子所占据的最高能级。

⑤ 能带理论将价带最大值（VBM）和导带最小值（CBM）分别定义为最靠近费米能级以下和以上的能级。前线分子轨道理论将 VBM 和 CBM 对应的分子轨道定义为 HOMO 和 LUMO。

（2）反应点预测方法

反应位点的预测大多在体相晶体结构中进行，主要是通过 DFT 电子结构计算来实现，例如评估 VBM 和 CBM 的 LDOS 以及计算 PDOS。PDOS 能够显示单个原子的全部或部分轨道对 VBM 和 CBM 的贡献，分别对应原子轨道上电子更容易遭受亲电攻击而失去电子或该轨道更容易遭受亲核攻击而得到电子。福井（Fukui）函数是一种广泛使用的局部反应性描述符，它描述了由电子数目的微小变化而引起的电子密度的变化。根据前线分子轨道理论，容易失去电子的区域可以用 HOMO/VBM 的局域态密度来表示；而容易得到电子的区域近似地用 LUMO/CBM 的 LDOS 来描述[54-55]，即：对亲电攻击更敏感的区域由 VBM 的 LDOS 描述，对亲核攻击更敏感的区域由 CBM 的 LDOS 描述。

C_3S 和 C_2S 之间在 VBM 的 LDOS 分布上存在显著差异，区别是 VBM 主要分布于 C_3S 中的 O_i（孤立的氧离子）周围，而 C_2S 中的 O_c（键合氧离子）周围分布较少，如图 5.1 所示。因此，该区域在化学反应过程中更容易遭受亲电攻击，失去电子；同时 O_i 与体系结合较为松散，事实表明，它们比 O_c 更容易反应，从而解释了 C_3S 的高反应活性[52]。在 α_L'、β 和 γ 型 C_2S 中，从 VBM 的 LDOS 区域中分析的都是更可能在亲电攻击时发生反应的氧原子[56]。从 O-p 轨道分波态密度分布可得，在靠近费米能面处，β-C_2S 的最高占据态的峰值的能量比 γ-C_2S 的 O-p 轨道最高占据态能量值高 0.31eV。此外，有报道称贝利特多晶型物的低稳定性和反应性之间存在关系[57-58]。特别是 β-C_2S 和 α_L'-C_2S 中 Ca-Ca 的平均距离比 γ-C_2S 短 0.1~0.25Å，从而使其结构不稳定。阳离子之间的平均距离越短，说明斥力越大，接触水后溶解越快[57-59]。此外，在 C_3S 和 C_2S 中的 O_i 和 O_c 的 p 轨道上具有非成键电子，其数量可以通过对特定能级部分的态密度积分来确定和量化，研究结果表明在 M_1-C_3S（α_L'-C_2S）中的非成键电子数比 M_3-C_3S（β-C_2S）多，且在 γ-C_2S 中没有非成键电子[60]。

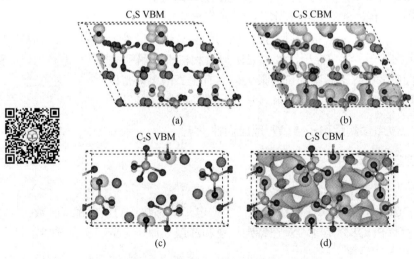

图 5.1 C_3S 和 C_2S 的 VBM 和 CBM 的 LDOS

绿色、黄色和红色的球分别代表 Ca、Si 和 O 原子[52]

对于 C_3A，DFT 研究表明其反应活性来源于 O-2p、Ca-3p、Ca-3s 和 Al-3p 轨道，VBM 和 CBM 的 LDOS 分别位于氧原子和钙原子附近[59, 61]。钙原子之间的这些区域对亲核攻击具有反应活性且是硫酸根阴离子的优先吸附位点，这是因为硫酸根阴离子的亲核性强[61-62]。硫酸根阴离子对这些位点的占据可能阻碍了 C_3A 的溶解，并解释了在石膏过量条件下对熟料水化速率的延缓作用[61-63]。对 C_4AF 的主要成分铁铝酸四钙的 DFT 计算表明，VBM 的 LDOS 位于 O 原子上，而 CBM 的 LDOS 主要位于 Fe 原子上[64-65]。这些研究表明，与 Fe 原子成八面体配位的氧原子最有可能遭受亲电攻击[64-65]。

（3）离子掺杂对反应活性的影响

众所周知，杂质离子影响熟料的反应活性[36]，Mg^{2+}、Al^{3+} 或 Fe^{3+} 是硅酸钙相中最常见的阳离子。调控熟料相的反应活性对水泥工业特别重要。特别是提高贝利特的反应性，可以设计出新型水泥，降低碳足迹和能源足迹[52, 66]。在阿利特中，Mg^{2+} 取代是主要的，Al^{3+} 和 Fe^{3+} 是次要的，而在贝利特中是相反的[36, 66]。一些研究通过评估次要和主要杂质对晶格能、VBM 和 CBM 的 LDOS、总态密度和分波态密度、电荷局域化和氧化物离子上的非成键电子数的影响，提供了来自本体晶体的经典 FF 和/或 DFT 计算的水泥相的反应活性分析[52, 60, 66-68]。在一些研究中，Mg^{2+} 对 Ca^{2+} 的取代对 VBM 和 CBM 的 LDOS 没有很大影响，而 Ca^{2+} 与 Si^{4+} 对 Al^{3+} 或 Fe^{3+} 的取代则有相当大的影响[66, 68]。Al 掺杂体系比 Mg 掺杂体系具有更强的电荷局域化，导致了更大的亲核攻击反应区域，但降低了 VBM 和 CBM 的 LDOS 的空间扩散[52, 68]。这两种相反的效应可以解释相互矛盾的试验结果[69-71]。对于 Fe 掺杂的 C_2S 和 C_3S，观察到类似金属的能带结构和较强的电荷局域性，导致反应活性位点数的急剧减少[52, 68]。这些研究都认为，C_3S 中 Fe 掺杂会降低反应活性[52, 60, 66-67]。除了晶格能外，纯相和不纯相的生成焓也可以看出掺杂对物相稳定性的影响。对于贝利特和 M_3 型阿利特，计算的晶格能（绝对值）随着 Mg^{2+} 加入而增加，生成的物相较为稳定，但 Al^{3+} 和 Fe^{3+} 的掺杂导致晶格能（绝对值）降低而物相稳定性降低[66]。对于 T_1 型 C_3S 的晶格能和生成焓随着 Mg、Al 和 Fe 的加入而增加，表明掺杂相的稳定性较低[67]。在所有情况下，晶格能和生成焓随杂质含量呈线性变化[66-67]。此外，对几种掺杂剂缺陷形成的体系研究指出，掺杂剂与取代离子之间的离子尺寸不匹配对 β-C_2S 结构不稳定性产生影响[72]。

在熟料烧成过程中，二次燃料使用和以一些固体废弃物作为原料时，会引入多种类型阳离子。在 DFT 计算的基础上，使用类似的方法也可评估熟料相中 Mn 和 Zn 杂质引起物相稳定性和反应活性的变化[73-74]。Zn 的掺入极大地减少了 C_3S 和 C_3A 中活性位点的数量，但可以促进 C_4AF 的反应活性[74]。缺陷形成能表明，在 C_4AF 中 Mn 或 Zn 取代 Fe 是最有可能的[74-75]。掺 Zn 熟料中 C_3A 含量减少表明，取代 Fe 可能与 C_3A 反应形成 C_4AF[75-76]。

5.1.2.3 熟料矿物相表面能及 Wulff 形貌

（1）表面能与解理能的计算及类型

根据定义，表面能是相比于体相晶体结构，构筑晶体表面时与表面相关的多余能量[77]。沿特定晶面指数劈裂晶体所需的能量称为解理能，因此，可认为是平板模型两个表面能量的平均值。原子模拟过程中表面模型构建通常建立一个与真空层接触的平板组成的三维周期性盒子，其中该平板模型必须足够厚，以便平板模型中心的特性可收敛到晶体体相的特性，真空层要足够大，使上下表面不会产生相互作用。解理能 E_{cleav} 通常表示为平板和本体之间的能量差除以平板一侧的表面积：

$$E_{cleav} = \frac{E_{slab} - E_{bulk}}{2A} \tag{5.5}$$

式中，E_{slab} 和 E_{bulk} 分别为平板系统和体相系统的能量，具有相同的化学计量比和原子数；A 为平板一侧的表面积。体相能量通常是在一个单胞或超胞上计算的。在 MD 模拟中，计算解理能的另一种方法是减去一个归一化平板 $E_{unified}$ 和已解理平板 $E_{cleaved}$ 的能量，公式如下：

$$E_{cleav} = \frac{E_{cleaved} - E_{unified}}{2A} \tag{5.6}$$

当平板两侧的表面对称等效时，表面能等于解理能。然而，大多数矿物并非所有晶面指数的平板两侧表面对称等效。在现有的各种计算表面能的方法中，Manzano 等人[78]建议将与真空接触的平板划分为两个原子群。两组都有一侧暴露在真空层，另一侧与另一组接触。平板各边的表面能计算如下：

$$E_{cleav} = \frac{E_{slab} - E_{bulk}}{A} \tag{5.7}$$

显然，如果研究对象是一个重建的电中性平板，两个平板的表面能被认为是相等的，对应于解理能。需要特别注意的是用于表面能计算的原子模型，特别是关于每个表面上离子种类的分布[77, 79]。Tasker 将离子晶体的表面分为三种类型[77]：

① 类型 1：阳离子和阴离子共面所形成的表面，导致每个原子层上偶极矩为零，平板整体偶极矩为零。

② 类型 2：由阳离子层和阴离子层交替叠加而成的表面，原子层的组合使得空间上平板整体偶极矩为零。

③ 类型 3：其中带电层的叠加序列导致空间上平板整体偶极矩非零，如果不将离子从一边移到另一边或通过吸附额外电荷进行重建，这种表面就不可能稳定。

需要注意的是，对于非对称的、非重构的类型 3 表面的计算并不符合经典的静电准则[77, 80]，在使用 DFT 或反作用力场进行计算时，可能会导致不真实的电荷分布。

（2）表面能与晶体反应性的关系

表面生长或形成是基于 Gibbs（吉布斯）自由能最小化[81]。表面原子的配位不足导致重排和电子结构的变化。晶体表面的悬空键会使电荷局域化，容易受到吸附物的化学攻击[78, 82]。一般来说，高表面能与低配位数的不稳定表面，其表面原子往往容易重新排布。这种表面会与外界离子等形成较强化学键，以降低它们的能量[78]。在 DFT 计算中，β-C₂S 和 M₃-C₃S 中表面原子与体相原子排布导致其成键性质与表面能大小呈现相反趋势，即 Ca^{2+} 和 O^{2-} 的配位数多少与表面能大小成反比关系[83]。表 5.1 为不同晶型 C₂S、C₃S 和 C₃A 在多个低指数晶面计算的最低表面能。尽管对于特定表面，不同研究方法得到的表面能数据会有很大的不同，但表面能的总体范围是一致的。出乎意料的是，β-C₂S 比 γ-C₂S 获得了更低的表面能，尽管已知 β-C₂S 的水化活性更强。此外，一些学者研究了离子掺杂对 T_1-C₃S(100)面表面能的影响，导致 Al 和 Mg 掺杂将表面能分别降低 0.9%和 2.5%，而 Fe 掺杂则显著降低 7.9%[84]。不同计算方法得到表面能数据的差异可能有两方面：第一，在平板模型构建过程中，不同平板大小和顶部原子排布会导致表面能差异；第二，由于采用的计算方法和参数不同，如分子动力学（MD）模拟采用不同力场参数或者 DFT 计算所选择的交换关联泛函、基组函数、k 点取样密度、能量收敛精度参数等不同，结果也可能不同。通过重复计算方法，验证每个平面的表面能量收敛，并特别注意类型 3 表面平面的构造。

工业熟料中，C_3A 中由于离子掺杂，主要以立方和正交形式存在，而纯 C_3A 主要以 Al_6O_{18} 环和钙离子组成的立方晶体存在[36]。由于其高对称性，其三个方向的解理面是等效的，并且也显示出最低的表面能[85]。采用 IFF 力场对 C_3A（100）面进行 MD 模拟，在 298K 和 363K 时分别计算出其表面能为 $1.26J/m^2$ 和 $1.21J/m^2$[85]。后者对应于熟料研磨时表面的典型温度。在此温度下，将两个表面重新放在一起模拟颗粒团聚，其表面能约恢复为初始表面能的 60%，而表面水和后表面能的恢复率仅为 41%[85]。相比之下，M_3-C_3S 富钙平面（010）的解理能为 $1.34J/m^2$，而在干燥表面和薄水膜时，解理能分别仅恢复 34% 和 18%[79]。这些模拟为熟料研磨过程中不同类型分散剂的设计提供了理论基础[79, 85]。

表 5.1　C_2S、C_3S 和 C_3A 各低指数晶面最低表面能

晶型	计算方法	表面能/(J/m^2)						
		(100)	(010)	(001)	(110)	(101)	(011)	(111)
M_3-C_3S [86]	DFT, PAW, PBE	1.38	1.09	1.19	0.98	1.25	1.14	0.96
M_3-C_3S [86]	EM, ReaxFF	1.46	1.64	1.31	1.58	1.31	1.34	1.31
M_3-C_3S [87]	MD[①], IFF	1.40(4)	1.32(3)	1.33(3)	—	1.38(4)	—	—
M_3-C_3S [87]	MD[①], IFF	1.14(3)	1.31(4)	1.22(4)	1.36(5)	1.37(3)	1.34(5)	1.24(4)
M_1-C_3S [88]	MD[①], IFF	1.04(4)	1.41(4)	1.20(4)	1.45(4)	1.51(3)	1.17(4)	1.43(3)
T_1-C_3S [86]	DFT, PAW, PBE	1.17	1.23	1.22	1.28	1.5	1.15	1.2
β-C_2S [89]	DFT, PAW, PBE	0.67	0.78	0.8	0.98	0.95	0.83	0.95
β-C_2S [58]	DFT, PW, PBE	0.85	1.00	1.05	1.37	0.76	1.03	1.2
γ-C_2S [90]	DFT, PW, PBE	1.72	1.13	1.87	2.25	1.47	1.42	1.52
γ-C_2S [91]	DFT, PW, PBE+D2	—	1.27	—	—	—	—	—
C_3A [92]	MD, IFF	1.26	—	—	—	—	—	—

注：EM 为能量最小化；PW 为平面波基组；PAW 为投影缀加平面波法[93]；PBE 为广义梯度近似(GGA)的 Perdew、Burke 和 Ernzerh 函数，用于交换关联能计算[94]；D2 为用于范德华力的 Grimme D2 校正[95]。

① 表示在表面离子上施加一系列的温度梯度，以达到更积极的有利配置。

（3）Wulff 形貌与晶体形状的理论预测

Wulff 形貌是基于表面 Gibbs 自由能最小化方法对晶体形状进行理论表示的方法。文献中基于表面能和解理能给出了通过 DFT 计算得到不同晶型 C_3S 和 C_2S 的 Wulff 形貌[35, 78, 79, 83, 96]（见图 5.2）。与 C_2S 相比，C_3S 的边缘更加锋利，这与显微观察结果一致[97]。此外，利用 IFF 进行 MD 计算得到的 M_1-C_3S 形状比 M_3-C_3S 更圆[96]。虽然 M_1-C_3S 形貌更厚实，与 Maki 提出的平衡形状相似[43]。为了获得一个完整的理论晶体 Wulff 形貌，必须计算出每个低指数晶面的表面能。此外，Gibbs 自由能最小化表明具有更大表面能的表面，可能更具反应性，面

积更小。这些表面在与水接触时可能溶解得更快，从而形成更圆的晶体形状，并形成具有等效溶解动力学的更均匀的表面。这意味着表面能只能研究一个表面在很短的时间尺度上发生反应的趋势。实际上，基于反应力场（ReaxFF）的反应分子动力学模拟研究表明，在水化过程中表面的拓扑演化导致几百皮秒后相似的水解离曲线[65]。晶体的 Wulff 形状是以吉布斯自由能为基础的理想形状。晶体生长过程中或在自然界中，晶体缺陷和外部条件改变通常会改变其形貌。关于晶体 Wulff 形貌的理论计算为预测或调控晶体形貌及其在工业化应用方面起到重要作用。

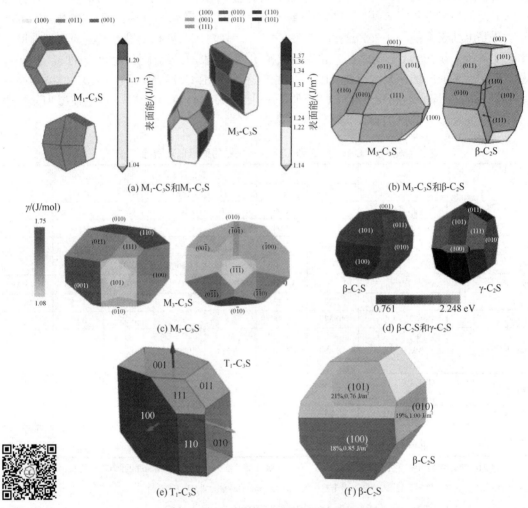

图 5.2 不同晶型 C₃S 和 C₂S 的 Wulff 形貌

色阶表示表面能量或解理能量梯度

5.1.3 熟料未水化相与水界面的形成

5.1.3.1 单个和少量水分子在表面的吸附

通过能量最小化过程模拟单个水分子在不同位置的吸附并计算吸附能，可以识别表面上的反应位点。为了保证达到最小吸附能，需要优化水分子在表面的初始位置，模拟多个初始取向[35, 78]。DFT 和反应分子动力学模拟可以描述反应，从而描述水分子在表面上的解离，这些反应通常发生在吸附能高的位点。反应分子动力学模拟指出 M_3-C_3S 不同表面的表面能和平均吸附能之间缺乏相关性[78]。同样，表面能和发生水解离的面积百分比之间没有关联。这些观察结果表明，表面能不足以得出表面反应性的结论，模拟水分子的吸附可以提供更有意义的信息。

通过 DFT 研究来描述单个水分子在 M_3-C_3S 表面上的吸附[98-100]。一般来说，解离吸附的吸附能（绝对值）大于分子吸附，表明解离吸附发生的可能性更大。此外，正如预期的那样，水分子和孤立氧阴离子之间的初始距离更近有利于解离吸附。在硅酸根阴离子上的氧上也观察到解离吸附。Zhang 等人报道了 M_3-C_3S 中 VBM 的 LDOS 分布，它不仅分布在 O_i 周围，也分布在表面硅酸根 O_c 周围，使其更容易受到亲电攻击[98]（见图 5.3）。在（111）表面上，随着被吸附水分子数量增加，单个水分子的吸附能逐渐降低，这主要是由于它们之间形成了氢键[99]。表面上 Mg 离子取代 Ca 离子对 M_3-C_3S 和 β-C_2S 表面电子结构和水分子吸附能力的影响也有相关报道[101]，研究结果表明尽管 Mg 离子取代的形成能被认为在能量上是不利的，但并没有显著影响水解离的频率。

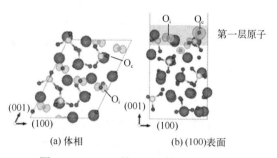

图 5.3　M_3-C_3S 的 VBM 的 LDOS 分布

绿色、红色和黄色小球分别代表 Ca、O 和 Si

直觉认为高表面能显示了表面不稳定性，可以作为反应活性的指标，而 β-C_2S 的解理能整体上小于 γ-C_2S[35]（见表 5.1），这是不对的。然而，采用基于 ReaxFF 的反应分子动力学研究对单个水分子的吸附模拟表明，尽管 γ-C_2S 表面具有较高的吸附能，但 γ-C_2S 表面的反应位点比 β-C_2S 表面少[35]。在 γ-C_2S 上的吸附能与 DFT 计算得到的单层和双层吸附能非常吻合[34]。此外，对与水膜接触的 C_2S 表面的分子动力学模拟表明，γ-C_2S（010）面发生的水解离能力比 β-C_2S（100）面低，且前者的反应速率减小得更快。研究者认为 β-C_2S 比 γ-C_2S 反应活性更大可能是由于其较低的对称性[35]。对水在不同 β-C_2S 表面上吸附的模拟表明，水与 C_2S 表面存在双重相互作用，包括水中氧原子上的孤对电子与表面钙原子的亲核相互作用和水中氢原子与表面氧原子的亲电相互作用（形成氢键）[82]。C_3S 表面与 H_2O 分子之间的相互作用机制[102]也类似于 β-C_2S 表面与 H_2O 分子之间的相互作用机制[82]，但后者研究结果表明电子结构与吸附能之间没有明显相关性[82]。与 M_3-C_3S 类似，β-C_2S（100）面的 DFT 计算结果表明，解离吸附比分子吸附具有更高的能量[103]。

5.1.3.2　固液界面形成及固体表面质子化

（1）经典分子动力学模拟的应用

用 DFT 或反应分子动力学对单个水分子的吸附模拟可以指出最具反应活性的位点。然而，这种方法有几个局限性：①能量最小化方法没有考虑热扰动，热扰动是影响体相水与表面之间质子交换的重要因素[102]；②没有考虑水分子间的相互作用对水分子吸附能的影响；③体相和界面处水分子之间的性质无法描述。

经典分子动力学模拟适合研究固体/液体界面，其中氢键（HB）网络结构对体相水分子性质和动力学行为产生主要影响。从分子动力学模拟的轨迹分析中我们可以得到：垂直于表面方向的原子数密度分布、水分子的择优取向以及与表面距离不同的扩散系数变化，或不同HB的生命周期。虽然经典分子动力学不能模拟化学反应，但可以根据HB的生命周期提供关于特定位点的水解离和质子化的概率信息[104]。然而，只有反应分子动力学或从头计算MD（AIMD）能够恰当地描述表面质子化态随时间的演化[78, 84, 102]。AIMD的理论水平很高，因为原子间的作用力是由量子力学在每个时间步长计算出来的（来自Born Oppenheimer MD）。该方法的计算成本比传统的MD方法大很多，典型的模拟反应时间的数量级仅为十分之一皮秒。反应分子动力学如ReaxFF计算成本较低，但需要对研究中的体系进行参数优化。

在矿物表面附近，水分子形成特殊的氢键网状结构排布，它受基底表面结构、组成和电荷分布的影响[105]。AIMD对M_3-C_3S（010）/水界面的模拟表明，在距离表面5~6Å范围内存在三层特征水分子结构（见图5.4），它们共存区域主要有两个：一个富钙区域，另一个富硅酸盐区域[102]。第一层的水分子（距离表面<2Å）对应这两个区域形成两种优先取向：在富钙区域，水分子在表面氧原子和钙离子之间形成了化学键，这导致了它们的偶极矩和表面向外垂直矢量之间形成120°~160°的角θ；在富硅酸盐区域，水分子与硅酸盐形成两个氢键，θ变为20°~50°。部分水分子平行于表面，造成偶极矩与表面平行，θ约为90°，这种构型对应于水分子与硅酸盐形成一个氢键。所有这些构型在DFT计算研究橄榄石表面水吸附中也有相关报道[34]。应该注意的是，由于第一层水分子的构型直接依赖于表面拓扑原子排布，因此表面原子模型的构建在结果中起着重要的作用。此外，随着水覆盖度的增加，氢键网状结构可能会进一步形成，水膜应该尽量厚到可以合理再现与水混合后的界面特性。

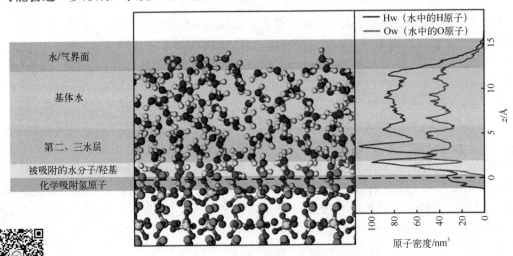

图5.4 M_3-C_3S (010)表面水膜的快照和原子密度
绿色代表Ca，红色代表O，黄色代表Si，白色代表H[102]

（2）反应分子动力学模拟

ReaxFF力场中Ca/Si/O/H的参数化使模拟M_3-C_3S低指数表面与水之间的界面成为可能[78]。反应分子动力学模拟了2ns后，大部分水的解离发生在最初的0.3ns。第一步水化后，反应速率下降，形成减速机制。对掺杂 Mg、Al 和 Fe 的 T_1-C_3S 表面进行反应分子动力学模拟也报道了类似的结果[84]。Manzano 等人报道了（001）面在水化反应过程中呈现棋盘形格局，表面初始质子化后变得稳定[78]；而对于其他晶面，从表面氢氧化物形成到内部氧上的质子跳跃机制被报道，如图 5.5 所示。质子在体相内的扩散引起钙离子的溶出和硅氧四面体的重排，这可能导致它们硅氧四面体的聚合。值得注意的是，表面能只影响第一步水化过程的反应速率，之后由于表面结晶度降低，每个晶面［（100）面除外］的水解离速率是相同的[78]。研究结果进一步证明表面能本身不能提供足够表面能反应活性的观点。

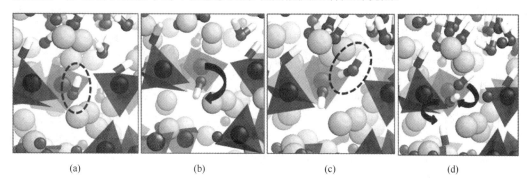

(a)　　　　　　　　(b)　　　　　　　　(c)　　　　　　　　(d)

图 5.5　M_3-C_3S（010）面上质子跳跃机制的快照

(a) 一个水分子在表面上解离并质子化一个氧离子；(b) 表面氢氧根离子由于热振动而旋转；(c) 一个水分子与氢氧根离子形成一个氢键；(d) 一个质子从水分子跳到氢氧根离子，然后从氢氧根离子跳到表面内部的氧原子[78]。黄色代表 Ca，白色代表 H，红色代表 O（除了 O_c），蓝色代表 Si 原子和硅氧四面体。

（3）从头计算分子动力学（AIMD）模拟

最近，采用 AIMD 模拟方法研究了 M_3-C_3S（010）富钙表面与水分子形成的固液界面，并与 ReaxFF 模拟在 18ps 的结果进行了比较，研究结果表明有三种类型氧氢相互作用：硅烷醇基中的羟基 O_c—H，孤立氧离子与 H 形成的羟基 O_i—H，以及水解离后产生的羟基 O_{dw}—H。不同羟基的演化在 AIMD 和 ReaxFF 模拟中表现出很好的一致性。然而，在 AIMD 模拟过程中发现质子来回转移，造成 O_c—H 和 O_{dw}—H 基团的数量一直在波动；而在 ReaxFF 模拟中羟基基团的数量在对应模拟时间内很快稳定下来[102]。在这两种模拟方法中，与氧离子形成的氢氧化物非常稳定，在质子化后不容易发生质子转移。然而，只有特定位点的 O_i 被质子化，而其他位点 O_i 的质子化遭到钙离子的位阻效应。分别计算水分子与硅酸根离子之间的质子转移自由能，以及水分子与水解离在表面形成的氢氧根离子之间的质子转移自由能（而非与 O_i 形成的 O_i—H 键）。对自由能图分析可得，硅烷醇基在模拟时间内的不稳定性导致无法再现 NMR 测试得到的 C_3S 的羟基化表面[7]。同样，表面上水以分子形式存在比氢氧化物形式存在更稳定。这一结果似乎与采用 DFT 研究单个水分子在表面容易发生解离吸附的研究结果相矛盾[98]。这个矛盾产生的原因可从两方面解释：两种模型中水分子数目不同，导致 AIMD 模拟中含有水分子之间的相互作用；在 AIMD 计算中考虑了温度影响，因此热扰动是造成与 DFT 计算结果差异的另一个原因。AIMD 模拟结果表明水膜在有限温度下可以描述氢键网状结构的波动状态，对质子转移模拟起到关键作用[102, 106]。这项研究的另一个重要结果是，质子转移的典型寿命无论在水和 O_c 之间还是在水和 O_{dw} 之间都约为20fs。试验发现在体相水中 Eigen（$H_9O_4^+$）和 Zundel（$H_5O_2^+$）离子之间的质子转移事件一般也发生在相同的时间尺度上(<100fs)[107]。质子在水/ZnO 反应界面上转移的寿命也是类似的[106]。这说明 C_3S 表面在极早期水化过程中质

子转移频率主要受到体相水中质子转移控制。

（4）水分子在矿物表面的结构与行为

水化过程可以认为是由不同时间下的一系列系统状态组成的。Pustovgar 等人采用经典反应力场 IFF 参数化，来模拟 C_3S 表面的水化[108]。所提出的质子化状态与硅酸的 pK 和溶液 pH 有关。在此模型的基础上，研究了 $NaAlO_2$ 的影响以及其对 C_3S 水化的阻碍作用。MD 模拟结果表明，铝离子只有在 pH<13 时才会被吸附。然而，在硅酸盐-铝酸盐复合物中应该形成的共价键并没有被 NMR 检测到[108]。采用相同的水化模型来研究 M_3-C_3S（010）面在不同水化程度下界面水的特征[104]，如图 5.6 所示。在质子化发生之前，一些与表面接触的水分子与 O_i 和 O_c 氧形成了两个强氢键。这些水分子固定在表面，构成了原子密度分布图中描述的氢键网状结构的基础[104]。随着质子化程度加深，该氢键网络结构被破坏，水分子的旋转和平移运动增加。这种在未水化 C_3S 表面附近形成的强相互作用以及水分子移动性的降低，在使用 ClayFF 力场模拟时也得到类似研究结果[109]。有研究表明，当钠离子和硫酸根离子存在下，这种离子层的形成抑制了阿利特溶解，同时还研究了 C_3S-C_3S、C_2S-C_2S 和 C_3S-C_2S 表面之间由表面原子结构差异导致对孔隙中水膜动力学性质的影响[110]。

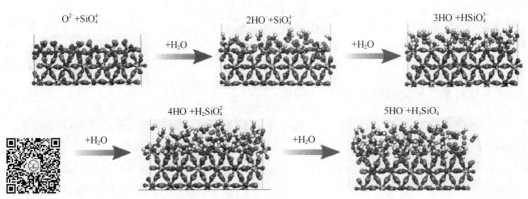

图 5.6　基于 Pustovgar 等[108]提出的水化模型研究 M_3-C_3S（010）面不同水化程度的弛豫表面[104]

绿色代表 Ca，红色代表 O，黄色代表 Si，白色代表 H

（5）质子转移与水化反应的动力学

要将原子尺度下的水/熟料相模拟与水化量热仪测量的水化放热曲线联系起来并不容易。经典分子动力学模拟只能描述水分子在表面的排列和化学键的寿命，这可能仅能描述初始反应阶段的情况。反应分子动力学模拟可以描述极早期水化反应的触发机制。这两种模拟方法的主要限制因素在于时间尺度。众所周知，由于环境湿度变化，C_3S 在加水导致表面能降低之前就已经经历了表面水化反应[4, 111]。NMR 测量可以表征在水化加速期和减速期发生的硅酸盐聚合动力学过程[112]。此外，采用 ^{29}Si 和 $^{1}H^{29}Si$ 交叉-极化魔角旋转（CP-MAS）NMR 测量方法揭示了在与体相水接触之前就已经存在羟基化的硅酸盐单体[112]。然而，在大气环境下，C_3S 表面的这种硅酸盐的聚合反应微不足道[112]。因此，上述提到的 C_3S 水化研究的新版本 IFF 参数中考虑了表面硅酸盐的羟基化作用[108]。水化量热仪法和 X 射线光电子能谱法（XPS）研究报告了暴露在控制湿度下的熟料相的延迟水化[113]。XPS 分析方法可以通过研究熟料相近表面电子束蒸发，来研究其在超饱和蒸汽下的水化行为，通过分析 Si-2p 电子能谱轨道向高结合能方向变化，认为是与硅酸盐聚合有关的信号[114-118]。环境压力 X 射线光电子能谱（APXPS）可以根据 O-1s 轨道电子结合能的偏移，来表征随蒸气压增加水的覆盖范围和水化层的组成（氧离子、羟基中的氧和水分子中的氧）[119]。该方法已经用来研究 MgO[120-121]、Al_2O_3[122]、CaO[120, 122-123]、SiO_2[124]和 $\alpha\text{-}Fe_2O_3$ 等氧化物[125]的水化行为。这种测量方法制样要求高，样品表面务必防止预水化、碳化和污染物污染。此外，对于金属和简单氧化物而言，制备指定晶面相对简单，但对于熟料相指定晶面的制备在技术上非常具有挑战性。原子尺度下的表面形貌可以通过原子力显微镜（AFM）和扫描隧道显微镜（STM）来表征。STM 观察表明 CaO（001）面当水覆盖层为单原子层时，表面羟基化且原子排布是紊乱的[123]。反应分子动力学模拟也证实了反应后表面原子排布的紊乱现象[20]。通过 AFM 观测，我们发现了白云石、方解石和菱镁矿水化层结构的差异，与模拟结果吻合良好[126-127]。

5.1.3.3 微观尺度下阿利特溶解动力学模拟

动力学蒙特卡洛（KMC）基于过渡态理论（TST），与 MD 不同，其目的不是捕捉系统的整个动力学演化，而是考虑事件或从一种状态到另一种状态的转变随时间以不同的概率发生。由于只考虑特定事件，KMC 模拟通常需要更少的计算能力，并可以预测更长水化反应过程的表面演化。可以从一个 Kossel 晶体模型或台阶（TLK）模型作为初始反应构型，每个原子或离子基团可以视为一个小立方体或小球（结构基元），在周期性方向堆叠。在这种初始体相构型中，每个结构基元最多可以有六个最近邻数。在表面上，每个结构基元最近邻数有 5 个或更少，具体视表面拓扑形貌而定，比如位错、空隙和台阶等［见图 5.7（a）］。有研究者[128-129]最近采用 KMC 法以 Kossel 晶体为初始模型，研究了晶体表面上的解离和沉淀速率，再现了试验上观察到的包括阿利特在内的几种矿物的溶解速率和吉布斯自由能之间的 S 型关系［见图 5.7（b）］。Chen 等与 Manzano 等联合[130]，从 Kossel 晶体初始模型开始，将 KMC 法与 Lattice Boltzmann（格子 玻尔兹曼）模型结合，研究了流体流过阿利特晶面时的溶解过程，并模拟了离子传输过程。此外，采用非晶格 KMC 模拟预测了螺型位错对 C_3S 溶解速率的影响机制[131]。C-S-H 纳米颗粒在基底上的沉淀也用相似方法进行了模拟[132]，具有较易成核位点的基底导致沉淀速率与边界成核和生长机制结果一致，这种机制也称为 Cahn 机制。

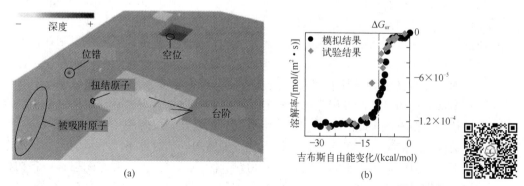

图 5.7 Kossel 晶体表面的拓扑形貌（a）与模拟[128]（黑色）和试验[133]（橙色）溶解速率在 300K 条件下阿利特吉布斯自由能的变化（b）

并行回火模拟方法可以使用多个副本在一系列温度下同时模拟，并在相邻温度的系统之间相互交换来促进系统采样[134]。在高温下，更多的状态可以被采集到，因此发生罕见事件的概率比在低温下更大。系统之间的交换允许低温系统避开局部能量最小值，并在更大物相空间区域进行搜索。在最近有关硅酸根离子在纯水和NaOH溶液中的并行回火模拟研究中表明，可以做到显著加速硅酸根离子凝胶化过程，且与试验测试结果吻合良好[135-137]。但据目前所知，还没有关于采用并行回火模拟方法研究液体/矿物界面的报道。

5.2 基于热动力学的水泥基材料微结构模拟方法 THAMES

在过去几十年，人们对于水泥化学的理解不断加深。这有赖于人们对于热力学理论在水泥化学领域的应用。本章简要地介绍了最近热力学模型的发展现状和面临的局限，以及未来的挑战。通过将热力学计算与传输模型相结合，便有可能计算水泥基材料与外部环境的相互作用。然而，并不是任何时候都能达到热力学平衡状态，因此有效地将热力学模型与动力学模型相结合则显得至关重要。

5.2.1 热力学计算的历史与现状

热力学理论讨论的是体系在组分不变的条件下的初始状态和最终状态。合理应用热力学理论，可以计算在平衡状态下，水泥水化产物与溶液的组成成分，既包括水泥水化过程的平衡状态，也包括水泥在完全水化以后与所处环境的平衡状态。相较于以实验为主的研究，热力学的计算显得非常灵活。并且在多组分情况下，能够帮助人们全面地了解水泥体系的复杂化学特性。例如，当 $CaO-SiO_2-Al_2O_3-CaSO_4-CaCO_3-H_2O$ 体系处于25℃以及1个大气压的环境中时，一共可以包含331种稳定的物相。这并不是说更简单的热力学体系不能通过试验研究来验证热力学计算的合理性。相反，简单体系中平衡物相的组成能够组成更复杂的体系。例如，在体系 $CaO-Al_2O_3-CaSO_4-H_2O$ 中能够平衡存在的物相同样能够平衡存在于 $CaO-SiO_2-Al_2O_3-CaSO_4-H_2O$ 体系。因此，对简单体系的清楚认知有利于更好地理解组成复杂的体系。利用相图来代表热力学体系，可以很好地了解当某一组成成分或某一外部环境因素(温度、压力)发生变化时，体系中各物相有可能发生的变化。

相图在水泥基材料领域的应用已有很长的历史。事实上，无论是通过试验研究，还是通过热力学计算，对于完整相图的绘制都是一个漫长且艰难的过程。所以，Damidot 等[138]提出了一种绘制简易相图的方法。该方法首先在组分简单的体系中，计算得出多个物相同时平衡存在的稳定不动点，然后根据组分在亚体系平衡存在则在复杂体系同样平衡存在的原理，绘制出复杂体系的相图。

然而，该方法的稳定性和可靠性主要依赖于热力学数据库中各物相热力学参数的准确性，包括水化产物以及溶液相在标准状态下的热力学性能。水泥基材料体系最早的也是较为完整的数据库由 Babushkin 等[139]发布。该数据库在很长一段时间被认为是水泥基材料的标准热力学数据库。随着人们对水泥材料认识程度的增加，陆续地出现了新的热力学数据库。但是这些数据库只能适用于常温下的水泥基材料。因为当时，人们对水泥材料中各物相的温度依赖性的数据采集还几乎没有。为了弥补这一缺陷，即预测不同温度下的水泥基材料的性能，近期 Matschei[140]和 Lothenbach[141-142]通过对大量试验数据的采集和分析整理，提出了一个适用于温度范围在1~90℃的热力学数据库。

热力学方法最初用于研究水泥的水化过程。有研究者[143-145]在这方面作出了卓越的贡献。

他们的研究成果表明，水泥的水化过程遵循着最基本的物理化学准则，即吉布斯自由能最小化。这为热力学方法在水泥水化过程研究的合理性提供了理论基础。然而，需要特别注意的是，热力学模型对于最终平衡状态的定义常常依赖于化学反应动力学，即依赖于化学反应物的可利用性。因为在水泥基材料内部，物质必须在多孔的微结构中进行传输。有时某些物质会被表层材料覆盖住，因而不能与孔溶液相接触，进而不能发生化学反应。从另一角度来看，也正因为物质的传输受到了多孔介质的阻碍，研究者通常可以认为，对于水泥浆体的局部微结构而言，固体的水化产物与孔溶液达到了平衡状态。

随着计算机计算能力的不断提高，以及用于计算热力学体系和化学反应软件平台的逐渐增多，越来越多的研究者开始利用这些工具对更复杂的体系进行研究。这有助于理解水泥水化及水泥在侵蚀介质下的化学响应，也有助于从理论上解释试验现象。伴随着矿物掺合料的使用，热力学计算无疑为这一更为复杂的水泥基材料体系的研究提供了更大的便利。在将来对混凝土结构使用寿命的预测方面，热力学计算模型与传输模型的结合使用也可能成为标准化的使用方法。

5.2.2 热力学计算的局限性

对于水泥水化而言，未水化水泥颗粒有可能通过少量的水化对热力学体系产生影响，但是未水化水泥颗粒通常没有被直接考虑在热力学体系里面。这样的影响对于低水灰比的高性能混凝土可能会更为显著。因此，对于低水灰比的高性能混凝土，应该采取不同的方法进行热力学计算。

另外一个值得关注的地方是局部微结构的变化对于整体结构传输性能的影响。目前，使用最为广泛的化学反应-传输模型，利用的是经验公式来估算传输过程中由化学反应造成的"化学损伤"。在三维数字化微结构的层面上计算各离子的扩散系数有利于更为准确地估计化学反应对于传输性能的影响。

对于处于腐蚀介质中的混凝土而言，为了预测其使用的耐久性，国内外研究者开始将传输模型与热力学模型以及力学模型相结合。最常见的热力学方法计算仅仅关注水泥水化产物的脱钙反应、钙离子的流失导致的力学性能的损害乃至丧失。钙离子的流失常常被认为是水化产物溶解的主要驱动力。因此，大多数模型也只考虑了钙离子的传输而没有考虑其他离子的传输。多种离子的传输与化学反应相耦合的条件下，水泥基材料的劣化机理方面则鲜有报道。然而这对于准确地估算水泥基材料的使用寿命非常重要。

5.2.3 热力学计算在腐蚀介质中的应用

水泥基材料是土木工程中应用最广泛的建筑材料。其常常暴露在具有腐蚀性的环境中。本节介绍了如何应用热力学计算方法来研究这类复杂的耐久性问题。例如，通过热力学计算得知，硅灰石膏只有在所有的铝酸盐相都转化成钙矾石以后，才有可能生成。此外，F.Bellmann通过试验和热力学计算表明，当C-S-H钙硅比较低，且不存在氢氧化钙时，硅灰石膏很难生成。

当水泥基材料处于腐蚀介质中时，其组成成分以及微结构都将发生明显的变化。材料的破坏机理常常涉及离子、水分以及气体在多孔材料中的传输。这就是为什么在计算水泥基材料的使用寿命时，需要将热力学计算模型与多孔介质中的传输模型相结合。并且，还需考虑多孔介质由于损伤的积累演变，其传输性能也不断发生改变。这种方法不仅能有助于理解劣化反应的化学特性，还能估算微结构的劣化速率。换句话说，通过将热力学计算模型与多孔介质中的传输模型相结合，可以预测已知条件下，哪些物相会生成，哪些物相会溶解。并且，当这些物相在局部微结构发生变化时，预测它们对于传输性能的影响。

最早期将化学反应和传输模型相结合出现于土壤中污染物的传输领域。最初的模型用化学反应的平衡关系替代传输模型中的质量守恒关系，即直接替代法。当然，在直接替代法中，仍然可以使用不同表达形式的传输方程式。但很快人们就发现将传输模型和化学反应模型区分开来对待，这样解决材料的劣化问题的灵活性更好，更易处理。D.B.Grove 等首先提出了将这两者分开的模型。该模型首先预测在地下水中钙离子、镁离子、硫酸根离子等的传输。传输方式的求解过程完全不涉及化学反应的影响。然后，在同一个时间步长下，根据传输方程预估各离子的浓度来预测化学反应的发生情况。然后在每一个随后的时间步长的计算中，不断重复这一"传输-化学反应"步骤。

5.2.4 热力学模型 GEMS

GEMS 模型的热力学数据库融合了水泥基胶凝材料中所涉及的矿物和水化产物的热动力学数据，因此比较适用于计算水泥基材料的计算。关于这一模块的更详细的信息可以参见B.Lothenbach 近年来发表的文章。

简单来说，在热力学体系中，所有的物质可以分为三类：①独立组分（independent components, IC），所有的化学元素均属于独立组分（如 Ca、Al、Mg 等）；②非独立组分（dependent components, DC），非独立组分由 1 个或多个独立组分而组成的复合物或其溶解于溶液中的各种离子［如 $Ca(OH)_2$、SO_4^{2-} 等］；③物相组分（phases），物相组分由一种或多种非独立组分构成(如石膏、孔溶液等)。在任意的时间步长内，热力学体系中的各 IC 组分的含量是固定不变的。利用最小吉布斯自由能原则，计算出当体系达到稳定状态时，各个 IC 组分在 DC 组分以及物相中的分布情况，包括在固溶体中的各组成单元以及孔溶液中的分布情况。

每一次 GEMS 开始计算之前，首先要明确体系中各种化学元素的总物质的量，称为独立组分 IC。非独立组分（DC）是指由 1 个或多个独立组分而组成的固相或其溶解于溶液中的各种离子。这些非独立组分都有着固定的化学组成以及已知的吉布斯自由能，而物相组分是由一种或多种 DC 组成。在一定的温度、压力以及 IC 物质的量的情况下，吉布斯自由能的最小化决定了平衡状态下 DC 的平衡浓度以及其在各物相中的分布。摩尔吉布斯自由能 G 可通过如下公式计算。

$$G = \sum_k \sum_j x_{j,k} \mu_{j,k} \tag{5.8}$$

式中，$x_{j,k}$ 以及 $\mu_{j,k}$ 分别为在第 k 个物相中第 j 个 DC 的摩尔分数以及化学势。当不含有表面带电的复合物时，一个任意的物相中的第 j 个 DC 的化学势可由以下公式计算而得。

$$\mu_{j,k} = \mu_j^\circ(T,P) + \ln\gamma_{j,k}c_{j,k} \tag{5.9}$$

式中，$\mu_j^\circ(T,P)$ 为第 j 个 DC 的标准化学势，它取决于温度和压力；$\gamma_{j,k}$ 以及 $c_{j,k}$ 分别为在第 k 种物相中第 j 个 DC 的摩尔活性系数以及摩尔浓度。

内部节点法估算的是平衡状态下物相组成矢量以及化学势矢量中的 $x_{j,k}$ 和 $\mu_{j,k}$ 等基本单元。当 Karpov-Kuhn-Tucker 条件满足时，吉布斯自由能被认为达到最小。Karpov-Kuhn-Tucker

条件已被证明是使公式（5.8）中的吉布斯自由能达到最小的充分必要条件。

要完成以上所描述的运算，首先需要知道各个 DC 组分的标准自由能。此外还需要明确在各种不同的凝聚态中这些 DC 组分的化学活性的计算模型。这些数据主要来自具有内部相容性的 Nagra 热动力学数据库。对于在水泥体系中有可能出现但尚未包含在该数据库的物相的相关热动力学参数，则来自 B.Lothenbach 以及 T.Matschei 所开发的与 Nagra 相容的一个数据子库。

相对于较早时期发表的热力学计算方法而言，GEMS 最大的进步之一在于对 DC 溶质的各种可能的组分以及其对整个体系的吉布斯自由能的影响有一个更完善的考量。在 Nagra-PSI 数据库中含有很广泛的溶质组分的热动力学参数。溶液中每一个离子的摩尔活性系数 γ_i 可以通过如下的扩展 Debye-Hückel 方程计算获得：

$$\lg \gamma_i = \frac{-A z_i^2 \sqrt{I}}{1 + B a \sqrt{I}} + bI \tag{5.10}$$

式中，A 和 B 为依赖于温度 T 和压力 P 的参数；z_i 为该离子的带电量；I 为溶液的摩尔离子强度；$a = 3.72\text{Å}$ 是常用的 Kielland 离子尺寸参数；$b = 0.064$ 则是当温度等于 25℃ 时用于描述背景电解质的常用的第三参数。表 5.2 列出了溶液中各离子间的反应以及相应的平衡常数。

表 5.2　溶液所含离子及其平衡常数

反应	lg$K$
$Al^{3+} + H_2O \rightleftharpoons Al(OH)^{2+} + H^+$	−4.957
$Al^{3+} + 2H_2O \rightleftharpoons Al(OH)_2^+ + 2H^+$	−10.594
$Al^{3+} + 3H_2O \rightleftharpoons Al(OH)_3 + 3H^+$	−16.432
$Al^{3+} + 4H_2O \rightleftharpoons Al(OH)_4^- + 4H^+$	−22.879
$Al^{3+} + SO_4^{2-} \rightleftharpoons AlSO_4^+$	3.90
$Al^{3+} + 2SO_4^{2-} \rightleftharpoons Al(SO)_2$	5.90
$Ca^{2+} + H_2O \rightleftharpoons CaOH^+ + H^+$	−12.78
$Ca^{2+} + SO_4^{2-} \rightleftharpoons CaSO_4$	2.44
$H_2O \rightleftharpoons OH^+ + H^+$	−14.000
$K^+ + H_2O \rightleftharpoons KOH + H^+$	−14.46
$K^+ + SO_4^{2-} \rightleftharpoons KSO_4^-$	0.85
$Na^+ + H_2O \rightleftharpoons NaOH + H^+$	−14.18
$Na^+ + SO_4^{2-} \rightleftharpoons NaSO_4^-$	0.7

5.2.5　数字化微结构模型 THAMES 模块

本章模型是基于美国标准与技术研究院（national institute of standards and technology, NIST）开发的热动力学水化微结构演变模型（THAMES）而建立的[146]。THAMES（图 5.8）

主要由三个组成部分：①控制水泥熟料溶解速率的动力学模型，该模型决定了孔溶液中不同离子的浓度随着时间的变化；②热动力学计算模型，该模型决定了热力学平衡状态下除了熟料以外各种水化产物的含量，以及孔溶液中各种离子的浓度；③3D 数字图像模型，该模型将②计算得出的各种物相按照一定的规律分布在三维空间中，代表着水泥材料的微结构图像。利用由 Parrot 和 Killoh（PK）提出的经验模型[147]，可以计算出在不同时间间隔下，水泥中主要的四种熟料（C_3S、C_2S、C_3A 以及 C_4AF）的溶解速率。PK 模型用经验公式描述了水泥水化不同的阶段中，控制水化速率的不同机理。这些可能起到控制水化速率的机理包括：水化产物的结晶、晶体的生长以及溶质在固相中的扩散等。速率方程的选择取决于同一时刻所对应的水化程度、水泥颗粒的比表面积（可通过 Blaine 细度法来测得）、水灰比（w/c）、温度以及六个经验参数。这六个经验参数是通过对较大范围的不同水泥的水化过程的观察拟合得到的。每一个可能的控制水化速率的机理对应着一个不同的控制方程。对每一个控制方程进行计算，速率最慢的将成为决定该时刻水化速率的控制方程。

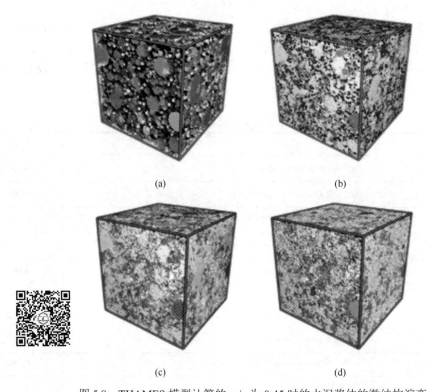

(a)　　　　　　　　　　　　　(b)

(c)　　　　　　　　　　　　　(d)

图 5.8　THAMES 模型计算的 w/c 为 0.45 时的水泥浆体的微结构演变

（a）水化前初始微结构；（b）水化 100 天微结构（水化程度为 97%）；（c）溶蚀过程中氢氧化钙全部流失时的微结构；（d）溶蚀后期钙离子浓度为 3mmol/kg 时的微结构。各物相的颜色标注：C_3S 为棕色；C_2S 为浅绿色；C_3A 为深灰色；C-S-H 为裸色；CH 为深绿色；碳酸钙为绿色；钙矾石以及单硫型硫铝酸钙为橄榄色；水滑石为青灰色；毛细孔为黑色[151]

　　在任意的时间步长内，热力学体系中的各 IC 组分的含量是固定不变的。利用最小吉布斯自由能原则，计算出当体系达到稳定状态时，各个 IC 组分在 DC 组分以及物相中的分布情况，包括在固溶体中的各组成单元以及孔溶液中的分布情况。该时间步长中，各 IC 组分的含量则由各水泥熟料的溶解量决定。后者可通过前文所述的 PK 模型来预测。

　　我们用立方体网格单元将 3D 微结构图像数字化。每一个网格单元，同时也称为像素点，拥有一个唯一的 ID。该 ID 对应着存在于该像素点中的物相。每一个物相都有唯一的整数 ID 与其一一对应。利用 VCCTL 软件平台可以生成水泥未水化时的初始微结构图像。VCCTL 软件使用的是由 NIST 开发的另一个微结构模型（CEMHYD3D 模型）的通用版本。更多的关于微结构图像是如何产生的，包括颗粒粒径及形状分布等，可参见文献[148-150]。通常 Thames 模拟的微结构为一个边长为 $100\mu m$ 的正方体，每个像素点的大小为 $1\mu m^3$。当代表不同物相的像素点相接触时，称为界面像素点。对于任意一种物相 m，都有两个链表，分别储存着有可能生长的界面像素点和有可能溶解的界面像素点。前者称为生长链表，$\{G\}_m$，它储存了一系列与物相 m 相邻的孔隙或孔溶液像素点。因为它们与该物相相邻，因此具有通过堆积生长而转化成该物相的可能。后者称为溶解链表，$\{D\}_m$，它储存了一系列与孔隙或孔溶液像素点相邻的代表物相 m 的像素点。需要指出的是，此处"相邻"是指至少共用一条边或者至少共用一个面。当每一个物相的生长和溶解链表创建完成以后，链表中的每一个界面像素点均会被赋予一个不同大小的"亲和度"的数值。它表明了该界面像素点生长和溶解的可能性的大小。"亲和度"的大小可由像素点所处环境的局部曲率的大小，以及该物相所希望生长成的形貌特征等因素来决定。例如，如果一个物相具有等轴的形貌特征，则局部曲率小的像素点更易生长，"亲和度"变大；相反，如果一个物相具有针状的形貌特征，则局部曲率大的像素点更易生长。

在每一个时间步长中，热力学平衡计算将给出在平衡状态下各种物相在微结构中体积分数的变化。这可以转化成每一种物相像素点数量的净增加或净减少。然后，对 $\{G\}_m$ 和 $\{D\}_m$ 中界面像素点按照"亲和度"从大到小的顺序进行排列。这表明了界面像素点生长和溶解的可能性从大到小排列完成。然后对每一种物相依次进行溶解或生长，以使微结构中的各物相的体积分数与热力学模型计算结果相吻合，这样就完成了微结构的更新。例如，如果物相 m 需要溶解，则需从 $\{D\}_m$ 选择最易溶解的界面像素点，将其所代表的物相从 m 转化为孔隙或孔溶液；如果物相 m 需要生长，则需从 $\{G\}_m$ 选择最易生长的界面像素点，将其代表的物相从孔隙或孔溶液转化为物相 m。当物相 m 需要生长，但链表 $\{G\}_m$ 为空时，该物相就会在孔溶液中结晶成核。对于氢氧化钙和钙矾石等物相，可以在微结构的孔溶液中任意生长；但是对于 C-S-H 而言，大量的试验结果表明结晶成核更易发生在熟料的表面。所以本模型通过调节"亲和度"，使得 C-S-H 更倾向于生长在熟料的表面。如上所提到的溶解、生长、结晶成核的算法可以使微结构中各物相的实际体积分数与热力学平衡计算的结果之间的差异保持在 $\pm 0.1\%$ 之内。

5.2.6 水泥溶蚀的模拟

使用 PK 经典水化模型，生成一个水化基本完全的成熟水泥浆体。当水化 100 天以后，终止水化，开始溶蚀的模拟计算。此时，微结构中饱和状态的孔隙开始被溶蚀溶液稀释，空的孔隙被溶蚀溶液填满。理想状态下，稀释孔溶液的过程应该是将孔溶液中各种碱、钙离子摩尔浓度设定为一个较低值的过程。然而，对于本章所使用的热力学计算模型而言，唯一的改变体系化学组成的方式就是设定各种独立组分的总的含量。也就是说，溶液中各种离子的摩尔浓度是热力学计算的结果，而非输入参数。因此在本章中，采用了一个迂回的方式来稀释孔溶液，从而达到溶蚀的目的。首先，从现有的平衡状态获取孔溶液中水的质量，以及 Ca^{2+}、Na^+、K^+ 和 SO_4^{2-} 的浓度（mol/kg）。然后，假设 Na^+、K^+ 和 SO_4^{2-} 在溶蚀溶液中的浓度为 0.5mol/kg，计算要达到这一浓度，需要提取或添加这三种离子所对应的独立组分的量。这里选择 0.5mol/kg 是因为它在能够起到明显稀释孔溶液的作用时，保持热力学计算的稳定性。其次，用相同的方法估算达到外部溶液的 Ca^{2+} 浓度需要提取的 Ca 的物质的量。外部溶蚀溶液中 Ca^{2+} 的浓度从 0.5mol/kg 到 20mol/kg 不等,以模拟不同阶段的溶蚀情况。最后,我们计算了需要提取的 OH^- 的物质的量,以保持体系的电中性。通过以上的步骤,体系中 Ca、Na、K、O 和 H 的物质的量得到了更新,然后在新的体系中计算新的平衡状态,进而根据新的平衡状态对微结构进行相应的调整,使其与热力学计算的平衡状态相符。在这个稀释孔溶液的过程中,我们并没有考虑离子在溶液中存在的复杂性,例如 $CaOH^+$、$CaSO_4$、$NaOH$ 等。虽然这些离子常常存在于孔溶液中,但是其浓度明显低于 Ca^{2+} 和 Na^+ 等简单离子。因此,通过此间接的方法会使得溶液中实际的元素浓度比预期的略微高一些,但这对于溶蚀产生的驱动力的大小影响甚微。

孔溶液被外部溶蚀溶液稀释,部分水化产物溶解,从而使得孔溶液与固体的水化产物重新达到平衡。水化产物的溶解将导致孔溶液中钙离子和碱离子浓度的升高,因此需不断对孔溶液进行冲刷稀释。当每一次新的平衡达到时,微结构均会进行相应的调整。如此不断重复这个过程,直到孔溶液不再由于继续的冲刷发生明显的变化。由溶蚀所造成的水化产物的不可逆溶解产生了新的孔隙,我们用等体积的水填充了这些新形成的孔隙。具体来说,就是在热力学体系里加入了相应物质的量的 H 和 O。每一个以上所描述的冲刷循环所对应的实际时间可由以下两个因素来定:①新鲜的外部冲刷溶液完全替代孔溶液所需要的时间;②新的孔溶液与体系中剩余的固体水化产物达到新的平衡所需要的时间。这两个方面都有可能成为控制一个循环的实际时间的决定因素。在典型的溶蚀试验中,试样浸泡在具有固定组成的大体积的溶液中,以达到稀释孔溶液的目的。所以,除了试样最表面以外,溶质从试样内部往外扩散的过程可能是决定溶蚀速率的控制因素。在试件的最表面,矿物的溶解则更有可能是控制因素。本章的模拟研究并没有试图去掌握这些动力学方面的复杂特性。相反,我们仅仅是想从微结构的角度,考察一下在没有一个特定的时间尺度的情况下微结构的劣化演变。

5.2.7 水泥硫酸盐侵蚀的模拟

5.2.7.1 与 $NaSO_4$ 溶液相互作用的模拟

水化过程在进行了 100 天以后终止,开始了硫酸盐侵蚀的模拟。我们注意到,如果以熟料的消耗量为评价指标,水化 100 天时所对应的水化程度为 0.9。即使之后仍有水化进行,也非常缓慢及轻微。因此忽略 100 天以后的水化算是一个较为合理的简化。当硫酸盐侵蚀开始时,浓度为 0.1mol/kg 的 Na_2SO_4 溶液开始冲刷微结构的毛细孔体积。首先,提取出目前所处的平衡状态下,由水化产物以及孔溶液组成的热动力学体系中溶液相中水的质量,以及主要的溶质 SO_4^{2-} 和 Na^+ 的浓度。根据这些信息,计算出需要从溶液中添加或除去 Na 以及 S 的物质的量,以使其浓度增加或减少到与外界 Na_2SO_4 溶液的浓度一致。以相同的方法,分别设定外部溶液中 K^+ 和 Ca^{2+} 的目标浓度为 0.5mmol/kg 以及 0.1mmol/kg。这样既能避免计算方面不稳定情况的发生,同时又能模拟出硫酸盐侵蚀过程中试样表面存在的脱钙现象。

当微结构被新鲜的硫酸盐溶液冲刷以后,固态的水化产物将与孔溶液重新建立平衡关系。假设微结构在每一次被硫酸钠溶液冲刷以后,均达到了热力学平衡状态。因此,利用 GEMS 可以计算出每一个平衡状态下溶液中各离子的浓度以及水化产物的含量的变化。以此作为依据,通过添加或去除相应数量的各物相的像素点来生成或溶解相应的水化产物,使其达到平衡状态下的目标体积分数。在前面的章节中已经介绍过具体的更新微结构的方法,此处不再赘述。模型将反复重复以上提到的步骤，即新鲜硫酸盐溶液的冲刷、新平衡状态的建立，以及微结构的更新。每一个循环单元所对应的实际物理时间主要由以下两方面来决定：①用新鲜溶液替代已有的孔溶液所需要的时间；②新鲜溶液与水化产物建立起新的平衡所需要的时间。这两方面都有可能是控制每一个循环单元的实际物理时间的主要决定因素。

在典型的硫酸盐试验中，试样被浸泡在一个浓度固定的硫酸盐溶液中。此时，除了直接暴露在溶液中的表面微结构以外，溶质从外到内的扩散过程控制了整个试样的劣化的速率。试样表面的劣化速率更有可能取决于各种物相的溶解和生长的快慢。在后面的章节中，我们将介绍有关溶质扩散的内容。在本章所涉及的研究范围中，并不包括有关溶质由外向内的复杂的扩散过程。相反，我们更有兴趣考察试样表面（也就是深度小于或等于$100\mu m$的表层微结构）的早期劣化的大致过程，例如微结构的演变、膨胀，以及损伤的产生。随着微结构损伤模型的基本建立，我们在后面的章节会进一步探讨微结构以及膨胀随着时间及试样深度的变化。这可以通过将现有的热动力学微结构模型与反应-扩散模型相耦合来实现。该方法与其他研究学者在宏观尺度上的建模较为相似。

5.2.7.2 弹性应力应变计算

相对于含有铝的有可能转化生成钙矾石的物相而言，钙矾石的摩尔体积较大。我们假设，钙矾石是硫酸盐侵蚀过程中唯一的膨胀产物。这与以往的研究结果一致。

结晶压理论表明当晶体在相对受限的空间下生长时溶液会处于过饱和状态。因此，从热动力学的角度，晶体更倾向于在较大的孔中生长，因为这样可以降低压力。然而，离子有限的扩散能力常常使得晶体的生长不能总是发生在大孔中，而是就近生长在附近的小孔里。这样就会导致暂时的较大的结晶压的产生。考虑到铝离子有限的迁移能力，本模型假设钙矾石就近生长在铝酸盐相溶解的地方。但是比较遗憾的是，在本章中我们尚不能直接计算结晶压的大小，因为：①我们所使用的热动力学模型假设在每一个时间步长结束时，体系均达到平衡状态，因此对任何一种物相而言，溶液都不会处于过饱和状态；②我们的微结构模型的空间分辨率为$1\mu m$，该分辨率相对于直接描述水化产物中能够产生最大的结晶压的小孔而言太过粗略。

由于以上结论目前暂不能直接计算结晶压在微结构中的分布，我们采用了间接的方法估算了微结构局部的微应变。当钙矾石在局部生长时，其无应力状态下的自由体积若大于周围环境所能提供的孔的体积，就会产生局部应变。以图5.9所示的一个微结构局部为例。图中单硫型硫铝酸钙镶嵌在 C-S-H 凝胶中，在其周围的毛细孔像素点数量为1。当硫酸盐溶液浸入时，由单硫型硫铝酸钙向钙矾石的转化反应将会发生。首先，钙矾石将析出在原本被单硫型硫铝酸钙所占有的地方。但是，钙矾石的摩尔体积比单硫型硫铝酸钙大1.28倍。也就是说，1 个单硫型硫铝酸钙像素点的溶解会导致 2.28 个钙矾石像素点的生成。因此，如果在单硫型硫铝酸钙附近有至少两个毛细孔像素点时，我们将首先用一个钙矾石像素点替换溶解的单硫型硫铝酸钙像素点；然后再用一个钙矾石像素点替换附近毛细孔像素点中的一个；最后以 0.28 的概率用一个钙矾石像素点替换另一个相邻的毛细孔像素点。然而，当溶解的单硫型硫铝酸钙邻近的毛细孔像素点少于 2 时，如图 5.9 所示，钙矾石将无法在无应力状态下自由生长。这时，局部的体积应变 $\varepsilon = -0.28$ 或者 $\varepsilon = -1.28$（负号表示钙矾石处于受压状态）将会被赋予到新生成的钙矾石像素点上，分别对应着周围的毛细孔像素点的个数为 1 或 0。此时，钙矾石将受到由周围环境施加的压应力(为负)，同时钙矾石也会向周围环境施加拉应力(为正)。这样，就能够在任意时间段下，计算在微结构中形成的非均匀的膨胀应变的分布。

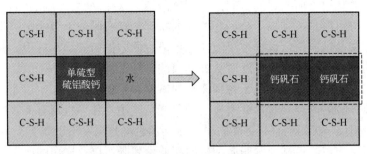

图 5.9　单硫型硫铝酸钙转化为钙矾石的微结构局部示意图

当局部膨胀应变施加完成以后，将微结构模型与 3D 线性有限元模型耦合，即可估算出微结构的应力应变场。本章使用的 3D 线性有限元模型适用于计算随机复合材料的弹性性能。以 3D 微结构图像作为输入文件，图像中每一个像素点作为网格划分的立方体单元。对每一个单元赋予其代表的物相的各向同性的体积和剪切模量。

当已知各物相的弹性模量以及局部微应变在微结构中的分布时，可由如下公式计算微结构的弹性性能：

$$U = \frac{1}{2}\int_V dV\left[(\epsilon - e):C:(\epsilon - e)\right] \tag{5.11}$$

式中，ϵ 为局部的应变张量；C 为刚度张量；e 为局部膨胀应变张量；V 为体积。当弹性性能 U 达到最小值时，认为体系达到稳定状态。这可以通过位移场来判断。也就是当弹性能的梯度为 0 时，就认为已达到平衡状态。其中位移场矢量 $\boldsymbol{u}$，通过计算有限元网格分布中每一个单元的每一个节点的位移来获得。有限元模型中，通过应用共轭梯度方法计算得出使弹性能最小化的位移场。利用该平衡状态下的位移场，根据 $\epsilon \equiv \partial \boldsymbol{u}/\partial \boldsymbol{x}$ 可以计算得出平衡状态下的应变场。其中，$\boldsymbol{x}$ 是位置矢量。此外，利用某一点的平衡应变，根据 $\sigma \equiv C:(\epsilon - e)$ 还可以计算出该点的应力张量。该有限元模型已经通过运用复合材料理论，将模型计算值与复合材料理论值进行比较，得到了充分的验证。此模型也被广泛应用于普通的随机分布的复合材料，在水泥浆体微结构中的应用尤其常见。

将每一个单元的 8 个节点的应力张量进行对角化平均值计算，就可以得到该单元的平均应力。当这个平均应力（为正，即拉伸应力）超过该单元所对应的物相的抗拉强度 σ_c 时，局部的损伤就会在这个单元所在的地方发生。假设未水化熟料抵抗拉伸破坏的能力最强，因此赋予所有未水化熟料较高的抗拉强度 $\sigma_c = 10\text{MPa}$。水化产物根据它们的弹性模量的大小，分别被赋予不同的抗拉强度。为了简化，考虑到 C-S-H、钙矾石以及水滑石的弹性模量较低，假设它们的抗拉强度为 $\sigma_c = 1\text{MPa}$。其他的水化产物的抗拉强度为 $\sigma_c = 5\text{MPa}$。该值比较接近普通硅酸盐水泥浆体抗拉强度的测量值。当像素点的拉应力超过了 σ_c 时，该像素点就被称为"损伤"的像素点。本章所建立的模型能够预测在硫酸盐侵蚀过程中微结构中的哪些区域最易丧失力学稳定性。但是该模型并不能预测微裂纹的生长，也暂不能模拟其汇聚成较大裂纹的过程。如想要实现这些功能，就需要一个能够有更细小的网格划分，或者需要一个具有通常网格划分的扩展有限元模型。

5.3　小结

近年来，DFT 计算方法从电子结构角度帮助我们提升关于主要熟料矿物相反应活性起源的认识。此外，离子取代的生成焓以及对体相电子结构的影响也有较深入研究。然而，没有发现通过掺杂显著增强物相反应活性的途径。结果表明，体相晶体结构与晶面的电子结构性质存在显著差异，早期水化主要由表面性质驱动。然而，反应分子动力学研究表明，表面原子排布仅影响极早期快速水化反应阶段，之后水分子的解离变慢。表面拓扑形貌特征也会在更长时间尺度上影响溶解机制。此外，综述了几种解决时间和空间尺度局限性的模拟方法，重点采用 KMC 模拟可以解释 C-S-H 纳米颗粒在基底上的沉淀过程，以及从 Kossel 晶体模型出发，通过拟合试验溶解速率和表面拓扑形貌（如扭结点、台阶点、位错等）发展，研究阿利特溶解过程。这是一种非常有前途的模拟方法，可以模拟位错和蚀坑的形成过程对阿利特矿物溶解过程中的成核、聚结和沉淀等过程的影响[137]。这种方法研究矿物溶解过程还需要构建更真实的初始矿物晶体模型，可以将其与原子模拟方法计算得到的能垒相结合，提升该方法应用的准确性和时空尺度拓展性。为了更精确研究矿物溶解反应机理，计算方法和试验表征方法在时间和空间尺度上的匹配性也是一个较大的挑战。

习题

1. 请简述离散基水化微结构模型是如何控制动力学过程的。
2. THAMES 模型中，热力学计算是如何指导微结构演变的？
3. 尝试分析用离散基微结构模型模拟溶蚀过程大致的步骤。
4. 尝试分析如何将离散微结构模型和有限元模型结合，用于获得微结构中应力场和应变场。

参考文献

[1] Lüttge A. Crystal dissolution kinetics and Gibbs free energy [J]. Journal of Electron Spectroscopy and Related Phenomena, 2006, 150(2-3): 248-259.

[2] Fischer C, Arvidson R S, Lüttge A. How predictable are dissolution rates of crystalline material? [J]. Geochimica et Cosmochimica Acta, 2012, 98: 177-185.

[3] Lasaga A C, Luttge A. Variation of Crystal Dissolution Rate Based on a Dissolution Stepwave Model [J]. Science, 2001, 291(5512): 2400-2404.

[4] Juilland P, Gallucci E, Flatt R, et al. Dissolution theory applied to the induction period in alite hydration [J]. Cement and Concrete Research, 2010, 40(6): 831-844.

[5] Scrivener K, Ouzia A, Juilland P, et al. Advances in understanding cement hydration mechanisms [J]. Cement and Concrete Research, 2019, 124: 105823.

[6] Hohenberg P, Kohn W. Inhomogeneous Electron Gas [J]. Physical Review, 1964, 136(3B): B864-B871.

[7] Kohn W, Sham L J. Self-Consistent Equations Including Exchange and Correlation Effects [J]. Physical Review, 1965, 140(4A): A1133-A1138.

[8] Mishra R K, Mohamed A K, Geissbühler D, et al. A force field database for cementitious materials including validations, applications and opportunities [J]. Cement and Concrete Research, 2017, 102: 68-89.

[9] Cygan R T, Liang J J, Kalinichev A G. Molecular Models of Hydroxide, Oxyhydroxide, and Clay Phases and the Development of a General Force Field [J]. The Journal of Physical Chemistry B, 2004, 108(4): 1255-1266.

[10] Cygan R T, Greathouse J A, Kalinichev A G. Advances in Clayff Molecular Simulation of Layered and Nanoporous Materials and Their Aqueous Interfaces [J]. The Journal of Physical Chemistry C, 2021, 125(32): 17573-17589.

[11] Shahsavari R, Pellenq R J, Ulm F J. Empirical force fields for complex hydrated calcio-silicate layered materials [J]. Phys Chem Chem Phys, 2011, 13(3): 1002-1011.

[12] Lewis G V, Catlow C R A. Potential models for ionic oxides [J]. Journal of Physics C: Solid State Physics, 1985, 18(6): 1149-1161.

[13] Schroder K P, Sauer J, Leslie M, et al. Bridging hydroxyl groups in zeolitic catalysts: a computer simulation of their structure, vibrational properties and acidity in protonated faujasites (HY zeolites) [J]. Chemical Physics Letters, 1992, 188(3-4): 320-325.

[14] Freeman C L, Harding J H, Cooke D J, et al. New Forcefields for Modeling Biomineralization Processes [J]. The Journal of Physical Chemistry C, 2007, 111(32): 11943-11951.

[15] Watson G W, Kelsey E T, Leeuw D, et al. Atomistic simulation of dislocations, surfaces and interfaces in MgO [J]. Journal of the Chemical Society, Faraday Transactions, 1996, 92(3): 433-438.

[16] Leeuw N H, Parker S C. Effect of Chemisorption and Physisorption of Water on the Surface Structure and Stability of alpha-Alumina [J]. Journal of the American Ceramic Society, 2004, 82(11): 3209-3216.

[17] Heinz H, Lin T J, Mishra R K, et al. Thermodynamically consistent force fields for the assembly of inorganic, organic, and biological nanostructures: the INTERFACE force field [J]. Langmuir, 2013, 29(6): 1754-1765.

[18] Duin A C T V, Dasgupta S, Lorant F, et al. ReaxFF_A Reactive Force Field for Hydrocarbons [J]. The Journal of Physical Chemistry A, 2001, 105(41): 9396-9409.

[19] Senftle T P, Hong S, Islam M M, et al. The ReaxFF reactive force-field: development, applications and future directions [J]. npj Computational Materials, 2016, 2(1): 15011.

[20] Manzano H, Pellenq R J, Ulm F J, et al. Hydration of calcium oxide surface predicted by reactive force field molecular dynamics [J]. Langmuir, 2012, 28(9): 4187-4197.

[21] Fogarty J C, Aktulga H M, Grama A Y, et al. A reactive molecular dynamics simulation of the silica-water interface [J]. J Chem Phys, 2010, 132(17): 174704.

[22] Manzano H, Moeini S, Marinelli F, et al. Confined water dissociation in microporous defective silicates: mechanism, dipole distribution, and impact on substrate properties [J]. J Am Chem Soc, 2012, 134(4): 2208-2215.

[23] Kerisit S, Parker S C, Harding J H. Atomistic Simulation of the Dissociative Adsorption of Water on Calcite Surfaces [J]. The Journal of Physical Chemistry B, 2003, 107(31): 7676-7682.

[24] Kerisit S, Parker S S C. Free Energy of Adsorption of Water and Metal Ions on the {1014} Calcite Surface [J]. Journal of the American Chemical Society, 2004, 126(32): 10152-10161.

[25] Kerisit S, Cooke D J, Spagnoli D, et al. Molecular dynamics simulations of the interactions between water and inorganic solids [J]. Journal of Materials Chemistry, 2005, 15(14): 1454-1462.

[26] Fenter P, Kerisit S, Raiteri P, et al. Is the Calcite-Water Interface Understood? Direct Comparisons of Molecular Dynamics Simulations with Specular X-ray Reflectivity Data [J]. The Journal of Physical Chemistry C, 2013, 117(10): 5028-5042.

[27] Wolthers M, Tommaso Di D, Du Z, et al. Calcite surface structure and reactivity: molecular dynamics simulations and macroscopic surface modelling of the calcite-water interface [J]. Phys Chem Chem Phys, 2012, 14(43): 15145-15157.

[28] Wolthers M, Tommaso D D, Du Z, et al. Variations in calcite growth kinetics with surface topography: molecular dynamics simulations and process-based growth kinetics modelling [J]. CrystEngComm, 2013, 15(27): 5506-5514.

[29] Raiteri P, Gale J D, Quigley D, et al. Derivation of an Accurate Force-Field for Simulating the Growth of Calcium Carbonate from Aqueous Solution: A New Model for the Calcite-Water Interface [J]. The Journal of Physical Chemistry C, 2010, 114(13): 5997-6010.

[30] Van Cuong P, Kvamme B, Kuznetsova T, et al. Molecular dynamics study of calcite, hydrate and the temperature effect on CO_2 transport and adsorption stability in geological formations [J]. Molecular Physics, 2012, 110(11-12): 1097-1106.

[31] Gale J D, Raiteri P, Van Duin A C T. A reactive force field for aqueous-calcium carbonate systems [J]. Physical Chemistry Chemical Physics, 2011, 13(37): 16666-16679.

[32] Santos J C C, Negreiros F R, Pedroza L S, et al. Interaction of Water with the Gypsum (010) Surface: Structure and Dynamics from Nonlinear Vibrational Spectroscopy and Ab Initio Molecular Dynamics [J]. J Am Chem Soc, 2018, 140(49): 17141-17152.

[33] Mishra R K, Kanhaiya K, Winetrout J J, et al. Force field for calcium sulfate minerals to predict structural, hydration, and interfacial properties [J]. Cement and Concrete Research, 2021, 139: 106262.

[34] Kerisit S, Bylaska E J, Felmy A R. Water and carbon dioxide adsorption at olivine surfaces [J]. Chemical Geology, 2013, 359(14): 81-89.

[35] Qianqian Wang H M, Yanhua G, Iñigo L A, et al. Hydration Mechanism of Reactive and Passive Dicalcium Silicate Polymorphs from Molecular Simulations [J]. Journal of physical Chemistry C, 2015, 119: 19869-19875.

[36] Taylor H F W. Cement Chemistry [M]. London: Thomas Telford, 1997.

[37] Bigaré M, Guinier A, Mazières C, et al. Polymorphism of Tricalcium Silicate and Its Solid Solutions [J]. Journal of the American Ceramic Society, 1967, 50(11): 609-619.

[38] Maki I, Chromy S. Microscopic study on the polymorphism of Ca_3SiO_5 [J]. Cement and Concrete Research, 1978, 8(4): 407-414.

[39] Plank J. On the correct chemical nomenclature of C_3S, tricalcium oxy silicate [J]. Cement and Concrete Research, 2020, 130: 105975.

[40] Staněk T, Sulovsky P. The influence of the alite polymorphism on the strength of the Portland cement [J]. Cement and Concrete Research, 2002, 32(7): 1169-1175.

[41] Zhou H, Gu X, Sun J, et al. Research on the formation of M1-type alite doped with MgO and SO_3—A route to improve the quality of cement clinker with a high content of MgO [J]. Construction and Building Materials, 2018, 182: 156-166.

[42] Maki I, Kato K. Phase identication of alite in portland cement clinker [J]. Cement and Concrete Research, 1982, 12(1): 93-100.

[43] Maki F N Y T I. Tricalcium silicate $Ca_3O[SiO_4]$: The monoclinic superstructure [J]. Zeitschrift für Kristallographie, 1985, 172(3-4): 297-314.

[44] Fernandes W V, Torres S M, Kirk C A, et al. Incorporation of minor constituents into Portland cement tricalcium silicate: Bond valence assessment of the alite M1 polymorph crystal structure using synchrotron XRPD data [J]. Cement and Concrete Research, 2020, 136: 106125.

[45] Gao Y, Li Z, Zhang J, et al. Synergistic use of industrial solid wastes to prepare belite-rich sulphoaluminate cement and its feasibility use in repairing materials [J]. Construction and Building Materials, 2020, 264: 120201.

[46] Jing G, Zhang J, Lu X, et al. Comprehensive evaluation of formation kinetics in preparation of ternesite from different polymorphs of Ca_2SiO_4 [J]. Journal of Solid State Chemistry, 2020, 292: 121725.

[47] Glasser F P, Zhang L. High-performance cement matrices based on calcium sulfoaluminate-belite compositions [J]. Cement and Concrete Research, 2001, 31(12): 1881-1886.

[48] Pedersen M T, Jensen F, Skibsted J. Structural Investigation of Ye'elimite, $Ca_4Al_6O_{12}SO_4$, by 27Al MAS and MQMAS NMR at Different Magnetic Fields [J]. The Journal of Physical Chemistry C, 2018, 122(22): 12077-12089.

[49] Cuesta A, Ayuela A, Aranda M A G. Belite cements and their activation [J]. Cement and Concrete Research, 2021, 140: 106319.

[50] Link T, Bellmann F, Ludwig H M, et al. Reactivity and phase composition of Ca_2SiO_4 binders made by annealing of alpha-dicalcium silicate hydrate [J]. Cement and Concrete Research, 2015, 67: 131-137.

[51] Li J, Geng G, Zhang W, et al. The Hydration of β- and α'H-Dicalcium Silicates: An X-ray Spectromicroscopic Study [J]. ACS Sustainable Chemistry & Engineering, 2018, 7(2): 2316-2326.

[52] Durgun E, Manzano H, Pellenq R J M, et al. Understanding and Controlling the Reactivity of the Calcium Silicate phases from First Principles [J]. Chemistry of Materials, 2012, 24(7): 1262-1267.

[53] Laanaiya M, Bouibes A, Zaoui A. Understanding why Alite is responsible of the main mechanical characteristics in Portland cement [J]. Cement and Concrete Research, 2019, 126.105916.

[54] Ayers P W, Levy M. Perspective on "Density functional approach to the frontier-electron theory of chemical reactivity" [J]. Theoretical Chemistry Accounts: Theory, Computation, and Modeling (Theoretica Chimica Acta), 2000, 103(3-4): 353-360.

[55] Parr R G, Yang W. Density functional approach to the frontier-electron theory of chemical reactivity [J]. Journal of the American Chemical Society, 1984, 106(14): 4049-4050.

[56] Wang Q, Li F, Shen X, et al. Relation between reactivity and electronic structure forα'L-, β- and γ-dicalcium silicate: A first-principles study [J]. Cement and Concrete Research, 2014, 57(0): 28-32.

[57] Rejmak P, Dolado J S, Aranda M A G, et al. First-Principles Calculations on Polymorphs of Dicalcium Silicate—Belite, a Main Component of Portland Cement [J]. The Journal of Physical Chemistry C, 2019, 123(11): 6768-6777.

[58] Jost B Z, Seydel R. Redetermination of the Structure of β-Dicaleium Silicate [J]. Acta Crystallographica Section B Structural

Crystallography and Crystal Chemistry, 1977, 33(6): 1696-1700.

[59] Qi C, Spagnoli D, Fourie A. Structural, electronic, and mechanical properties of calcium aluminate cements: Insight from first-principles theory [J]. Construction and Building Materials, 2020, 264: 120259.

[60] Wang Q, Gu X, Zhou H, et al. Cation substitution induced reactivity variation on the tricalcium silicate polymorphs determined from first-principles calculations [J]. Constr Build Mater, 2019, 216: 239-248.

[61] Manzano H. Atomistic Simulation studies of the Cement Paste Components [D]. Bilbao: University of the Basque Country, 2009.

[62] Dolado J S, Van Breugel K. Recent advances in modeling for cementitious materials [J]. Cement and Concrete Research, 2011, 41(7): 711-726.

[63] Minard H, Garrault S, Regnaud L, et al. Mechanisms and parameters controlling the tricalcium aluminate reactivity in the presence of gypsum [J]. Cement and Concrete Research, 2007, 37(10): 1418-1426.

[64] Qi C, Fourie A, Chen Q, et al. Application of first-principles theory in ferrite phases of cemented paste backfill [J]. Minerals Engineering, 2019, 133: 47-51.

[65] Aretxabaleta X M, Etxebarria I, Manzano H. Electronic and elastic properties of brownmillerite [J]. Materials Research Express, 2020, 7(1): 015516.

[66] Manzano H, Durgun E, Abdolhosseine Qomi M J, et al. Impact of Chemical Impurities on the Crystalline Cement Clinker Phases Determined by Atomistic Simulations [J]. Crystal Growth & Design, 2011, 11(7): 2964-2972.

[67] Huang J, Valenzano L, Singh T V, et al. Influence of (Al, Fe, Mg) Impurities on Triclinic Ca_3SiO_5: Interpretations from DFT Calculations [J]. Crystal Growth & Design, 2014, 14(5): 2158-2171.

[68] Saritas K, Ataca C, Grossman J C. Predicting Electronic Structure in Tricalcium Silicate Phases with Impurities Using First-Principles [J]. The Journal of Physical Chemistry C, 2015, 119(9): 5074-5079.

[69] Nicoleau L, Schreiner E, Nonat A. Ion-specific effects influencing the dissolution of tricalcium silicate [J]. Cement and Concrete Research, 2014, 59: 118-138.

[70] Odler I, Schüppstuhl J. Early hydration of tricalcium silicate Ⅲ. control of the induction period [J]. Cement and Concrete Research, 1981, 11(5-6): 765-774.

[71] Stephan D, Dikoundou S N, Raudaschl-Sieber G. Influence of combined doping of tricalcium silicate with MgO, Al_2O_3 and Fe_2O_3: synthesis, grindability, X-ray diffraction and ^{29}Si NMR [J]. Materials and Structures, 2008, 41(10): 1729-1740.

[72] Guo P, Wang B, Bauchy M, et al. Misfit Stresses Caused by Atomic Size Mismatch: The Origin of Doping-Induced Destabilization of Dicalcium Silicate [J]. Crystal Growth & Design, 2016, 16(6): 3124-3132.

[73] Tao Y, Zhang W, Shang D, et al. Comprehending the occupying preference of manganese substitution in crystalline cement clinker phases: A theoretical study [J]. Cement and Concrete Research, 2018, 109: 19-29.

[74] Tao Y, Zhang W, Li N, et al. Atomic-level insights into the influence of zinc incorporation on clinker hydration reactivity [J]. Open Ceramics, 2020, 1: 100004.

[75] Zhu J, Yang K, Chen Y, et al. Revealing the substitution preference of zinc in ordinary Portland cement clinker phases: A study from experiments and DFT calculations [J]. J Hazard Mater, 2021, 409: 124504.

[76] Bolio-Arceo H, Glasser F P. Zinc oxide in cement clinkering: part 1. Systems CaO-ZnO-Al_2O_3 and CaO-ZnO-Fe_2O_3 [J]. Advances in Cement Research, 1998, 10(1): 25-32.

[77] Tasker P W. The stability of ionic crystal surfaces [J]. Journal of Physics C: Solid State Physics, 1979, 12(22): 4977-4984.

[78] Manzano H, Durgun E, Lopez-Arbeloa I, et al. Insight on Tricalcium Silicate Hydration and Dissolution Mechanism from Molecular Simulations [J]. ACS Appl Mater Interfaces, 2015, 7(27): 14726-14733.

[79] Mishra R K, Flatt R J, Heinz H. Force Field for Tricalcium Silicate and Insight into Nanoscale Properties: Cleavage, Initial Hydration, and Adsorption of Organic Molecules [J]. The Journal of Physical Chemistry C, 2013, 117(20): 10417-10432.

[80] Noguera C. Polar oxide surfaces [J]. Journal of Physics: Condensed Matter, 2000, 12(31): R367-R410.

[81] Chen X, Wei S, Wang Q, et al. Morphology prediction of portlandite: Atomistic simulations and experimental research [J]. Applied Surface Science, 2020, 502: 144296.

[82] Wang Q, Manzano H, López-Arbeloa I, et al. Water Adsorption on theβ-Dicalcium Silicate Surface from DFT Simulations [J]. Minerals, 2018, 8(9): 386.

[83] Durgun E, Manzano H, Kumar P V, et al. The Characterization, Stability, and Reactivity of Synthetic Calcium Silicate Surfaces from

First Principles [J]. The Journal of Physical Chemistry C, 2014, 118(28): 15214-15219.

[84] Huang J, Wang B, Yu Y, et al. Electronic Origin of Doping-Induced Enhancements of Reactivity: Case Study of Tricalcium Silicate [J]. The Journal of Physical Chemistry C, 2015, 119(46): 25991-25999.

[85] Mishra R K, Fernandez-Carrasco L, Flatt R J, et al. A force field for tricalcium aluminate to characterize surface properties, initial hydration, and organically modified interfaces in atomic resolution [J]. Dalton Trans, 2014, 43(27): 10602-10616.

[86] Dunstetter F, De Noirfontaine M N, Courtial M. Polymorphism of tricalcium silicate, the major compound of Portland cement clinker: 1. Structural data: review and unified analysis [J]. Cement and Concrete Research, 2006, 36(1): 39-53.

[87] Mumme W. Crystal structure of tricalcium silicate from a Portland cement clinker and its application to quantitative XRD analysis [J]. Neues Jahrbuch Fur Mineralogie Monatshefte, 1995: 145-160.

[88] Noirfontaine M N D, Courtial M, Dunstetter F, et al. Tricalcium silicate Ca_3SiO_5 superstructure analysis: a route towards the structure of the M1 polymorph [J]. Zeitschrift für Kristallographie-Crystalline Materials, 2012, 227(2): 102-112.

[89] Fukuda K, Ito S. Improvement in Reactivity and Grindability of Belite-Rich Cement by Remelting Reaction [J]. Journal of the American Ceramic Society, 2001, 82(8): 2177-2180.

[90] Czaya R. Refinement of the structure of γ-Ca_2SiO_4 [J]. Acta Crystallographica Section B Structural Crystallography and Crystal Chemistry, 1971, 27(4): 848-849.

[91] Udagawa S, Urabe K, Natsume M, et al. Refinement of the crystal structure of γ-Ca_2SiO_4 [J]. Cement and Concrete Research, 1980, 10(2): 139-144.

[92] Mondal P, Jeffery J W. The Crystal Structure of Triealeium Aluminate, $Ca_3Al_2O_6$ [J]. Acta Crystallographica Section B Structural Crystallography and Crystal Chemistry, 1975, 31(3): 689-697.

[93] Blöchl P E. Projector augmented-wave method [J]. Phys Rev B, 1994, 50(24): 17953-17979.

[94] Perdew J P, Burke K, Ernzerhof M. Generalized Gradient Approximation Made Simple [J]. Physical Review Letters, 1996, 77(18): 3865-3868.

[95] Grimme S. Semiempirical GGA-type density functional constructed with a long-range dispersion correction [J]. J Comput Chem, 2006, 27(15): 1787-1799.

[96] Claverie J, Kamali-Bernard S, Cordeiro J M M, et al. Assessment of mechanical, thermal properties and crystal shapes of monoclinic tricalcium silicate from atomistic simulations [J]. Cement and Concrete Research, 2021, 140: 106269.

[97] Glasser F P. The Burning of Portland Cement [J]. in: Lea's Chemistry of Cement and Concrete, Elsevier, 1998: 195-240.

[98] Zhang Y, Lu X, Song D, et al. The adsorption of a single water molecule on low-index C_3S surfaces: A DFT approach [J]. Applied Surface Science, 2019, 471: 658-663.

[99] Zhang Y, Lu X, Song D, et al. The adsorption behavior of a single and multi-water molecules on tricalcium silicate (111) surface from DFT calculations [J]. Journal of the American Ceramic Society, 2019, 102(4): 2075-2083.

[100] Qi C, Liu L, He J, et al. Understanding Cement Hydration of Cemented Paste Backfill: DFT Study of Water Adsorption on Tricalcium Silicate (111) Surface [J]. Minerals, 2019, 9(4): 202.

[101] Qi C, Chen Q, Fourie A. Role of Mg Impurity in the Water Adsorption over Low-Index Surfaces of Calcium Silicates: A DFT-D Study [J]. Minerals, 2020, 10(8): 665.

[102] Claverie J, Bernard F, Cordeiro J M M, et al. Ab initio molecular dynamics description of proton transfer at water-tricalcium silicate interface [J]. Cement and Concrete Research, 2020, 136: 106162.

[103] Zhang Y, Lu X, He Z, et al. Molecular and dissociative adsorption of a single water molecule on a β-dicalcium silicate (100) surface explored by a DFT approach [J]. Journal of the American Ceramic Society, 2018, 101(6): 2428-2437.

[104] Claverie J, Bernard F, Cordeiro J M M, et al. Water's behaviour on Ca-rich tricalcium silicate surfaces for various degrees of hydration: A molecular dynamics investigation [J]. Journal of Physics and Chemistry of Solids, 2019, 132: 48-55.

[105] Kalinichev A G, Wang J, Kirkpatrick R J. Molecular dynamics modeling of the structure, dynamics and energetics of mineral-water interfaces: Application to cement materials [J]. Cement and Concrete Research, 2007, 37(3): 337-347.

[106] Tocci G, Michaelides A. Solvent-Induced Proton Hopping at a Water-Oxide Interface [J]. J Phys Chem Lett, 2014, 5(3): 474-480.

[107] Woutersen S, Bakker H J. Ultrafast vibrational and structural dynamics of the proton in liquid water [J]. Phys Rev Lett, 2006, 96(13): 138305.

[108] Pustovgar E, Mishra R K, Palacios M, et al. Influence of aluminates on the hydration kinetics of tricalcium silicate [J]. Cement and

Concrete Research, 2017, 100: 245-262.

[109] Wang L, Hou D, Shang H, et al. Molecular dynamics study on the Tri-calcium silicate hydration in sodium sulfate solution: Interface structure, dynamics and dissolution mechanism [J]. Constr Build Mater, 2018, 170: 402-417.

[110] Alex A, Nagesh A K, Ghosh P. Surface dissimilarity affects critical distance of influence for confined water [J]. RSC Advances, 2017, 7(6): 3573-3584.

[111] Scrivener K L, Juilland P, Monteiro P J M. Advances in understanding hydration of Portland cement [J]. Cement and Concrete Research, 2015, 78: 38-56.

[112] Pustovgar E, Sangodkar R P, Andreev A S, et al. Understanding silicate hydration from quantitative analyses of hydrating tricalcium silicates [J]. Nature Communications, 2016, 7(1): 10952.

[113] Dubina E, Black L, Sieber R, et al. Interaction of water vapour with anhydrous cement minerals [J]. Advances in Applied Ceramics, 2013, 109(5): 260-268.

[114] Rheinheimer V, Casanova I. An X-ray photoelectron spectroscopy study of the hydration of C_2S thin films [J]. Cement and Concrete Research, 2014, 60: 83-90.

[115] Rheinheimer V, Casanova I. Hydration of C_3S thin films [J]. Cement and Concrete Research, 2012, 42(4): 593-597.

[116] Rheinheimer V, Casanova I. Thin Films as a Tool for Nanoscale Studies of Cement Systems and Building Materials [C]. Thin Film Processes - Artifacts on Surface Phenomena and Technological Facets, 2017.

[117] Bellmann F, Sowoidnich T, Ludwig H M, et al. Analysis of the surface of tricalcium silicate during the induction period by X-ray photoelectron spectroscopy [J]. Cement and Concrete Research, 2012, 42(9): 1189-1198.

[118] Black L, Stumm A, Garbev K, et al. X-ray photoelectron spectroscopy of the cement clinker phases tricalcium silicate andβ-dicalcium silicate [J]. Cement and Concrete Research, 2003, 33(10): 1561-1565.

[119] Bjorneholm O, Hansen M H, Hodgson A, et al. Water at Interfaces [J]. Chem Rev, 2016, 116(13): 7698-7726.

[120] Ončák M, Włodarczyk R, Sauer J. Hydration Structures of MgO, CaO, and SrO (001) Surfaces [J]. The Journal of Physical Chemistry C, 2016, 120(43): 24762-24769.

[121] Newberg J T, Starr D E, Yamamoto S, et al. Autocatalytic Surface Hydroxylation of MgO(100) Terrace Sites Observed under Ambient Conditions [J]. The Journal of Physical Chemistry C, 2011, 115(26): 12864-12872.

[122] Deng X, Herranz T, We C, et al. Adsorption of Water on Cu_2O and Al_2O_3 Thin Films [J]. The Journal of Physical Chemistry C, 2008, 112(26): 9668-9672.

[123] Fujimori Y, Zhao X, Shao X, et al. Interaction of Water with the CaO(001) Surface [J]. The Journal of Physical Chemistry C, 2016, 120(10): 5565-5576.

[124] Verdaguer A, Weis C, Oncins G, et al. Growth and Structure of Water on SiO_2 Films on Si Investigated by Kelvin Probe Microscopy and in Situ X-ray Spectroscopies [J]. Langmuir, 2007, 23(19): 9699-9703.

[125] Yamamoto S, Kendelewicz T, Newberg J T, et al. Water Adsorption onα-Fe_2O_3(0001) at near Ambient Conditions [J]. The Journal of Physical Chemistry C, 2010, 114(5): 2256-2266.

[126] Reischl B, Raiteri P, Gale J D, et al. Atomistic Simulation of Atomic Force Microscopy Imaging of Hydration Layers on Calcite, Dolomite, and Magnesite Surfaces [J]. The Journal of Physical Chemistry C, 2019, 123(24): 14985-14992.

[127] Songen H, Marutschke C, Spijker P, et al. Chemical Identification at the Solid-Liquid Interface [J]. Langmuir, 2017, 33(1): 125-129.

[128] Martin P, Manzano H, Dolado J S. Mechanisms and Dynamics of Mineral Dissolution: A New Kinetic Monte Carlo Model [J]. Advanced Theory and Simulations, 2019, 2(10): 1900114.

[129] Martin P, Gaitero J J, Dolado J S, et al. KIMERA: A Kinetic Montecarlo Code for Mineral Dissolution [J]. Minerals, 2020, 10(9): 825.

[130] Chen J, Martin P, Xu Z, et al. A dissolution model of alite coupling surface topography and ions transport under different hydrodynamics conditions at microscale [J]. Cement and Concrete Research, 2021, 142: 106377.

[131] Coopamootoo K, Masoero E. Simulations of Crystal Dissolution Using Interacting Particles: Prediction of Stress Evolution and Rates at Defects and Application to Tricalcium Silicate [J]. The Journal of Physical Chemistry C, 2020, 124(36): 19603-19615.

[132] Shvab I, Brochard L, Manzano H, et al. Precipitation Mechanisms of Mesoporous Nanoparticle Aggregates: Off-Lattice, Coarse-Grained, Kinetic Simulations [J]. Crystal Growth & Design, 2017, 17(3): 1316-1327.

[133] Nicoleau L, Nonat A, Perrey D. The di- and tricalcium silicate dissolutions [J]. Cement and Concrete Research, 2013, 47: 14-30.

[134] Earl D J, Deem M W. Parallel tempering: theory, applications, and new perspectives [J]. Phys Chem Chem Phys, 2005, 7(23):

3910-3916.

[135] Dupuis R, Béland L K, Pellenq R J M. Molecular simulation of silica gels: Formation, dilution, and drying [J]. Physical Review Materials, 2019, 3(7): 075603.

[136] Dupuis R, Gomes Rodrigues D, Champenois J B, et al. Time resolved alkali silicate decondensation by sodium hydroxide solution [J]. Journal of Physics: Materials, 2020, 3(1): 014012.

[137] Juilland P, Nicoleau L, Arvidson R, et al. Advances in dissolution understanding and their implications for cement hydration [J]. RILEM Technical Letters, 2017, 2: 90-98.

[138] Damidot D, Atkins M, Glasser F P. Thermodynamic investigation of the CaO-Al$_2$O$_3$-CaSO$_4$-H$_2$O system at 25℃ and the influence of Na$_2$O[J]. Cement and Concrete Research, 1993, 23: 221-238.

[139] Babushkin V I, Matveev O P, Mcedlov-Petrosjan O P. Thermodinamika Silikatov[M]. Heidelberg: Springer, 1985.

[140] Matschei T, Lothenbach B, Glasser F P. Thermodynamic properties of Portland cement hydrates in the system CaO-Al$_2$O$_3$-SiO$_2$-CaSO$_4$-CaCO$_3$-H$_2$O[J]. Cement and Concrete Research, 2007, 37: 1379-1410.

[141] Lothenbach B, Matschei T, Moschner G, et al. Thermodynamic modelling of the effect of temperature on the hydration and porosity of Portland cement[J]. Cement and Concrete Research, 2008, 38: 1-18.

[142] Lothenbach B, Winnefeld F. Thermodynamic modelling of the hydration of Portland cement[J], Cement and Concrete Research, 2006, 36: 209-226.

[143] Kulik D A, Berner U, Curti E. Modelling chemical equilibrium partitioning with the GEMS-PSI code[C]. PSI Scientific Report, 2004.

[144] Kulik D A, Wagner T, Dmytrieva S V, et al. GEM-Selektor geochemical modeling package: revised algorithm and GEMS3K numerical kernel for coupled simulation codes[J]. Computational Geosciences, 2013, 17(1): 1-24.

[145] Hummel W, Berner U, Curti E, et al. Nagra/PSI Chemical Thermodynamic Data Base 01/01[M]. Parkland: Universal Publishers, 2002.

[146] Bullard J W, Lothenbach B, Stutzman P E, et al. Coupling thermodynamics and digital image models to simulate hydration and microstructure development of Portland cement pastes[J]. Journal of Materials Research, 2011, 26: 609-622.

[147] Parrot L J, Killoh D C. Prediction of cement hydration[C]. Brit Ceram Proc, 1984, 35: 41-53.

[148] Bentz D P. Three-dimensional computer simulation of cement hydration and microstructure development[J]. Journal of the American Ceramic Society, 1997, 80: 3-21

[149] Bullard J W, Stutzman P E. Analysis of CCRL Portland cement proficiency samples number 151 and number 152 using the virtual cement and concrete reference laboratory[J]. Cement and Concrete Research, 2006, 36: 1548-1555.

[150] Sahachaiyunta P, Ponpaisanseree K, Bullard J W, et al. Virtual testing in a cement plant[J]. Concrete International, 2012, 9: 33-39.

[151] Feng P, Miao C, Bullard J W. A model of Phase stability, microstructure and properties during leaching of Portland cement binders[J]. Cement and Concrete Composites, 2014, 49: 9-19.

第6章

混凝土流动性数值模拟

新拌的混凝土材料必须通过浇筑才能形成具有特定形状的制品和构件，在这一阶段，混凝土应具备良好的流动性，以方便其运输、泵送以及成型。当混凝土流动性变差时，就会在成品和构件中形成各种缺陷，严重影响其硬化后的力学性能和耐久性。通过计算机模拟新拌混凝土材料在各种工况下的流动及成型过程，不但可以了解新拌混凝土输运和施工中流动性的最佳范围，同时也在很大程度上防范施工过程中可能出现的各种质量问题，而且为混凝土的配合比设计提供依据。

6.1 新拌混凝土的流变理论基础

6.1.1 流变学基础

流变学是一门关于在外力作用下物体流动和变形的科学，它是近代力学的一个分支[1]。流变学所研究的对象非常广泛，包括油漆、玻璃、混凝土、石油、牙膏、岩浆等。这些物质既像流体又像固体，在外力或自身重力的作用下能流动和变形，因此也把这些材料称为"复杂流体"或者"软物质"。从性质上看，这类材料同时具有流体的黏性属性和固体的弹性属性。通常情况下，材料需要加工成特定的几何形状才能使用，很多材料在制备和加工过程中都会遇到流变现象，因此流变学对于材料的制备和加工具有非常重要的意义。

混凝土是世界上最广泛使用的建筑材料之一，和其他常见的建筑材料相比，混凝土材料的成本最低，而且只有混凝土材料可以在建筑工地进行高效的大规模现场的制备。新拌混凝土材料是由水和各种固体颗粒组成的混合物，同时具有弹性、黏性和塑性等属性，其中的每一种组分都会对其新拌状态下的流动变形行为产生影响，这使得新拌混凝土材料成为目前为止最复杂的流变系统之一。

流变性是指在外力或自身重力作用下，物质能够流动和变形的性能。下面考虑流体在两个平行的平面之间流动的简单例子，即"简单剪切"情况下材料的受力和变形情况。当对两个平面施加方向相反且与平面平行的外力（剪切力）时，两个平面沿各自的方向发生移动，两者之间的流体在内部摩擦力的作用下发生平行于平面的相对运动并导致流体变形，如图6.1所示。很明显，在其他条件不变的情况下，表面积 S 越大，所需的剪切力越大，因此，定义剪切应力 τ 为作用在材料单位面积上的力（F），即 $\tau=F/S$。假设上下底面的垂直距离 Δy 不变，则上下底面在水平方向上的距离差值 Δx 越大，流动变形越大，因此定义剪切应变 γ 为在垂直于流动方向的单位长度上流体水平方向上的相对运动距离，即 $\gamma=\Delta x/\Delta y$。

为了能够准确地表示材料的流变性能，我们可以用物体在某一瞬间表现出的应力与应变之间的定量关系加以说明，称为流变特性。在流变学领域，很多材料具有类似的流变特性，因而可以用参数把这类应力和应变关系归纳为一个流变方程式。通常采用某些理想的力学元件及其组合建立起流变模型，近似地模拟某些物体的力学结构，从而建立流变方程。常用的力学元件（也称流变基元）主要有三种，如图 6.2 所示，分别是：胡克固体模型、牛顿液体模型和圣维南塑性固体模型[1]。

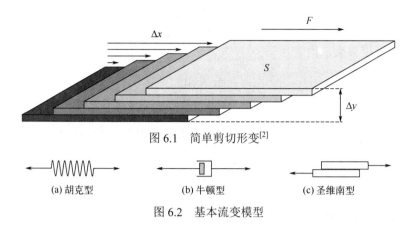

图 6.1　简单剪切形变[2]

(a) 胡克型　　　　　(b) 牛顿型　　　　　(c) 圣维南型

图 6.2　基本流变模型

（1）胡克固体模型

胡克固体模型基于一种完全弹性的理想材料，可以用一个完全弹性的弹簧表示，其应力与应变关系符合胡克定律 [图 6.3（a）]，当对理想固体施加一个外力，这个固体瞬间就会产生形变，且形变量与力的大小成正比，相应地，固体存储了弹性能，当去掉外力时，这个理想固体就会瞬间回弹，将弹性能释放出来。胡克固体的流变方程可以表示为[1, 3]：

$$\tau = G\gamma \tag{6.1}$$

式中，τ 为剪切应力；γ 为剪切应变；G 为剪切模量。其微分形式可以写为：

$$\mathrm{d}\tau = G\mathrm{d}\gamma \tag{6.2}$$

完全符合胡克定律的固体材料实际上并不存在，但是大多数无机材料在一定的弹性限度范围内可以被近似看作胡克固体。

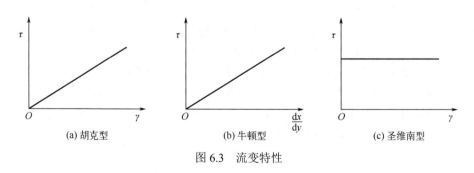

(a) 胡克型　　　　　(b) 牛顿型　　　　　(c) 圣维南型

图 6.3　流变特性

（2）牛顿液体模型

牛顿液体模型可以用一个在装满黏性液体的圆柱形容器（也称作缓冲器或黏壶）内运动的带孔活塞结构表示 [图 6.3（b）]。很多液体符合牛顿液体定律。牛顿液体也称作理想液体，当我们对其施加外力后，液体开始变形，而且会一直变形下去。在变形的过程中，可以想象在液体内部存在和外力平行的平面，当相邻的两层平行流动的黏性液体流速不相等时，两层流体间会产生内摩擦力，即剪切应力，这种剪切应力与垂直于流动方向的速度梯度 $\mathrm{d}v/\mathrm{d}y$ 成正比[1, 3]，即：

$$\tau = \eta \frac{\mathrm{d}v}{\mathrm{d}y} \tag{6.3}$$

式中，η 为黏度系数，由于

$$\frac{\mathrm{d}v}{\mathrm{d}y} = \frac{\mathrm{d}x}{\mathrm{d}y\mathrm{d}t} = \frac{\mathrm{d}\gamma}{\mathrm{d}t} = \gamma \tag{6.4}$$

式中，γ 为剪切速率，可见速度的梯度与剪切速率相等。剪切速率与剪切应力的关系也可以写为：

$$\tau = \eta\gamma \tag{6.5}$$

（3）圣维南塑性固体模型

圣维南固体是一种理想塑性固体，其流变模型由一块底面为平面的重物和放置重物的平面组成，重物与平面之间存在静摩擦力，当外力达到并略微大于重物与平面之间的静摩擦力时，重物就开始匀速运动 [图 6.3（c）]。其流变方程为[1, 3]：

$$\tau = \eta\gamma = \eta \frac{\mathrm{d}\gamma}{\mathrm{d}t} \tag{6.6}$$

$$\tau = \tau_0 \tag{6.7}$$

式中，τ_0 为屈服应力。

从流变模型及方程可以看出，当圣维南体所受的剪切应力小于某一限定值（屈服应力）时表现为刚体，一旦超过限定值后就发生塑性流动，而且在塑性流动过程中剪切应力一直等于屈服应力值。

严格地讲，这些理想物体并不存在，实际的物体同时具有这些理想物体的所有流变性质，只是在程度上有所差异。因此，实际物体的流变模型可以看作是将三种理想流变基元串联或并联起来，进行排列组合，从而模拟各种物体的流变性质。如果用 H、N 和 Stv 分别表示胡克体、牛顿体和圣维南体，用符号"-"表示串联，"|"表示并联，则可以用不同的符号表示出各种流变模型的结构式。水泥基材料常见的组合模型为宾汉姆（Bingham）模型（图 6.4），当其受到较小外力时，发生弹性变形，当外力超过屈服应力时，材料按照牛顿液体的规律发生黏性流动，其流变模型可以表示为 M=(N|Stv)-H[1]。

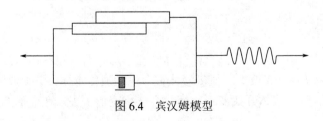

图 6.4　宾汉姆模型

宾汉姆流变方程可以表示为：

$$\tau = \tau_0 + \eta\gamma \qquad (6.8)$$

式中，τ_0 为屈服应力；η 为塑性黏度。

油漆、牙膏、沥青和泥浆等很多材料都具有宾汉姆体的流变特性。也有一些流体的流变特性不完全符合这种简单的线性关系，存在一定的偏差，在这种情况下，可以用不同的函数曲线对剪切速率与剪切应力的关系进行拟合，从而得到各种类型的流变方程。

6.1.2 新拌混凝土的流变特性及其测量

6.1.2.1 新拌混凝土的流变特性

20 世纪 80 年代 Tattersall 和 Banfill[4-5]经过大量的试验后认为，新拌混凝土的流变符合宾汉姆流体的特点。当混凝土所受的应力小于屈服应力时，仅发生弹性形变。当所受应力超过屈服应力后，混凝土开始发生黏性流动，且剪切应力超过屈服应力的部分与剪切速率成正比。此后，Wallevik 等[6-7]研究了不同的组分对新拌混凝土流变特性的影响，提出了采用流变图的方法，以屈服应力和塑性黏度作为坐标轴，划分出了不同类型新拌混凝土的最佳屈服应力和塑性黏度区间。针对不同类型的工程对混凝土流变性的要求，可以通过流变图定性地调整优化凝土的配合比。近年来，关于新拌混凝土材料流变性的应用研究越来越受到重视，工程实践中人们发现普通新拌混凝土的流变特性接近宾汉姆体，而具有超流动性的混凝土的流变特性是非线性的，即新拌混凝土材料在剪切应力作用下发生流动时，其变形速率 D（$D = \dfrac{\mathrm{d}\gamma}{\mathrm{d}t}$）不再是直线，传统的 Bingham 模型受到了严重的挑战。为此，国内外学者采用了一些非线性流变方程，包括 Herschel-Bulkley 模型[8-9]、Modified Bingham 模型[10-11]、Robertson-Stiff 模型[12-13]等来表征新拌混凝土的非线性流变特性。

Herschel-Bulkley 模型的流变方程式为：

$$\tau = \tau_0 + K\gamma^n \qquad (6.9)$$

式中，K 为一致性系数；n 为幂指数，代表其流体特性偏离牛顿流体行为的程度。

Robertson Stiff 模型的流变方程式为：

$$\tau = A(\gamma + C)^n \qquad (6.10)$$

式中，A 为一致性系数；C 为物质常数；n 为流动行为指数。当 $\gamma = 0$ 时，流体所受剪切应力即为屈服应力，即 $\tau_0 = AC^n$。

6.1.2.2 新拌混凝土材料流变特性的测量

目前工程上对新拌混凝土流动性测试的方法有坍落度法、L 型箱流动测试法、U 型槽流动测试法等，然而这些方法基本上都是经验性的，无法真正衡量新拌混凝土流动性的好坏，只能用来比较组分和配合比接近的混凝土在用水量、配比、材料特性或混料工艺上的差异性。因此，采用一种新的、更精确的测量方法就显得尤为重要。

早在 20 世纪 20 年代，人们就试图测量新拌混凝土的黏度，然而由于混凝土材料组成复杂，且测量装置比较原始，这使得测量结果差强人意。这种情况一直持续到 1973 年，英国的

Tattersall 和 Banfill[4-5]开发了基于两点法的试验装置，他们通过测量两个不同转速下螺旋桨叶的扭矩来研究新拌混凝土的工作性，此后，各国的研究人员研发了多款新拌混凝土流变仪，Hackley 等[14]的研究表明，采用旋转测量的方法非常适合高浓度悬浮流体的流变特性测量，因此，目前国内外常用的混凝土流变测量装置多数都采用了同轴圆筒式的构造。

（1）同轴圆筒式流变仪

同轴圆筒式流变仪由内外两个同轴的圆筒构成，测量时把混凝土填满两个圆筒之间的环形空间，然后保持其中一个圆筒静止不动，让另一个圆筒旋转，通过测量一系列转速下的扭矩值来了解材料的流变特性。同轴圆筒流变仪又可以分为两类，一种是外筒旋转，测量外筒转速及内筒所受扭矩，称作 Couette 型流变仪；另一种是内筒旋转，同时测量内筒转速和所受扭矩，称为 Searle 型流变仪，如图 6.5 所示[15-16]。对于混凝土流变仪来说，为了方便内筒插入混凝土中，一般需要把内筒改为各种叶片结构。很明显，当材料的流变特性不同时，其扭矩与转速的关系不同，而对于同一种材料，改变流变仪的几何构造，特别是内外筒的尺寸，其扭矩与转速的关系也会发生改变。因此，通过测量建立的扭矩 T 与转速 N 之间的方程式 $T=F(N)$ 不能真正地表征新拌混凝土的流变特性，因此需要分别把扭矩和转速转换成与仪器构造无关的基本物理量，即剪切应变 τ 与剪切速率 γ，并建立剪切速率与剪切应变的函数关系（即流变模型）$\tau=f(\gamma)$，以此来表征材料的流变性能。

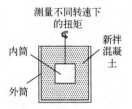

测量不同转速下的扭矩

内筒

外筒

新拌混凝土

图 6.5　混凝土流变仪的几何构造

（2）流变模型

数学上把在 Couette 流变仪中根据流变模型求解相应的扭矩转速问题看作正问题，而把根据混凝土流变仪测量的扭矩和转速数据求解相应的剪切应力和剪切速率称作 Couette 反问题（Searle 型流变仪与之基本相同）。目前主要采用解析法来解决这一问题。

解析法先假设待测混凝土的流变特性符合某一特定的流变模型，然后根据流变仪的几何构造和边界条件等推导出流体扭矩-转速之间的函数关系，进而获得流变模型与扭矩-转速公式的转换关系，然后利用该公式对试验数据进行拟合，获得拟合参数并求出相应的流变模型参数，再利用统计量对模型的拟合效果进行评价。

对于同轴圆筒式的流变仪，对于任意一个给定半径 r 的圆筒壳处的应力可以由下面的公式给出[10, 17]：

$$\tau = \frac{T}{2\pi r^2 h} \qquad (6.11)$$

式中，T 为扭矩；h 为内圆筒高度。

上面的公式表明，处于内外圆筒之间的流体，随着离流变仪轴心的距离增加，其所受到的剪切应力逐渐减少。假设我们从零开始逐渐增加扭矩，由于混凝土材料一般都具有屈服值，当内筒表面处的剪切应力高于屈服值时，内筒附近的流体在剪切作用下产生流动。继续增加扭矩，更多的流体发生流动。然而由于剪切应力随着离轴心的距离增加而减少，在某个特定的半径 $r=R_p$ 处，剪切应力和屈服应力值相当，在此半径之外，流体受到的剪切应力都小于屈服值，流体不发生剪切运动，如图 6.6（a）所示。因此，R_p 就表示了发生剪切流动（"流体"）和没发生剪切流动（"固体"）部分的分界线，可以把这个距离称作阻塞半径（plug radius）。随着扭矩的增大，阻塞半径也会逐渐增大，当剪切应力超过一定程度后，则理论上阻塞半径要比外筒的半径 R_o 大，在这种情况下，流变仪内外筒 R_i 和 R_o 之间的所有流体都会发生剪切运动［图 6.6（b）］。

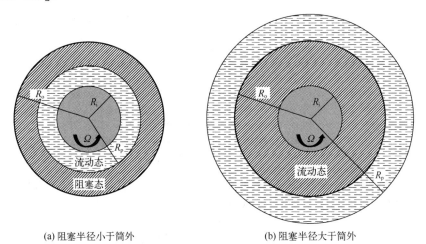

(a) 阻塞半径小于筒外　　　　　　　　　　　　(b) 阻塞半径大于筒外

图 6.6　同轴圆筒式流变仪（顶视图）中屈服流体的阻塞半径

假设流体在半径 r 的界面上速度函数为 v，则其在距离轴心 r 处的剪切速率可以用下面的公式计算：

$$\gamma = -\frac{\mathrm{d}v}{\mathrm{d}r} = -\frac{\mathrm{d}r\omega(r)}{\mathrm{d}r} = -r\frac{\mathrm{d}\omega(r)}{\mathrm{d}r} \tag{6.12}$$

式中，角速度在整个剪切区域内随半径变化的分布函数为 $\omega(r)$，其函数形式是测量前未知的，取决于材料的流变性质。由于在内筒旋转的情况下，混凝土拌和物转动的速度随着半径的增加而减少，因此前面加负号。

（3）Bingham 模型

将公式（6.11）和式（6.12）代入 Bingham 模型中，可以获得一个在整个流动域中都成立的关系（角速度函数在这里写作 ω）：

$$\frac{T}{2\pi hr^2} = \tau_0 + \eta\left(-r\frac{\mathrm{d}\omega}{\mathrm{d}r}\right) \tag{6.13}$$

对公式（6.13）进行数学转换，得到下面的公式

$$\left(\frac{T}{2\pi r^2 h} - \tau_0\right)\frac{1}{r}\mathrm{d}r = -\eta\mathrm{d}\omega \tag{6.14}$$

假设 $R_p \leqslant R_o$，即内外筒之间的流体存在静止不发生剪切运动的区域，在边界 R_i 和 R_p 处的角速度分别是 Ω 和 0。对公式（6.14）在流动域内积分：

$$\int_{R_i}^{R_p}\left(\frac{T}{2\pi r^3 h} - \frac{\tau_0}{r}\right)\mathrm{d}r = -\int_0^{\Omega}\eta\mathrm{d}\omega \tag{6.15}$$

习惯上用转速（$N=\Omega/(2\pi)$，单位：转/秒）替代角速度，可以把公式（6.14）变成如下的公式：

$$\frac{T}{4\pi h}\left(\frac{1}{R_i^2}-\frac{1}{R_p^2}\right)-\tau_0\ln\left(\frac{R_p}{R_i}\right)=2\pi\eta N \tag{6.16}$$

在距离轴心距离 R_p 的圆面上，流体应力 $\tau=\tau_0$，此时的扭矩和 R_p 的关系为：

$$R_p=\sqrt{\frac{T}{2\pi h\tau_0}} \tag{6.17}$$

将其代入公式（6.16）可得

$$T=2\pi hR_i^2\tau_0+4\pi hR_i^2\tau_0\ln\left(\sqrt{\frac{T}{2\pi hR_i^2\tau_0}}\right)+8\pi^2 hR_i^2\eta N \tag{6.18}$$

假设 $R_p>R_o$，则内外筒之间的混凝土都发生剪切流动，且内筒 R_i 边缘处的角速度为 Ω，外筒壁处 R_o 的剪切速度为 0，同样对公式（6.14）进行积分：

$$\int_{R_o}^{R_i}\left(\frac{T}{2\pi r^3 h}-\frac{\tau_0}{r}\right)\mathrm{d}r=-\int_0^{\Omega}\eta\mathrm{d}\omega \tag{6.19}$$

对上式进行积分并把角速度转换成转速，可得：

$$T=\frac{4\pi h\ln\left(\dfrac{R_o}{R_i}\right)}{\left(\dfrac{1}{R_i^2}-\dfrac{1}{R_o^2}\right)}\tau_0+\frac{8\pi^2 h}{\left(\dfrac{1}{R_i^2}-\dfrac{1}{R_o^2}\right)}\eta N \tag{6.20}$$

式中，R_o 为外筒半径；R_i 为内筒半径；h 为内筒高度。该公式即为 Reiner-Riwlin 公式。因为 R_o、R_i 和 h 都是定值，可以令

$$\begin{cases}G_B=\dfrac{4\pi h\ln\left(\dfrac{R_o}{R_i}\right)}{\left(\dfrac{1}{R_i^2}-\dfrac{1}{R_o^2}\right)}\tau_0 \\[3mm] H_B=\dfrac{8\pi^2 h}{\left(\dfrac{1}{R_i^2}-\dfrac{1}{R_o^2}\right)}\eta\end{cases} \tag{6.21}$$

当扭矩较大，内外筒间的流体都发生剪切流动时，Bingham 流体的扭矩 T 和转速 H 之间的关系可以表示为：

$$T=G_B+H_B N \tag{6.22}$$

式中，G_B 为直线在扭矩轴上的截距，上式为线性函数关系，通过对流变仪测量的结果进行线性拟合，就可以得到直线的斜率 H 和截距 G 与屈服应力 τ_0 和塑性黏度 η 之间的关系式：

$$
\begin{cases}
\tau_0 = \dfrac{\left(\dfrac{1}{R_i^2} - \dfrac{1}{R_o^2}\right)}{4\pi h \ln\left(\dfrac{R_o}{R_i}\right)} G_B \\[4ex]
\eta = \dfrac{\left(\dfrac{1}{R_i^2} - \dfrac{1}{R_o^2}\right)}{8\pi^2 h} H_B
\end{cases}
\tag{6.23}
$$

从上面的分析中可以看出，Bingham 流体的扭矩-转速方程实际上是一个分段函数，当扭矩较小时，只有部分流体发生剪切，其扭矩-转速方程为式（6.17），随着扭矩逐渐增加，发生剪切流动的流体范围越来越大，直到所有的流体都发生剪切流动，这时的扭矩转速方程为式（6.20）。

类似地，对于 Herschel-Bulkley 流体，也可以建立扭矩-转速方程，该方程也是一个分段函数[18]：

$$
N = \frac{n\left[\left(\dfrac{T}{2\pi h K R_i^2}\right)^{\frac{1}{n}} \cdot {}_2F_1\left(-\dfrac{1}{n}, -\dfrac{1}{n}; 1-\dfrac{1}{n}; \dfrac{2\pi h \tau_0 R_i^2}{T}\right) - \left(\dfrac{T}{2\pi h K R_o^2}\right)^{\frac{1}{n}} \cdot {}_2F_1\left(-\dfrac{1}{n}, -\dfrac{1}{n}; 1-\dfrac{1}{n}; \dfrac{2\pi h \tau_0 R_o^2}{T}\right)\right]}{4\pi} \quad T \geqslant 2\pi h \tau_0 R_o^2
$$

$$
N = \frac{n\left[\left(\dfrac{T}{2\pi h K R_i^2}\right)^{\frac{1}{n}} \cdot {}_2F_1\left(-\dfrac{1}{n}, -\dfrac{1}{n}; 1-\dfrac{1}{n}; \dfrac{2\pi h \tau_0 R_i^2}{T}\right) - \left(\dfrac{\tau_0}{K}\right)^{\frac{1}{n}} \cdot {}_2F_1\left(-\dfrac{1}{n}, -\dfrac{1}{n}; 1-\dfrac{1}{n}; 1\right)\right]}{4\pi} \quad 2\pi h \tau_0 R_i^2 \leqslant T \leqslant 2\pi h \tau_0 R_o^2
$$

$$\tag{6.24}$$

式中，${}_2F_1$ 为超几何函数，且 $n \neq 1$，$1/2$，$1/3$，…

Robertson-Stiff 模型也可以建立相应的扭矩-转速方程[19]，这里就不再列出。研究表明，普通新拌混凝土的流变特性可以用宾汉姆流变模型表征，而 Herschel-Bulkley 模型适合表征超流动性混凝土的非线性流变特性。

需要说明的是，由于混凝土中通常都含有大粒径的粗骨料，为了保证测量时材料的均匀性，同轴转筒式流变仪的内外筒间距比较大，在推导不同流变方程的扭矩-转速公式时，常常无法得到公式的解析解[20]。已有流变模型的扭矩-转速方程也很复杂，需要通过其他手段验证公式的正确性，其中，计算机模拟的方法就是其中最有效的工具。

6.2 计算流体力学理论基础

6.2.1 计算流体力学

新拌混凝土中含有大量的颗粒，对于这样的颗粒悬浮液系统，有两种主要的建模方法，包括连续法（欧拉法）和离散法（拉格朗日法）[21-22]（参见表 6.1）。

当采用连续法对颗粒系统进行模拟时［参见图 6.7（a）］，通常假设整个系统在研究的区域内

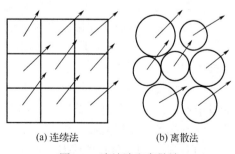

(a) 连续法　　(b) 离散法

图 6.7　连续法和离散法

连续且充满整个空间，从而忽略单个颗粒的运动。在这种情况下，颗粒体的本构运动行为可以通过本构定律描述，通常采用与力场变量（例如应力和应变）相关的偏微分方程（组）表示，然后通过数值计算（例如有限元）的方法解决。然而这种方法很难模拟单个颗粒复杂的运动行为和力学行为，有时这些颗粒相的行为很难用基于连续介质的理论来解释。

与连续法不同，离散法把每个颗粒看作是离散的个体［图 6.7（b）］，并且把含有颗粒的材料看作大量的理想颗粒集合体，系统所表现出的总体行为是由颗粒间的力学交互作用造成的。离散法允许颗粒间存在相对运动，这使得离散元的方法非常适合研究发生在颗粒直径尺度上的现象以及模拟大量颗粒的力学行为。

表 6.1　连续法和离散法的比较

连续法	离散法
连续系统	离散系统，颗粒介质
假设系统连续且充满了整个计算空间	对每个颗粒单独建模
通过本构方程建立应力与应变的关系	单个颗粒间的交互作用造成系统的整体行为
适用于尺度比较大的系统	适用于研究颗粒尺度上的现象

采用连续介质方法模拟颗粒系统的关键问题是如何正确表述材料的本构行为。对于材料来说，合适的应力-应变定律往往不存在或过于复杂。整个颗粒系统体现出的运动现象也常常高度依赖于颗粒层次的行为。由于颗粒材料的微观力学行为可以用离散方法更真实地建模，因此它们更适合于模拟不连续材料的流动和大位移，这对计算机的硬件配置提出了更高的要求，同时计算时间也很漫长。

6.2.1.1　计算流体力学简介

流体力学是研究在各种力的作用下，流体本身在静止状态、运动状态以及流体和固体界壁间有相对运动时的相互作用和流动规律的学科。研究流体力学问题有 3 类基本的方法，包括理论分析、试验研究和数值计算[23-24]。

理论分析通过物理学基本定理建立力学模型，然后通过数学方法求解方程，其结果一般具有普遍性，能够为数值计算和试验研究提供有效指导，然而由于流体动力学方程式通常是一组非线性的偏微分方程，多数情况下不能求出解析解，因此，只有少数简单的流体问题能够通过理论分析获得解决。

试验研究是认识和验证客观科学规律的有效手段，数值计算的新方法和理论分析的结果都需要具体的试验来验证其正确性。然而，试验测量耗时长、成本高，而且由于测量方法的限制，测量设备难免会对真实流场造成干扰，试验设备中获得某些局部的数据也较为困难，有时候甚至是不可能的。

数值计算则克服了理论分析和试验研究的缺点，通过数值模拟真实的流动来补充理论及试验的空缺。它从基本物理定理出发，对流体力学方程进行数值离散化，然后进行数值计算，从而了解流体的流动状态。过去由于这种问题本身的复杂性和计算工具的落后，这个领域的进展非常缓慢。随着计算机科学技术的迅猛发展，以及流体力学的进步，许多原来无法求解的复杂流体力学问题有了求得数值解的可能性，这又进一步促进了流体力学计算方法的发展，并最终形成了"计算流体力学"（computational fluid dynamics，CFD）这门交叉学科。

CFD 是 20 世纪 60 年代发展起来的一门交叉科学，它的历史虽然不长，但伴随计算机科学与工程技术的进步，已经广泛应用于食品、医药、化工、航天、建筑、机械和水利等许多科学领域，目前仍在不断发展中。计算流体力学为流体的研究提供了廉价的模拟、设计和优化工具，直观地显示计算结果，能够对复杂的三维环境下的流动问题进行详细的研究。它在很大程度上替代了耗资巨大的流体动力学试验设备，通过一些成熟的软件，使用者无需精通CFD 相关理论就能够解决实际问题，大大降低了流体研究的门槛，拓展了流体力学的研究和应用范围，在科学研究和工程技术中产生巨大的影响。

计算流体力学在数值研究方面大体上沿两个方向发展，一个是在简单的几何外形下，通过数值方法来发现一些基本的物理规律和现象，或者发展更好的计算方法；另一个则为解决工程实际需要，直接通过数值模拟进行预测，为工程设计提供依据。这种理论预测是源于数学模型的结果，而不是来自一个实际物理模型的结果。由于在进行数值计算过程中需要对数学模型进行简化以及数值计算中存在误差，通过数值计算的结果一般都是近似解，常常需要将计算结果和试验结果进行对比验证。

总之，以上的 3 种研究方法从不同的角度对流体的流动进行研究，各有优势，虽然目前在流体力学研究方面 CFD 体现了巨大的优势，但不能就此认为 CFD 未来能够取代理论研究和试验分析，三者之间应该彼此配合，相互补充，共同促进流体力学的发展。

由于新拌混凝土需要浇筑才能成型，而且多数情况下用量很大，硬化后出现问题很难补救，通过计算流体力学可以相对准确地计算并预测出其在不同环境下的流动变形行为，模拟在各种工况下混凝土的制备、输运和浇筑充填情况，能够在很大程度上避免新拌混凝土流动性不良造成的各种工艺和质量问题。

6.2.1.2　计算流体力学的基本概念

在利用计算流体力学进行流体分析时，需要掌握一些基本的概念。除了流体的密度、流体的可压缩性等这些常识性的知识以外，其他重要的概念包括：

① 流体黏性，流体所受剪切应力与其剪切速率的关系，用流变方程式表示。

② 液体表面张力，液体表面分子受内部分子吸引力而使液面趋于收缩，因而在液面任何两个部分之间具有拉应力，称为表面张力，用 σ 表示，单位 N/m。

③ 质量力和表面力，作用在流体微团上的力可分为质量力与表面力。其中与流体微团质量大小有关并且集中作用在微团质量中心上的力称为质量力。比如重力场中的重力 mg，直线运动的惯性力 ma 等。质量力是一个矢量，一般用单位质量所具有的质量力来表示。另一种力是表面力，表面力的大小与表面面积有关，是分布作用在流体表面上的力。表面力按其作用方向可以分为两种：一是沿表面内法线方向的压力，称为正压力；另一种是沿表面切向的摩擦力，称为切应力。对于黏性流体流动，流体质点所受到的作用力既有正压力，也有切应力。

④ 绝对压强、相对压强和真空度，绝对压强是相对于真空的压强，而相对压强是以一个标准大气压为基准。如果压强大于大气压，则两者的差值为相对压强，也称表压强；如果压强小于大气压，则低于大气压的值称为真空度，三者分别用 P_{atm}、P_r 和 P_v 表示。

⑤ 静压、动压和总压，流体在静止状态下只有静压强，在流动状态下，流体的压强有静压强和动压强，当不考虑重力时，两者之和为总压强。

⑥ 边界层，是指靠近固体壁面处的流体受到固体的影响而形成很薄的具有较大速度梯度的流体层区域，又称流动边界层、附面层。在边界层以外的区域，流体的流动不受固体壁面的影响，称为外流区或主流区。流体在边界层中表现出的流变特性和主流区的流变常常有

很大的差别。

⑦ 层流和湍流，当流体的流速很小时，流体分层流动，互不混合；当流速较大时，流体做不规则运动，流体质点相互混掺，发生无序流动。新拌混凝土材料的黏度较大，其流动常常被看作是层流。

6.2.1.3 流体流动控制方程

CFD 方法是将流场的控制方程用计算数学的方法离散到一系列网格节点上求其离散数值解的一种方法。从数学的角度看，流体力学必须遵循三个基本的定律，质量守恒定律、动量守恒定律和能量守恒定律。根据三大定律可以分别建立流体的连续性方程、动量方程（N-S方程）和能量方程[24]。此外，如果流动还包含不同成分的混合或交互作用，或者处于湍流状态，系统还需要遵守组分守恒定律和附加的湍流输运方程。将这些方程联立成非线性偏微分方程组后，还需指定数值计算的起始条件。理论上，如果已知流体在某一时刻的初始状态，如流体的流动区域几何形状和尺寸（也称作流场），流体的进出口、壁面以及自由面的边界条件，速度分布情况以及物质的相关状态参数，将其设定为初始值，确定计算区域后将这些方程联立成为非线性偏微方程组并进行数值计算，就可以求流体在任一时刻和任一位置的流动状态参数。

（1）质量守恒方程

质量守恒方程可以表述为：单位时间内流体微元中质量的改变，等于同一时间间隔内流入或流出该微元的净质量。质量守恒方程的微分形式可以表示为：

$$\partial\rho / \partial t + \nabla(\rho \boldsymbol{v}) \tag{6.25}$$

式中，ρ 为质量；$\boldsymbol{v}$ 为速度矢量。

（2）动量守恒方程

动量守恒方程实际上就是牛顿第二定律，该定律表明，微元中流体的动量对时间的变化率等于外界作用在该微元上的各种力之和。由此可以导出动量守恒方程：

$$\rho \partial \boldsymbol{v} / \partial t = \rho \boldsymbol{f} + \nabla \boldsymbol{P} \tag{6.26}$$

式中，$\boldsymbol{f}$ 为受力；$\boldsymbol{P}$ 为应力张量。

（3）能量守恒方程

能量守恒方程的实质是热力学第一定律，如果流动系统包含热量交换，则微元中能量的增加率等于进入微元中的净热流量以及表面力和体积力对微元所做的功。

$$\rho \partial U / \partial t = \boldsymbol{P}\nabla \boldsymbol{v} - \nabla \boldsymbol{f}_{\mathrm{F}} + \rho q \tag{6.27}$$

式中，U 为单位质量物质的内能；$\boldsymbol{f}_{\mathrm{F}}$ 为热流矢量；q 为单位时间内传入单位质量的辐射热量的分布函数。对于不可压缩流，如果体系的热交换很小，可以忽略不计，则在计算过程中不考虑能量守恒方程。

6.2.1.4 边界条件

描述流体流动的控制方程是一组普遍适用的微分方程，要确定某种具体条件下的流体运动就要找出这些方程的一组确定的解。从数学的角度看，微分方程要有定解，就一定要引入条件，这些附加条件称为定解条件。定解条件的形式很多，最常见有两种，包括初始条件和边界条件。初始条件就是初始时刻流体运动应该满足的初始状态，边界条件是指流体运动边界上方程组的解应该满足的条件。在进行 CFD 计算时，需要指定计算区域的边界条件，CFD 计算中有多种边界条件，包括入口边界条件、出口边界条件，可以设定边界处的压力、速度和质量的数值及分布情况。另一个重要的边界条件是固体壁面条件，用来设定壁面的摩擦、切应力以及温度、对流换热系数等热条件。此外还有对称边界条件和周期性边界条件，用于计算对称区域及周期性重复区域中的一个部分，从而减少 CFD 计算的工作量。

6.2.1.5　计算流体力学采用的数值模拟方法

计算流体力学的数值方法有很多种，其数学原理各不相同，但有两点是所有方法都具备的，即离散化和代数化。其基本思想是将原来连续的求解空间划分成互不重叠的网格或单元子区域，在其中设置有限个离散点（称为节点），将求解区域中表征物理量的连续函数离散为这些节点上的函数值。通过某种数学原理，将控制方程的偏微分方程转化为相关节点上待求函数值之间关系的代数方程（离散控制方程），求解这些方程组以获得相应函数的节点值。不同数值方法的主要区别在于求解区域的离散方式和控制方程的离散方式不同。在流体力学数值方法中，常用的离散化方法包括有限差分法、有限元法、边界元法、有限体积法和有限分析法[24]，下面对其中三种方法简述如下。

（1）有限差分法

有限差分法是最经典的离散方法，它将求解区域划分为矩形或正交曲线网格（差分网格），在网格线交点（节点）上，将控制方程中的每一个微商用差商来代替，从而将连续函数的微分方程离散为定义在网格节点上的差分方程，每个方程中包含了本节点及其附近一些节点上的待求函数值，通过求解代数方程组就可获得所需的数值解。有限差分法很早就产生了，而且发展得比较成熟，优点是它建立在经典的数学逼近理论的基础上，容易为人们理解和接受，较多用于求解双曲线和抛物线型问题。其缺点主要在于对复杂流体区域的边界形状处理不方便，尤其是求解椭圆形问题时，不如有限元和有限体积法方便，处理不好会影响计算的精度。

在有限差分法中，构造差分的方法可以有多种形式，目前主要采用泰勒级数展开，其基本的差分表达式主要有四种形式，一阶向前差分、一阶向后差分、一阶中心差分和二阶中心差分。其中，前两种形式为一阶计算精度，后两种形式为二阶计算精度。通过对时间和空间几种不同差分形式的组合，可以得到不同的差分计算格式。

（2）有限元法

有限元法的基本思想是把适定的微分问题的解域进行离散化，将其剖分成相联结又互不重叠的具有一定规则几何形状的有限个子区域（例如，二维问题可以划分为三角形或四边形；三维问题可以划分为四面体或六面体等），这些子区域称为单元，单元之间以节点相联结。函数值被定义在节点上，在单元中构造插值函数（基函数），将节点函数值与基函数乘积线性组合成单元的近似解来逼近单元中的真解。通常可以利用极值原理（变分或加权余量法）由单元分析建立单元的有限元方程，然后组合成总体有限元方程，考虑边界条件后把总体极值作为各单元极值之和，求解该方程组就可以得到各节点上的待求函数值。单元的几何形状是规则的，因此在单元上构造差值函数可以遵循相同的法则，每个单元的有限元方程都具有相同的形式，可以用标准化的格式表示，其求解步骤也就变得很规范，即使是求解域剖分各单元的尺寸大小不一样，其求解步骤也不用改变，这为编写通用程序进行求解带来了方便。有限元法的主要优点在于它对于求解区域的单元剖分没有特别的限制，因此特别适合处理具有复杂边界流场的区域，但是采用有限元求解的速度比有限差分法和有限体积法慢，目前在 CFD 软件中应用并不广泛。

（3）有限体积法

有限体积法又称为控制体积法，这种方法将计算区域划分为一系列不重复的控制体积，每一个控制体积都用一个节点作代表，其导出离散方程的基本思路是将待求的守恒型微分方程对每个控制体积在一定时间间隔内对空间与时间积分。为了求出控制体积的积分，必须假定待求函数值在网格点之间的变化规律，即假设函数值分段分布，据此求出积分并建立关于节点上未知量的离散方程组并进行求解。有限体积法着重从物理观点来构造离散方程，每一个离散方程都是有限大小体积上某种物理量守恒的表达式，其推导过程的物理概念清晰，离散方程系数具有一定的物理意义，并可保证离散方程具有守恒特性，这是有限体积法的主要优点。

有限体积法建立的离散方程要求待求函数对于任意一个控制体积满足守恒，因此也对一组控制集合体，甚至整个计算区域都要满足守恒。有限差分法只有当网格非常细密时，离散方程才能满足积分守恒，而对于有限体积法，即使采用粗网格也能够保持准确的积分守恒。

就离散方法而言，有限体积法可视作有限元法和有限差分法的折中。以上的三种方法各有所长，有限差分法比较直观，理论成熟，容易编写程序，精度可调，而且并行计算较为方便。虽然采用某些网格也可以使有限差分法应用于不规则区域，但对区域的连续性等要求严格，处理起来比较繁琐。

有限元法比较适用于处理复杂区域，精度同样可调，但缺点是占用较多内存且计算量非常大，并行计算不如有限差分法和有限体积法直观。

有限体积法适用于流体计算，能够用于不规则网络，适合并行计算，但计算精度基本上只能达到二阶精度，该方法的主要缺点是不便对离散方程进行数学特性分析。

计算流体力学数值模拟一般遵循以下几个步骤：

① 建立研究问题的物理模型，再将其抽象成为力学模型并建立数学方程组，这一部分内容通常是由流体力学理论研究人员建立并编写了相应的程序模块，一般不需要 CFD 软件的使用者自己开发。

② 确定并建立要分析流体的几何空间及其影响区域，将几何体的外表面和整个计算区域进行空间网格划分。网格的疏密程度以及网格单元的形状都会对以后的计算产生很大的影响。为保证计算的稳定性和计算效率，不同的算法格式对网格的要求一般也不一样。为此，需要利用 CAD 或其他建模软件建立几何模型，然后利用网格划分软件划分网格。

③ 给出求解所需要的初始条件和边界条件，然后选择适当的算法，设定控制求解过程和精度的一些具体条件，通常需要在 CFD 软件中对相关的条件参数进行设定，对所需分析的问题进行求解，然后通过数据文件保存计算结果。

④ 选择合适的后处理程序来读取计算结果文件，显示并分析计算结果。

需要说明的是，对流体的流动进行 CFD 分析，就好比在计算机上进行了一次虚拟的流体力学试验。然而，目前 CFD 方法还没有标准。对某种流动现象采用什么模型、什么网格、什么方法处理，还没有形成标准化的处理方法（只有推荐方法）。这意味着 CFD 分析的结果不一定完全可靠，有时还需要通过理论和试验对分析的结果进行验证。如果采用的 CFD 方法通过了验证，则 CFD 分析就可以用于对类似的流动过程进行预测。因此，一方面应该把 CFD 看成一种研究手段、一个工具，将 CFD 技术与试验测量、理论分析结合起来，发挥分析人员的主观能动性，才可能比较顺利地解决问题；另一方面，CFD 分析人员应该加强 CFD 基本理论的学习和应用经验的积累，提高职业水平，合理充分地使用好这个强大的工具。

6.2.1.6 离散元法（DEM）的理论基础

（1）离散元法简介

离散模型的思想是 1956 年提出的，最早用于分子动力学研究。有研究者在 20 世纪 70 年代提出了离散法的基本原则，也称为离散元法（discrete element method，DEM）。在进行模拟时，从每个颗粒出发，建立数学模型，并且给定颗粒的尺寸和物理性质，如质量、刚度和阻尼等。然后检测颗粒之间是否接触，通过使用接触检测算法和合适的接触模型以及相关的受力分析，DEM 软件能够计算作用在颗粒上的力，按照牛顿运动定律和数值积分计算其加速度，根据本次计算的初始位置、加速度以及时间间隔，计算颗粒的位移、旋转以及速度，完成一次计算循环，图 6.8 即为单个颗粒的运动计算过程。在对所有的颗粒进行计算后，进行下一轮计算。然后通过统计力学即可计算出大量的颗粒的运动状态。由于 DEM 采用离散方法，不仅可以计算单个颗粒的行为，也可以描述大量颗粒的集体行为。对不连续介质的模拟增强了对材料在受力作用下的运动过程的理解，并且通常减少了所需的物理试验数量。

图 6.8　单个颗粒运动计算过程

（2）离散元常用基本概念

① 力链　力链是指在密集流中，力通过相互接触的颗粒之间的直线方向传递受力，形成较为稳定的网络结构。力链的方向基本与外加载荷方向平行，当发生剪切作用时，力链会逐渐变得不稳定，并最终断裂，但又会很快形成新的力链与外加载荷达到平衡。

② 堆积角　堆积角是颗粒物料自由堆积在水平面上，且保持稳定的锥形料堆的最大锥角，即物料形成的自然坡度表面与水平面之间的夹角，称作最大堆积角。堆积角的数值与颗粒物料的流动性有关，颗粒物料的流动性越好，堆积角越小。

③ 黏结性　当颗粒堆积在一起时，由于范德华力或其他原因聚集成团，这种性质称为物料的黏结性。

（3）颗粒接触理论

在模拟颗粒系统运动时，首先需要确定模拟计算的几何空间，简单的几何形状一般可以直接在离散元软件中建模，而复杂的几何空间则需要在 CAD 建模软件中建立并导入离散元软件中，通常可以采用三角形曲面网格文件，而几何空间的三角形的数量可能会影响计算工作量的大小和模拟的时间。

在确定模拟计算的几何空间后，可以采用两种方法建模：连续（欧拉）法和离散（拉格朗日）法。

连续法假设颗粒系统是连续的且完全填满了它所占据的空间。因此，单个粒子的行为可以被忽略。在连续法中，颗粒物的本构行为通常以微分方程的形式表示，这些微分方程与力学场变量（如应力和应变）有关，由此产生的本构方程可以通过数值求解（如有限元法）。采用这种方法对物质进行建模时，需要假设物质是连续的，非常适合用来研究颗粒直径长度尺度上发生的现象和模拟颗粒的体积行为。

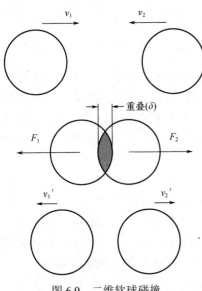

图 6.9　二维软球碰撞

离散法与连续法不同，离散方法将研究的介质看作是一系列离散且独立运动的颗粒（单元）组成，每个颗粒分别建模为一个不同的实体，并将颗粒材料表示为粒子的理想集合，整体（宏观）系统行为是单个粒子相互作用结果的总和，因此也称作离散（单）元法。这种分析方法与离散物质本身的性质一致，因此离散法在分析离散体性质的物料时具有很大的优越性。

为了方便建模和分析，离散元通常做如下的假设（参见图 6.9）。

① 颗粒为刚性体，颗粒系统的变形是这些颗粒接触点变形的总和；

② 颗粒之间的接触发生在很小的区域内，即为点接触；

③ 颗粒接触特性为软接触，即刚性颗粒在接触点处允许发生一定的重叠量，颗粒之间的重叠量与颗粒尺寸相比很小，颗粒本身的变形相对于颗粒的平移和转动来说也小得多；

④ 在每个时步内，扰动不能从任一颗粒同时传播到它的相邻颗粒，在所有的时间内，任一颗粒上作用的合力可以由与其接触的颗粒之间的相互作用唯一确定。

除了以上的假设，颗粒单元在建模时还应该具有几何和物理方面的基本特征。

① 颗粒单元的几何特征主要包括形状、尺寸以及初始排列方式等。常用的颗粒单元形状有二维的圆形和椭圆形、三维的球形和椭球形，以及近年来发展起来的组合单元等。排列方式则常用类似空间晶格点阵的规则排列（这样排列的材料具有一定的各向异性），有时也采用随机排列。

② 颗粒单元的物理性质有质量、温度、刚度、比热容等。在离散元方法中，材料常数具有明显的物理意义，并且可以灵活地设置荷载模式、颗粒尺寸、颗粒分布和颗粒的物理性质，用来描述颗粒材料的力学行为。

用离散元法模拟颗粒的运动状态，大量的颗粒运动必然造成接触碰撞，在计算机模拟碰撞前，需要检测颗粒是否接触。对于球形颗粒，可以通过算法检测两个球体之间的距离是否小于两者之间的半径，当距离小于半径即可判断颗粒之间存在接触，由于接触检测需要对系统中的所有粒子进行接触判断，这一过程的计算成本很高，加上颗粒的受力计算占 DEM 计算工作量的 70%～80%。图 6.10 为接触检测的过程（2D），首先将整个计算域离散化，然后确定包含颗粒的单元，确定活动的颗粒，判断颗粒间是否接触，对接触的颗粒进行受力计算，然后更新颗粒在下一时间间隔的位置以及颗粒是否活动，重新执行颗粒接触检测。

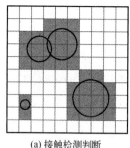
(a) 接触检测判断

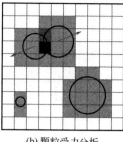
(b) 颗粒受力分析

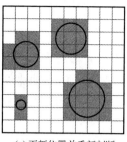
(c) 更新位置并重新判断

图 6.10　接触检测过程

在离散元仿真中，通常将计算域离散成三维单元，以便接触检测算法在小尺度上的应用，减少计算时间。网格大小的选择必须基于颗粒大小分布、动力学和其他因素。网格的最佳尺寸通常为最小粒子半径的 3～5 倍。计算域离散化后，包含颗粒的单元将被标记为活动，并检查其接触情况。然后计算作用在每个碰撞粒子上的力。最后，根据颗粒受到的作用力计算位移，颗粒被重新定位，并且活动单元被再次识别。重复该过程，直到模拟的最后一个时间步。

根据处理颗粒间接触方式的差异，离散元可以采用硬球和软球两种基本的计算模型。硬球法假设颗粒之间的相互作用力为瞬时的，颗粒碰撞不发生显著的塑性变形，仅仅通过碰撞交换动量，不考虑粒子间交互作用力，这种方法只能用于计算两个颗粒之间的碰撞，模拟颗粒运动速度比较快的情形。另一种方法是软球法，虽然颗粒也被假定为刚性的，但允许小重叠来表示接触过程中的变形，这种模型允许颗粒碰撞持续一定的时间，而且可以用于多个颗粒的碰撞。软球法是目前模拟颗粒碰撞的最常用和最精确的方法，大多数软件都采用软球法[22]。

在计算颗粒运动时，颗粒流中的每一个颗粒都有 6 个自由度，因此颗粒就可以有两种类型的运动，即平移和旋转。在 DEM 模型中，牛顿第二定律被用来计算平移和旋转的加速度，然后在一个时间步长上对其进行数值积分，以获得此时颗粒的速度和位置，不断地对颗粒的速度和位置进行更新，最终获得一段时间后颗粒的运动状态。

其中的旋转运动通过下式进行计算：

$$I \frac{\mathrm{d}\omega}{\mathrm{d}t} = M \tag{6.28}$$

式中，I 为转动惯量；ω 为角速度；M 为作用在颗粒上的总接触力矩；t 为时间。

位移的计算可以通过下面的公式计算：

$$m \frac{\mathrm{d}v}{\mathrm{d}t} = F_\mathrm{g} + F_\mathrm{c} + F_\mathrm{nc} \tag{6.29}$$

式中，v 为颗粒的平移速度；m 为颗粒的质量；F_g 为作用在颗粒上的重力；F_c 和 F_nc 分别为颗粒与周围其他颗粒之间以及与壁面之间的接触和非接触合力。图 6.11 是一个二维的离散颗粒受力情况，三维的离散元颗

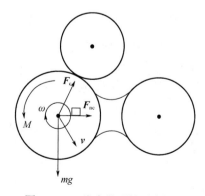

图 6.11　二维离散颗粒受力情况

粒的受力情况与之相类似。

通过对一段时间内颗粒的速度和位置进行数值积分获得颗粒的加速度（见图6.12）：

$$x(t + \Delta t) = x(t) + v(t)\Delta t \qquad (6.30)$$

$$v(t + \Delta t) = v(t) + a(t)\Delta t \qquad (6.31)$$

式中，$v(t)$为颗粒的运动速度；$x(t)$为颗粒的位置；$a(t)$是颗粒在给定时间t时的加速度；Δt为时间步长。旋转速度以及颗粒的运动方向也按照类似的方法不断地更新。

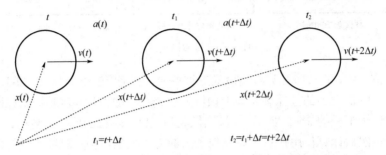

图6.12　在DEM中计算单个颗粒的运动状态

需要说明的是，时间步长Δt的选择对于离散元模拟成功与否非常重要，如图6.13所示，当时间步长足够小时，就能够防止颗粒之间由过度重叠导致的过高的不真实应力，同时避免干扰波（Rayleigh波，也称瑞利波）的影响。对于DEM模拟来说，典型的时间步长范围在$1\times10^{-6} \sim 1\times10^{-4}$s之间，远远小于计算流体力学中的时间步长，大约是其十分之一或百分之一。

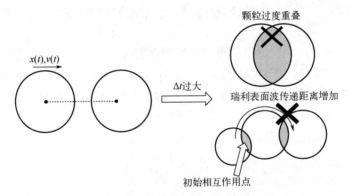

图6.13　在DEM中计算单个颗粒的运动状态

在颗粒流中单个颗粒的运动不仅受到和它直接相邻的颗粒接触的影响，同时也受到远处颗粒干扰波的影响。在DEM中，通过选择较小的时间步长，可以将每个颗粒造成的干扰波的影响局限在其邻近的颗粒之间。

适当的时间步长（Rayleigh时间步长）由Rayleigh表面波的传播速度来近似。通常，这一时间步长中的一小部分被用来保证真实的力传递速率，同时防止数值计算的不稳定现象。

$$T_R = \frac{\pi R(\rho/G)^{12}}{0.1631\nu + 0.8766} \qquad (6.32)$$

式中，T_R 为瑞利波的时间步长；R 为颗粒半径；ρ 为颗粒密度；G 为剪切模量；ν 为颗粒的泊松比。

在离散元方法中，颗粒之间的碰撞变形可以看作是两个颗粒之间产生重叠，接触力模型将两个物体之间的重叠量（切向和法向）联系起来，以确定力的大小。接触力计算中使用了用户定义的材料和它们之间相互作用的特征值（例如剪切模量、恢复、摩擦系数等）。接触力模型建立在接触力学理论的基础上，主要针对球形颗粒之间的接触，能够模拟非黏性和黏性材料的弹性或塑性碰撞。图 6.14 为两个球体碰撞时，球体的法向受力与法向重叠的关系。除了接触力之外，像颗粒的重力这样的体积力，以及非接触力（如静电力和范德华力等）也用于 DEM 的计算。

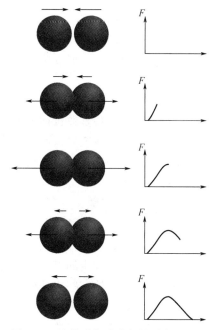

图 6.14　球体碰撞时法向的受力和变形

虽然在离散元模拟中，采用球形颗粒是最简单和最有效的接触检测方法，然而很多情况下，颗粒的形状对其运动有重要的影响，因此，有必要对不规则颗粒进行建模，目前离散元软件已经可以采用多面体、非球的规则颗粒或者多球重叠颗粒的方法来模拟颗粒。其中，多面体颗粒可以通过边、夹角和面来模拟，采用多面体颗粒的优点是它可以精确地表征复杂颗粒，但是，采用这种颗粒模型需要大量的计算来检测颗粒间的接触点，碰撞后还需要重新计算多面体颗粒的每个顶角和面的坐标，计算工作量非常大。超球体颗粒采用函数式建立模型，常用于模拟药片或其他具有规则外形的非球形颗粒；多球重叠颗粒采用多个球体重叠或黏结形式，这些球体的中心位置相对彼此固定，用来近似地模拟不规则外形的颗粒。由于采用球体颗粒模拟的接触检测效率最高，同时接触重叠计算最精确，因此，采用多球重叠模型的颗粒在进行接触受力分析时，其计算速度和可靠性都比多面体颗粒模型更好。理论上，只要计算在合理的复杂度范围内，任何粒子形状都可以通过增加重叠球体的数量来建模，同时还能保持计算的效率和精度。

大多数情况下，自然界中颗粒的形状是不规则的，如果采用球体模拟这些颗粒，则容易进行接触检测，计算的效率比较高，但是却很难表征真实颗粒在受力下互锁的机制，模拟的结果和真实情况差别较大。采用多球重叠模型或多面体模型虽然能够精确地建立颗粒的模型，但是模拟计算工作量大，很多情况下对模拟效果的提升不明显。因此，颗粒最终的模型通常在精确模型和球形颗粒之间取得平衡，既要能表征颗粒形状的主要特点，又要忽略不必要的细节，这样才能保证计算有较高的效率和合理的时间。

由于离散元模拟采用的颗粒模型和真实材料并不完全一致，如果采用真实材料的物性参数进行数值计算会造成一定的偏差。此外，计算过程中采用的某些力学模型需要额外的一些参数，这些参数难以通过试验获得，或者实际的物料特征参数之间没有明确的联系，为了使 DEM 模拟能够更真实地表现材料的整体行为，需要给定一些模型的参数，或者对模拟颗粒的物性进行修正，即对材料物性参数进行标定。

离散元模拟中材料物性参数大致包括三类。

① 本征参数。

本征参数包括泊松比、剪切模量和密度，这类参数是材料自身的特征参数，较为固定，通常可通过手册查到，也可通过简单的试验测得。注意：密度指的是材料本身的密度，并非堆积密度。

② 基本接触参数。

颗粒之间的接触参数包括碰撞恢复系数、静摩擦系数和滚动摩擦系数，颗粒与设备之间的接触参数包括碰撞恢复系数、静摩擦系数和滚动摩擦系数。这类参数受材料性质、形状、湿度及表面形态等参数影响较大，没有物性手册或数据库可供查阅，需要结合真实试验及虚拟试验进行标定。

③ 受力模型参数。

某些颗粒的受力接触模型需要额外的参数。这类参数是模型化、抽象化的，因此难以与实际的物料参数特征进行直接换算，通常需要采用虚拟试验标定。

材料物性参数标定的方法有三种：直接测定、虚拟标定、以上两种方法结合使用。直接测定的往往是材料的一些本征属性，虚拟标定的是难以通过试验获取的参数。在实际标定过程中，首先根据参考文献中的参数，结合自身试验结果，对参数进行一系列的组合试验，通过不断调整模型的输入参数，直至模拟结果与物理试验结果的差异在容许值内，最终确定合适的参数模型。标定参数的调整策略有多种方法，可以参考相应的试验设计方法，适当的试验方法可以大大减轻标定工作量。

下面介绍一些常见的物性参数测定方法。

碰撞恢复系数，定义为两物体碰撞后的相对速度$|V_2'-V_1'|$与碰撞前的相对速度$|V_2-V_1|$的比值，它的值介于0~1之间，也可以通过测量颗粒从一定的高度自由下落回弹高度计算获得，多个试验表明当物料处于密集堆积运动时，没有明显碰撞反弹等现象，碰撞恢复系数对结果影响较小。

静摩擦系数，包括颗粒与颗粒之间的静摩擦系数以及颗粒与设备之间的静摩擦系数。颗粒与设备之间的静摩擦系数可通过斜面仪测量，把颗粒置于和设备材质相同的一个斜面上，测量颗粒开始滑动的角度。颗粒与颗粒之间的摩擦试验可采用类似的斜面进行，但需要在斜面铺设一层待测颗粒物质。

滚动摩擦系数，即滚动摩擦力矩的大小和滚动体承受的法向载荷的比值。该参数一般是通过确定静摩擦系数后，采用实际物料的物理模型测量其堆积角，然后建立相应的模拟仿真试验，通过设置不同的滚动摩擦系数，计算仿真结果并与真实值进行对照，逐步逼近真实值，从而确定出滚动摩擦系数。

在离散元数值计算中，材料在碰撞时的受力运动行为（接触模型）有多种不同的形式[21-22]：

a. Hertz-Mindlin（无滑移）模型，是离散元模拟中最常用的模型，用于常规颗粒的接触作用，特别是干燥颗粒的运动模拟。

b. Hertz-Mindlin with RVD rolling friction 模型。在基本的 Hertz-Mindlin 模型基础上调整了滚动摩擦力的计算方法，用于强旋转体系，特别是对物料滚动特性有严格要求的体系。

c. Hertz-Mindlin with JKR 模型，又称 JKR Cohesion 模型。可以用于模拟颗粒之间在接触区域存在范德华力的情况，能够对干粉或湿料等存在强黏附作用的颗粒系统进行建模。适用于药粉等粉体颗粒和农作物、矿石、泥土等含湿物料，其颗粒间因静电力、含湿水分等发生明显黏结和团聚。

d. Hertz-Mindlin with bonding 模型。采用小颗粒黏结成大块物料，能够抵御切线和法线方向的受力，只有受力达到最大值时，在黏结处发生断裂，从而产生破碎及断裂效果，特别适合用于模拟硬化的混凝土和岩石结构的破碎、断裂等问题。

e. Hertz-Mindlin with heat conduction 模型。带有热传导的基本接触模型，不同温度下的颗粒接触后会因温度差而产生热传导，可以模拟颗粒间的热传递，用于需要进行温度分析的场合，比如多相反应器以及窑炉等加热环境下颗粒系统的建模。

f. Hysteretic Spring 模型。用于颗粒受到较大压力后产生塑性形变的场合，如：注塑充模、压路、捣固等。

g. Linear Cohesion 模型（线性黏附接触模型）。传统的颗粒黏结模型，用于一般性黏结颗粒的快速计算，亦可用于含湿物料。但与 JKR Cohesion 模型的区别是：JKR Cohesion 模型计算的黏性力同时存在于颗粒接触的法向和切向上，而 Linear Cohesion 模型的黏性力只存在于法向。

h. Linear Spring 模型（线弹性接触模型）。基本颗粒接触模型，用于常规颗粒的快速计算及定性分析。

i. Edinburgh Elasto-Plastic Adhesion 模型，该模型主要用于类似土壤的黏性固体，这种黏性固体颗粒的流动行为和特性很大程度上取决于固体在之前固结时受到的应力。

（4）离散元的求解过程

离散元素法求解过程大致如下：

① 将求解空间（计算域）离散为离散单元阵；

② 根据实际问题用合理的连接元件将相邻两单元连接起来；

③ 根据力和相对位移的关系得到单元间切向和法向作用力；

④ 对单元在各个方向上与其他单元间的作用力以及其他物理场对单元作用所引起的外力求合力和合力矩；

⑤ 根据牛顿第二定律求解单元的加速度；

⑥ 对其进行时间积分并求出单元的速度、位移；

⑦ 得到单元在任意时刻的速度、加速度、角速度、角加速度、线位移、转动角等物理量参数。

（5）离散元与其他模拟方法的耦合

离散元可以和其他的一些数值模拟方法耦合使用，大大地拓展了离散元的应用范围。

DEM 与多体动力学（MBD）软件包的耦合允许用户通过编程控制几何运动来执行模拟，从而实现复杂的刚体运动。通过 DEM 软件计算得到作用在设备表面上的散料力，可以通过耦合程序进行反演，得到真实的设备动力学。

DEM 还可以与计算流体力学（CFD）相结合来研究颗粒在流体相中的行为。通过离散粒子的牛顿运动方程计算颗粒之间的碰撞，然后用 Naiver-Stokes 方程求解固体和流体的运动。流固两相间的耦合通过直接应用牛顿第三定律实现，这种耦合是基于 DEM 与 CFD 软件之间的连续数据交换进行的。各种曳力模型可用于粒子-流体相互作用。采用 CFD-DEM 耦合模拟的优点在于模拟所需的经验参数少，可以方便地考虑颗粒的尺寸分布，而计算的结果能够得到颗粒尺度的微观信息，比较精确地预测各种流固两相体系。

此外，DEM 也可以和有限元分析软件耦合，通过离散元软件计算出颗粒介质作用在设备上的力以及压力的分布情况，然后在有限元分析软件中对这些载荷进行结构或疲劳分析。

6.2.2　常用软件介绍

6.2.2.1　常用的计算流体力学软件介绍

据统计，目前国内外能够进行流体力学计算的软件有一百多种，其中比较著名的软件有 Fluent、CFX、OpenFOAM、Star-CCM+、Comsol 和 XFlow 等。

（1）Fluent

Ansys Fluent 软件是国内目前最常用的计算流体软件，不管是普通的流动、热传导，还是复杂的化学反应流动，Fluent 都能够对其进行数值模拟和分析，为这些与流动相关的各种物理现象提供完整的流体动力学解决方案，同时 Fluent 还提供了用于设计和优化新设备以及解决已有设备问题的所有工具，使研究人员和工程师能够了解产品在真实的环境下的性能。

Fluent 软件内置能够模拟各种工程流动问题的求解器，从牛顿流体到非牛顿流体，从单相流到多相流，从亚音速到高超音等。Fluent 软件中还提供了各种先进的高级功能，用于处理层流、湍流和更加复杂的多相流、化学反应、辐射等物理现象，它可以用于流体的瞬态分析，也可以用于稳态分析，这些模型都经过了完全的测试和验证，具有极高的稳健性，并且为节省仿真时间进行了优化，具有非常高的计算精度和求解效率。在进行流体仿真时，用户不仅可以直接将划分好的网格导入 Fluent，也可以直接从 CAD 导入几何模型并进行网格划分，各种不同类型的网格，不论是二维还是三维网格，结构化网格或是非结构化网格，甚至是各种混合型的网格，在 Fluent 软件中都能使用。Fluent 软件还允许用户根据求解的具体情况对网格进行修改，具有很大的灵活性。

Fluent 软件采用单窗口，流程化的工作模式，用户界面非常友好，即使是初学者也非常容易上手。Fluent 是用 C 语言编写的，能够动态分配内存，具有高效的数据结构，能够实现灵活的解控制。此外，它还提供自定义函数，方便用户针对特定的问题进行处理，建立新的用户模型或扩展现有的模型，拓展了它的应用范围。

Fluent 采用了交互式的求解器设置，在求解和后处理过程中可以很容易地暂停计算过程并检查计算结果，在改变程序设置后还能继续运行，快速准确地获得 CFD 分析结果，极大地方便了用户对仿真过程的调整和优化。Fluent 还可以在多种不同的操作系统中使用，可以采用 Client/Server 结构，允许同时在用户个人计算机、工作站及高性能服务器和超级计算机进行并行运算。不仅如此，它还可以无缝地与 ANSYS 平台的其他仿真模块耦合，对材料进行多物理场分析，从而获得对整个系统更深入的认识。

Fluent 具有以上的这些优点，使得它成为目前 CFD 模拟领域最为流行的通用 CFD 软件包。

（2）Comsol

由于流体在流动过程中常常伴随有传热、电磁等其他物理效应，不仅需要对流体的流动进行分析，同时还要对伴随的其他物理效应进行分析。这类软件以 Comsol 为代表，它采用了完全开放的架构，内嵌丰富的 CAD 建模工具，可以针对众多工程领域建模，并对多物理场建模提供精确的结果。其优势主要在于软件对不同的物理场有统一的界面，遵循同样的建模工作流程，可以对多物理场耦合得到精确的分析结果，功能强大又易学易用。

和 Comsol 类似的多物理场模拟软件是西门子公司开发的 Star-CCM+ 软件，该软件集成了 CAD 设计、CFD 求解和结果后处理等功能，具有强大的模型处理功能和丰富的网格类型和物理模型，在汽车和船舶等领域应用广泛。

（3）OpenFOAM

目前国内常用的 CFD 软件基本上都是商业软件，而 OpenFOAM 是开源软件，采用 C++ 语言编写，可以在多种不同的软件系统中使用，它能模拟复杂流体的流动现象，如化学反应、湍流流动、热交换分析，以及结构动力学、电磁场分析。该软件的缺点是缺乏友好的界面，而且计算结果的可靠性需要验证。

（4）其他软件

其他还有很多软件也可以用于流体力学计算，例如 CFX，该软件是全球第一个通过 ISO9001 质量认证的大型商业 CFD 软件，后被 ANSYS 公司收购，CFX 在进行流体模拟时，除了常用的有限体积法以外，还可以和有限元结合，保证了数值计算结果的精确性。CFX 可计算的物理问题包括可压缩与不可压缩流体、耦合传热、热辐射、多相流、粒子输送过程、化学反应和燃烧问题。还拥有诸如气蚀、凝固、沸腾、多孔介质、相间传质、非牛顿流、喷雾干燥、动静干涉、真实气体等许多模型。特别适用于泵、风扇、压缩机、燃气涡轮和水力涡轮等旋转机械中的流体问题分析。

与其他软件不同，Xflow 是一个基于格子玻尔兹曼方法（Lattice Boltzmann method，LBM）的计算流体力学软件。该软件采用粒子法，突破了传统网格方法的瓶颈，简化了整个分析流程，避免了冗长复杂的网格划分过程，而且不需要简化 CAD 模型，可以完整考虑复杂几何细节问题，能够有效求解几何域中涉及运动机构、自由表面、流固耦合等复杂计算的流体动力学问题。它采用自适应的尾流跟踪和细化，在靠近壁面处能够自动提高精度，动态追踪尾迹的发展过程，还可以进行气动声学分析，具有高度集成化且友好的用户界面。此外还有 Phoenics、AutoDesk CFD 等软件，这里就不再一一赘述。

6.2.2.2　常用的离散元软件介绍

（1）EDEM 介绍

EDEM 是一个多用途离散元软件，可用于分析颗粒系统的运动、动力、热量和能量传递过程。用户可利用 EDEM 轻松快速地创建颗粒实体的参数化模型。该软件具有以下特点：①可导入外部的几何模型，具有强大的建模功能，可以快速轻松地建立不同尺度和各种形状的颗粒并定义颗粒的物理性质，创建或导入 CAD 模型及运动机械的动力学性质；②操作简单，能够快速、有效地检测离散颗粒的运动以及颗粒间的碰撞；③数据分析和后处理能力强大，可视化能力强，能够生成各种动画、剖面图，计算出单个颗粒及整体的参数，非常详细地给出模拟的结果；④可以和 Fluent 耦合，研究流体中颗粒的运动和碰撞，了解颗粒的尺寸分布、形状、表面特性、力学性质等对流体运动的影响，模拟颗粒及流体在不同时间和空间尺度下的运动规律，以及对壁面、运动机械的作用和热量传递等问题，极大地拓展了离散元的研究领域，目前在采矿、农业及食品工业、工程建筑设备、地质、环境及制药等领域有着广泛的应用。

（2）PFC 介绍

PFC 系列软件是由美国 ITASCA 公司开发的基于离散元法的通用计算分析软件，分为 PFC2D 和 PFC3D 两种，分别用于二维和三维的离散元模拟。固体介质破裂及裂纹扩展、散体状颗粒的流动是 PFC 软件最基本的两大功能，它可以模拟任意形状、大小的离散颗粒集合体的运动及其相互作用，不仅用于颗粒介质的大体积流动，也可以用于描述固体材料中细观及宏观裂纹的扩展，累积破坏、断裂和破坏冲击等特殊情况下的各种力学问题。PFC 系列软件最初主要用于研究岩体工程中破裂和破裂发展问题，特别是矿山开采、边坡稳定，地下工程的破裂损伤等方面，因为 PFC2D 和 PFC3D 软件具有相邻单元搜索速度快以及能有效模拟大变形等优点，在处理板块运动、断裂过程和地震等构造地质方面也有很多应用。此外，它还可以用于机械工程领域的材料疲劳损伤，各种农业、冶炼、制造、药品等散体物料的传送、筛选分装等工程领域。PFC 软件严格遵守力学原理和过程，从细观角度模拟物理介质，避免引入过多的人为假设，分析计算的结果比较科学合理。PFC 软件还包含温度分析和流体分析模块，从而使离散单元法在工程中的应用又向前迈进了一大步。

（3）其他软件介绍

Rocky DEM 是一款基于离散元法的功能强大的通用 CAE 软件，可以用于模拟和分析颗粒物料的力学行为及其对物料处理设备的影响，目前广泛地应用于采矿设备、工程及农业机械、化工、钢铁、食品及医药等领域。该软件采用快捷的前处理器，能够快速方便进行颗粒系统建模，设定材料的各种属性，同时还支持导入多种格式的 CAD 模型，除了球形颗粒外，Rocky DEM 具有很强的非球形颗粒模拟能力，还能够对磨损和颗粒破碎进行模拟，预测颗粒强度和破碎过程中产生的碎片形状。此外，该软件还可以和 Fluent 和 Mechanical 等 Ansys 软件进行耦合，执行相关的计算。

目前国内也有 MatDEM 和 DEMSlab 等离散元软件，其中 MatDEM 是由南京大学自主研发的基于 Matlab 的大规模开源离散元模拟软件，软件采用了创新的 GPU 矩阵计算法和三维接触算法，能够实现数百万颗粒的离散元模拟，计算单元数和效率达到了国外商业软件的数十倍。

6.3　计算流体力学在土木工程材料研究中的应用实例

6.3.1　CFD 模拟新拌混凝土流变的测量过程

6.3.1.1　混凝土流变仪几何模型建模及网格划分

6.1.1 节的结尾部分给出了 Herschel-Bulkley 流体在同轴旋转式流变仪中的扭矩-转速方程，但该方程比较复杂，因此可以采用计算流体力学的方法，对理论公式的结果进行数值验证，即采用相同的流变模型参数值，在相同的转速下（本次模拟中采用外筒旋转，转速为 30r/min，内筒保持静止），计算仿真模拟得到的内筒壁面处流体所受的扭矩值，并与理论扭矩值比较，以验证理论公式的正确性。

仿真模拟一般需要以下的步骤：建立几何建模、划分网格、设定模拟条件、求解计算、结果展示与分析[25-26]。在进行流体的数值仿真时，首先需要对流体运动的几何空间进行建模，通常情况下需要采用 AutoCAD、SolidWorks、UG 等专业的软件完成此项工作，然后将模型文件导入网格划分软件中进行处理。常用的网格划分软件也都具有简单的建模功能，由于本次模拟的几何模型很简单，因而在网格划分软件中直接建模并划分网格。这里采用了 ICEM 软件进行此项工作。

总体上看，用于 CFD 计算的网格可以大致分为结构化网格和非结构化网格。结构化网格是指网格区域内所有的内部点都具有相同的毗邻单元。其主要优点是网格生成速度快，质量好，数据结构也比较简单，大多数情况下采用参数化或样条插值的方法对曲面或空间进行拟合，拟合的区域光滑，与实际的模型更接近，很容易就可以实现区域的边界拟合。然而其适用范围窄，对于复杂的求解区域划分困难。在非结构化网格中，与网格区域内部格点相连的网格数目是可变的。非结构化网格对于复杂结构的网格适应性更好，弥补了结构化网格不能对任意形状和任意连通区域的网格进行剖分的不足[27-29]。

在 ANSYS 中常用的网格划分软件是 ICEM，其网格的划分过程一般包括以下 5 个步骤：①打开或创建一个工程；②创建或处理几何模型；③创建网格；④编辑并检查网格；⑤生成求解器（例如 Fluent）的导入文件。

图 6.15 为 ICEM 软件的界面。

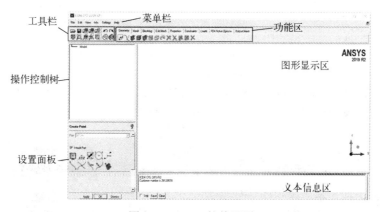

图 6.15　ICEM 软件界面

假设同轴转筒式流变仪的内径为 0.1m，外径 0.145m，高 0.125m。对于理论公式验证来说，不需要考虑流变仪复杂的几何结构对流体的影响，只需考虑在内外筒之间流体的流动情况即可。此外，由于沿高度方向筒径保持不变，在进行流体模拟计算时，为了减少计算的工作量，一般可以在 xy 平面划分流变仪的二维平面网格，而 z 方向不划分网格，而是默认采用一个单位高度进行数值模拟，然后乘以实际高度值来获得相关的计算值。

首先在 xy 平面上生成轴心点。单击 ICEM 软件功能区的 Geometry 选项卡，如图 6.16 所示，选中第一个按钮 Creat Point，表明接下来在绘图显示区中进行创建点方面的工作。在 ICEM 窗口的左下角的设置面板（图 6.17）中选 Explicit Coordinate 按钮，即按照给出点坐标的方式创建一个点，输入轴心点的坐标（0,0,0），单击下面的 Apply 按钮，建立轴心点，然后按照相同的方法，分别输入（100,0,0）和（145,0,0），建立内筒和外筒半径上的两个点。

图 6.16 Geometry 功能区

接下来创建表示内外圆筒的两个圆，点击 Geometry 功能区的第二个按钮 Creat/Modify Curve，表示接下来要进行创建或者修改曲线方面的各种操作，如图 6.18 所示。单击第三个按钮，再单击下方 Center and 2 Points 部分的 Point 右侧的 Select Location(s)按钮，在右侧的图形显示窗口中选中圆心点和代表内径的点，然后在图形显示窗口中任意位置单击，即可创建表示内筒的圆。也可以勾选 Radius 前面的小框，输入内筒半径 0.1，在任意位置单击两次创建圆。然后采用相同的步骤，创建表示外筒的圆，完成创建流变仪平面几何结构的工作。

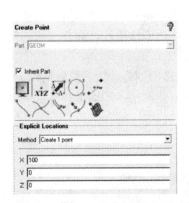

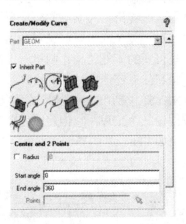

图 6.17　Creat Point 的设置面板功能区　　　图 6.18　Creat/Modify Curve 的设置面板功能区

在功能区中点击 Create/Modify Surface 按钮，这时，左下方的设置面板区显示出 Create/Modify Surface 的相关操作按钮及对话框，如图 6.19 所示。选择单击第一个按钮 Simple Surface，在面板下部出现与创建简单表面相关的对话框，Method 下拉列表框中给出了各种创建简单表面的方法，在本次模拟中选择默认的方法，单击图形显示区中表示外筒的圆，按鼠标中键，或者 Apply 按钮，创建一个表面，这时在圆的内部出现几条直线，表明已经创建了一个包含内外筒的圆。如果没有显示直线，可以勾选左侧操作控制树中 Geometry 节点下方的 Surface 子项，观察右侧的图形显示区是否发生变化来确定创建表面的步骤是否成功。

图 6.19　Creat/Modify Surface 设置面板

点击操作控制树窗口中的 Parts 部分，右键 Parts，弹出上下文菜单，点 Create New，然后选择刚才建立的内圆，在下方的 Create Part 设置面板区（图 6.20）中的 Part 对话框中，输入 INNERWALL，然后点击 Apply 按钮，将表示内筒的曲线命名为 INNERWALL，这时在操作控制树中的 Parts 节点下会出现一个 INNERWALL 部件（图 6.21）。同样地，点击外圆，将表示外筒的曲线命名为 OUTERAWALL，然后点击新建立的表面，生成名字为 FLUID 的部件。为了防止误击将错误的几何元素或块加入部件中，可以在操作控制树中 Parts 节点下新建立的每个部件上面单击右键,选择 Info,在右下方的文本信息窗口中查看每一个 Parts 包含的内容。

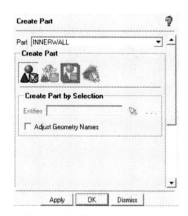

图 6.20　创建 Part 的设置面板

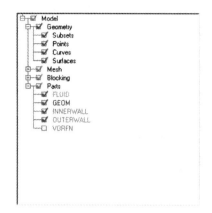

图 6.21　操作控制树

在完成几何结构的建模和命名后,下面开始对已经建立好的几何结构划分网格,在 ICEM 软件中,为了能够划分出高质量的网格,一般需要将几何结构分解成多个形状规则的部分,然后分别对每个部分进行网格划分,这些形状规则的部分称为块(block),这个过程称作 Blocking,选择功能区的 Blocking 选项卡,功能区显示出与创建及修改网格相关的按钮,如图 6.22 所示。

图 6.22　Blocking 功能区

点击最左侧的 Create Block 按钮，则设置面板区显示 Create Block 面板（图 6.23），在 Part 对话框中输入 Fluid,然后在下方 Create Block 中 Initialize Blocks 的 Type 下拉列表框中选择 2D Planar（2D Surface Blocking 主要用于建立不在一个平面的曲面块）,采用默认的 Initialize Blocks，单击 Apply 按钮,创建一个名字为 Fluid 的块。这时,在图形显示区中出现一个方形,同时,在操作控制树中的 Parts 节点下会出现一个名字为 Fluid 的部件。

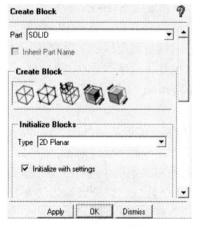

图 6.23　Creat Block 设置面板

考虑到采用结构化网格直接划分环形或者圆形结构得到的网格质量较差，在 ICEM 中一般采用一种称作 O 网格的特殊网格进行处理。点击功能区的 Split Block 按钮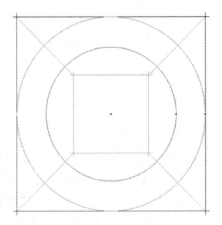（图 6.24），在设置面板区单击 Ogrid Block 按钮，选中下方 Select Block(s)旁边的按钮，在图形显示区中选择刚才生成的块，按鼠标中键完成选择，单击 Apply 按钮建立 O 网格，如图 6.25 所示。

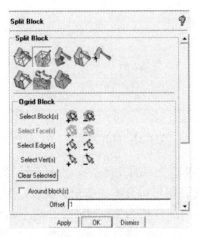

图 6.24　Split Block 设置面板

图 6.25　创建 Ogrid Block

由于流体只在内外筒之间的空间流动，因此，只需要对二维平面图中内外圆之间的圆环部分划分网格，内圆里面的部分不需要划分网格。单击最右侧的 Delete Block 按钮，在图形显示区中选中包含圆心点的 Block，单击鼠标中键完成块的删除工作。

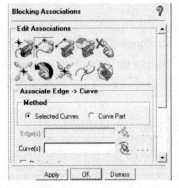

图 6.26　Blocking Associations 设置面板

划分块的主要目的是方便建立网络的拓扑结构，接下来需要将网格的拓扑结构和几何模型关联起来，也就是说，将建立好的块投射到几何结构上，划分每个块在几何模型上的区域。单击功能区的 Associate 按钮，在 Blocking Associations 设置面板（图 6.26）上选择 Associate Edge to Curve 按钮，然后在图形显示区中依次单击最外边正方形的四条边，按鼠标中键完成选择，然后单击外圆，按鼠标中键完成选择，这样就建立了 Block 的外边（Edge）和外圆之间的关联。采用同样的方法，建立 Block 的内边与内圆之间的关联，这时可以注意到已经建立关联的边（Edge）和几何图形上的曲线颜色发生改变。说明块的边界已经和几何模型的曲线的边之间建立了关联，单击 Snap Project Vertices，将块的顶点投射到几何模型上，完成对几何模型的计算区域的分块工作。

下面对块进行网格预划分工作，单击功能区的 Pre-mesh Params 按钮，在 Pri-Mesh Params 设置面板（图 6.27）上选择 Edge Params 按钮，表示划分块的各条边上的节点个数以及节点在边上的分布规律。在图形显示区中选择正方形垂直方向的一条边，然后在设置面板的 Nodes 对话框中输入节点的个数 $n+1$，即将这条边划分 n 段，然后勾选下面的 Copy Parameters 选项，表明对类似的边采用相同的节点数进行划分。单击水平方向的边，重复此过程，完成圆周方向上节点的划分。选择斜线，进行径向节点的划分。通常来说，网格的长宽比不能太大或者太小，越接近于 1 越好；网格的两条边夹角越接近 90°，则网格的质量越好。网格划分得越密，则计算的精度越高，但同时计算的工作量也就越大，对计算机的硬件要求也会相应地提高。此外，流体在靠近器壁处（数值计算的边界）的流速变化比较大，需要将网格划分得更密集，称为边界层加密。勾选操作控制树中 Blocking 节点下的 Pre-Mesh 子项，完成网格的预划分并在图形显示区中显示预划分网格。单击功能区的 Pre-Mesh Quality Histograms 按钮，检查预划分网格的质量情况，在设置面板区的 Criterion 下拉列表框中选择 Quality，检查网格质量，图 6.28 为网格质量直方图。一般情况下，直方图中的网格的质量超过 0.8，则表示网格质量很好，图 6.29 为网格的局部放大图。

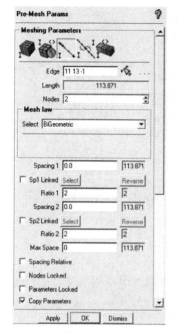

图 6.27　Edge Params 设置

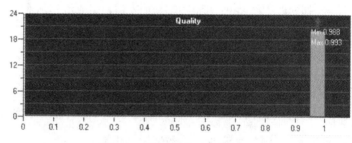

图 6.28　网格质量直方图

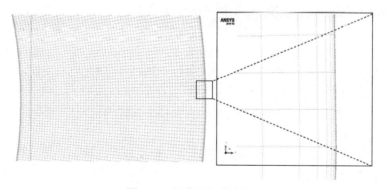

图 6.29　网格局部放大图

　　点击 File 菜单下的 Mesh 二级子菜单中的 Load from Blocking，或者在操作控制树中右键单击 Blocking 节点下的 Pre-Mesh 子项，选择 Convert to Unstruct Mesh，建立正式的网格。在功能区选择 Edit Mesh 选项卡（图 6.30），选择 Check Mesh 按钮，查找正式划分的网格中可能存在的问题，这时在文本信息区可能会提示有一些网格是 single-deges，对于二维网格来说可以忽略。然后单击 Display Mesh Quality 按钮，对网格质量进行检查，这时的设置面板区设置与 Pre-Mesh 网格质量检查大同小异，单击 Apply 按钮即可。

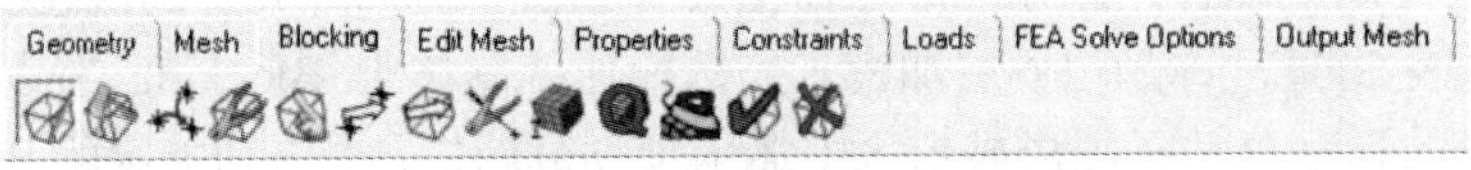

图 6.30　Edit Mesh 选项卡

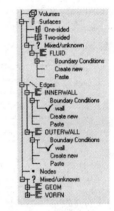

图 6.31　流体域及边界条件设置

当建立好正式的网格后，可以输出网格文件供 Fluent 或其他 CFD 软件使用。由于不同的 CFD 软件支持的网格文件格式有所不同，因此，在输出网格的时候需要对输出的网格文件格式进行设置。单击功能区的最后一项——Output Mesh 选项卡，选择 Select Solver 按钮，在设置面板区的 Output Solver 下拉列表框中选择 ANSYS Fluent，单击 Apply 按钮完成网格软件类型的选取工作。

选择功能区的 Boundary Conditions 按钮，出现 Part Boundary Conditions 窗口，如图 6.31 所示。单击在这个窗口中设置网格的边界条件，展开 Surface→Mixed/unknown→FLUID 子节点，单击 Create new，在弹出的 Selection 窗口中的下拉列表框中选择 FLUID，将内外圆之间的圆环区域设置为流体计算域；展开 Edges 节点下的 INNERWALL，单击 Create new，设置边界条件为 wall；同样地，将 OUTERWALL 的边界条件也设置为 wall，单击 Accept 按钮，完成流体域和边界条件的设定。

选择功能区的 Write input 按钮，弹出保存窗口，单击 Yes 保存该项目，然后在窗口中设置文件的名称和保存的路径，点击打开按钮，弹出 ANSYS Fluent 窗口，对于 Grid dimension 选项，选择 2D，在 Output file 对话框中输入保存网格文件的目录以及网格文件的名字，点击 Done 按钮完成网格文件的输出。

6.3.1.2　混凝土流变仪的数值模拟设置

打开 Fluent 软件后，首先需要对软件进行启动设置。由于不同版本的 ANSYS 的启动界面有所差别，这里采用了 ANSYS 2019 R2 版，如图 6.32 所示。本次模拟采用了 2D 模型，因此 Dimension 选择 2D，同时为了提高计算的精度，在 Option 选项下勾选 Double Precision。在 Processing Options 中可以根据计算机 CPU 和 GPGPU 硬件的配置情况选择参与数值模拟计算 CPU 核心数及 GPGPU 显卡核心数。在下方的 General Options 选项卡中的 Working Directory 中输入工作目录（即与数值模拟相关的计算过程和结果保存的目录），其他部分保持默认即可。单击 OK 即可进入软件的用户界面。

Fluent 的用户界面用于定义并求解计算问题，包括导入网格、设置求解条件、进行求解计算以及计算结果的展示等。Fluent 的界面如图 6.33 所示，包括 Ribbon 选项卡、模型设置区（Outline View）、任务面板区（Task Page）、图形显示区以及文本显示区等多个区域。其中 Ribbon 选项卡主菜单中包含了软件的所有功能；模型设置区用于对 Fluent 计算分析的各个环节进行选择，包括网格、计算模型、求解域、边界条件、算法，求解计算控制、初始化、计算结果及后续数据的处理和显示等功能设置；当设置区的某一功能被选中后，可以在任务面板中对该功能下的各种选项进行选择和处理；图形显示区可以对模型、运算过程的参数进行图形化监测以及展示运算结果；文本信息区可以直接输入命令并显示运行过程中的数据和运算结果。

图 6.32　Fluent 启动界面　　　　　　图 6.33　Fluent 用户界面

在 Ribbon 选项卡区的 File 选项卡下拉菜单中选择 Read 项的二级菜单 Mesh 命令，选择 ICEM 软件中建立的流变仪的 Mesh 文件，完成 Mesh 文件的导入，图形显示区内会显示流变仪的网格文件，这时 Ribbon 选项卡区显示 Domain 选项卡，如图 6.34 所示。单击 Check 按钮，选择 Perform Mesh Check 对网格进行检查，查看文本显示区中是否有警告的信息，如果有警告信息，可以选择 Repair Mesh 对网格进行修复。点击 Quality 按钮，选择 Evaluate Mesh Quality，检查网格质量，如果网格质量不高，可以选择 Improve Mesh Quality 提高网格的质量，以提高计算的可靠性。

图 6.34　Domain 选项卡

单击左侧的模型设置区（Outline View）的 General 项，在设置面板（Task Page）显示 General 相关的设置，单击 Scale（缩放）按钮，在弹出的 Scale Mesh 窗口中查看网格文件的尺寸是否正确，否则需要对网格进行缩放，使之与原有的几何模型尺寸相同。其他参数保持默认值，单击 Close 按钮完成缩放检查。

点击模型设置区的 Model 节点（图 6.35），该节点主要用于对计算流体力学模型的选择和设置，包括 Multiphase（多相流）、Energy、Viscous（黏性）、Radiation（辐射）、Heat Exchanger（热交换）、Discrete Phase（离散相）等子项的设置，观察 Multiphase、Energy、Radiation、Species、Heat Exchange、Discrete

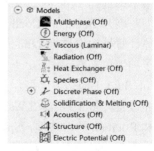

图 6.35　流体模型设置

Phase、Solidification & Melting、Acoustics、Structure、Electric Potential 等子项是否处于 Off（关闭状态）。一般认为新拌混凝土的流变属于层流状态，因此 Viscous 项应该保持默认的 Laminar（层流）状态。

点击 Materials 节点下的 Fluid，在此节点下的流体显示为 Air（空气），即默认对空气流动进行数值模拟，因此需要将流体修改为新拌混凝土。双击 Air 子项，弹出 Create/Edit Materials 窗口（图 6.36），在 Name 对话框中输入 Fresh Concrete，保持下方 Properties 的 Density (kg/m³) 旁的下拉列表框为 Constant，在下方的对话框中输入新拌混凝土的密度，在 Viscosity[kg/(m·s)] 黏度模型下拉列表框中选择 Herschel-Bulkley，在弹出的 Herschel-Bulkley 对话框（图 6.37）中选择 Shear Rate Dependent，在下方的对话框中输入 Herschel-Bulkley 模型的各参数值，点击 OK 按钮完成流变模型及参数的设置。由于本模拟主要研究流体相新拌混凝土的流动及受力情况，不考虑固体的影响，因而无须对固体材质进行设置。

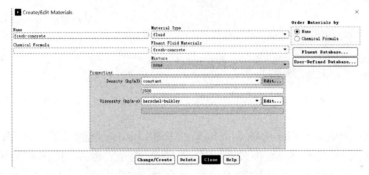

图 6.36　流体材料属性设置

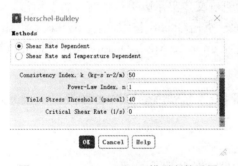

图 6.37　Herschel-Bulkley 模型参数设置

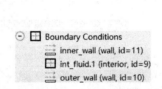

图 6.38　流体模型设置

网格中只有流体域，展开 Cell Zone Conditions 节点，单击右键其子项，在弹出的上下文菜单中选择 Type 的二级菜单项 Fluid。

展开 Boundary Conditions 节点，如图 6.38 所示，在该节点下有三个子项，分别是表示流体计算域的内边界（Inner_wall），外边界（Outer_wall）和流体域（Int_fluid.1）。在 Inner_wall 子项上单击右键，在上下文菜单中选择 Type，在二级菜单项中选中 wall，将内圆设置为壁面，Int_fluid. 1 的边界类型保持不变，将 Outer_wall 同样也设置为 wall，双击 Outer_wall，打开壁面设置（图 6.39），在 Wall Motion 部分，设置壁面为 MovingWall，Motion 部分选择 Absolute 和 Rotation 两个选项，Speed (rpm)对话框输入 30，表明外筒壁进行的是旋转运动，运动速度设置为绝对速度，数值为 30r/min，Shear Condition 为 No Slip，即流体和壁面之间不存在相对滑移，单击 OK，完成 Model（模型）部分的设置。

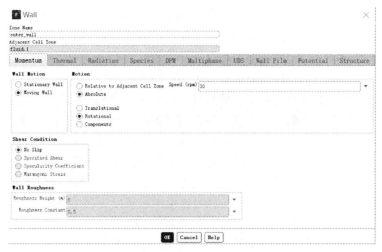

图 6.39　壁面条件设置

下面进行计算方法、控制参数以及计算初始化等方面的设置工作。点击 Solution 节点下的 Methods 子项，在任务面板的 Scheme 下拉选项框中选择 SIMPLE，其他选项保持默认。单击 Report Definitions，弹出 Report Definitions 对话框，单击 New 按钮，在弹出的选项中选择 Force Report 的二级菜单项 Moment，弹出 Moment Report Definition 对话框，选择 Report Output Type 类型为 Moment，在下方的 Wall Zones 列表框中选择 Innerwall，即在计算结束后生成内筒壁扭矩（动量）的报告。单击 Monitors（监控）节点，选择 Residual（残差）子项，弹出 Residual Monitors 残差监控窗口，在 Equations 部分，设置计算的残差收敛准则，将 Absolute Criteria 的准则都改为 10^{-6}，单击 OK 结束设置。单击 Initialization 节点项，在任务面板中点击 Initialize 按钮，进行计算前的初始化工作。单击 Run Calculation 节点项，在 Number of Iterations 对话框中输入需要迭代计算的次数，由于本次模拟计算的收敛很慢，通常需要长时间的迭代才能达到收敛，因此可以暂时输入 100000（一般会提前达到收敛），或者在 Controls 控制节点处调节松弛因子，单击 Calculate 按钮，开始进行计算。在计算的过程中以及计算结束后，选择 Results 节点下的 Graphics 子节点，双击 Contours 子项，弹出 Contours（等值线云图）窗口，在 Surfaces 选项框中选择 Fluid，即可在图形显示区显示流场中的速度云图，并判断当前流体是否达到了稳定状态。

当计算完成后，点击 Report Definitions 下的子项 report-def-0，在文本显示窗口显示出内筒壁处流体所受的动量（扭矩）值，需要说明的是，该扭矩值为一个单位高度筒体所受的扭矩值，还需要乘以模拟的筒体高度得到数值模拟的扭矩值。可以在 Boundary Conditions 节点下改变 outerwall 的转速值，重新计算，就可以得到一组不同转速下的扭矩值，将此扭矩值和通过公式（6.23）计算得到的扭矩值进行对比，可以发现两者之间的差别很小。需要说明的是，计算的结果与网格划分、边界层设置、压力速度耦合算法的选择，松弛因子等的设置有很大的关系，常常需要耐心调试才能得到正确结果。

6.3.2　新拌混凝土的坍落度的二维多相流模拟

6.3.2.1　混凝土的坍落度试验的二维几何模型及网格划分

采用多相流模型中的 Volume of Fluid（VOF）模型模拟新拌混凝土的坍落度测试过程，

坍落度筒为上口直径为 100mm，下口直径 200mm，高 300mm 的喇叭状的圆筒，用来测量混凝土的工作性。当新拌混凝土的流变特性能不同时，其坍落度会有所改变，因此可以采用数值模拟的方法研究混凝土的流变特性与坍落度及坍落扩展度之间的关系。

从数值模拟的角度看，在坍落时，新拌混凝土与周围空气的界面也发生了移动和变形，整个过程涉及了两相（空气和混凝土）的流动，因此是一个典型的多相流模拟。在计算流体力学中，当两相之间存在有明显的界面，且二者之间没有相互穿插时，一般采用 Volume of Fluid（VOF）模型进行系统的仿真[30]。同时，由于坍落度筒具有旋转对称性，为了减少计算

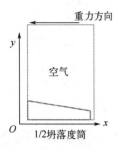

图 6.40　坍落度模拟几何模型

的工作量，只需模拟一个以坍落度筒上下底面圆心为轴线的、包含 1/2 个坍落度垂直截面二维几何空间作为数值模拟的计算域。由于在 Fluent 中进行旋转轴对称模拟只能以 x 轴为轴线，因此需要将二维几何模型旋转 90°，以 x 轴的负方向作为重力加速度的方向，这时，y 轴方向平行于真实坍落度测试的水平面，如图 6.40 所示。

首先建立包含 1/2 个坍落度筒垂直截面的长方形二维空间模型。打开 ICEM 软件，单击功能区的 Geometry 选项卡的 Create Point 按钮，在左下方 Create Point 设置面板区中单击 Explicit Coordinate 按钮，在下方的坐标对话框中输入表征流体计算域空间范围的坐标值以及表征新拌混凝土（坍落度筒）截面位置的各顶点的坐标。单击功能区的 Creat/Modify Curve 按钮，在左下方 Creat/Modify Curve 设置面板区单击 From Points 按钮，然后用鼠标左键在图形显示区中选择两个点，单击鼠标中键，创建两点间的直线，将各点按照图 6.40 中所示的方式连接起来，点击功能区的 Create/Modify Surface 按钮，然后点击设置面板区的 Simple Surface 按钮，在图形显示区中选择整个几何空间的四条边，然后点击鼠标中键，生成一个 Surface（表面），在左侧的操作控制树窗口中点击 Geometry 节点，然后勾选下面的 Surfaces 子项前的小方框，显示新建的表面。点击设置面板中的 Segment/Trim Surface 按钮，在图形显示区选中新建的表面，点鼠标中键，然后选中表示混凝土区域的 4 条边，按鼠标中键完成选择，单击左下角设置面板中的 Apply 按钮，将建立好的表面分成表示空气和混凝土的两个面。

接下来采用分割的方法将几何模型的拓扑结构划分成多个块，点选功能区的 Blocking 选项卡，然后点击 Create Block 按钮，在下方设置面板中的 Part 对话框中将其命名为 FLUID，然后在下方 Initialize Block 部分的 Type 下拉列表框中选择 2D Planar，表示建立二维平面块，单击 Apply 完成初始块的建立。单击功能区的 Split Block 按钮，在左侧的 Split Block 设置面板中选择第一个按钮（Split Block），在下方的 Split Method 部分的 Split Method 下拉列表框中选择 Prescribed Point，在图形显示区中选择新建的四边形 Block 的上边线，点击图形内部表示新拌混凝土的顶点，将整个 Block 分成两部分，然后采用相同的方法选择侧边和内部表示新拌混凝土的顶点，将 Fluid 块分割成 4 块，单击 Apply 按钮完成块的剖分。

在 Blocking 功能区中选择第 5 个按钮（Associate），单击左下方 Blocking Associations 设置面板的第一个按钮（Associate Vertex），将几何图形中的点（Points）和计算域的顶点（Vetices）一一对应起来，单击鼠标中键完成几何模型中的点与拓扑结构中的顶点之间的关联。选择 Associate edge to curve 按钮，依次选择几何图形的各条边，单击鼠标中键完成选择，然后再依次选择拓扑结构中的 Edge，按鼠标中键完成选择，在设置面板区单击 Apply 按钮，完成几何图形中的曲线和计算域中的边线之间的关联。在这里需要注意的是，几何图形中所

有的点和曲线都要和计算域中的顶点和边线关联，否则在 Fluent 中会出现无法计算的问题。

在操作控制树中，对曲线和新建的 Blocks 进行命名。右键单击 Parts 节点，在弹出的上下文菜单中选择 Create Part，在下面的 Create Part 设置面板区中单击第一个按钮（Create Part by Selection）🖳，在 Part 对话框中输入 Inlet，在图形显示区中选择几何图形的右边线，然后单击 Apply；类似地，选择上边线，创建 outlet 部件；选择底边线，创建 Axis 部件；选择左边线，创建 Ground 部件，表示地面；选择表示空气和新拌混凝土之间交界面的两条线段，建立 interior 内部界面，标志着多相流的内部界面。选择设置面板的 Blocking Material 按钮🖳，在 Part 框中输入 AIR，在图形显示框中选择表示空气计算域的 3 个块，单击 Apply；采用相同的方法，建立表示新拌混凝土计算域的块，命名为 FRESH_CONCRETE。

采用结构化网格的方式预划分整个计算域的网格，单击功能区 Blocking 选项卡的 Pre-Mesh Params 按钮🖳，在 Pre-Mesh Params 设置面板中点击 Edge Params 按钮🖳，可以在下面的 Nodes 对话框中指定各条边线上的网格节点数，当所有边都指定了节点数后，单击选项卡上的 Pre-Mesh Quality Histogram 按钮🖳检查网格质量。然后单击菜单栏 File→Mesh→Load from Blocking（或者在左侧窗口中右键单击 Blocking 节点下的 Pre-Mesh，在弹出的上下文菜单中选择 Convert to Unstruct Mesh）。划分好的网格如图 6.41 所示。

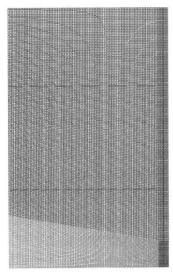

图 6.41　坍落度试验几何模型的网格划分

设置网格的边界条件，将图 6.41 所示网格的上边界设置为 Pressure outlet（压力出口）边界，右侧边界设置为 Pressure inlet（压力入口）边界，左边界设置为 Wall（壁面）边界，底边设置为 Axis（表示坍落度筒的中心轴），由于在整个计算空间内，空气和新拌混凝土在一起作为多相流，因而新拌混凝土与空气的界面设置为 interior（内部界面），最后分别将表示坍落度筒的区域和表示空气的区域设置为 Fluid（流体域）并输出网格文件。

6.3.2.2　混凝土坍落度试验数值模拟设置

打开 Fluent 软件，在启动窗口中选择 2D 模型，单击 OK 进入软件的用户界面。在 File 选项卡 Read 选项中选择二级菜单项 Mesh，选择打开坍落度试验网格文件，单击 Domain 选项卡中 Check 按钮，选择 Perform Mesh Check 对网格进行检查，观察文本显示区窗口中是否报告网格错误，如果有问题，则需要重新进入 ICEM 软件中对网格进行修改。

在屏幕左侧的模型设置区（Outline View）树形结构中的 Setup 节点部分，点选 General 子项，点击 Task Pane 中的 Scale 按钮，观察计算域的尺度范围和原有模型的设定是否一致，否则需要将模型缩放至原有的设定值。由于模拟的是正常气压条件下，新拌混凝土受自重影响而随时间的增加连续坍落，因此在 Solver（求解器）的 Type（类型）选项下面选择 Pressure-Based（基于压力），时间 Time 选项选择 Transient（瞬态），2D Space 选择 Axisymmetric（旋转轴对称）方式，勾选 Gravity（重力）选项开关，设置 X 方向的重力加速度为 $-9.81\mathrm{m/s}^2$，完成通用设置。

接下来在左侧模型设置区中选择 Models（模型）节点，进行 Multiphase（多相流）模型设置（图 6.42），在弹出的对话框中选择 Volume of Fluid，即采用 VOF 模型进行模拟，使用

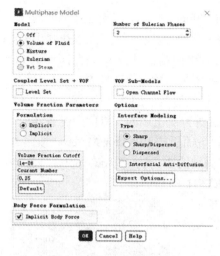

图 6.42　多相流模型设置

VOF 模型有以下的限制：①必须使用基于压力的求解器；②多相流中只能有一相为可压缩理想气体，但是如果采用 UDF 定义可压缩气体则没有限制；③使用 VOF 模型时，不能使用顺流向周期性流动；④使用 VOF 模型时，不能使用二阶隐式时间步进格式。对于 Formulation 选项，选择 Implicit Body Force Formulation，即启用隐含体积力公式，勾选 Volume Fraction Parameters 选项下的 Implicit（隐式）。一般地，当多相流中存在较大的体积力（例如，重力或表面张力）时，动量方程中的体积力和压力梯度几乎处于平衡状态，而对流和黏性项的贡献相对较小，除非考虑压力梯度和体积力项的部分平衡，否则分离算法的收敛性会很差。采用 Implicit body force（隐式体积力）方法，可以消除

这种影响，使求解精度更高且更稳定。因此需要激活选项 Implicit Body Force。点击 OK 关闭多相流模型设置对话框，完成多相流模型的设置工作。

　　由于在本次数值模拟中，新拌混凝土和空气可以看作是两种不同的流体，因此，需要设置两种流体材料的属性，点击左侧模型设置区中的 Materials 节点，然后在展开的 Fluid 节点上单击右键，选择 New…，出现新建材料的对话框，在 Name 下的对话框中输入新建材料的名字 "fresh-concrete"，在 Properties（属性）对话框中设置新拌混凝土的密度，然后设置黏度属性，在下拉选项框中选择 "Herschel-Bulkley" 并根据新拌混凝土材料的流变特性，设相应的黏度系数值，选择 "Change/Create" 按钮，完成材料属性设置。保持另外一种流体材料为 "Air" 不变，完成流体材料的属性设置。固体材料对坍落度的影响很小，因此可以保持默认选项不变。

　　在 Multiphase 节点下的 Phases 节点下选择 phase 1 - Primary Phase（主相），在弹出的对话框中的 Phase Material 下拉选项框中选择 Air，点击 OK 按钮完成主相选择。一般地，可以将初始状态下几何空间中占据多数体积的相设为主相，另一相为次要相，这里将 fresh concrete 设置为次要相。点击 phase 2 - Seecondary Phase"，在 Phase Material 的下拉选项框中选择 "fresh-concrete"，完成多相流中的各相的设定。

　　在 Phase Interactions 节点单击可以打开 Phase Interaction（相间交互作用）对话框，在 Mass 选项卡中可以设置两种相态之间的传质机理，而表面张力选项卡中可以选择两种流体相之间是否考虑表面张力的影响，由于本模拟不考虑传质以及空气-新拌混凝土之间的表面张力现象，对此不做改动。

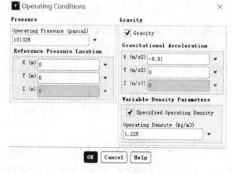

图 6.43　操作条件设置

　　在 Viscous 节点上单击，弹出黏度模型，一般认为新拌混凝土的黏度比较高，其流动特性为层流，因此黏度模型保持 Laminar 选项即可。

　　在 Ribbon 选项卡菜单栏上单击 physics 选项卡，选择工具栏 Solver 部分的 Operating Conditions…，在弹出的 Operating Conditions 对话框（图 6.43）中的 Variable-Density Parameters 下勾选 Specified Operating Density，然后在 Operating Density (kg/m³) 中输入多相流中密度最小相的密度，本次模拟中，

保持默认的空气密度值，单击 OK，关闭对话框。

对计算域的类型进行设置，右键模型设置区 Cell Zone Conditions 节点下的 Air 项，在弹出的上下文菜单中选择 Display，观察计算域是否正确，然后查看 Type（相的类型）是否为 Fluid；同样地，检查 fresh concrete 项的 Type 是否也是 Fluid。

下一步为边界条件设置，点击 Boundary Conditions 节点下的各项，在弹出的上下文菜单中选择 Display，观察设置是否正确，同样检查每项对应的几何模型的边界条件（Type）是否与 ICEM 软件中边界条件设置一致。

双击 Reference Values，在右侧的 Task page 中的 Reference Zone 的下拉选项框中选择 Air。

点击模型设置区中的 Solution 下的 Method 节点，在右侧的 Task Page（图 6.44）面板中 Solution Methods 部分的 Pressure-Velocity Coupling（压力-速度耦合方法）选项中选择 PISO（PISO 方法比较适用于对瞬态流的模拟），其他保持不变，然后点击 Control 节点，在右侧的 Task Page（图 6.45）面板的 Solution Control 部分的 Under-Relaxation Factors 中设置压力值为 0.9，动量值为 0.7，其他值保持不变。

图 6.44　求解方法设置

图 6.45　控制参数设置

然后点击 Initialization 节点，在右侧的任务面板的 Solution Initialization 中选择 Initialize 按钮，然后选择 Patch 按钮，弹出 Patch 对话框（图 6.46），在 Phase 下拉列表框中选择 phase-2，然后点击 Variable 框中的 Volume Fraction，在 Value 框中输入 1，在 Zones to Patch 中选择 Fluid 1，单击 Patch 完成选择，通过 Patch 方法就完成了混凝土的流体区域初始化。

点击 Run Calculation，在 Time Steps Size (s)框中输入 0.1，Number of Time Steps 输入 500，在 Max Iterations/Time Step 中输入 40，单击 Calculate 按钮开始计算。

图 6.46　操作条件设置

当计算完成以后，单击左侧 Outline View 窗口中 Results 节点部分的 Graphics 子节点下的 Contours，弹出云图设置对话框，在下拉列表框中选择 Phases，然后选择在绘图窗口中显示的内容，即可得到在不同时间下混凝土坍落过程的截面图（图 6.47）。

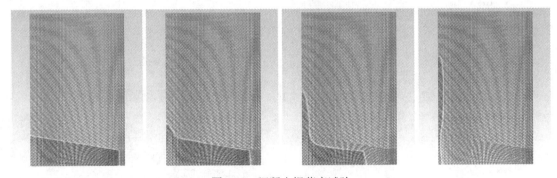

图 6.47　混凝土坍落度试验

6.3.3　Edem-Fluent 耦合模拟泵送

6.3.3.1　建立泵管几何模型及网格划分

采用 Edem-Fluent 耦合的方式模拟了一段水平管道中新拌混凝土的泵送过程，泵管的直径为 150mm，泵管的长度为 500mm，泵管左侧的入口速度为 5m/s，右侧为泵管的出口，新拌混凝土分为流体部分（浆体相）和粗骨料（颗粒相）。

首先根据两个端面的圆心坐标分别在 ICEM 中建立两个点，然后，单击功能区 Geometry 选项卡的 Create/Modified Surface 按钮，在左下方的设置面板区中选择 Standard Shape 按钮，在下方出现的 Create Std Geometry 面板栏中选择 cylinder（圆柱）按钮，在 Radius1 和 Radius2 的对话框中分别输入圆管的半径值 75，然后在右侧的图形显示区中分别选择代表泵管端面圆心的两个点，单击鼠标中键建立圆管模型。

在功能区选择 Blocking 选项卡，选择 Create Block 按钮，在左下方的 Create Block 功能面板中的 Part 输入框中输入流体域的名字（例如 Fluid），点击下方 Creating Block 区的 Initialize blocks 按钮，确定 Initialize Blocks 下方的 Type 下拉列表框中显示的是 3D Bounding Box，然后点击 Entities（实体）右侧的 Select Geometry 按钮，在右侧的图形显示区中选择泵管模型，按鼠标中键建立泵管块（Block），如图 6.48 所示。

在功能区中单击 Associate 按钮![icon]，在功能面板区中选择 Associate Edge to Curve 按钮![icon]，在右侧的图形显示区中用鼠标左键点选代表一个端面 Edge 的正方形四条边，按鼠标中键完成选择；然后用鼠标左键选择表示泵管端面的圆，按鼠标中键完成选择，这样就将一个端面的 Edge 和 Curve 关联起来，重复以上的步骤，完成另一个端面的关联。单击屏幕左下方功能面板区中的 Snap Project vertices 按钮![icon]，返回图形显示区，按鼠标中键完成选择。

点击 Pre-Mesh Params 按钮![icon]，准备预划分泵管的网格，在左下方的 Pre-Mesh Params 功能面板区中选择第三个按钮 Edge Params![icon]，单击下方 Edge 输入框右侧的 Select Edge(s)按钮![icon]，在右侧的图形显示区中选择建立好的泵管块的一个边（Edge），然后返回左下方功能面板区，在 Nodes（节点）输入框中输入节点的数量，即将一条边划分为 $n-1$ 段（n 个节点）。重复以上步骤，将各条边都分段且每条边对应的分段数应该保持一致，也可以在功能面板勾选 Copy Parameters 保证各边的分段数相同。特别需要注意的是，划分出的网格大小应大于 EDEM 中的颗粒的体积，完成泵管网格划分后，可以在操作控制树窗口中单击 Blocking 节点，在展开的子节点中选择 Pre-Mesh，弹出 Mesh 窗口，选择 Yes 按钮，完成网格的预划分工作。

功能区中单击 Pre-Mesh Quality Histograms 按钮![icon]，在左下方的功能面板区中的 Criterion（准则）下拉列表框中选择 Quality，选择检查预划分网格的质量，观察右下方的网格质量直方图中的网格质量情况，直方图越靠近 1，说明网格的质量越好。然后在操作控制树窗口中的 Pre-Mesh 节点上单击鼠标右键，在弹出的上下文菜单中选择"Convert to Unstruct Mesh"，或者在菜单栏中的选择 File 菜单栏中 Mesh 命令下的二级菜单项 Load from Blocking，建立泵管网格，如图 6.49 所示。

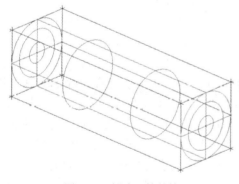

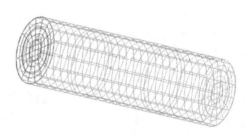

图 6.48　创建泵管的块　　　　　　　图 6.49　生成泵管网格

单击功能区 Output Mesh 标签，选择功能区的 Select Solver 按钮![icon]，在 Solver Setup 功能面板区的 Output Solver 下拉列表框中选择 ANSYS Fluent，然后选择功能区的 Boundary Conditions 按钮![icon]，在弹出的 Part Boundary Conditions 窗口中设置边界条件，将包含泵管体积的部分设置为 Fluid，泵管壁设置为 Wall，两个端面中一个设置为 Velocity-inlet（速度入口），另一个端面设置为 Pressure-Outlet（压力出口），单击 Accept 按钮，完成边界条件的设立。

单击功能区的 Write Input 按钮![icon]，保存当前的项目，输出网格，在弹出的 ANSYS Fluent 窗口中选择网格的类型为 3D，在 Output file 输入框中输入网格文件的名字，完成网格 msh 文件的输出。

6.3.3.2　EDEM 软件设置

打开 EDEM 软件，软件的界面如图 6.50 所示。

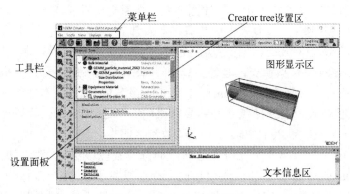

图 6.50　EDEM 软件界面

首先右键单击 Creator tree 窗口中的 Bulk Materials 节点，在弹出的上下文菜单中选择 Add Bulk Materials 项添加颗粒材料，在下方的 BulkMaterial Properties 面板中设置颗粒材料的属性，可以查阅相关的材料手册或者根据试验数据设置颗粒材料的属性值，包括骨料的密度、弹性模量、泊松比和剪切模量等相关参数（如图 6.51 所示）。完成颗粒属性设置后，在新建立的颗粒材料子节点上单击右键，在上下文菜单中点选 Add particle，添加新的颗粒，或者在左侧的垂直工具栏中单击 Add particle 按钮，在 Adjust Settings 中设置颗粒的半径、性状等性质，也可以在右侧的颗粒球设置窗口中输入相关的参数值，设定颗粒大小，这里将材料的尺寸半径设置为 5mm，完成颗粒建模。在 Creator Tree 设置区中单击颗粒材料下的 Size Distribution（颗粒尺寸分布），在下方的 Size Distribution 面板中对材料的颗粒尺寸分布进行设置，颗粒的尺寸可以根据实际情况设置为 Fixed（固定尺寸）、Lognormal（log 正态分布）、Normal（正态分布）、Random（随机分布）或者 User defined（使用者自设定），选定不同的尺寸分布类型后可以进一步设置相关的参数。然后单击 Creator tree 设置区中颗粒的 Properties（属性）节点，在下方的面板中设置颗粒材料的属性，单击 Calculate Properties 按钮可以根据颗粒的形状计算颗粒的质量和体积等相关参数，也可以手工输入或者导入以前建立的颗粒模板完成属性的设置工作。在 Creator tree 设置区中单击颗粒材料的节点，在下面面板中的 Interaction 项的下拉列表中，选择建立颗粒与颗粒、颗粒与设备（这里就是泵管壁）之间的交互作用关系。然后右键单击 Creator tree 区中的 Equipment Material 节点，选择 Add Equipment Material，在下方的面板中设定泵管壁的材料属性值，输入材料的密度、泊松比、剪切模量、恢复系数、静态摩擦和滚动摩擦等参数值，完成管壁材料的设置。

右键单击 Creator tree 设置区的 Geometries 节点，在弹出的上下文菜单中选择 Import Geometries，导入在 ICEM 软件中建立的 Mesh 文件，此时在右侧的图形显示窗口中出现建立的管道模型，选中左侧的 Creator tree 设置窗口中的 Geometries 下的各子节点，观察右侧的图形显示窗口中所建立的模型单元，选择管道的左侧端面，在下方的设置面板中将 Type 类型设置为 Virtual（虚拟），表示该端面为虚拟的端面，然后在该节点上单击右键，在上下文菜单中选择 Add Factory，添加颗粒工厂，即在此虚拟面上产生许多颗粒进行模拟。如图 6.52 所示，在下方的 Particle Generation 面板中的 Factory Type（颗粒工厂类型）中选择 Unlimited

Number，即不限制颗粒数量，也可以根据情况选择 Total Number，即限定模拟过程中的颗粒总数量，或者 Total Mass，即限定颗粒的总质量。在下面的 Generation Rate（颗粒产生速率）中可以选择 Target Number (per second)，即每秒产生的颗粒数，或者 Target Mass——每秒钟产生颗粒质量总量，下面的 Start Time 设置颗粒出现的最初时间，在下面的 Parameter 中单击右侧的按钮，在弹出的 Velocity（速度）对话框中选择 x 对话框，输入颗粒运动速度，例如 5m/s。

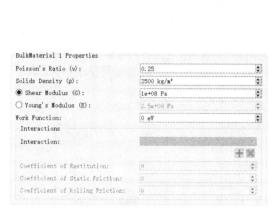

图 6.51　颗粒属性设置

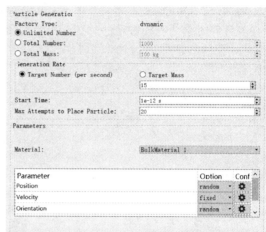

图 6.52　颗粒工厂设置

同样，将另一侧的端面也设置成 Virtual，然后选择表示管壁的子节点，确定 Type 类型设置为 Physical，表示管壁为实体面，Material 选项则选择 Equipment Material 中建立的管壁材料。

单击 Creator tree 窗口中 Physics，在 Physics 面板中的 Interaction 列表框中选择 Particle to Particle，设置颗粒间的交互作用模型，这里选择了 Hertz-Mindlin with JKR；然后在下拉列表框中选择 Particle to Geometry，设置颗粒与管壁的交互作用物理模型，完成物理模型的设置。

最后设置 Creator tree 窗口中的 Environment，即数值模拟的物理环境参数，包括模拟的重力加速度，以及模拟的计算区域，在本例子中保持默认即可。

在工具栏中的 Coupling Server 部分单击"Start Coupling Server"按钮，开始准备与 Fluent 耦合。此时旁边的按钮为，即 Coupling Server Disabled，表明两者之间的耦合还没有建立。

6.3.3.3　Fluent 软件耦合设置

保持 EDEM 软件的运行状态，打开 Fluent 软件，加载 EDEM-Fluent 耦合接口文件，读入网格模型 msh 文件，检查网格的质量，观察网格是否存在错误，单击 Task Page 面板中的 Scale 按钮，在弹出的 Scale Mesh 窗口中检查 Domain Extents 中的模型尺寸和 ICEM 中建立的模型尺寸是否一致。否则在右侧的 Mesh Was Created In 下拉列表框中选择建立模型时采用的尺寸单位，然后选择 Scale 按钮，完成模型尺寸的缩放，单击 Close 按钮完成尺寸设置。

右键单击 Outline View 模型设置窗口中 Parameters & Customization 节点下的 User Define Functions 子项，在弹出的上下文菜单中选择 Manage…，在弹出的 UDF Library Management

下部的 Library Name 对话框中输入与 EDEM 耦合的库文件名，然后单击 Load 按钮，在窗口中显示出加载的耦合接口库文件，选择 Close 完成耦合接口的设置（图 6.53）。这时在模型设置区中的 Models 节点下会出现 EDEM Coupling (Disconnected)子节点，双击该节点，弹出 EDEM Coupling 窗口（图 6.54，注意：采用不同版本的耦合文件时窗口有可能不一样），选择 Connection 标签，单击下方的 Connect 按钮，建立与 EDEM 软件的耦合连接。单击 Interaction 标签，选择 Multiphase 子标签并单击 Couple with Multiphase 按钮，勾选 Use DDPM，表示进行模拟计算时需要考虑颗粒的体积分数，选择 OK，完成耦合接口的设置。

图 6.53 加载 EDEM 耦合接口

(a) EDEM-Fluent耦合链接设置   (b) EDEM-Fluent耦合交互设置

图 6.54 EDEM-Fluent 耦合设置

在 Model 节点的 Multiphase 子节点上双击，弹出多相流窗口，如图 6.55 所示。确认 Model 区中选择了 Eulerian（欧拉）模型，右侧的 Number of Eulerian Phase 对话框为 1，Eulerian Parameters 下勾选 Dense Discrete Model，同时在右侧的 Number of Discrete Phase 为 1，单击 Apply 结束检查。

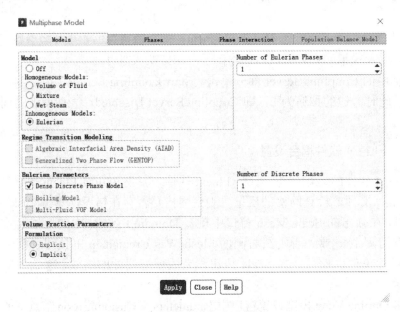

图 6.55 多相流设置

因为此时已经开启了离散相，所以模型设置区中的 Discrete Phase（离散相）节点显示为(On)，展开这个节点，在 Injection 节点上右键单击，选择 Edit，在弹出的 Injections 窗口（图 6.56）中可以看到 Edem-injection，Fluent 软件通过它和 EDEM 软件进行数据交换。

图 6.56　离散相设置

展开 Materials 节点，这时会出现 Inert Particle 子节点，该子节点下有一个 edem-material 子项，可以在这里设置 EDEM 中运算的颗粒密度，这里应和 EDEM 中颗粒的密度保持相同设置。设置流体相的材料属性，选择代表流体相的子节点，在 Fluent 中默认的流体相为 Air，由于本次模拟中只有一种流体，所以只需修改 Air 的参数即可。双击 Air，在弹出的 Creat/Edit Materials 窗口中选择 Name 对话框，输入 paste，修改流体相的名称，保持 Properties 部分的 Density (kg/m^3) 旁边的对话框中为 constant，即密度为常数，在下面的对话框中输入浆体的密度，然后在 Viscosity[kg/(m·s)]对话框中选择浆体的流变参数模型，选择一种流变模型，然后在弹出的流变模型参数对话框中输入模型的参数值，一般推荐使用 Bingham 模型，相关的参数可以通过砂浆流变仪测量，或者查阅相关的文献获得。单击 OK，完成流变模型的设置，返回 Create/Edit Materials 窗口，单击 Change/Create 按钮，修改流体相的名称和属性，然后点击 Close 按钮完成流体材料的设置。

单击 Models 节点下的 Multiphase 子节点，展开 Phases 下一级子节点，双击 phase-1-Primary Phase 项，观察弹出的 Primary Phase 相中的 Phase Material 列表框中是否显示为 Paste，否则修改流体相的材料，然后单击 OK。另一个子项 edem-phase-Discrete Phase 不影响计算，这里不做设置。

由于一般情况下新拌混凝土是黏性的，Viscous 节点一般保持 Laminar（层流）状态。

选择表示 Boundary Conditions 下入口端面 Inlet (Velocity-Inlet)子节点部分的流体相。在弹出的 Velocity Inlet 窗口的 Velocity Magnitude (m/s)窗口中输入 5（图 6.57），完成流体相在入口处的流速的设置。然后设置出口端面 Outlet，设置它的类型为 Pressure-outlet。

图 6.57　速度入口设置

Solution 节点下的 Method、Control 和 Initialization 节点的各选项都保持默认值，单击 Calculation activities 节点下的 Autosave，在弹出的 Autosave 对话框中的 Save Data File Every 输入框中输入 500，Save Associated Case Files 选择 Each Time，在下面的文件名称和路径框中输入文件的保存路径和文件名，单击 OK 结束 Autosave 的设置。在 Run calculation 节点，选择 Time Step Size (s)为 0.0001，Number of Time Steps 设置为 10000，即模拟时间段为 10s 的

流动。Max Iteration/Time Step 设置为 40，完成 Fluent 的设置。

这时可以返回 EDEM 软件，观察 EDEM 软件，会发现工具栏中最右侧的按钮已经变成连接状态。单击工具栏的第二个按钮，设置 EDEM 进行计算时的参数，在 Simulator Setting 面板中的 Target Save Interval 对话框中输入 10^{-5}s，然后单击 Estimate Cell Size，计算单元格尺寸，开始进行 EDEM 计算，然后返回 Fluent，单击 Calculate、Fluent 和 EDEM 同时开始进行计算，当计算完成后，可以输出计算结果。当计算结束后，可以在 EDEM 中观察计算的结果，图 6.58 显示了含有颗粒的流体刚进入管道时的情形。

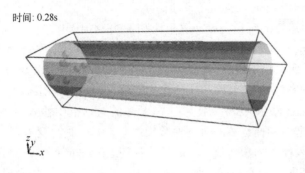

图 6.58　EDEM 可视化计算结果

需要注意的是，EDEM-Fluent 耦合对网格的质量要求较高，计算相对复杂，常常会出现计算结果不收敛或假收敛的情况，因此需要对 Solution 节点下的 Method 和 Control 参数进行反复调节。此外，本次模拟中的模型和设置采用了较多的默认参数，但在某些情况下，采用默认参数得到的计算结果和实际的测量结果差别比较大，需要不断修改尝试才能获符合实际的结果。

习题

1. 什么是材料的流变特性，如何表示流变特性？什么是流变模型，如何表示流变模型？
2. 如何表示宾汉姆模型和宾汉姆流变方程？
3. 新拌混凝土材料有哪些常用的流变模型？
4. 新拌混凝土流动性测试方法有哪些？
5. 试推导 Robertson-Stiff 流体在同轴圆筒式流变仪的扭矩-转速方程。
6. 简述常用的计算流体力学数值模拟方法。
7. 尝试对新拌混凝土在内筒旋转的同轴圆筒式流变仪中的流动进行模拟。
8. 尝试模拟新拌混凝土在 L 型箱体中的二维流变过程。

参考文献

[1] 管学茂, 杨雷. 混凝土材料学[M]. 北京：化学工业出版社, 2011: 209.
[2] Roussel N. Understanding the rheology of concrete[M]. Sawston: Woodhead Publishing, 2011.
[3] 王秀峰, 史永胜, 宁青菊, 等. 无机材料物理性能[M]. 北京：化学工业出版社, 2006: 304.
[4] Tattersall G H. The rationale of a two-point workability test[J]. Magazine of Concrete Research, 1973, 25(84): 169-172.

[5] Tattersall G H, Banfill P. The rheology of fresh concrete[M]. London: Pitman Books Limited, 1983: 356.

[6] Wallevik O H, Wallevik J E. Rheology as a tool in concrete science: The use of rheographs and workability boxes[J]. Cement and Concrete Research, 2011, 41(12): 1279-1288.

[7] Wallevik O H. Rheology - my way of life[C]. 36th Conference on Our World in Concrete & Structures, 2011.

[8] Heirman G, Vandewalle L, Gemert D V, et al. Contribution to the solution of the couette inverse problem for herschel-bulkley fluids by means of the integration method[C]. 2nd International Symposium on Advances in Concrete Through Science and Engineering, 2006: 207-224.

[9] Heirman G, Hendrickx R, Vandewalle L, et al. Integration approach of the couette inverse problem of powder type self-compacting concrete in a wide-gap concentric cylinder rheometer: Part Ⅱ. Influence of mineral additions and chemical admixtures on the shear thickening flow behaviour[J]. Cement and Concrete Research, 2009, 39(3): 171-181.

[10] Feys D, Wallevik J E, Yahia A, et al. Extension of the reiner-riwlin equation to determine modified bingham parameters measured in coaxial cylinders rheometers[J]. Materials and Structures, 2013, 46(1-2): 289-311.

[11] Li M, Han J, Liu Y, et al. Integration approach to solve the couette inverse problem based on nonlinear rheological models in a coaxial cylinder rheometer[J]. Journal of Rheology, 2019, 63(1): 55-62.

[12] Robertson R E, Stiff Jr H A. An improved mathematic model for relating shear stress to shear rate in drilling fluids and cement slurries[J]. Society of Petroleum Engineers Journal, 1976, 16(1): 31-36.

[13] Parzonka W, Vočadlo J. Méthode de la caractéristique du comportement rhéologique des substances viscoplastiques d'après les mesures au viscosimètre de couette (modèle nouveau à trois paramètres)[J]. Rheologica Acta, 1968, 7(3): 260-265.

[14] Hackley V A, Ferraris C F. The use of nomenclature in dispersion science and technology[R]. NIST Recommended Practice Guide, Washington DC: National Institute of Standards and Technology, 2001: 44.

[15] Schramm G. 实用流变测量学[M]. 北京: 石油工业出版社, 2009.

[16] Feys D, Verhoeven R, De Schutter G. Fresh self compacting concrete, a shear thickening material[J]. Cement and Concrete Research, 2008, 38(7): 920-929.

[17] Koehler E P, Fowler D W. Development of a portable rheometer for fresh portland cement concrete[R]. Austin: The University of Texas at Austin, 2004: 321.

[18] Liu Y, Shi C, Yuan Q, et al. A new rotation speed-torque transformation equation for herschel-bulkley model in wide-gap coaxial cylinders rheometer and its applications for fresh concrete[C]. Proceedings of 4th International Symposium on Design, Performance and Use of Self-Consolidating Concrete, 2018: 215-230.

[19] Liu Y, Shi C, Yuan Q, et al. The rotation speed-torque transformation equation of the robertson-stiff model in wide gap coaxial cylinders rheometer and its applications for fresh concrete[J]. Cement and Concrete Composites, 2020: 107.

[20] 刘豫, 史才军, 焦登武, 等. 新拌水泥基材料的流变特性、模型和测试研究进展[J]. 硅酸盐学报, 2017, 45(5): 708-716.

[21] 胡国明. 颗粒系统的离散元素法分析仿真:离散元素法的工业应用与 edem 软件简介[M]. 武汉: 武汉理工大学出版社, 2010.

[22] 王国强, 郝万军, 王继新. 离散单元法及其在 EDEM 上的实践[M]. 西安: 西北工业大学出版社, 2010.

[23] 王福军. 计算流体动力学分析-CFD 软件原理与应用[M]. 北京: 清华大学出版社, 2004.

[24] 郑力铭. ANSYS Fluent 15.0 流体计算从入门到精通[M]. 北京: 电子工业出版社, 2015: 532.

[25] 纪兵兵, 陈金瓶. ANSYS ICEM CFD 网格划分技术实例详解[M]. 北京: 中国水利水电出版社, 2012.

[26] 李鹏飞, 徐敏义, 王飞飞. 精通 CFD 工程仿真与案例实战[M]. 北京: 人民邮电出版社, 2011.

[27] 丁源, 王清. ANSYS ICEM CFD 从入门到精通[M]. 北京: 清华大学出版社, 2013.

[28] 胡坤, 邓荣, 梁栋. ANSYS CFD 网格划分技术指南[M]. 北京: 化学工业出版社, 2019.

[29] 胡坤, 李振北. ANSYS ICEM CFD 工程实例详解[M]. 北京: 人民邮电出版社, 2014.

[30] Roussel N, Gram A, Cremonesi M, et al. Numerical simulations of concrete flow: A benchmark comparison[J]. Cement and Concrete Research, 2016, 79: 265-271.

第7章

混凝土静动态力学性能数值模拟

混凝土服役期间会受到多种因素的影响，除了受静力荷载影响，有时还会受到地震、爆炸、风等动力荷载的作用。随着计算机和数值分析方法的发展，数值模拟手段可以结合混凝土内部物相特征较为简便地得出静力及动力荷载作用下混凝土的破坏形态，通过对混凝土微观（细观）结构的适当假定，能够获取不同混凝土较为精确的宏观力学参数，不仅可以了解各类混凝土的静动态力学性能，也可以为结构设计阶段混凝土材料选用提供更精确的参考。

7.1 混凝土静力性能细观力学模拟

7.1.1 细观力学简介

一般认为，材料的微观（细观）结构包括各组分力学性能、体积含量、形状、朝向以及空间分布等信息。材料的宏观性能包括材料力学参数、渗透系数、热导率等。由于混凝土自身成分、拌制及养护过程的差别，致使混凝土在细观结构和宏观性能上存在很大差异。如水灰比大，则孔隙率高、强度低；同配比情况下卵石和碎石混凝土，浆体和骨料界面的差异也会造成混凝土强度不同；原始裂缝会加剧混凝土的破坏进程等。总体来言，混凝土宏观性能上的差异是由各种原因引起的混凝土微（细）观结构的差异，为了建立平均微观结构和整体有效性能的定量关系，学者对确定性微观力学模型进行了探索。目前，可将基于微结构的宏观性能预测方法分为以下三大类。

① 界限法　通过假设夹杂和基体之间是串联或者并联，基于最小应变能原理和余能原理，采用变分的方法求得多相复合材料有效模量的上下界。

② 有效场法　该方法通过引入有效介质近似考虑夹杂间的相互作用，通过求解应变集中张量获取材料的有效模量。

③ 直接法　该类方法是通过近似假设，通过等效夹杂理论，直接求解材料有效模量。

如将微观力学思想和断裂力学、损伤力学等相结合，可建立材料的微观损伤力学模型，能够从细观和宏观两个尺度上反映整体结构的损伤和破坏过程。

7.1.2 混凝土材料细观力学模型与力学框架

7.1.2.1 混凝土材料细观力学模型

弹性模量、剪切模量等是重要的混凝土力学参数，如何从混凝土细观结构预测这些参数是学者和工程师所关心的问题。混凝土微观力学模型则试图解决这一问题。混凝土细观力学模型分为三大类。

（1）半经验模型

半经验模型主要是用于建立混凝土孔隙率和弹性模量的关系。其主要思路是通过参数拟合建立孔隙率为零的混凝土弹性模量和孔隙率为 p 的混凝土弹性模量的关系，具体形式如表 7.1 所示：

表 7.1　半经验模型

序号	表达式	备注
1	$E = E_0(1 - a_1 p)$	
2	$E = E_0 \exp(1 - a_1 p)$	p 是孔隙率
3	$E = E_0(1 - p)/(1 + a_1 p)$	E 是孔隙率为 p 时，混凝土的弹性模量
4	$E = E_0(1 - p)^{2n+1}$	E_0 是孔隙率为 0 时，混凝土的弹性模量
5	$E = E_0 \exp\left[-\left(a_1 p + a_2 p^2\right)\right]$	n、a_1、a_2 是经验拟合参数

如果从夹杂的性质来看，可将半经验模型归为混凝土软夹杂模型，即其夹杂的力学参数低于基体的力学参数。

（2）两相细观力学模型

两相细观力学模型主要是通过简化基体和夹杂的空间布置，近似获取等效的弹性模量。具体而言，通过假设基体和夹杂以并联方式、串联方式等其它方式共同抵抗外力，从而获取相应的弹性模量。具体形式如表 7.2 所示：

表 7.2　两相细观力学模型

类别	表达式	集体和夹杂的布局
Voigt	$E = c_1 E_1 + c_2 E_2$	
Reuss	$\dfrac{1}{E} = \dfrac{c_1}{E_1} + \dfrac{c_2}{E_2}$	
Counto	$\dfrac{1}{E} = \dfrac{1 - \sqrt{c_2}}{E_1} + \dfrac{1}{\left(\dfrac{1 - \sqrt{c_2}}{\sqrt{c_2}}\right)E_1 + E_2}$	
Hirsch	$E = 0.5\left(\dfrac{1}{c_1 E_1 + c_2 E_2}\right) + 0.5\left(\dfrac{c_1}{E_1} + \dfrac{c_2}{E_2}\right)$	

注：c_1、c_2 是基体和夹杂的体积含量；E 是混凝土的弹性模量；E_1、E_2 是基体和夹杂的弹性模量。图中，白色代表基体，灰色代表夹杂。

如果从夹杂的性质来看，可将两相细观力学模型归为混凝土硬夹杂模型，即其夹杂的力学参数高于基体的力学参数。

（3）多相复合材料理论模型

多相复合材料理论模型主要是通过多层级均匀化的方法获取等效弹性模量，可多次分步对单元体内物相进行等效，较第一类模型（半经验模型），多相复合材料理论模型具备更坚实的理论基础；较第二类模型（两相细观力学模型），多相复合材料模型无需假设基体和夹杂串联或者并联等特定的布局。同时，多相复合材料理论模型既适用于软夹杂模型也适用于硬夹杂模型，因此该类模型是应用最为广泛的，可预测不同成分（如骨料形式、骨料体积含量）、不同状态（如冻融、干湿状态）下混凝土微（细）观结构与宏观性能之间的关系及有效力学参数等。

7.1.2.2　单轴荷载下混凝土细观损伤演化模型

单轴荷载下混凝土细观力学损伤模型，体积平均应力张量 $\bar{\sigma}$ 和体积平均应变张量 $\bar{\varepsilon}$ 之间的关系可以表示为

$$\bar{\varepsilon} = \bar{S} : \bar{\sigma} \tag{7.1}$$

式中，$\bar{S}$ 为四阶体积平均柔度张量。

对于体积平均应变张量 $\bar{\varepsilon}$，可将其分解为弹性应变 $\bar{\varepsilon}^{e}$ 和由损伤引起的非弹性应变 $\bar{\varepsilon}^{*}$，类似地，也可将体积平均柔度张量 $\bar{S}$ 分解为弹性柔度张量 $\bar{S}^{0}$ 和由损伤引起的非弹性柔度张量 $\bar{S}^{*}$。于是，整体的应变张量和柔度张量可以表示为

$$\bar{\varepsilon} = \bar{\varepsilon}^{e} + \bar{\varepsilon}^{*}, \bar{S} = \bar{S}^{0} + \bar{S}^{*} \tag{7.2}$$

其中，弹性柔度张量 $\bar{S}^{0}$ 可根据试验数据或通过细观力学均匀化方法得到；非弹性柔度张量 $\bar{S}^{*}$ 可借助各向同性基体中的微裂纹张开位移获得[1]。即：从细观力学的角度来看，可以将混凝土视为一种由固相基体、（微）孔隙和（微）裂纹组成的三相复合材料，代表性体积元（RVE）如图 7.1 混凝土的细观力学组成所示。其中，固相基体由骨料、水泥浆体和二者的界面组成。此外，假设（微）孔隙和（微）裂纹的形状分别为球状和币状，模型预测可先将（微）孔隙和固相基体均匀化为等效基体，再研究（微）裂纹在等效基体中的演化过程。可以这样分解的原因是相较于（微）孔隙，由（微）裂纹引起的非弹性行为更占主导地位[1-2]。

7.1.2.3　混凝土力学性能的随机细观力学预测

混凝土随机细观力学框架是在其确定性细观力学框架基础上，通过引入其微细观结构的随机描述和宏观性能概率特征得到。以常见的混凝土三相材料模型为例，细观层面上，可将其视为由水泥浆体、球形骨料和界面过渡区（ITZ）构成的三相复合材料，如图 7.2 所示。

在确定性细观力学框架下，其有效性能可以通过多层级均匀化方法获得。首先，采用三相球模型将由骨料和 ITZ 构成的两相复合材料均匀化成为等效夹杂，计算其有效性能，如图 7.3（a）所示。接下来，将新等效体与水泥浆体进行二次均匀化，修正直接相互作用细观力学解答，即可得到等效混凝土的有效性能，图 7.3（b）所示。

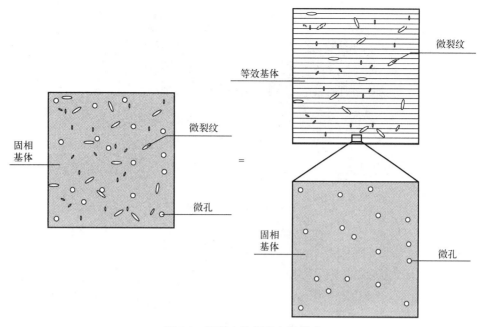

图 7.1　混凝土的细观力学组成

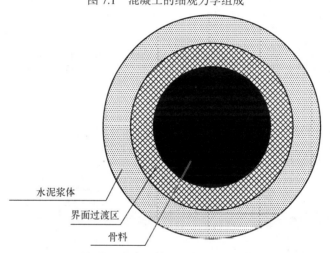

图 7.2　考虑骨料和 ITZ 作用的混凝土细观力学模型

基于此三相材料模型，混凝土有效性能的不确定性来自三种组分本身性能和体积分数的波动，另一方面，ITZ 和水泥浆体的体积分数依赖于骨料的分布和 ITZ 的厚度。考虑一个概率空间 $(\boldsymbol{\Omega}, \xi, P)$，其中 $\boldsymbol{\Omega}$ 为样本空间，ξ 是 $\boldsymbol{\Omega}$ 子集的 σ 代数，P 为概率测度。此外，定义 E_{ag}、v_{ag}、E_{itz}、v_{itz}、E_{cp} 和 v_{cp} 分别为骨料、ITZ 和水泥浆体的弹性模量和泊松比。

由于骨料、水泥浆体和 ITZ 的体积分数之和为 1，因而有了 ITZ 的厚度、骨料的体积分数和 c_i（半径在 $r_i \sim r_{i+1}$ 范围内骨料的体积分数）之后，就可以通过修正统计学方法计算 ITZ 和水泥浆体的体积分数。最后，混凝土的所有不确定性都可以用随机向量 $\{E_{ag}, v_{ag}, E_{itz}, v_{itz}, E_{cp}, v_{cp}, t, c_{ag}, c_1, \cdots, c_i, \cdots c_M\}^{\mathrm{T}} \in \boldsymbol{R}^{M+8}$ 来表征，$\boldsymbol{R}^N$ 表示 N 维实向量空间，从而将混凝土有效性能的表征转化成了一个多变量随机函数问题。因此，可将混凝土的有效模量（如 E^* 等）视为一个随机变量，其均值、标准差和第 i 阶矩可借助蒙特卡洛模拟来获得，如下：

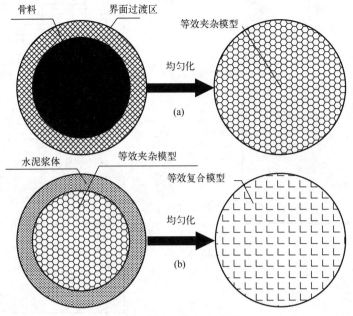

图 7.3　多层级均匀化步骤

（a）第一层级：骨料和 ITZ 的均匀化；（b）第二层级：水泥浆体和等效夹杂的均匀化

$$\text{mean}\left(E^*\right)=\frac{1}{M}\sum_{m=1}^{M}\left(E_m^*\right),\ \text{imom}\left(E^*\right)=\frac{1}{M}\sum_{m=1}^{M}\left(E_m^*\right)^i,\ \text{sd}\left(E^*\right)=\sqrt{\left\{\frac{1}{M}\sum_{m=1}^{M}\left[E_m^*-\text{mean}\left(E^*\right)\right]^2\right\}^{1/2}}$$

（7.3）

式中，M 为试样尺寸；mean( )、imom( )和 sd( )分别为均值、标准差和第 i 阶矩；E_m^* 为第 m 个试样的弹性模量。此外，有效模量的第 i 阶中心矩为：

$$\text{icmom}\left(E^*\right)=\frac{1}{M}\left\{\sum_{m=1}^{M}\left[\frac{E_m^*-\text{mean}\left(E^*\right)}{\text{sd}\left(E^*\right)}\right]^i\right\}$$

（7.4）

Er 等提出了一种随机变量的多参数概率密度函数（PDF）估计方法，通过指数型多项式，可以得到随机变量 x 的无偏概率密度函数 $f\left(x\right)$ 为：

$$f\left(x\right)=\exp\left(a_0+\sum_{i=1}^{N}a_ix^i\right)$$

（7.5）

式中，a_i 中 $i=0,1,2,\cdots,n$ 为未知参数；a_0、a_i 可以通过求解以下两式得到：

$$\begin{bmatrix} 1 & m_1 & \cdots & m_{n-1} \\ m_1 & m_2 & \cdots & m_n \\ \vdots & \vdots & \vdots & \vdots \\ m_{n-1} & m_n & \cdots & m_{2n-2} \end{bmatrix}\begin{bmatrix} a_1 \\ 2a_2 \\ \vdots \\ na_n \end{bmatrix}=\begin{bmatrix} 0 \\ -1 \\ -2m_1 \\ \vdots \\ -(n-1)m_{n-2} \end{bmatrix}$$

（7.6）

$$a_0 = \ln\left(\frac{1}{\int_{-\infty}^{+\infty} e^{a_1 x + a_2 x^2 + \cdots + a_n x^n} dx}\right) \tag{7.7}$$

式中，m_i 中 $i = 1,2,\cdots,n$ 为 x 的不同阶矩。但是，当参数过多时，式（7.7）中的矩阵通常是奇异的，为了得到更稳定的结果，可以采用第 i 阶中心矩来获得标准化有效性能的 PDF。具体而言，$\overline{f}(\overline{x})$ 可以通过求解以下两式得到：

$$\begin{bmatrix} 1 & 0 & \cdots & \overline{m}_{n-1} \\ 0 & 1 & \cdots & \overline{m}_n \\ \vdots & \vdots & \vdots & \vdots \\ \overline{m}_{n-1} & \overline{m}_n & \cdots & \overline{m}_{2n-2} \end{bmatrix} \begin{bmatrix} \overline{a}_1 \\ 2\overline{a}_2 \\ \vdots \\ n\overline{a}_n \end{bmatrix} = \begin{bmatrix} 0 \\ -1 \\ \vdots \\ -(n-1)\overline{m}_{n-2} \end{bmatrix} \tag{7.8}$$

$$\overline{a}_0 = \ln\left(\frac{1}{\int_{-\infty}^{+\infty} e^{\overline{a}_1 x + \overline{a}_2 x^2 + \cdots + \overline{a}_n x^n} dx}\right) \tag{7.9}$$

式中，$\overline{a}_i$ 中 $i = 0,1,2,\cdots,n$ 为标准化有效性能 PDF 的系数；$\overline{m}_i$ 中 $i = 1,2,\cdots,n$ 为标准化有效性能的不同阶矩。根据 PDF $\overline{f}(\overline{x})$，可以得到有效性能的 PDF $f(x)$ 为

$$f_E(x) = \frac{1}{\mathrm{sd}(E^*)} \overline{f}\left[\frac{x - \mathrm{mean}(E^*)}{\mathrm{sd}(E^*)}\right] \tag{7.10}$$

式中，$f_E(x)$ 为有效弹性模量的 PDF。

7.2 混凝土断裂模拟思路和方法

7.2.1 等效力学性能

等效力学性能通过均匀化理论，基于代表体积元（RVE）的概念，对 RVE 内的应变场、应力场进行"平均"获得。具体来讲，已知应力场 σ_{ij} 和应变场 ε_{ij}，该代表体积元的"平均"应力 $\overline{\sigma}_{ij}$ 和"平均"应力 $\overline{\varepsilon}_{ij}$ 表示为：

$$\overline{\sigma}_{ij} = \frac{1}{V} \int_V \sigma_{ij} dV \tag{7.11}$$

$$\overline{\varepsilon}_{ij} = \frac{1}{V} \int_V \varepsilon_{ij} dV \tag{7.12}$$

式中，V 为 RVE 体积。依据线弹性理论，$\overline{\sigma}_{ij}$ 和 $\overline{\varepsilon}_{ij}$ 服从胡克定律：

$$\overline{\sigma}_{ij} = C_{ijkl} \overline{\varepsilon}_{kl} \tag{7.13}$$

式中，C_{ijkl} 为非均质材料的等效刚度张量。可见，计算非均质材料等效力学性能的前提是对 RVE 内应力场和应变场的精确求解。目前求解方法主要包括分析法和数值法。

分析方法采用理想的几何模型表征材料结构。在微观尺度，常通过 Mori-Tanaka 和自洽方法建立复合材料各组分与 RVE 有效性能之间的联系。该类方法需首先对夹杂介质的几何形貌和夹杂物间的相互作用进行假设。如图 7.4 所示，水泥基材料的 RVE 表征为水化硅酸钙、未水化水泥颗粒、氢氧化钙及毛细孔的夹杂体。由于该体系的夹杂介质无序度高且相互接触，通常采用自洽方法进行性能预测。然而，当复合材料各组分性能差异较大或材料结构中存在组分"集群"特征时（见图 7.5），采用自洽法计算得到的有效弹性模量会出现较大偏差。此时，可采用 Mori-Tanaka 考虑各夹杂介质的相互作用，但夹杂物的体积不宜超过 30%。由于分析方法具有计算效率高的优点，该方法常用于预测水泥基材料等效弹性模量的演变规律。通过计算 RVE 中弹性能量的偏应力峰值，也可进一步得到材料的抗压强度。

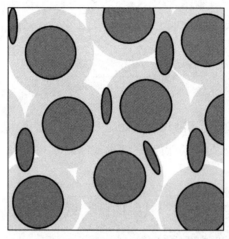

图 7.4　由水化硅酸钙（黄色）、氢氧化钙晶体（红色）、未水化水泥颗粒（灰色）和毛细孔（白色）组成的水泥石 RVE

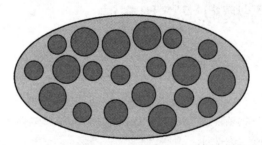

图 7.5　由未水化水泥颗粒（红色）和均质化的水化产物（橙色）组成的水泥石 RVE

数值分析方法适用于包含不规则夹杂物和更复杂结构特征的材料结构。常采用有限元法对第 5 章模拟手段或试验手段获得的微观结构进行离散来计算应力-应变关系场。有限元法的基本思路是用一些假想的线或面对连续的材料结构进行分割，使其成为由节点连接起来的有限数量的单元集合体。进而用这个单元集合体代替原来要分析的材料结构。因此，有限元法的第一步是对材料结构进行离散化处理，即网格划分。若采用像素化的材料结构，则可直接将网格中节点投放于像素/体素中。有限元法的计算精度与微观结构的分辨率及划分网格的尺寸（自由度）有关，当计算精度要求较高时，其计算效率难以保障。研究表明，在边界条件、各组分性能及相互作用关系假设合理的前提下，有限元法适用于硬化水泥净浆各水化时期应力-应变场的计算，特别是当孔隙率高于 35%时，有限元法具有更高的模拟精度。

7.2.2 荷载-位移响应和断裂过程

模拟硬化水泥净浆的微观应力-应变响应及断裂过程，需要基于合理的微观结构和断裂模型。微观结构既可通过第5章介绍的方法建立，亦可通过试验方法获得，如断层扫描和电子显微镜等技术。由于水泥基材料的开裂是一个随机过程，裂缝的产生、发展及贯通存在不确定性。因此，在应力-应变响应的计算中，不存在RVE的概念，文献中常采用100μm的立方体，以便进行对比。目前，存在多种断裂模型，可模拟微观尺度材料的断裂过程及应力-应变响应，如近场动力学、相场法模型、格构模型理论等。本书以格构模型理论为例，详细介绍荷载-位移响应和断裂图形的模拟过程。

格构模型理论的基本思想是将连续介质离散成由梁单元联结而成的格构系统，每个单元代表材料的一小部分，通过赋予单元不同的力学性能表征材料的非均质性。计算时，通过序列线性求解（sequentially-linear solution）的方法计算材料的开裂过程及应力-应变响应。即对体系施加虚拟单位位移，进行线弹性分析，计算各单元的内部应力，找出当前分析步中应力/强度比最高的单元，记录该应力/强度比（β_{max}），将单元从体系中剔除，表征为裂缝。依据线弹性理论，通过β_{max}反演裂缝单元$\beta_{max}=1$对应的荷载与位移。释放应力后，再次施加单位荷载，重复上述步骤，直至整个系统破坏或达到既定的阈值（力或位移），即可实现裂缝开展过程和荷载-位移响应的模拟。具体建模过程如下。

（1）背景网格

为了避免网格划分引起的裂缝走向偏差，常采用随机三角形网格。以二维三角形网为例。如图7.6所示，构建二维三角形网格前，首先将计算区域划分为大小相等的正方形块，单位网格边长即为模型的分辨率。在正方形中定义子正方形单元用于控制三角形网格自由节点生成的范围。基于Delaunay三角网格法，连接距离最近的3个节点，建立随机三角形网格。通过调整子正方形的边长控制网格的随机程度，定义子正方形与正方形的边长之比为随机度。随机度在影响模拟裂缝走向的同时，也决定了模型的泊松比。当自由度为0.5时，泊松比约为0.2，与水泥基材料相近，因此常采用0.5。

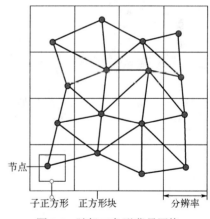

（2）单元属性

将微观结构模型映射到背景网格中，根据单元两端节点所在的位置定义单元属性（图7.7），进而赋予单元相应强度、弹性模量。当单元的任一端位于毛细孔或缺陷中时，将单元在网格中移除。单元类型的数量取决于微观结构的复杂程度。以硬化水泥净浆为例，当微观结构中包含未水化水泥、内部水化产物、外部

图7.6　随机三角形背景网格

水化产物和毛细孔时，产生六种单元类型，即未水化水泥单元、内部水化产物单元、外部水化产物单元、未水化水泥-内部水化产物界面单元、未水化水泥-外部水化产物单元、内部水化产物-外部水化产物界面单元。界面单元的强度通常不高于两物相的自身强度，其弹性模量E_{AB}常采用调谐平均值：

$$E_{AB} = \frac{2}{\dfrac{1}{E_A} + \dfrac{1}{E_B}} \tag{7.14}$$

式中，E_A 为 A 组分弹性模量；E_B 为 B 组分弹性模量。

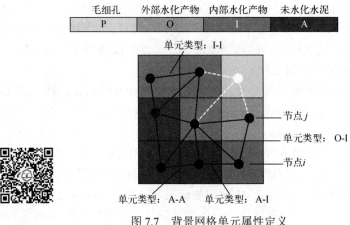

图 7.7　背景网格单元属性定义

（3）格构单元

为了保证模拟精度，常采用高密度网格，导致模型中梁单元长细比较低，需要考虑剪切变形，常采用 Timoshenko 梁单元（图 7.8）解决该问题。三维空间 Timoshenko 梁单元包含 12 个自由度，其单元刚度矩阵为：

$$\overline{K}_e = \begin{bmatrix}
\dfrac{EA}{l} & 0 & 0 & 0 & 0 & 0 & -\dfrac{EA}{l} & 0 & 0 & 0 & 0 & 0 \\
 & \dfrac{12EI_z}{l^3(1+\Phi_1)} & 0 & 0 & 0 & \dfrac{6EI_z}{l^2(1+\Phi_1)} & 0 & -\dfrac{12EI_z}{l^3(1+\Phi_1)} & 0 & 0 & 0 & \dfrac{6EI_z}{l^2(1+\Phi_1)} \\
 & & \dfrac{12EI_y}{l^3(1+\Phi_2)} & 0 & -\dfrac{6EI_y}{l^2(1+\Phi_2)} & 0 & 0 & 0 & -\dfrac{12EI_y}{l^3(1+\Phi_2)} & 0 & -\dfrac{6EI_y}{l^2(1+\Phi_2)} & 0 \\
 & & & \dfrac{GJ}{l} & 0 & 0 & 0 & 0 & 0 & -\dfrac{GJ}{l} & 0 & 0 \\
 & & & & \dfrac{(4+\Phi_2)EI_y}{l(1+\Phi_2)} & 0 & 0 & 0 & \dfrac{6EI_y}{l^2(1+\Phi_2)} & 0 & \dfrac{(2-\Phi_2)EI_y}{l(1+\Phi_2)} & 0 \\
 & & & & & \dfrac{(4+\Phi_1)EI_z}{l(1+\Phi_1)} & 0 & -\dfrac{6EI_z}{l^2(1+\Phi_1)} & 0 & 0 & 0 & \dfrac{(2-\Phi_1)EI_z}{l(1+\Phi_1)} \\
 & & & & & & \dfrac{EA}{l} & 0 & 0 & 0 & 0 & 0 \\
 & & & & & & & \dfrac{12EI_z}{l^3(1+\Phi_1)} & 0 & 0 & 0 & -\dfrac{6EI_z}{l^2(1+\Phi_1)} \\
 & & & & & & & & \dfrac{12EI_y}{l^3(1+\Phi_2)} & 0 & \dfrac{6EI_y}{l^2(1+\Phi_2)} & 0 \\
 & & & & & & & & & \dfrac{GJ}{l} & 0 & 0 \\
 & & & & & & & & & & \dfrac{(4+\Phi_2)EI_y}{l(1+\Phi_2)} & 0 \\
\text{sym.} & & & & & & & & & & & \dfrac{(4+\Phi_1)EI_z}{l(1+\Phi_1)}
\end{bmatrix}$$

$$\tag{7.15}$$

式中，E 为材料弹性模量；G 为剪切模量；A 为单元的截面面积；l 为单元长度；I_z、I_y 为截面相对 z 轴和 y 轴的惯性矩；J 为截面对 x 轴的极距；Φ_1、Φ_2 表示 xoy、xoz 平面的剪切影响系数。

$$\Phi_1 = \frac{12EI_z}{GA_s l^2} \tag{7.16}$$

$$\Phi_2 = \frac{12EI_y}{GA_s l^2} \tag{7.17}$$

式中，A_s 为等效剪切截面面积：

$$A_s = \frac{A}{K} \tag{7.18}$$

式中，K 为截面系数，圆形截面 K 约等于 10/9。

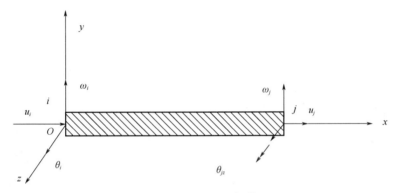

图 7.8　Timoshenko 梁单元

（4）模型求解

与有限元方法一致，首先建立整个单元集合体节点平衡的方程组，即整体刚度方程。施加边界条件（单位位移），最终得到如下方程：

$$F = Kd \tag{7.19}$$

式中，K 为整体刚度矩阵；d 为各节点自由度在全局坐标系中的位移；F 为全局荷载矩阵。利用相应的计算方法，求解未知节点位移。得到节点位移后，可进一步通过局部刚度矩阵计算单元内部的应力。根据单元所受轴力、弯矩，计算单元截面最大应力 σ。

$$\sigma = \frac{\alpha_N N}{A} + \alpha_M \frac{\max\left(M_{xoy}, M_{xoz}\right)}{W} \tag{7.20}$$

式中，A 为单元截面面积；W 为截面惯性矩；N 为轴力；M_{xoy} 和 M_{xoz} 为对应平面的弯矩；α_N、α_M 为轴力系数和弯矩系数，其比值由材料的力学属性决定，对于混凝土材料 α_N 取 1，α_M 取 0.05[3]。

计算所有单元的最大应力/强度比：

$$\beta_i = \frac{\sigma_i}{f_i} \tag{7.21}$$

式中，β_i、σ_i、f_i 分别为单元 i 的应力/强度比、最大应力和强度。找到应力/强度比值最大的单元，标记为裂缝单元，在网格（整体刚度矩阵）中剔除，即代表裂缝的产生。该单元的应力/强度比记为 β_{max}，假设体系在每个分析步中均为弹性，则裂缝单元对应的真实开裂位移为 $1/\beta_{max}$，开裂荷载 F_j 通过下式计算：

$$F_j = \frac{F_v}{\beta_{max}} \tag{7.22}$$

式中，F_v 为虚位移作用下的结构力学响应。完成当前分析步的数据存储并更新完刚度矩阵后，重复上述计算步骤，直到材料失效，或达到提前设定的位移、力的阈值。将所有分析步计算的力和位移连起来，即得到材料的荷载-位移曲线。图 7.9 为基于格构模型理论，模拟的轴拉工况下尺寸为 100μm 的水泥石立方体的裂缝及力学响应。水泥石微观结构通过 X-CT（X 射线计算机断层成像）扫描和图像处理获得，对比不同水胶比水泥石在相同水化天数的断裂形态，发现低水胶比（w/c=0.3）的水泥石具有多条裂缝，裂缝形态更加曲折，这也是其应力-应变曲线延性较高的原因。通过荷载位移-曲线可计算材料的弹性模量、强度和断裂能等参数，进而表征材料的力学性能。

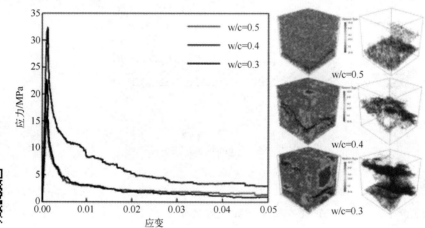

图 7.9　水胶比对水泥石微观力学响应和断裂形态的影响

7.2.3　模型的校对与验证

模型的建立多基于简化和假设，且部分参数难以通过试验直接获得，若希望通过模型进行定量预测和分析，需要设计边界条件简单的试验对模型进行校对和验证。由于存在尺寸效应，且水泥基材料结构具有多尺度、非均质的特点，因此微观力学模型的校验证需要在同一微观尺度完成。然而，水泥基材料微观尺度力学性能的测试方法尚存在诸多问题，这主要体现在微观尺寸样品的制备和力学响应测试。

目前有一些尝试性的工作。例如，结合晶圆划片和切片技术，可制备尺寸为 100μm 的水泥石立方体样品（图 7.10）。样品的加载与荷载-位移响应的记录通过纳米压痕测试系统实现。采用不同几何形状的压头，可以实现多种边界条件的断裂测试。如图 7.11 所示，采用三角锥形的波氏压头在试件上表面中心位置加载时，加载点下部位置开裂，最终产生三条贯穿样品横截面的三条主裂缝，导致样品失效，该测试方法称为压痕劈裂。另一种测试方法为单边劈裂，见图 7.12。该方法采用楔形压头在样品上表面中线位置施加线荷载，样品最终被劈成两半。若进行单轴压缩试验（图 7.13），可采用柱状平面压头在试件上表面施加面荷载。在获得了微观样品的破坏形态和荷载-位移响应后，即可进行模型的校对。采用断裂模型模拟试验边界条件下，试件受荷破坏的过程，通过修正模型的输入参数和相关假设，得到与试验观测相一致的断裂图形及荷载-位移响应。然而，该组输入参数和边界条件假设不一定满足其他受荷边界条件。因此，需要保持模型不变（输入参数与相关假设不变），改变边界条件，模拟试件在其他试验条件下的受荷破坏，并与试验观测进行比较。若与试验结果不符，则需对模型重新修正，直到一组输入参数和相关假设可实现多种试验工况的精确模拟。在完成校验后，即可利用模型进行材料性能的定量预测，指导试验设计。

图 7.10　边长为 100μm 的水泥石立方体试件

(a) 波氏压头

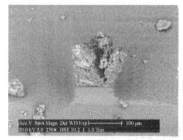

(b) 试件破坏形态

(c) 模拟结果

图 7.11　微观压痕劈裂试验及模拟

(a) 楔形压头

(b) 试件破坏形态

(c) 模拟结果

图 7.12　微观单边劈裂试验及模拟

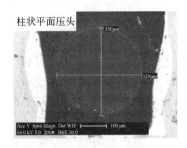

(a) 柱状平面压头   (b) 试件破坏形态   (c) 模拟结果

图 7.13 微观单轴压缩试验及模拟

7.3 混凝土动态力学性能数值模拟

重要基础工程和军事工程会经受诸如弹体侵彻、炸药爆炸、天然气爆炸、地震、飓风等动态力学作用，此类问题的共性是混凝土在瞬间遭受严重破坏，这是一个非常复杂的科学难题，也是科学家们关注的热点问题。常规试验很难观测到材料内部具体的破坏过程，从而对问题的分析造成困难。为此，需要借助于数值方法。数值方法是从离散连续介质力学守恒方程出发，以较少的理想假设条件获得问题的高精度解，是一种理想的研究手段。

对于数值分析的方法，目前用于固体非线性动力有限元分析的软件有 LS-DYNA、ABAQUS、MSC/DYTRAN、AUTODYNA 等。其中 LS-DYNA 软件是著名的通用显式非线性动力分析有限元程序，能够模拟工程结构的几何非线性（大位移、大转动和大应变）、材料非线性（接近 200 种材料动态模型）和接触非线性（50 多种）问题，特别适合求解各种二维、三维非线性结构的高速碰撞、爆炸等非线性动力冲击问题。本书将介绍采用 LS-DYNA 软件对混凝土动态力学性能数值模拟的过程。

7.3.1 LS-DYNA 简介及实现过程

7.3.1.1 程序简介

LS-DYNA 程序最初称为 DYNA 程序，它是 J. O. Hallquist 博士于 1976 年在美国主持开发完成，当时主要用于求解三维非弹性结构在高速碰撞、爆炸冲击下的大变形动力响应，其目的主要是为核武器弹头设计开发分析工具，其时间积分采用中心差分格式，软件推出后深受广大用户的青睐。

1988 年底，J.O.Hallquist 博士创建了 LSTC 公司，大大加快了软件开发的步伐，DYNA 程序走上了商业化发展历程，并更名为 LS-DYNA，同时将 LS-DYNA 的应用由国防军工推广到民用产品。1996 年 LSTC 公司与 AYSYS 公司合作推出 ANSYS/LS-DYNA，增强了 LS-DYNA 的分析能力，用户可以充分利用 ANSYS 的前后处理和统一数据库的优点[1-4]。

7.3.1.2 基本控制方程

DYNASTY 程序的主要算法采用 Lagrangian 描述增量法。

取最初时刻的质点坐标为 $X_i(i=1,2,3)$，在任意 t 时刻，该质点坐标为 $x_i(i=1,2,3)$。这个质点的运动方程是：

$$x_i = (X_i, t) \quad i,j = 1,2,3 \tag{7.23}$$

$t = 0$ 时，初始条件为：

$$x_i(X_j, 0) = X_i \tag{7.24}$$

$$\dot{x}(X_j, 0) = V_i(X_j, 0) \tag{7.25}$$

式中，V_i 为初始速度。

（1）动量方程

$$\sigma_{ij} + \rho f_i = \rho \ddot{x}_i \tag{7.26}$$

式中，σ_{ij} 为 Cauchy 应力；f_i 为单位质量体积力；$\ddot{x}_i$ 为加速度；ρ 为密度。

（2）质量守恒方程

$$\rho V = \rho_0 \tag{7.27}$$

式中，ρ 为当前质量密度；ρ_0 为初始质量密度；$V = |F_{ij}|$ 为相对体积，$F_{ij} = \dfrac{\partial x_i}{\partial x_j}$ 为变形梯度，∂x_i、∂x_j 为位移变化量。

（3）能量方程

$$\dot{E} = V S_{ij} \dot{\varepsilon}_{ij} - (p+q)\dot{V} \tag{7.28}$$

能量方程用于状态方程和总的能量更稳计算。式中，$\dot{E}$ 为能量变化率；V 为现时构形的体积；$\dot{\varepsilon}_{ij}$ 为应变率张量；q 为体积黏性阻力；$\dot{V}$ 为体积变化率；P 为压力；S_{ij} 为偏应力。偏应力 S_{ij} 和压力 p 的表达式如下：

$$S_{ij} = \sigma_{ij} + (p+q)\sigma_{ij} \tag{7.29}$$

$$p = -\frac{1}{3\sigma_{Lk}} - q \tag{7.30}$$

式中，σ_{Lk} 为主应力。

7.3.1.3 空间有限元的离散化

在实体单元的计算时，LS-DYNA3D 程序曾经采用 20 节点 $2 \times 2 \times 2$ 高斯积分实体单元，但在工程计算中发现，高阶单元虽能准确计算低频动力响应，但用于高速碰撞以及应力波传递的动力分析问题，它的运算速度过低而不实用。现采用 8 节点六面体实体单元，这种低阶单元运算速度快且精度高。

单元内任意点的坐标用节点坐标插值可表示为：

$$x_i = (\xi, \eta, \zeta, t) = \sum_{j=1}^{8} \phi_j(\xi, \eta, \zeta) x_i^j(t) \quad i = 1, 2, 3 \tag{7.31}$$

式中，ξ、η、ζ 为自然坐标；$x_i^j(t)$ 为 t 时刻第 j 节点的坐标值；形状函数 $\phi_j(\xi, \eta, \zeta)$ 如下。

$$\phi_j(\xi, \eta, \zeta) = \frac{1}{8}(1 + \xi \xi_j)(1 + \eta \eta_j)(1 + \zeta \zeta_j) \quad j = 1, 2, \cdots, 8 \tag{7.32}$$

式中，(ξ_j, η_j, ζ_j) 为单元第 j 节点自然坐标。

式(7.32)也可以用矩阵表示为

$$\{x_i(\xi, \eta, \zeta, t)\} = [N]\{x\}^e \tag{7.33}$$

式中，N 为形状函数矩阵。单元内任意点坐标矢量：

$$\{x_i(\xi, \eta, \zeta, t)\}^{\mathrm{T}} = \{x_1, x_2, x_3\} \tag{7.34}$$

单元节点坐标矢量：

$$\{x\}^{e\mathrm{T}} = \left\{ x_1^1, x_2^1, x_3^1, \cdots, x_1^8, x_2^8, x_3^8 \right\} \tag{7.35}$$

插值矩阵为：

$$N(\xi, \eta, \zeta) = \begin{bmatrix} \phi_1 & 0 & 0 \cdots \phi_8 & 0 & 0 \\ 0 & \phi_1 & 0 \cdots 0 & \phi_8 & 0 \\ 0 & 0 & \phi_1 \cdots 0 & 0 & \phi_8 \end{bmatrix}_{3 \times 24} \tag{7.36}$$

7.3.1.4 简化积分单元与沙漏控制

非线性动力分析程序用于工程计算，最大的困难是耗费机时过多。在显式积分的每一时步，单元计算的机时占总机时的比例最大。由于单元积分点的个数与 CPU 时间成正比，因此简化积分单元是解决耗时过多的有效方法。除了计算时间，简化积分单元对于处理大变形分析很有效。LS-DYNA3D 程序采用单元点高斯积分，可以极大地节省数据存储量和运算次数。但是简化积分单元有两个缺点：一是应力结果的精确度与积分点直接相关，二是可能引起零能模式，即沙漏模态。沙漏是一种比结构全局响应高得多的频率振荡的零能变形模式。零能模态就是指某些位移模态，在积分时，对应变能没有任何抵抗，通常会引起极大的振荡，甚至使计算无法进行。沙漏模态将导致一种在数学上是稳定的，但在物理上是不可能的状态。沙漏的出现会导致结果无效，应尽量避免和减小。LS-DYNA3D 程序中采用沙漏阻尼以控制零能模式。

7.3.1.5 时间积分和时间步长控制

LS-DYNA3D 程序的运动方程考虑阻尼影响后为：

$$M\ddot{x}(t) = P - F + H - C\dot{x} \tag{7.37}$$

式中，M 为总体质量矩阵；$\ddot{x}$ 为总体加速度矢量；P 为总体荷载矢量；F 由单元应力场的等效节点力矢量组集而成；H 为总体结构沙漏黏性阻尼力；$C = cM$，为阻尼系数矩阵，

其中 c 为阻尼常数；$\dot{\boldsymbol{x}}$ 为速度。采用显式中心差分法时间积分的算式为：

$$
\left.\begin{aligned}
\ddot{\boldsymbol{x}}(t_n) &= M^{-1}\left[\boldsymbol{P}(t_n) - \boldsymbol{F}(t_n) + \boldsymbol{H}(t_n) - C\dot{\boldsymbol{x}}\left(t_{n-\frac{1}{2}}\right)\right] \\
\dot{\boldsymbol{x}}\left(t_{n+\frac{1}{2}}\right) &= \dot{\boldsymbol{x}}\left(t_{n-\frac{1}{2}}\right) + \frac{1}{2}\left(\Delta t_{n-1} + \Delta t_n\right)\ddot{\boldsymbol{x}}(t_n) \\
\boldsymbol{x}(t_{n+1}) &= \boldsymbol{x}(t_n) + \Delta t_n \dot{\boldsymbol{x}}\left(t_{n+\frac{1}{2}}\right)
\end{aligned}\right\} \tag{7.38}
$$

式中，$t_{n-\frac{1}{2}} = \frac{1}{2}(t_n + t_{n-1})$；$t_{n+\frac{1}{2}} = \frac{1}{2}(t_{n+1} + t_n)$；$\Delta t_{n-1} = (t_n - t_{n-1})$；$\ddot{\boldsymbol{x}}(t_n)$，$\dot{\boldsymbol{x}}\left(t_{n+\frac{1}{2}}\right)$，$\boldsymbol{x}(t_{n+1})$ 分别是 t_n 时刻的节点加速度矢量、$t_{n+\frac{1}{2}}$ 时刻的节点速度矢量、t_{n+1} 时刻的节点坐标矢量。

7.3.2 动态冲击本构模型

7.3.2.1 HJC 模型理论概述

（1）HJC 模型与参数

在使用数值模拟方法过程中，需要利用材料的本构模型对材料的破坏过程进行定义，本构方程的准确性直接影响了模拟结果的可靠性。目前对于在冲击、爆炸等极限应变率条件下的混凝土破坏材料模型使用较多的是 HOLMQUIST-JOHNSON-COOK 材料模型（HJC 模型）[5]，经过大量的试验证明，该模型能较好地反映混凝土材料在爆炸、冲击等极限应力荷载条件下的破坏过程。

HJC 模型中共有 21 个参数，这些参数的准确性是数值模拟可靠性的基础。然而，模型参数的确定除了一些试验测量所得数据外，还需要进行大量的试算得到一些影响性的参数。对于爆炸、侵彻等破坏性非常严重的试验，很多模型参数难以获取，但霍普金森压杆冲击（SHPB）试验可以得到较为准确的试验数据。因此，本节利用 LS-DYNA 软件，对 SHPB 试验进行数值模拟，将数值模拟所得结果与实际结果进行对比然后确定参数的调整，从而最终准确确定 HJC 模型中的所有参数，为后面章节中侵彻与爆炸试验的数值模拟做准备。

（2）HCJ 模型的构成与核心方程

HJC 模型是一种表象材料模型，与金属材料中广泛应用的 JC（Johnson-Cook）模型相类似，没有严格遵循流动法则、一致性条件和强化规律。其特点是能够反映混凝土等脆性材料在大应变、高应变速率和高围压下及材料损伤失效的动态响应。

HJC 模型主要包括三个方面[5]：状态方程、损伤演化方程以及屈服面方程，分别介绍如下。其状态方程如图 7.14 所示，模型中无量纲等效应力定义为：

$$
\sigma^* = \sigma / f_c' \tag{7.39}
$$

式中，σ 为真实等效应力；f_c' 为准静态单轴抗压强度。其具体表达式为：

$$
\sigma^* = \sigma\left[A(1-D) + BP^{*N}\right]\left(1 + C\ln\dot{\varepsilon}^*\right) \tag{7.40}
$$

式中，A、B、N、C 分别为归一化的黏性强度、压力硬化系数、压力硬化指数和应变率系数。$S_{\max}$ 是归一化的最大强度。$P^* = P / f_c'$ 是无量纲压力，$\dot{\varepsilon}^* = \dot{\varepsilon} / \dot{\varepsilon}_0$ 是无量纲应变率（$\dot{\varepsilon}$ 是真实应变率，$\dot{\varepsilon}_0 = 1.0$ 是相对应变率）。$T^* = T / f_c'$ 是归一化静水压力下最大拉力，其中 T 是材料在静水压力条件下的最大拉力。

D 是损伤程度（$0 \leqslant D \leqslant 1.0$），当 D 为 0 时，材料没有损伤，具有完全的抗剪切能力，当 D 为 1 时表示材料断裂，失去承受拉伸和剪切的能力，在此条件下材料当流体处理。该模型的损伤度由等效塑性应变和塑性体积应变的累积来表示，如图 7.15 所示。

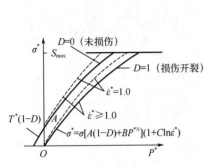

图 7.14　HJC 模型状态方程曲线

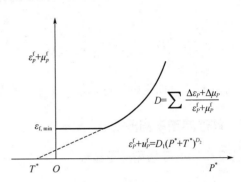

图 7.15　材料损伤演化关系

$$D = \sum \frac{\Delta \varepsilon_P + \Delta \mu_P}{D_1 \left(P^* + T^* \right)^{D_2}} \tag{7.41}$$

式中，$\Delta \varepsilon_P$ 和 $\Delta \mu_P$ 分别是等效塑性应变和塑性体积应变；$\varepsilon_P^{\mathrm{f}} + u_P^{\mathrm{f}} = f(P)$ 是在恒定压力 P 下压致破坏的弹性应变，表达为：

$$\varepsilon_P^{\mathrm{f}} + u_P^{\mathrm{f}} = D_1 \left(P^* + T^* \right)^{D_2} \tag{7.42}$$

式中，D_1 和 D_2 是材料常数，$T^* = T / f_c'$ 是无量纲拉伸强度。从上式中可以明显看出，混凝土材料不能承受当 $P^* = -T^*$ 时的弹性应变，换而言之，在破坏前的弹性应变随着 P^* 的增加而增加。$\varepsilon_{\mathrm{f,min}}$ 是第三个损伤常数，用于定义材料在有限的弹性应变条件下被破坏。

（3）HJC 模型的压力-体积响应与失效机制

由弹性体积应变引起的损伤包含于以上两方程中，这是由于混凝土材料在其内部气孔塌陷时会引起黏结强度的降低。在很多情况下，主要的损伤来自平均弹性应变。

静水压力-体积的关系如图 7.16 所示，压力-体积响应可以分为三个响应阶段。

第一个阶段是线弹性区域发生在当 $P \leqslant P_{\mathrm{crush}}$ 的时候，P_{crush} 和 μ_{crush} 分别是在单轴压力试验时的压力和体积应变，T 如前所定义，弹性体积模量 $K_{\mathrm{elastic}} = P_{\mathrm{crush}} / \mu_{\mathrm{crush}}$。

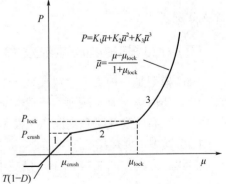

图 7.16　HJC 模型失效面曲线

第二阶段是由弹性变形到压实的阶段，发生在 $P_{\text{crush}} \leqslant P \leqslant P_{\text{lock}}$，在此区域中，在混凝土内部的气孔逐渐地被压实进而产生弹性体积应变。

第三阶段，当压力达到 P_{lock} 时材料完全密实，所有的气孔都从混凝土内部排出，其关系可以表达为：

$$P = K_1 \bar{\mu} + K_2 \bar{\mu}^2 + K_3 \bar{\mu}^3 \tag{7.43}$$

$$\bar{u} = \frac{\mu - \mu_{\text{lock}}}{1 + \mu_{\text{lock}}} \tag{7.44}$$

式中，$\bar{\mu}$ 为修正的体积应变；K_1、K_2、K_3 为材料常数。

对卸载和拉伸的情况，其压力曲线分别为：

$$P = \begin{cases} K_{\text{e}} \mu \\ [(1-F)K_{\text{e}} + FK_1] \mu \\ K_1 \mu \end{cases} \tag{7.45}$$

式中，F 为插值系数，定义为

$$F = \frac{\mu_{\text{max}} - \mu_{\text{lock}}}{\mu_{\text{lock}} - \mu_{\text{crush}}} \tag{7.46}$$

另外，$T(1-D)$ 为拉伸极限值。

7.3.2.2 HJC 模型参数研究

（1）HJC 模型参数的定义与分类

在 LS-DYNA 程序中，HJC 模型是通过在 K 文件中给出的 "*MAT_JOHNSON_HOLMQUIST_CONCRETE" 关键字卡片的方式进行定义，其材料编号为*MAT_111。在 LS-DYNA971 关键字手册中，HJC 模型的材料参数卡片如表 7.3 所示。

表 7.3 HJC 模型关键字卡片

卡片 1	1	2	3	4	5	6	7	8
变量	MID	ρ	G	A	B	C	N	f_{c}
卡片 2								
变量	T	ε_0	$\varepsilon_{\text{fmin}}$	S_{max}	P_{c}	μ_{c}	P_1	μ_1
卡片 3								
变量	D_1	D_2	K_1	K_2	K_3	FS		

表 7.3 中，MID 是材料编号，即在模拟过程中给混凝土试件赋予的编号。

ρ 为混凝土材料密度，本试验中的混凝土为超高性能混凝土，密度为 2540kg/m³。

G 为剪切模量，可由下式求得：

$$G = \frac{E}{2(1+\mu)} \tag{7.47}$$

$$E = \frac{(1+\mu)(1-2\mu)}{(1-\mu)} \rho V^2 \tag{7.48}$$

式中，μ 为混凝土的泊松比，取值为 0.20；V 为超声波在混凝土中的传播速度，取值为 4850m/s。从而可计算得弹性模量（E）为 54GPa，剪切模量（G）为 22.5GPa。

A 为当 $\dot{\varepsilon}^* = 1.0$ 时的归一化内聚强度，它定义为在一定压力条件下未破坏强度与完全破坏强度的比值。有研究者[5]认为内聚强度在准静态条件下（$\dot{\varepsilon}^* = 0.001$）时为 $0.75 f_c'$，归一化到 $\dot{\varepsilon}^* = 1.0$ 时为 0.79。

B 和 N 用于定义材料在 $\dot{\varepsilon}^* = 1.0$ 条件下归一化的破坏强度，文献经过曲线拟合，这两值分别取 B=1.6 和 N=0.61。

C 为应变率系数，研究者[5]还不确定混凝土材料的应变效应是否与最初始的混凝土强度有关。因此，最后他们假设认为该应变率效应对于所有混凝土材料都一致，与混凝土初始强度无关，取值为 0.007。然而，通过一系列的 SHPB 试验表明，应变率效应与混凝土的初始强度是相关的，表现为混凝土的强度值越低，具备更明显的应变率效应，即在高应变率的冲击荷载下，初始强度值越低的混凝土能得到更大的强度提高。

N 为压力硬化指数，取值为 0.61。

f_c 是准静态条件下的单轴抗压强度，取值为 180MPa。

T 是在静水压力条件下的最大拉伸强度。钢纤维掺量为 2%时其轴心抗拉强度值为 8.7MPa，进而可知归一化的 $T^* = T / f_c' = 0.047$。

ε_0 是相对应变率，取值为 1.0。

ε_{fmin} 在破坏前的弹性应变量，由此前的 SHPB 试验可得此值为 0.01。

S_{max} 为归一化的最大应力，当压力继续增加时，该压力值已不再增加，为一恒定值。S_{max} 的确定暂时没有充分的数据，只是基于良好的模拟结果所得，取值为 7.0。

由于 $P_{crush} = f_c' / 3 = 60\text{MPa}$，$\mu_{crush} = P_{crush} / K_{elastic} = 0.002$；$\mu_{lock} = \rho_{grain} / \rho_0 - 1 = 0.06$，其中 $\rho_{grain} = 2700\text{kg}/\text{m}^3$，$\rho_0 = 2540\text{kg}/\text{m}^3$。

P_c 为压碎压力，取值为 60MPa。

μ_c 为压碎时的体积应变，取值为 0.002。

P_1 为锁定压力，取值为 3.0GPa。

μ_1 为锁定体积应变，取值为 0.06。

D_1、D_2 为损伤常数，分别取值为 0.04 和 1.0。

K_1、K_2、K_3 分别为压力常数，分别取值为17.4GPa、38.8GPa、29.8GPa。

FS 为破坏类型，即通过 FS 来定义材料是由超过极限应力或者是极限应变来破坏。对于破坏类型的确定，本程序使用*MAT_ADD_EROSION 的破坏准则来进行定义。

从上述对于 HJC 模型各参数的分析可以看出，模型中的参数可以分为三类：强度参数（A、B、N、C、S_{max}、G）、损伤参数（D_1、D_2、ε_{fmin}）、压力参数（P_c、μ_c、k_1、k_2、k_3、p_1、μ_1、T）。模型中除了若干材料参数可以从已有试验数据获得外，还有许多因素影响系数并不确定，需要分析其对模拟结果的影响规律，然后结合本试验情况进行取值。

（2）HJC 模型参数的影响规律研究

本节在 HJC 模型原始参数的基础上，研究各参数对于模拟结果的影响规律。具体方法为：首先确定一个研究参数，对该参数在一定范围内取三个不同值，其余参数固定不变，研究该参数对于模拟结果的影响规律。模拟结束后，从入射杆和透射杆中分别选取一个单元，获取其应变随时变化的曲线；然后利用式子求得超高性能混凝土（UHPC）试件的应力-应变曲线；接着将三条不同的曲线进行对比，得出该参数对于模拟结果的影响规律；最后，结合 SHPB 试验结果，基于所得该参数的规律，对该参数的最终取值进行调整，最终获取合理的取值。

① 参数 A。

A 代表内聚强度，它定义为在一定压力条件下未破坏强度与完全破坏强度的比值。A 在某些研究中取值为 0.79[5]，本文分别取值 0.69、0.79、0.89 对其进行研究，模拟结果如图 7.17 所示。从图 7.17 中可以看出，A 值的大小主要影响应力应变曲线的峰值应力，A 值越大，峰值应力越大。此外，A 值还影响曲线的下降段走向，A 值越大，曲线的下降段越陡峭，反之越平缓。值得注意的是，A 的值不能过大，不能超过 0.89，超过此值则模拟结果已不具备参考价值，值取 0.85 较为理想。

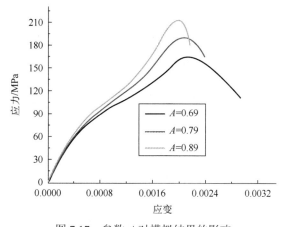

图 7.17　参数 A 对模拟结果的影响

② 参数 B。

B 用于定义归一化的破坏强度，在某些研究中取值为 1.61[5]。本文分别取值 1.21、1.41、1.61 进行模拟研究，模拟结果如图 7.18 所示。从图 7.18 中可能性看出，B 对模拟结果的影响与 A 相似，都影响其峰值应力，B 值越大则所得峰值应力越大，反之越小。此外 B 的大小也会影响下降段的趋势，B 值越大下降段曲线越陡峭，反之越平缓。另外，模拟中还发现当 B 为 1.81 时，不能得出正常结果，说明 B 的取值不宜超过 1.81，取值为 1.75 较为合适。

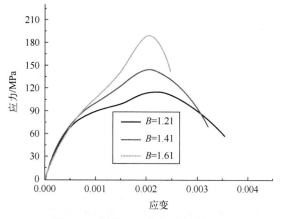

图 7.18　参数 B 对模拟结果的影响

③ 应变率系数 C。

C 为应变率系数，表征材料在不同应变率条件下强度的增强，在原文献中取值为 0.007。本节中取值分别为 0.004、0.007、0.01 进行研究，结果如图 7.19 所示。从图 7.19 中可以看出，应变率系数 C 对于模拟结果中的峰值应力有影响，随着该值的增加峰值应力增加，但其影响不十分明显。此外，该值对曲线的下降段也有影响，随着其值的增加，下降段曲线变得陡峭。结合试验结果及其上述规律，应变率系数 C 取值为 0.007。

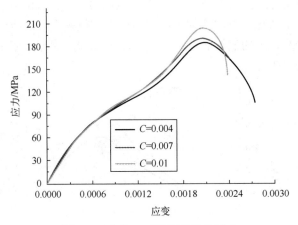

图 7.19　参数 C 对模拟结果的影响

④ 参数 N。

N 和 B 一样，同样用于定义归一化的破坏强度，文献中取值为 0.61、0.71、0.81 进行模拟，结果如图 7.20 所示。从图 7.20 中可以看出，随着 N 值的增加，模拟所得曲线的峰值应力减小；其次，N 值增加，曲线的下降段也明显平缓。此外，还对 N 取值为 0.41、0.51 进行模拟，然而模拟不能得出正常结果。因此，结合实际的试验结果，N 的取值为 0.61。

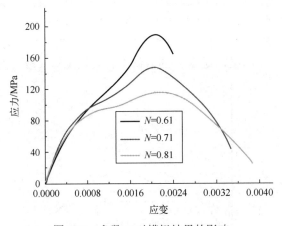

图 7.20　参数 N 对模拟结果的影响

（3）失效准则参数的研究与破坏形态分析

在模拟混凝土材料冲击压缩破坏过程中，除了用 HJC 模型定义其损伤过程外，还需要另外的失效准则对破坏类型以及其临界值进行定义，失效准则的定义用到*MAT_ADD_EROSION 关键字。本文中对于 UHPC 的失效用最大应变值（ε_{max}）进行定义，即当混凝土某一单元的应变超出此值时，便认为此单元失效，单元被删除。对最大失效应变值分别取 0.005、0.01、0.2、0.5 进行研究，结果如图 7.21 所示。从图 7.21 可以看出，失效准则中的最大应变值对模拟结果的影响非常显著，其影响有以下两方面：其一，最大应变率值影响其最大应力峰值，应力峰值随着最大应变值的增加而增加；其二，MXEPS 影响最大峰值应变，模拟所得应力-应变曲线的峰值应变随着 MXEPS 的增加而显著增加。此外，从图中还可以看出，当 MXEPS 取值为 0.2 和 0.5 时，所得应力-应变曲线基本相同。

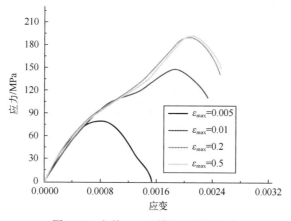

图 7.21　参数 ε_{max} 对模拟结果的影响

然而，失效准则中的最大应变值除了影响峰值应力和峰值应变之外，还会影响试块的最终破坏形态。图 7.22 为当 MXEPS 取值分别为 0.001、0.2 和 0.5 时的破坏形态，从图中可以看出，当 MXEPS 取值越大，试块将发生更大的变形，破坏程度趋缓。然而，对比实际试验结果，该值为 0.001 时更接近破坏状态。因此，对于失效准则最大应变的取值，取 0.05 为宜。

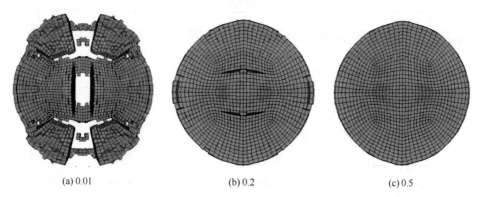

(a) 0.01　　　　　　　　　(b) 0.2　　　　　　　　　(c) 0.5

图 7.22　失效准则参数对破坏形态的影响

7.3.2.3　试验模拟

基于以上两节对 ANSYS 理论以及 HJC 模型参数的研究分析，本节将对 SHPB 试验进行数值模拟。模拟过程中基于已得各参数对结果的影响规律，对各参数进行反复修正，最后重构混凝土试件受冲击压缩的应力-应变曲线，并将之与真实试验数据进行比较，最终获得较为理想的 HJC 模型参数，为超高性能混凝土的抗侵彻与抗爆炸模拟打下基础。

模拟的工况如下：试件为超高性能混凝土，钢纤维掺量为 2%，抗压强度为 180MPa，密度为 2540kg/m³，泊松比为 0.20；子弹速度为 13m/s、11.5m/s、10m/s。

数值模拟利用 ANSYS 有限元前处理程序建立模型，使用国际单位制，分别对子弹、入射杆、混凝土试块和透射杆按实际尺寸建模，由于所有对象均为轴对称体，为节约求解时间，采用 1/4 建模方式，均采用八节点六面体 Solid164 体单元。子弹、入射杆和透射杆采用了钢材料的线弹性模型，密度为 7840kg/m³，弹性模量为 210GPa，泊松比为 0.25。单元划分时，为了在保计算精度的同时最大量地减少计算时间，子弹、入射杆和透射杆单元划分较粗，混凝土试块单元划分较细，具体模型与单元划分情况如图 7.23 所示。

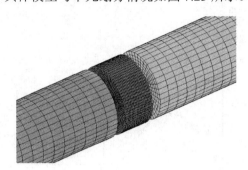

图 7.23　SHPB 数值模拟模型

接触的定义是数值分析非常重要的一个部分，对于 SHPB 数值模拟，是杆的平面与试件平面的接触，采用自动面接触进行定义，关键字为 *CONTACT_AUTOMATIC_SURFACE_TO_SURFACE。

根据上一节点所得 HJC 模型中各参数对模拟结果的影响规律，经过反复调试，最终研究 HJC 模型参数如表 7.4 所示。

表 7.4　最终确定的 HJC 模型参数

卡片 1	1	2	3	4	5	6	7	8
变量	MID	ρ	G	A	B	C	N	f_c
值	3	2540kg/m³	22.5GPa	0.88	1.61	0.005	0.75	180MPa
卡片 2								
变量	T	ε_0	ε_{fmin}	S_{max}	P_c	μ_c	P_l	μ_l
值	8.7MPa	1.0	0.001	7.0	60MPa	0.0027	7.9GPa	0.0016
卡片 3								
变量	D_1	D_2	K_1	K_2	K_3	FS		
值	0.04	1.0	85GPa	−177GPa	208GPa	0		

利用最终确定的 HJC 模型，对子弹速度分别为 13m/s、11.5m/s 10m/s 的 SHPB 试验进行模型，模拟所得应力-应变曲线分别如图 7.24、图 7.25 和图 7.26 所示。从以上三个图中可以看出，经过调整的 HJC 模型参数能较好地模拟 SHPB 试验情况，应变-应变曲线的上升段拟合得非常好，斜率一致；另外，三个不同应变率条件下模拟所得试件的应力峰值与试验值非常接近，误差不超过 5%。因此，可以看出 HJC 模型能较为精准地模拟试件在冲击破坏的前半阶段的情况。

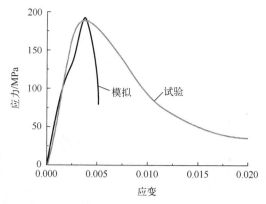

图 7.24　试验与模拟结果的比较（子弹速度为 13m/s）

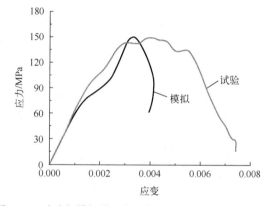

图 7.25　试验与模拟结果的比较（子弹速度为 11.5m/s）

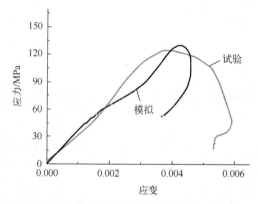

图 7.26　试验与模拟结果的比较（子弹速度为 10m/s）

　　然而，对于模拟与试验结果，差别较大的地方在于应力-应变曲线的下降段，模拟所得曲线的下降段较为陡峭，而真实试验曲线的下降段则较为平缓。究其原因，是模拟所采用的失效准则的缘故，在模拟中采用了 MAT_ADD_ERROSION 失效准则对单元的失效与破坏进行定义，并且使用了极限应变值进行界定。当模拟过程中某一单元超过该极限应变值时，便认为该单元失效，接着删除该单元。单元的删除与真实试验中裂缝的扩展情况还存在着一定的差别，试验过程中裂缝的扩展虽然会造成承载能力的下降，但还是有一定的承受能力，但单元的删除则是认为该单元完全丧失承载能力，进而造成应力的急剧下降，反映在应力-应变曲线上便是其下降段较为陡峭。

图 7.27、图 7.28 和图 7.29 分别为子弹速度为 13m/s、11.5m/s、10m/s 条件下模拟与试验破坏状态的比较。从图中可以看出，HJC 模型能较真实地模拟出试件在不同应变率条件下的破坏状态，拟合度较高。

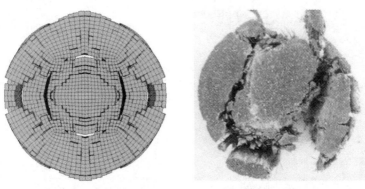

图 7.27 试验与模拟破坏状态的比较(子弹速度为 13m/s)

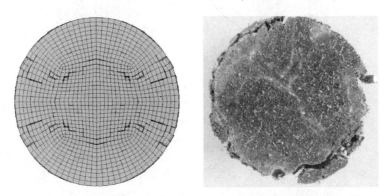

图 7.28 试验与模拟破坏状态的比较(子弹速度为 11.5m/s)

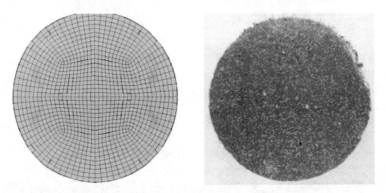

图 7.29 试验与模拟破坏状态的比较(子弹速度为 10m/s)

7.3.3 弹体侵彻过程数值模拟

通过对超高性能混凝土进行的系统实弹侵彻试验，获得了一系列重要的试验数据，如侵彻深度和靶体的破坏状态等。然而，弹丸在侵彻靶体过程中的压力、速度、加速度等参数对于研究材料抗弹丸侵彻规律非常重要，但由于目前试验技术与设备水平所限，这些数据在侵彻试验中较难获取。因此，为获得更多具体的数据，需要借助于数值模拟的方法。

数值模拟不仅可以获得包括侵彻深度、破坏状态、弹丸压力、速度、加速度、温度等多种试验结果，而且可以连续、动态地、重复地再现全部的试验现象与试验过程，比理论与试验对问题的认识更为直观、深刻、细致。因此，本节将采用数值分析的方法，利用 LS-DYNA 软件对弹丸侵彻超高性能混凝土的过程进行模拟，完整呈现弹丸侵彻过程中弹靶系统的应力、应变、速度、加速度以及破坏状态等全部物理量，为深入研究 UHPC 材料抗新型钻地弹侵彻规律提供丰富的数据。

7.3.3.1 模型的建立

模拟选择 C40 普通强度混凝土与 C200 超高性能混凝土（UHPC）为对象，模拟两种材料在高速（850m/s）和低速（505m/s）弹丸垂直侵彻的过程。弹体为卵形弹头，直径为 25mm，长度为 150mm；弹头形状系数即曲径比 CRH=3.0，弹头部分长为 48.2mm；弹身长为 101.8mm；弹体质量为 340g，弹丸形态及尺寸如图 7.30 所示。混凝土靶体为圆柱形靶体，直径为 600mm，高为 700mm，具体尺寸如表 7.5 所示。

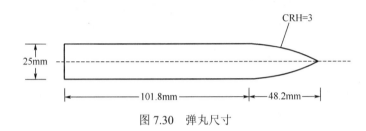

图 7.30　弹丸尺寸

表 7.5　钢箍模板的尺寸及对应的个数

项目	510m/s		850m/s	
	尺寸(cm×cm)	块数/个	尺寸(cm×cm)	块数/个
CF40	Φ75cm×65cm	2	Φ75cm×100cm	2
C100	Φ75cm×55cm	2	Φ75cm×65cm	2
CF100	Φ75cm×55cm	4	Φ75cm×65cm	2
CF150	Φ75cm×50cm	4	Φ75cm×60cm	2
CF200	Φ75cm×50cm	4	Φ75cm×55cm	2

弹丸与混凝土模型均采用 SOLID164 三维实体单元，形状为规则六面体。为保证计算过程的顺利进行，弹体与靶体接触部分尺寸大小尽量接近，靶体中心直径 120mm 范围内采用细网格，靶体外围 120～600mm 处采用较粗网格。为限制计算规模、节约求解时间，利用无反射边界条件建立 1/4 模型，所建模型如图 7.31 所示，全模型如图 7.32 所示。

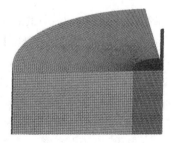

图 7.31　1/4 模型

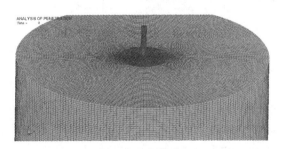

图 7.32　全模型

7.3.3.2 材料模型

材料模型的选择是决定模拟结果准确性最为关键的因素之一。试验所用弹丸为新型的缩比钻地弹，该新型弹有非常高的强度与刚度，图 7.33 是侵彻试验结束后所回收的弹丸，从图中可以看出弹丸除了其头部表面略有磨损外，整个弹体保持非常完整，基本没有变形，可以看作刚体。因此，在模拟过程中，对于弹丸材料的选择，从还原实际试验情况的角度出发，采用刚体模型，用*MAT_RIGID 关键字卡片对弹丸材料模型进行定义。

图 7.33　侵彻试验结束后回收的弹丸

对于混凝土材料模型，上一章节中通过 SHPB 试验数值模拟，已获得能较好地反映 UHPC材料在高应变条件下的 HJC 模型，弹丸侵彻试验数值模拟采用这一经过多次调试的 HJC 混凝土模型具体参数如表 7.6 所示。

表 7.6　HJC 模型关键字卡片及参数取值

卡片 1	1	2	3	4	5	6	7	8
变量	MID	ρ	G	A	B	C	N	f_c
值	A8	2540kg/m³	22.5GPa	0.79	1.6	0.007	0.61	180MPa
卡片 2								
变量	T^*	ε_0	ε_{fmin}	S_{max}	P_c	μ_c	P_l	μ_l
值	0.047	1.0	0.01	7.0	60MPa	0.002	3.0GPa	0.06
卡片 3								
变量	D_1	D_2	K_1	K_2	K_3	FS		
值	0.04	1.0	17.4GPa	38.8GPa	29.8GPa	F		

7.3.3.3 接触与边界条件

弹丸与靶体的接触采用面面侵蚀接触类型，用关键字卡片*CONTACT_ERROSION_SURFACE_TO_SURFACE 进行定义，其中子弹设置为主动面，靶体为被动面。混凝土材料破坏单元的删除通过侵蚀算法实现，如果表面单元失效，则在材料内部定义新的接触面。对于混凝土材料的失效准则定义为极限应变为材料失效判据，即某个混凝土单元达到极限应变设定值时，该单元不再承受应力并被删除，程序将该单元的能量传递给邻近单元。

对于边界条件的设置，靶体外圆表面、底面设置为无反射边界条件。在弹丸和靶体的两个对称面 *XOZ* 与 *YOZ* 上施加对称约束。

7.3.4 模拟结果与分析

7.3.4.1 侵彻深度的比较

通过对 CF40 和 CF200 靶体受高速与低速弹体侵彻四种不同工况的模拟，其结果与真实试验结果的比较如表 7.7 所示。从表中可以看出，利用 LS-DYNA 软件对弹丸侵彻的模拟与真实试验情况很逼近，可以达到较高的精度，对于弹丸的侵彻深度，模拟值与真实值的最大误为-9.8%，最小误差为-1.7%。因此可以得出，所采用的 HJC 模型参数能很好地模拟弹丸对超高性能混凝土的侵彻过程。

表 7.7 模拟值与试验结果对比

项目	弹速/(m/s)	实测侵彻深度/mm	模拟侵彻深度/mm	误差
CF40	850	346	359	+3.7%
	525	168	178	+5.9%
CF200	850	288	283	−1.7%
	505	133	120	−9.8%

图 7.34 与图 7.35 分别为 505m/s 与 850m/s 速度条件下弹丸侵彻深度-时间关系曲线。从图中可以看出，低速条件下，C200 靶体在 0.45μs 后基本达到最大侵彻深度，而 C40 靶体需要 0.81μs；对于高速侵彻，C200 靶体需要 0.75μs 达到最大侵彻深度，而 C40 靶体则需要 1.31μs。由此可以看出，与 C40 靶体相比，C200 靶体由于其致密的内部结构与优越的力学性能，能提供更大的阻力，消耗更多的动能，使弹丸在较短时间内达到最大侵彻深度。

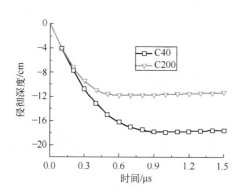

图 7.34 侵彻深度-时间关系曲线（505m/s）

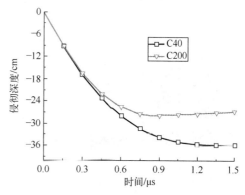

图 7.35 侵彻深度-时间关系曲线（805m/s）

7.3.4.2 弹丸速度变化

图 7.36 与图 7.37 是侵彻过程中弹丸速度-时间关系曲线。从图中可以看出，曲线在开始阶段很短一段时间内表现为平缓状态，这是由于弹丸与靶体刚接触的初始阶段弹丸没有完全进入靶体，所受阻力较小，因此速度下降较为缓慢；当弹丸完全侵入靶体后，曲线表现为一定斜率的直线，速度呈现为线性衰减，这是由于弹丸完全进入靶体后，在侵彻隧道区内受到的阻力较为稳定，速度的衰减也表现得稳定。由于靶体厚度足够，弹丸未能将靶体穿透，因此，当弹丸侵彻到一定深度时，速度减小为零，达到最大侵彻深度。

此外，从图中同样可以看出，无论是在高速还是低速侵彻的条件下，与 C40 靶体相比，C200 靶体都能在较短时间内使弹丸从初始速度降到零，表明 C200 靶体抗侵彻能力比 C40 优越。

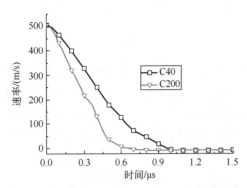

图 7.36　弹丸速度-时间关系曲线（505m/s）

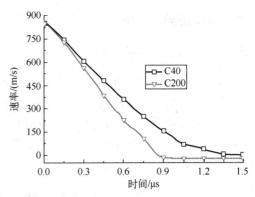

图 7.37　弹丸速度-时间关系曲线（850m/s）

7.3.4.3　弹丸加速度变化

弹丸加速度-时间关系曲线如图 7.38 与图 7.39 所示，即侵彻过程中弹丸过载曲线。图 7.40 为典型的弹丸侵彻过程的过载曲线，从图中可以看出，四种不同工况的过载曲线与典型曲线符合得很好，都可以分为三个阶段。在第一阶段（曲线 OA），侵彻刚开始，曲线陡然上升，表明加速度急剧增加，这是由于弹丸与靶体接触后，阻力突然增加，并且随着弹丸的深入，阻力越来越大，因此曲线 OA 段是弹丸从开始侵彻到弹丸完全进入靶体的过程。第二阶段（曲线 AB），当弹丸完全进入靶体后，弹丸在侵彻隧道区内运动，弹丸与靶体的接触面积一定，因此所受阻力也稳定，虽然有一定的波动，但总体是比较稳定的。第三阶段（曲线 BC），随着弹丸速度的进一步降低，弹丸所受阻力逐渐变小，到最后变为 0，到达最深侵彻深度。

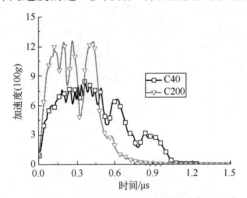

图 7.38　弹丸加速度-时间曲线（505m/s）

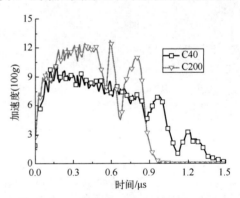

图 7.39　弹丸加速度-时间曲线（850m/s）

注：100g 表示纵坐标中的一个单位是 100 个标准重力加速度。

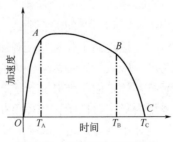

图 7.40　典型弹丸过载曲线

此外，从图 7.38 与图 7.39 中同样可以看出，C200 靶体的弹丸在侵彻过程中的加速度比

C40 靶体要多很多，在低速条件下，前者最大时约为 1200g，后者最大为 750g，高出近 60%，高速条件下也高出近 27%。因此，超高性能混凝土与混凝土普通相比，能提供优越的抗侵彻能力。

7.3.4.4 侵彻过程分析

图 7.41 与图 7.42 分别为 C40 靶体与 C200 靶体在弹丸速度为 505m/s 条件下的侵彻过程压力图。从图中可以看出，无论是 C40 靶体还是 C200 靶体都有以下规律：侵彻开始后，弹丸头部位由于与靶体相互冲击碰撞而受到巨大的压力，颜色变得明亮；随着弹丸的深入，靶体内部形成隧道坑，此时受力最大处依然是弹丸头部；随着弹丸速度的降低到零，弹丸达到最大侵彻深度，弹丸头部所受压力减小；当弹丸达到最大深度以后，弹丸整体将受到混凝土的挤压作用，由于弹头的形状为卵形，弹丸头部的挤压力将合成一个与侵彻方向相反的推力，该推力将弹丸沿着隧道坑向后推出。弹丸的回弹与靶体的强度有关，C200 靶体的回弹现象比 C40 靶体更为明显。弹丸的回弹现象在模拟动画中可以清晰地看到，然而在试验过程中无法观测到。这一弹丸回弹的现象将对于测量侵彻深度产生影响，因为试验中所测量的是弹丸最终静止时的侵彻深度，并不是最大的侵彻深度，与真实值相比测量值都偏小。

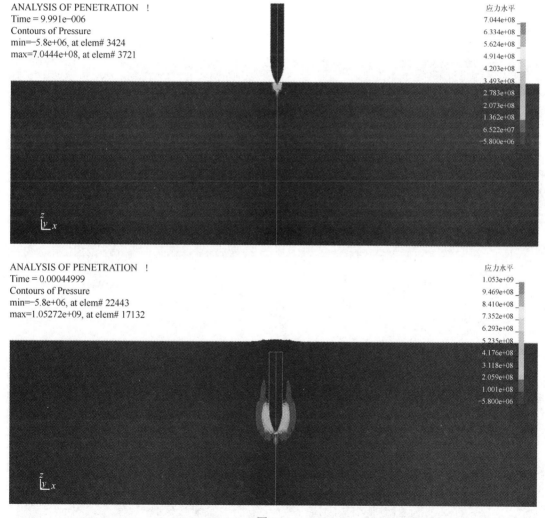

图 7.41

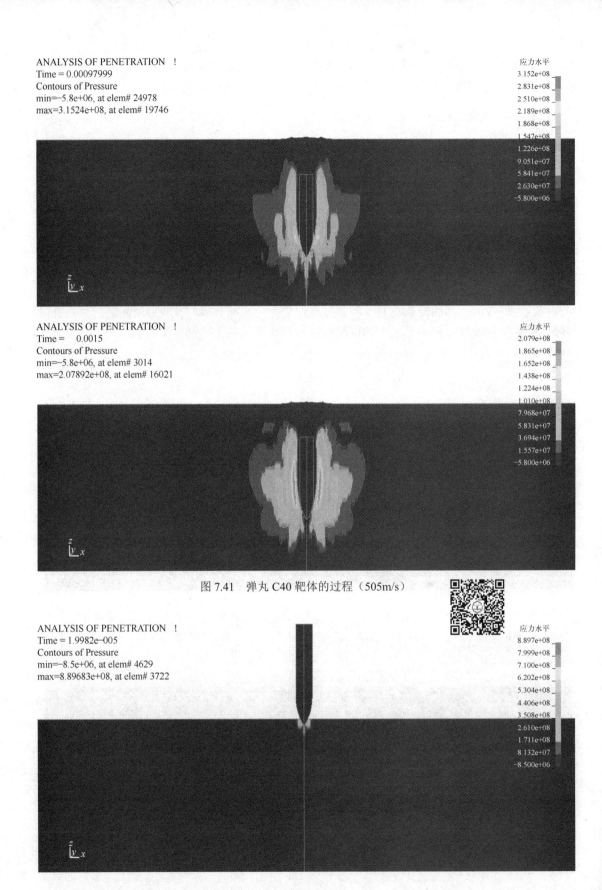

图 7.41 弹丸 C40 靶体的过程（505m/s）

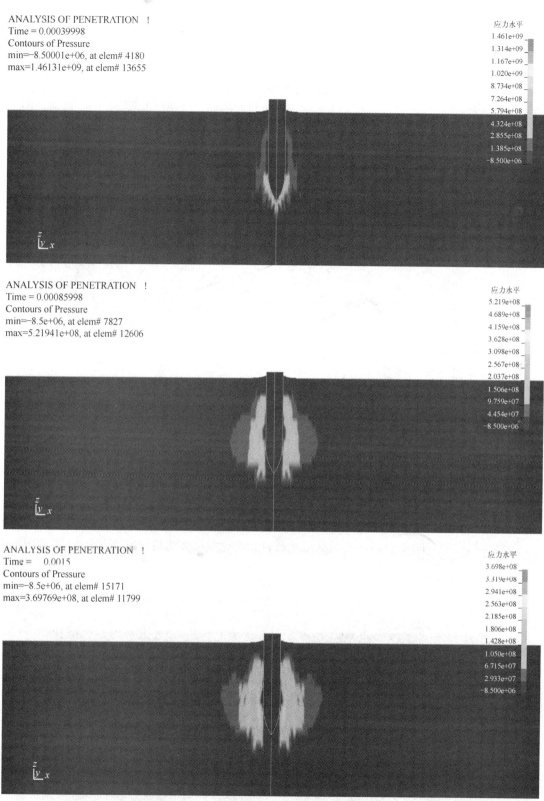

ANALYSIS OF PENETRATION !
Time = 0.00039998
Contours of Pressure
min=−8.50001e+06, at elem# 4180
max=1.46131e+09, at elem# 13655

应力水平
1.461e+09
1.314e+09
1.167e+09
1.020e+09
8.734e+08
7.264e+08
5.794e+08
4.324e+08
2.855e+08
1.385e+08
−8.500e+06

ANALYSIS OF PENETRATION !
Time = 0.00085998
Contours of Pressure
min=−8.5e+06, at elem# 7827
max=5.21941e+08, at elem# 12606

应力水平
5.219e+08
4.689e+08
4.159e+08
3.628e+08
3.098e+08
2.567e+08
2.037e+08
1.506e+08
9.759e+07
4.454e+07
−8.500e+06

ANALYSIS OF PENETRATION !
Time = 0.0015
Contours of Pressure
min=−8.5e+06, at elem# 15171
max=3.69769e+08, at elem# 11799

应力水平
3.698e+08
3.319e+08
2.941e+08
2.563e+08
2.185e+08
1.806e+08
1.428e+08
1.050e+08
6.715e+07
2.933e+07
−8.500e+06

图 7.42　弹丸 C200 靶体的过程（505m/s）

对比图 7.41 与图 7.42 可以发现，在 505m/s 的条件下，弹丸深入到 C40 靶体的内部，然而对于 C200 靶体，弹丸并没有完全侵彻到靶体内部，还有一部分裸露在外，这表明 C200 靶体具备更优越的抗侵彻能力，更小的深度就能完全抵御住弹丸的侵彻。

图 7.43 和图 7.44 分别为 C40 与 C200 靶体（1/2 模型）侵彻完毕后正面的效果图。从图中可以看出，弹丸在不同靶体着弹点处所形成的弹坑直径不同，C40 靶体所形成的弹坑直径约为两倍的弹径，但 C200 靶体的弹坑直径与弹径几乎相当。弹坑的形成是由于当弹丸与靶体接触时，将产生巨大的撞击力，垂直靶体表面的压力转化成为径向的拉力，从而将着弹点附近的混凝土拉裂。从弹坑直径的不同之处可以看出，UHPC 抗弹丸冲击的能力显著优越于普通混凝土。

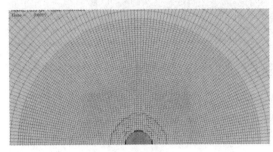
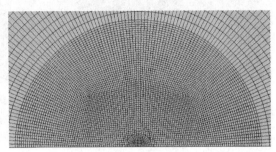

图 7.43　C40 靶体着弹点（505m/s）　　　　图 7.44　C200 靶体着弹点（505m/s）

图 7.45 与图 7.46 分别为弹丸（850m/s）侵彻 C40 靶体与 C200 靶体的过程压力变化图。从图中可以看出，高速侵彻条件下的情况与低速条件下类似，当弹丸达到最大深度后，在 C40 靶体和 C200 靶体都有回弹现象，而且高速条件下的回弹程度比低速条件下更大。此外从图中还可以看出，C200 靶体在高速侵彻条件下的最终侵彻深度值也明显小于 C40 靶体，与之前所得结论相一致。

图 7.47 和图 7.48 分别为 C40 与 C200 靶体（1/2 模型）在弹丸（850m/s）侵彻完毕后正面的效果图。从图中可以看出，与低速侵彻条件下相类似，C200 靶体的弹坑直径明显小于 C40 靶体，C40 靶体所形成的弹坑直径约为三倍的弹径，但 C200 靶体的弹坑直径略大于弹径。同样可以证明 UHPC 材料比普通混凝土材料具备更为优越的抗侵彻能力。

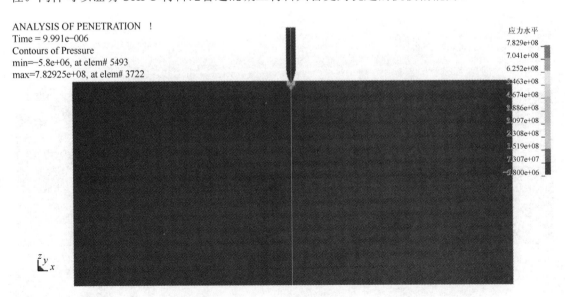

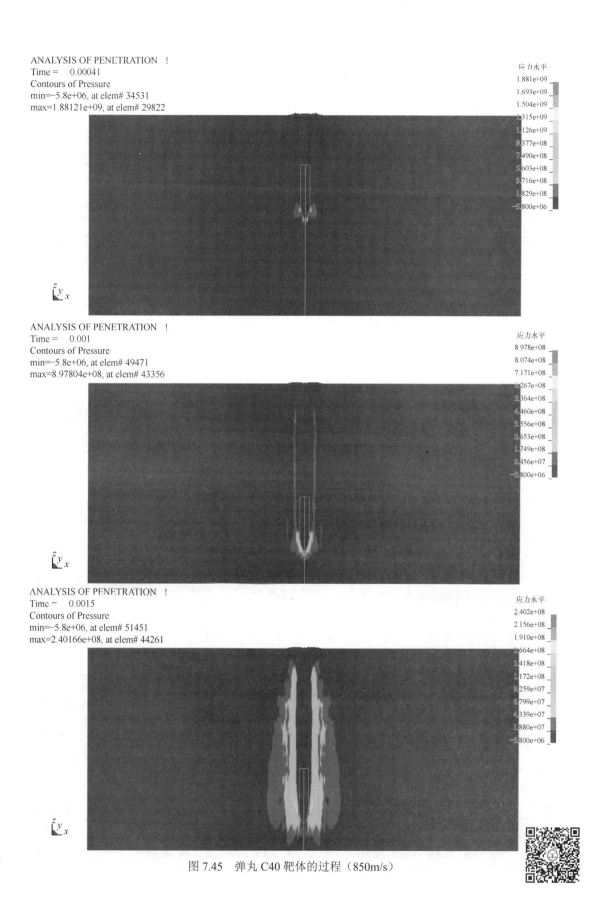

图 7.45　弹丸 C40 靶体的过程（850m/s）

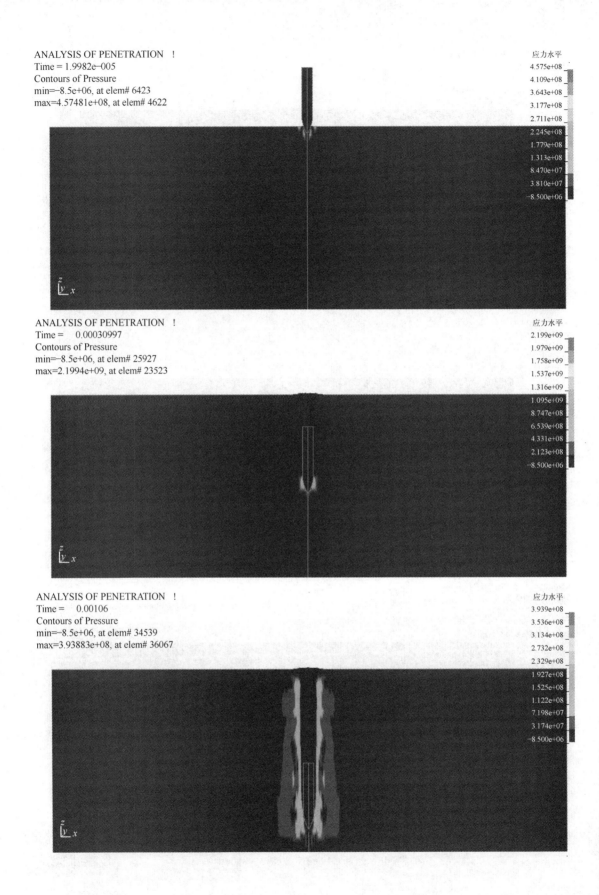

ANALYSIS OF PENETRATION !
Time = 1.9982e−005
Contours of Pressure
min=−8.5e+06, at elem# 6423
max=4.57481e+08, at elem# 4622

应力水平
4.575e+08
4.109e+08
3.643e+08
3.177e+08
2.711e+08
2.245e+08
1.779e+08
1.313e+08
8.470e+07
3.810e+07
−8.500e+06

ANALYSIS OF PENETRATION !
Time = 0.00030997
Contours of Pressure
min=−8.5e+06, at elem# 25927
max=2.1994e+09, at elem# 23523

应力水平
2.199e+09
1.979e+09
1.758e+09
1.537e+09
1.316e+09
1.095e+09
8.747e+08
6.539e+08
4.331e+08
2.123e+08
−8.500e+06

ANALYSIS OF PENETRATION !
Time = 0.00106
Contours of Pressure
min=−8.5e+06, at elem# 34539
max=3.93883e+08, at elem# 36067

应力水平
3.939e+08
3.536e+08
3.134e+08
2.732e+08
2.329e+08
1.927e+08
1.525e+08
1.122e+08
7.198e+07
3.174e+07
−8.500e+06

ANALYSIS OF PENETRATION ！
Time =   0.0015
Contours of Pressure
min=−8.5e+06, at elem# 2951
max=3.98272e+08, at elem# 36067

应力水平
3.983e+08
3.576e+08
3.169e+08
2.762e+08
2.356e+08
1.949e+08
1.542e+08
1.135e+08
7.285e+07
3.218e+07
−8.500e+06

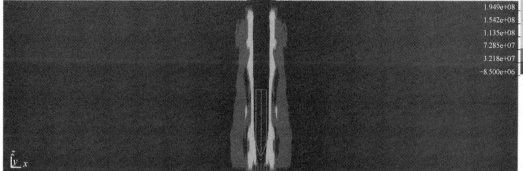

图 7.46　弹丸 C200 靶体的过程（850m/s）

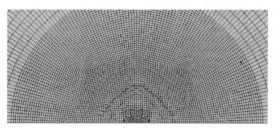

图 7.47　C40 靶体着弹点（850m/s）

图 7.48　C200 靶体着弹点（850m/s）

习题

1．混凝土细观力学模型种类有哪些？
2．混凝土细观损伤模型中如何考虑裂缝的影响？
3．怎样建立混凝土随机细观损伤模型？

参考文献

[1] Ju J W Lee X. Micromechanical Damage Models for Brittle Solids. Part Ⅰ: Tensile Loadings[J]. Journal of Engineering Mechanics, 1991, 117(7): 1495-1514.

[2] Xie N, Zhu Q Z, Shao J F, et al. Micromechanical analysis of damage in saturated quasi brittle materials[J]. International Journal of Solids and Structures,2012,49(6): 919-928.

[3] 赵海鸥. LS-DYNA 动力分析指南[M]. 北京: 兵器工业出版社, 2003.

[4] 白金泽. LS-DYNA3D 理论基础与实例分析[M]. 北京: 科学出版社, 2005.

[5] 尚晓江, 苏建宇. ANSYS/LS-DYNA 动力分析方法与工程实例[M]. 北京: 中国水利水电出版社, 2006.

第 8 章

混凝土传输性能数值模拟

混凝土是由胶凝材料、骨料、水按适当的比例配置，经过一定时间硬化而成的复合材料。由于其原料来源广泛、制作方法简单、成本低廉、硬度大和耐久性好等优点，现已成为世界上使用量最大的人工建筑材料。与此同时，混凝土结构由外界离子侵入以及本身所含离子的传输而引起的耐久性劣化问题变得尤为突出，不仅给工程带来潜在的安全隐患，还增加了维护成本。因此，学习和了解各种环境下的混凝土传输性能有非常重要的意义。此外，根据不同的暴露工况和试验观测结果，建立合适的传输模型，对混凝土中离子传输和物质反应现象进行机理层面的分析，能够为实际工程中的混凝土材料设计、结构的耐久性分析和防护提供理论参考依据。

本章首先将介绍混凝土中常见的三种传输方式及其原理，即扩散、对流和电迁移，并归纳相应的质量守恒方程。其次，分别介绍影响混凝土传输性能的内在因素即混凝土本身的孔隙结构、水灰比、骨料品种与粒径、界面过渡区（ITZ）、混凝土强度、外掺剂和养护条件，外在因素即温度、湿度、暴露条件和荷载，以及物质反应即固化作用、碱骨料反应、钙离子析出和碳化反应。接着详述常见的四种混凝土中物质传输过程及其建模方法。最后，从微观层面入手，展示几种基于混凝土材料和微观孔隙结构的物质传输建模方法。通过学习本章内容，将掌握混凝土的传输性能和数值计算方法，为后续的专业研究打下良好的理论基础。

8.1 混凝土中的物质传输原理

混凝土是一种典型的多孔材料。在浓度梯度、压力梯度或电场作用下，外界物质会透过混凝土表层向内部传输，从传输原理上可以分为扩散、对流和电迁移。本节将分别介绍这三种传输过程的具体原理和基本方程。

8.1.1 扩散

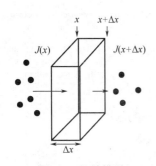

图 8.1 扩散模型

当混凝土在海洋、盐渍土等环境中服役时，外部离子浓度远大于混凝土孔隙液的离子浓度，离子在浓度梯度作用下发生定向扩散运动。离子扩散模型如图 8.1 所示。饱和混凝土中离子扩散通量与浓度梯度成正比，即 Fick（菲克）第一定律：

$$J = -D \frac{\partial C}{\partial x} \tag{8.1}$$

式中，D 为扩散系数，m^2/s；C 为离子浓度，mol/m^3；x 为扩散深度，m；J 为扩散通量，$mol/(m^2 \cdot s)$，定义为单位时间内穿

过单位横截面积的物质的流量。

结合 Fick 第一定律和质量守恒定律可描述饱和混凝土在非稳定状态下离子的传输过程，即 Fick 第二定律：

$$\frac{\partial C}{\partial t} = \frac{\partial}{\partial x}\left(D\frac{\partial C}{\partial x} \right) \tag{8.2}$$

式中，t 为扩散时间，s。

假设混凝土表面的离子浓度是常数，混凝土内初始离子浓度为 0，则边界条件可表示为：

$$\begin{cases} C = C_s & x = 0, \ t > 0 \\ C = 0 & x > 0, \ t = 0 \end{cases} \tag{8.3}$$

通过拉普拉斯变换，可得 Fick 第二定律的解析解为：

$$C(x,t) = C_0 + (C_s - C_0)\left[1 - \mathrm{erf}\left(\frac{x}{2\sqrt{Dt}} \right) \right] \tag{8.4}$$

式中，$C(x,t)$ 为在渗透深度 x 和暴露时间 t 下的离子浓度，mol/m^3；C_0 为初始离子浓度，mol/m^3；C_s 为表面离子浓度，mol/m^3；erf 为误差函数。

以氯离子扩散为例，人们针对饱和混凝土的扩散问题展开各类修正工作，比如考虑掺合料、时变效应和温度效应等影响。其中，化学反应速率常数随温度变化的经验公式为：

$$k = \exp\left[\frac{U}{R}\left(\frac{1}{T_{\mathrm{ref}}} - \frac{1}{T} \right) \right] \tag{8.5}$$

式中，k 为化学反应速率常数；T_{ref} 为标准养护温度，K；U 为扩散过程的活化能，一般取为 45000J/mol；R 为理想气体常数，取值为 8.314J/(mol·K)；T 为温度。

考虑到混凝土的水化程度随时间趋于完全，混凝土扩散系数随着时间的推移而减小，因此有效扩散系数随温度和时间变化的模型为：

$$D_e = D_{\mathrm{ref}}\left(\frac{t_{\mathrm{ref}}}{t} \right)^m \exp\left[\frac{U}{R}\left(\frac{1}{T_{\mathrm{ref}}} - \frac{1}{T} \right) \right] \tag{8.6}$$

式中，D_e 为氯离子的有效扩散系数，m^2/s；D_{ref} 为标准养护下混凝土中氯离子扩散系数，m^2/s；m 为时间衰减系数；t_{ref} 为标准养护时间，s；T_{ref} 为标准养护温度，K；t 为时间；T 为温度；U 为扩散过程的活化能，一般取为 45000J/mol；R 为理想气体常数，取值为 8.314J/(mol·K)。

考虑到孔隙结构的修正作用，混凝土的有效扩散系数 D_e 可表示为初始扩散系数 D_0、孔隙率 ϕ_{cap}、曲折度 τ 和连通度 δ 的表达式，如下：

$$\frac{D_e}{D_0} = \phi_{\mathrm{cap}}\frac{\delta}{\tau^2} \tag{8.7}$$

8.1.2　对流

混凝土中离子随着孔隙溶液整体迁移的过程称为对流。在实际工况下，混凝土中的离子在孔隙压力、毛细孔张力以及电场力作用下都可发生对流现象。比如，海底隧道的混凝土结构、部分衬砌的混凝土井壁以及高地下水位的地下室混凝土结构，混凝土中孔隙溶液在压力水头作用下发生渗流，也称为对流现象。根据达西定律，水流通量 J_m（m^3/s）可表示为：

$$J_m = -K(s)\frac{\partial p}{\partial x} \tag{8.8}$$

式中，$K(s)$ 为与孔隙溶液饱和度有关的渗透系数，m^2；s 为孔隙溶液饱和度；p 为压力水头，m；x 为渗透深度，m。

进一步，水流通量也可表示为：

$$J_m = -K(s)\frac{\partial p}{\partial s} \times \frac{\partial s}{\partial x} = -D_s\frac{\partial s}{\partial x} \tag{8.9}$$

式中，D_s 为水的扩散系数，m^2/s。

根据 Fick 第二定律，水的扩散方程可以表示为：

$$\frac{\partial s}{\partial t} = \frac{\partial}{\partial x}\left(D_s\frac{\partial s}{\partial x}\right) \tag{8.10}$$

式中，D_s 为水的扩散系数，m^2/s。

非饱和混凝土中离子传输受到水分对流效应主导，所以干湿交替区域通常是混凝土结构受侵蚀破坏最严重的区域。接下来将介绍非饱和混凝土中水和单种离子的耦合传输原理。以氯离子传输为例，相应的扩散-对流方程表示为：

$$\frac{\partial C}{\partial t} = \nabla\left[\underbrace{D_{Cl}s\nabla C}_{\text{扩散项}} + \underbrace{D_s(s)C\nabla s}_{\text{对流项}}\right] \tag{8.11}$$

式中，D_{Cl} 和 D_s 分别表示氯离子和水的扩散系数，m^2/s。不同于饱和混凝土，非饱和混凝土中氯离子扩散系数受混凝土饱和度以及养护条件的影响，因此，氯离子的扩散系数可修正为：

$$D_{Cl} = D_{Cl_0}\left(\frac{t_{ref}}{t}\right)^m \exp\left[\frac{U}{R}\left(\frac{1}{T_{ref}} - \frac{1}{T}\right)\right]\left[1 + \left(\frac{1-s}{1+s_0}\right)^N\right]^{-1} \tag{8.12}$$

式中，D_{Cl_0} 为修正前的氯离子扩散系数；s_0 为初始饱和度；N 为回归系数；其他参数的意义和前文一样。

由于"墨水瓶效应"，干燥过程中水分蒸发速度明显缓慢于湿润过程中水分吸收速度。因此水的扩散系数在干燥和湿润过程中有不同的表达式：

$$D_s = \begin{cases} D_{g_0}\left[\theta + \dfrac{1-\theta}{1 + \left(\dfrac{1-s}{1+s_0}\right)^n}\right]e^{\frac{U}{R}\left(\frac{1}{T_{ref}} - \frac{1}{T}\right)}, & \text{干燥过程} \\[4ex] D_{s_0}e^{ns}e^{\frac{U}{R}\left(\frac{1}{T_{ref}} - \frac{1}{T}\right)}, & \text{湿润过程} \end{cases} \tag{8.13}$$

式中，U 为水扩散过程的活化能；T_{ref} 为参考温度（273.15K）；θ 为最小和最大水分扩散系数之比，取值范围一般为 0.025~0.1；n 为扩散系数的递减分布系数，取值为 6；D_{g0} 和 D_{s0} 分别为全饱和状态下干燥和湿润条件下水的扩散系数，m^2/s。

8.1.3 电迁移

在电场作用下混凝土中离子的定向迁移现象称为电迁移。这一现象在快速电迁移试验、电化学除氯和电化学阴极保护过程中尤为常见。以下介绍两种常用的电迁移方程。

（1）Nernst-Planck 方程

在外加电场的作用下，电迁移过程可表示为：

$$J_k = -D_k \frac{\partial C_k}{\partial x} - D_k C_k \frac{z_k FV}{RT} - C_k v_k - D_k C_k \nabla \gamma_k \tag{8.14}$$

式中，J_k 为水流通量；C_k 为 k 离子的浓度，mol/m^3；D_k 为 k 离子的扩散系数，m^2/s；z_k 为 k 离子电荷数，C；F 为法拉第常数（96485C/mol）；R 为理想气体常数[8.314J/(mol·K)]；T 为热力学温度，K；V 为电势差，V/m；v_k 为 k 离子的对流速度，m^2/s；γ_k 为 k 离子的化学活度系数。

在研究离子传输问题时，一般视混凝土的孔隙溶液为理想溶液，所以上式右侧第四项可忽略。如果混凝土处于饱和状态，右式第三项也可忽略。从而，上式可简化为：

$$J_k = -D_k \frac{\partial C_k}{\partial x} - D_k C_k \frac{z_k FV}{RT} \tag{8.15}$$

由此，离子传输过程中的质量守恒方程可表示为：

$$-\frac{\partial J_k}{\partial x} \mathrm{d}x = \frac{\partial C_k}{\partial t} \mathrm{d}x \tag{8.16}$$

进一步可得：

$$\frac{\partial C_k}{\partial t} = \frac{\partial}{\partial x} \left(D \frac{\partial C_k}{\partial x} + D_k C_k \frac{z_k FV}{RT} \right) \tag{8.17}$$

若不考虑离子传输过程中的电场耦合作用，可采用电中性假设，即混凝土中电势梯度分布表征为：

$$\nabla^2 \Phi = 0 \tag{8.18}$$

式中，Φ 为电势，V。

实际工程中，由于不同离子的扩散系数和浓度不同，在迁移过程中多种离子间的相互影响不能忽略[1]，因此可采用泊松方程表征混凝土中电势梯度分布：

$$\nabla^2 \Phi = -\frac{F}{\varepsilon_0 \varepsilon_r} \sum_{N}^{k=1} z_k C_k \tag{8.19}$$

式中，ε_r 为水在 25℃时的相对介电常数；ε_0 为真空中的介电常数，F/m。上式表示，电势沿离子侵蚀方向呈现出一定的时变性。

离子在外加电场的驱使下发生电迁移，从而在孔隙溶液内产生了电流 I，根据电流守恒定理可得：

$$I = F \sum_{k=1}^{n} z_k J_k \tag{8.20}$$

联立公式（8.19）和式（8.20）可得电势梯度为：

$$\nabla \Phi = -\frac{(I/F) \sum_{k=1}^{n} z_k J_k \sum_{k=1}^{n} z_k D_k \nabla C_k}{\left[F/(RT) \right] \sum_{k=1}^{n} z_k^2 D_k C_k} \tag{8.21}$$

上式表明在电场方向上，电势梯度并非是一个常数，而是受多离子间相互作用影响的表达式。

（2）Nernst-Einstein 方程

试验室常用的基于电加速原理测定离子扩散性能的方法有稳态电迁移法、非稳态电迁移法和电导率法。其中电导率法的理论基础是 Nernst-Einstein 方程。该方程以整个混凝土为研究对象，探究混凝土电导率与扩散系数的关系。

根据电流守恒定律可得：

$$I = zFJA \tag{8.22}$$

式中，A 为过流断面，m^2；其他参数的意义和前文一样。

在等电势场中，根据欧姆定律和电势的定义可得：

$$E_d = \frac{\Phi}{d} = \frac{IR}{d} = \frac{zFJAR}{d} \tag{8.23}$$

式中，E_d 是电场强度，V/m；d 为扩散路径长度；R 为电阻。电阻 R 可表示为电阻率 ρ 和电导率 σ 的关系式：

$$R = \frac{\rho d}{A} = \frac{d}{\sigma A} \tag{8.24}$$

最终，电场强度为：

$$E_d = \frac{zFJ}{\sigma} \tag{8.25}$$

由此建立起电场强度和电通量的关系式。根据 Nernst-Planck 方程，忽略其扩散项、对流项和化学反应项，可得 Nernst-Einstein 方程为：

$$E_d = \frac{zFJ}{\sigma} \tag{8.26}$$

$$D = \frac{RT\sigma}{z^2 F^2 C_k} \tag{8.27}$$

8.2 混凝土传输性能的影响因素

自然环境下，混凝土的传输性能与材料本身的性质密不可分，如孔隙结构、水灰比、外掺剂等。同时，外部环境，如温度、湿度、荷载等也会不同程度地影响混凝土的传输性能。并且由于混凝土复杂的组分，其传输性能还会受到各类物质反应的影响。本节主要针对混凝土的基本性质、外界环境和物质反应这三个方面，对影响混凝土传输性能的主要因素做逐一介绍。

8.2.1 混凝土基本性质

混凝土作为一种典型的多相、多组分复合材料，跨越多个尺度和数量级，这使得混凝土表现出非常复杂的内部结构，进而影响混凝土整体的物理和化学性能。其中，混凝土最重要的特征参数有孔隙结构、骨料特征、界面过渡区（ITZ）、水灰比、强度、外掺剂和养护条件等。下面将分别介绍这些因素如何影响混凝土的传输性能。

（1）孔隙结构

混凝土的传输性能与其孔隙结构密切相关。然而混凝土的孔隙结构十分复杂，这导致混凝土中实际发生的传输过程存在很大的不确定性。通过高速摄像机观测透明玻璃孔道内渗透过程中水前锋的动态传输过程，发现液态水通过渗透作用进入孔道，水首先沿着小孔壁流动，小孔先被充满，从而挤出的空气集中于大孔隙中，大孔处于不饱和状态。可见，混凝土在宏观尺度上的传输过程和微观尺度上的孔隙结构密不可分。

一种典型的将微观结构和宏观传输性能相关联的方法是多尺度建模，该方法在微观尺度上将混凝土的多项组分均质化，然后在较大尺度上进行建模。多尺度建模方法的优点是考虑了混凝土材料的异质性，并且可以在感兴趣的尺度上表征混凝土的某一相对其传输性能的影响。然而，该模型缺点也是十分明显的。比如，多项均质化模型在应用到混凝土细观尺度上时，没有考虑到骨料的形状和随机分布，这使得传输性能的模拟结果在某些情况下不够准确。

此外，混凝土的孔隙尺寸也决定着传输速率。混凝土的孔隙尺寸范围十分广泛，包括孔径小于 2.5nm 的凝胶孔、2.5～50nm 之间的小毛细孔、50～10^4nm 之间的大毛细孔，以及大于 10^4nm 的大孔。通常，凝胶孔内的液体主要以水分子的形式吸附在孔壁上，在较低的相对湿度下，水蒸气的传输起主导作用；毛细孔内的液体主要在压力差作用下进行传输，且大毛细孔中的传输速率较高，是混凝土中物质传输的主要载体；空气大孔通常是闭合的，这种闭合的孔隙对液体的传输并没有太大的贡献。此外，混凝土的传输还应考虑微裂纹，因为微裂纹会明显地提高混凝土的传输速率。

除了孔隙结构，孔的形状也会影响传输性能。大部分数值计算模型通常将孔的形状假设成理想圆柱体，然而，实际上混凝土的孔形状十分复杂，不同的形状的孔截面会影响物质的传输速率。比如，传输模拟公式中椭圆形孔的液体流速公式与圆柱形孔的是不同的。

（2）骨料品种与粒径

骨料品种和粒径的大小对骨料和水泥浆之间的黏结性能有重要影响。比如，粗骨料与水泥浆黏结性较差，导致水和离子等介质易从骨料和水泥浆界面传输。另外骨料成分也会与传输介质发生化学反应，从而改变混凝土的微观结构，进一步影响物质传输速率。

（3）界面过渡区（ITZ）

界面过渡区（interface transition zone，ITZ）是指混凝土中粗、细骨料与水泥浆体之间的过渡区域。该区域具有高孔隙率、低硬度的特点，且包含较多密实度低的水化产物，故 ITZ 的力学性能较差，被认为是混凝土内部结构的薄弱环节。ITZ 对混凝土传输性能的影响十分复杂，总体来讲，ITZ 的高孔隙率和高连通性可能会增强 ITZ 的传输性能。同时，作为混凝土的薄弱环节，混凝土在劣化过程中的初始裂缝容易发生在 ITZ 附近，并且随着裂缝的扩大，骨料周围的 ITZ 可能发生联通，从而大大提高混凝土的传输性能。但是，需要注意，ITZ 也受水泥品种、水灰（胶）比、水泥浆体积分数、骨料含量等多种因素的影响。同时，这些因素的耦合作用也会影响混凝土的传输性能。

（4）水灰比

水灰比是决定混凝土结构与孔隙率的主要因素，其中游离水还关系到孔隙饱和度。因此，水灰比是决定混凝土内物质传输速率的重要因素之一。水灰比增加，混凝土的孔隙率增加，孔隙结构内的游离水也会增加，这会提升混凝土内部孔隙结构的连通性，从而促进混凝土内物质的有效传输。

（5）混凝土强度

混凝土的强度与孔隙结构也有直接关系。强度高的混凝土，通常都具有孔隙率小、密实度大的特点。反映在传输性能上，表现为混凝土的强度越高，传输速率越低。

（6）外掺加剂

外掺加剂对混凝土的传输性能有很大的影响。比如，减水剂能直接减少用水量，使孔隙率降低；引气剂在混凝土内部形成很多封闭的气泡，切断毛细管的通路。这两者均可使混凝土中介质的传输速率显著减小。此外，火山灰和矿渣的添加，也会减缓物质传输速率，从而延长混凝土的使用寿命。

（7）养护方法与龄期

养护方法与龄期会影响水泥的水化程度，进而导致不同的孔隙率，因此养护方法和龄期也影响着混凝土的传输性能。养护湿度越高，水泥水化越充分，混凝土内部越密实；养护湿度越低，水泥不能完全水化，混凝土内部就会产生大量连通孔隙及微裂缝等初始缺陷，这些初始缺陷会加快物质在混凝土中的传输速率。

8.2.2　环境因素

混凝土结构在一定的环境中服役，环境条件会对混凝土的传输性能造成不可忽视的影响。常见的影响混凝土传输性能的环境因素有湿度、温度、暴露条件和荷载。下面将分别针对这四个方面做简要介绍。

（1）湿度

混凝土是一种多孔材料，连通的孔隙成为混凝土内水和化学物质传输的通道，其中孔隙结构内的水更是物质传输的重要载体。在自然环境下，混凝土中的水以表面吸附水、液态水和水蒸气的形式存在于混凝土中。混凝土的水饱和度对物质传输有十分重要的影响，而水饱和度由环境相对湿度决定。因此，环境的湿度也是影响混凝土传输性能的重要因素。

图 8.2 总结了不同湿度下混凝土中水的主要传输形式。相应地，根据不同的水饱和度，混凝土中物质传输形式也会出现不同的变化。比如，在饱和混凝土中，物质传输以扩散为主；在非饱和混凝土中，物质传输以表层混凝土的对流作用和内部混凝土的扩散作用为主。

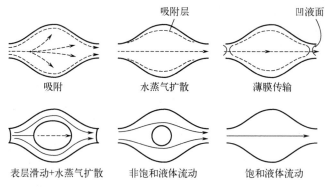

图 8.2　不同湿度下混凝土中水的传输形式

（2）温度

温度的升高会加速混凝土中物质的传输速率，特别是加快扩散速度。反之，温度降低会减小物质的传播速率。特别地，在极度严寒的地带，比如我国的青藏高原、美国阿拉斯加等地区，存在着大量冻土，混凝土结构常年处于负温状态。首先，负温下混凝土中的水很快转化成冰，导致游离水减少，影响水泥的水化程度。其次，因水结冰体积膨胀，导致混凝土结构疏松，有害孔增加，使得混凝土结构更加不密实。从而，混凝土中物质的传输速率得以提高。由此可见，温度对混凝土的孔隙结构以及传输性能有很大的影响。大量研究表明，冻融循环作用会加快混凝土传输速率，从而导致更加严重的耐久性劣化，这也是各国学者长期以来十分关注的问题。

（3）暴露条件

混凝土结构在自然环境中服役，暴露条件会对混凝土的传输性能造成不可忽视的影响。特别是直接接触海水的海工混凝土结构，海水对混凝土中物质传输有很大的影响。通过对暴露在水下淹没区、潮差区、浪溅区，水上大气区的混凝土的传输性能进行研究，发现在水下淹没区中物质传输方式以扩散为主，而在潮差区以表层混凝土中的对流传输和内部混凝土中的扩散传输为主。其次，潮差区和浪溅区中海水随潮汐在混凝土结构表面形成干湿循环作用，混凝土内部由此产生了浓度梯度场、温度梯度场和孔隙溶液饱和度梯度场，物质在扩散和对流等多种复杂形式的耦合作用下，以相对较快的速度在混凝土内部传输，因此这两种环境成为物质传输研究中重点关注的暴露条件。且研究表明，潮差区混凝土中的物质扩散效应较浪溅区更加明显。这是由于随着暴露环境干湿循环比例的减少，物质传输效应趋于弱化。因此，研究混凝土中物质传输过程时，必须重视暴露环境的作用。

（4）荷载

实际工程中混凝土结构常处于受力状态，荷载对混凝土传输性能影响显著。从宏观角度看，当压应力较小时，由于混凝土受压密实，物质传输速率会减缓；当压应力过大时，混凝土内产生微裂缝，物质传输速率会明显提升。同样地，当拉应力比较小时，传输性能并无显著变化；随着拉应力增大，混凝土内部的裂缝产生并发展，传输速率明显增大。

8.2.3 物质反应

除了混凝土本身的性质和外界环境影响，混凝土的组分也会与外界或者侵入混凝土内部的物质发生化学反应，从而影响混凝土的传输性能。其中最常见的物质反应有固化作用、碱骨料反应、钙离子浸出、碳化反应和硫酸盐反应等。下面将针对这几种物质反应进行逐一介绍。

（1）固化作用

混凝土内的水泥组分，包括水泥矿物及其水化产物（C-S-H），通过与自由离子的化学键结合生成新的物质。同时，由于范德华力，水化产物还具有物理吸附离子的能力。因此，外部物质侵入混凝土并与水化产物发生化学反应或物理结合的现象被称作混凝土固化作用。

接下来以混凝土服役过程中常见的氯盐侵蚀为例，来说明固化作用对传输性能的影响。从试验观测角度分析，当混凝土受氯盐侵蚀，水泥矿物中的 C_3A 与氯离子发生化学反应，生成 Friedel（弗里德）盐，即所谓的化学结合。如图 8.3 所示，随着氯离子的浓度逐渐增大，混凝土的水化产物从立方晶体（球状）逐步变成六方片状（Friedel 盐）。这说明随着氯离子的侵入浓度增加，水泥中的 Friedel 盐越来越多，固化反应也越来越明显。此外，C-S-H 凝胶也会吸附氯离子，且这种吸附作用几乎没有改变凝胶的结构，因此也被称作物理吸附。固化作用通过改变孔隙结构，对混凝土中物质传输进程产生重要的影响。

(a) 0 mol/L   (b) 0.3 mol/L   (c) 1.0 mol/L

图 8.3 C_3A 在不同浓度氯盐中浸泡 7 天后的扫描电子显微镜图

从传输机理角度分析，通过考虑固化作用，氯离子的扩散过程可由修正的 Fick 第二定律表示：

$$\frac{\partial c_t}{\partial t} = \frac{\partial}{\partial x}\left(D_{cl}\frac{\partial c_f}{\partial x}\right) \tag{8.28}$$

$$c_t = c_b + w_e c_f \tag{8.29}$$

式中，c_t 为总氯离子含量，mol/m^3；c_f 为自由氯离子含量，mol/m^3；c_b 为结合氯离子含量，mol/m^3；w_e 为蒸发水占混凝土的体积比；D_{cl} 为扩散系数；t 为扩散时间；x 为扩散深度。

因此，考虑固化作用后的氯离子的扩散方程为：

$$\frac{\partial c_t}{\partial t} = \frac{D_{cl}}{1 + \frac{1}{w_e} \times \frac{\partial c_b}{\partial c_f}} \times \frac{\partial^2 c_f}{\partial x^2} \tag{8.30}$$

其中，常见的氯离子等温吸附模型有二种：

① 线性模型。

$$c_b = \alpha c_f \tag{8.31}$$

② Langmuir 等温吸附模型。

$$c_b = \frac{\alpha c_f}{1 + \beta c_f} \tag{8.32}$$

③ Freundlich 等温吸附模型。

$$c_b = \alpha c_f^{\beta} \tag{8.33}$$

式中，α 和 β 为拟合常数，其值与胶凝材料的组分有关。

（2）碱骨料反应

当水泥中碱性氧化物（Na_2O 和 K_2O）含量较高时，混凝土孔隙液中的有效碱与骨料中具有碱活性的物质发生化学反应，生成的凝胶产物吸水膨胀，在混凝土内部产生膨胀应力，导致混凝土结构开裂甚至破坏的现象称为碱骨料反应。Multon 等人[2]提出的简化公式能很好地描述碱骨料反应的速率：

$$S_{Alk} = f < C_{Alk} - C_{thr} > \tag{8.34}$$

式中，S_{Alk} 为当量碱 Na_2O_{eq} 的反应速率；f 为反应速率拟合参数；C_{Alk} 为碱的浓度；C_{thr} 为引发碱骨料反应的碱浓度阈值。考虑碱骨料反应、扩散作用和电迁移作用影响后，钠离子和氢氧根离子的传输方程可修正为：

$$\frac{\partial C_{Na^+}}{\partial t} = D_{Na^+} \nabla^2 C_{Na^+} + \nabla \left[z_{Na^+} D_{Na^+} \left(\frac{F}{RT} \nabla \Phi \right) C_{Na^+} + \frac{S_{Alk}}{2} \right] \tag{8.35}$$

$$\frac{\partial C_{OH^-}}{\partial t} - D_{OH^-} \nabla^2 C_{OH^-} + \nabla \left[z_{OH^-} D_{OH} \left(\frac{F}{RT} \nabla \Phi \right) C_{OH^-} + \frac{S_{Alk}}{2} \right] \tag{8.36}$$

式中，C_{Na^+} 和 C_{OH^-} 分别为钠离子和氢氧根离子的浓度；D_{Na^+} 和 D_{OH^-} 分别为钠离子和氢氧根离子的扩散系数；z_{Na^+} 和 z_{OH^-} 分别为钠离子和氢氧根离子的电荷数；Φ 为电势。

（3）钙离子浸出

当混凝土所处的环境中钙离子含量足够低时，混凝土容易发生钙浸出反应。钙离子浸出进一步导致水化产物（C-S-H）以及氢氧化钙溶解，从而引起混凝土的孔隙结构扩大，加快有害离子的侵蚀速度。只有当孔隙液中的钙离子达到平衡浓度才能保证混凝土固相中不再浸出钙离子，此时混凝土体系中钙离子满足如下固液平衡关系：

$$C_{solid} = A \left[C_{C\text{-}S\text{-}H} \left(\frac{C_{liquid}}{C_{sat}} \right)^{\frac{1}{3}} \right] + B \tag{8.37}$$

式中，C_{solid} 为固相中的钙离子浓度，mol/m^3；C_{liquid} 为液相中钙离子浓度，mol/m^3；C_{sat} 为饱和液相中钙离子浓度，mol/m^3；C_{C-S-H} 为 C-S-H 中钙离子的浓度，mol/m^3；A、B 为两个参数。A、B 两个参数可以表示为：

$$A = \begin{cases} -\dfrac{2}{x_1^3}C_{liquid}^3 + \dfrac{3}{x_1^2}C_{liquid}^2 & 0 \leqslant C_{liquid} < x_1 \\ 0 & x_2 < C_{liquid} \end{cases} \tag{8.38}$$

$$B = \begin{cases} 0 & 0 \leqslant C_{liquid} < x_1 \\ \dfrac{C_{CH}}{\left(C_{sat} - x_2\right)^3}\left(C_{liquid} - x_2\right)^3 & x_2 < C_{liquid} \end{cases} \tag{8.39}$$

式中，$x_1 = 2mol/m^3$，表示当溶液中无 C-S-H 时钙离子的浓度；x_2 为当 C-S-H 完全溶解时钙离子的浓度，通常取为 $x_2 = \left(C_{sat} - 3\right)mol/m^3$。

（4）碳化反应

混凝土碳化现象是指空气中的二氧化碳逐渐侵入混凝土，与混凝土中硅酸盐水泥熟料的水化产物发生化学反应，导致混凝土中固体物质增多、孔隙变小、碱度降低的腐蚀现象。此外，二氧化碳也会在混凝土中传输，关于这一部分的描述详见 8.3.3 小节，此处只对混凝土的碳化反应机理做简要介绍。

主要参与碳化反应的水化产物为碱性固态物质如氢氧化钙[$Ca(OH)_2$]、水化硅酸钙（C-S-H）等，反应过程的主要方程式为：

$$Ca(OH)_2 + CO_2 \longrightarrow CaCO_3 + H_2O \tag{8.40}$$

此外，碳化反应会影响其他离子的传输过程。以氯离子传输为例，通过引入相对碳化速率 c [3]，碳化对氯离子浓度 c_b 的影响程度可以用下式描述：

$$\frac{\partial c_b}{\partial t} = -k_b\left[c_b - \left(1 - k_r c\right)\frac{\alpha c_f}{1 + \beta c_f}\right] \tag{8.41}$$

式中，c_b 为结合氯离子浓度，c_f 为自由氯离子浓度，c 为碳化速率；k_r 为脱附影响因子；k_b 为吸附速率；α、β 为拟合常数。

（5）硫酸盐反应

除了环境中二氧化碳的影响，硫酸盐侵蚀也会影响混凝土的传输性能。硫酸根离子与混凝土的水化产物发生反应，生成钙矾石，反应前期混凝土的孔隙率降低，但随着反应的进行，新生成的产物造成混凝土孔隙结构开裂，增大孔隙率，提升混凝土的传输性能，从而加速混凝土破坏进程。

硫酸根离子在饱和混凝土中的传输过程符合 Fick 第二定律[4]：

$$\frac{\partial c_s}{\partial t} = \frac{\partial}{\partial x}\left(D_s\frac{\partial c_s}{\partial x}\right) - S_d \tag{8.42}$$

$$S_d = kc_s C_{CA} \tag{8.43}$$

式中，c_s 为硫酸根离子的浓度；S_d 为因硫酸盐和水泥水化产物发生一系列反应引起的硫酸根离子的耗散源项；k 为硫酸盐与水化产物的反应速率；C_{CA} 为铝酸钙的浓度。

混凝土中铝酸钙相 C_{CA} 的浓度可表示为：

$$C_{CA} = C_{C_3A}^0 \left(1 - h + \frac{1}{2} C_{gyp}^0 h + C_{gyp}^0 h e^{-\frac{1}{6}kc_s t} \right) e^{-\frac{1}{3}kc_s t} \tag{8.44}$$

式中，$C_{C_3A}^0$ 和 C_{gyp}^0 分别为混凝土中铝酸三钙和石膏的初始含量；h 为水泥的水化程度。

8.3 混凝土中的主要介质传输

水分和侵蚀性离子传输是混凝土耐久性劣化的根本原因。水分进入混凝土内部并传输，为有害离子（氯离子、硫酸根离子等）侵入混凝土提供便利的传输媒介。鉴于此，本节首先介绍混凝土中水分的存在形式，并阐述其与离子的耦合传输机理。其次，简述混凝土中氯离子的传输原理，并介绍三种预测氯离子扩散系数的数值模拟方法。随后介绍混凝土中二氧化碳的扩散机理以及多因素作用下的碳化反应模型。最后，考虑到混凝土在特殊服役环境下所遭受的硫酸盐作用，本节最后一部分将介绍混凝土中硫酸根离子传输研究的现状，并列举三种描述硫酸盐侵蚀过程的典型模型。

8.3.1 水分传输

水分传输在混凝土耐久性研究中具有至关重要的地位。本节介绍混凝土中水分的存在形式和传输形式，并在此基础上阐述干湿交替环境中考虑扩散、对流、电化学和固化等多重因素作用下混凝土中水分和多离子耦合传输过程。

（1）混凝土中水分的存在形式

如图 8.4 所示，水分在混凝土内部的存在形式可分为：自由水（毛细孔水）、吸附水、层间水和结晶水。自由水是能够以液态流动或气态扩散迁移的水分，它只存在于毛细孔中，与一般水的性质相同。当材料内部相对湿度小于 100% 时，大毛细孔（$d>50\text{nm}$）中的自由水开始蒸发；当相对湿度小于 95% 时，小毛细孔（$10\text{nm}<d<50\text{nm}$）中的自由水开始蒸发。吸附水以中性水分子的形式存在，但不参与组成水化产物的晶体结构，而是

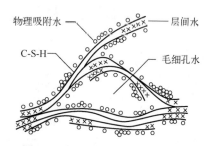

图 8.4 水在混凝土中的存在形式

在物理吸附或毛细管作用下机械地吸附于固体粒子表面或毛细孔壁，这部分水分在相对湿度小于 30% 时开始失去。层间水是以氢键结合在 C-S-H 凝胶层的层间，它在水化产物中的含量不定，随外界的温湿度而变化，温度升高、湿度降低时部分层间水脱出（相对湿度 RH＜11% 时），使相邻层之间的距离减少，从而引起材料物理性质的变化。结晶水（又称化学结合水）是指结合在物相晶体结构中的水分，常温常压下处于稳定状态，只有在高温下晶格结构被破坏时才能失去。根据 Feldman-Sereda 模型，在水泥浆体中只有毛细孔水、吸附水和层间水能

够运动和迁移，结晶水不能发生运动。当混凝土处于非平衡状态或水泥水化时，混凝土中部分水的形式是可以转化的。在水化过程中，自由水和吸附水会逐渐转变为结晶水和层间水；在干燥过程中，吸附水、层间水会逐渐转变为自由水而蒸发；在润湿过程中，部分自由水会转变为吸附水。

（2）混凝土中水分传输形式

水分在混凝土中的传输符合 Rose 提出的水分在多孔介质中的传输过程。第一阶段：水分通过扩散与吸附进入材料的孔隙，逐渐累积，直至形成完整的单层水分子层，蒸气流才能运动；第二阶段：水分子在孔壁上形成吸附层，水分以气态形式扩散进入材料内部，此过程符合 Fick 扩散定律；第三阶段：随着内部蒸气压的增加，水蒸气在孔颈处冷凝形成液态水（毛细管凝结现象），孔颈就成了水蒸气与液态水转换的通道；第四阶段：水蒸气开始在大孔中凝结，此时大孔中是液态水与气态水共存，发生混合流动；第五阶段：混凝土的孔内非完全饱和，形成液体渗流，该阶段是到达饱和流的过渡阶段；第六阶段：混凝土的孔内达到饱和状态，发生液相传输，该传输阶段符合达西定律。

（3）混凝土中水分传输数值模拟

为了模拟水分传输性能，Pignat 等人[5]在 2005 年将计算水泥渗透系数的数学表达式用孔隙率和临界孔径加以表述，同时建立水泥水化模型并根据有限差分法获得数值解，但受到计算机本身计算速度和内存的限制，模拟获得的数值解在一般情况下比试验实测值大 2～3 个数量级。Ait-Mokhtar 等人[6]把多孔材料的细观孔结构简化成毛细管模型，并以 Hagen-Poisseuille 定律和达西定律为基础，借助计算机数值模拟法，提出了一种水泥渗透系数的预测方法。Zhang 等人[7]利用水泥 3D 微结构的 X-CT 图片，结合格子玻尔兹曼法研究了水饱和度对水泥渗透系数的影响，结果如图 8.5 所示，可以看到，水渗透系数极度依赖水泥石的饱和度。

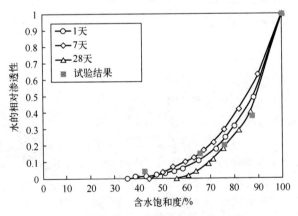

图 8.5　水泥基材料中水渗透系数与饱和度的关系

（4）干湿交替下混凝土中水分和多离子的耦合传输数值模拟

干湿交替下混凝土中水分和多离子的耦合传输存在着多种复杂的机理，如图 8.6 所示。浅层混凝土中发生对流主导的离子传输，而深层混凝土中的传输则是扩散主导。干燥过程中，浅层混凝土中的液态水向混凝土表层移动，离子在对流作用下向混凝土表面迁移并积累；湿润过程中，水分从外部环境渗透到混凝土内部，不仅外部溶液中的离子会随着水分的渗透进入混凝土，而且干燥过程结束时积累在表层混凝土的离子也会被水分带入混凝土内部。水分传输主要在浅层混凝土中进行，而深层混凝土仍处于接近饱和的状态，此区域离子发生扩散主导的传输。由于所带电荷和扩散系数各不相同，多种离子在孔隙液中传输时，局部区域内带正、负电荷的离子将产生浓度差，孔隙液中存在电荷不平衡现象，从而在局部区域内产生静电势，影响每一种离子的传输，这就是异种离子间的电化学耦合效应。另外，离子在传输过程中会与水泥水化产物发生固化作用，有一部分离子会被水化产物捕获（物理吸附），也有一部分离子会与水化产物发生化学反应（化学结合）。

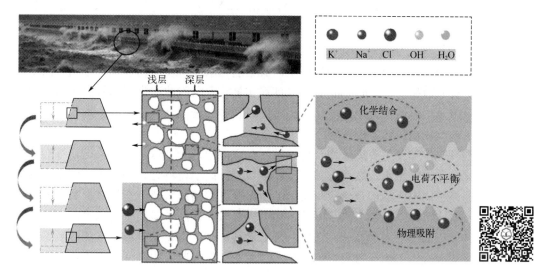

图 8.6　干湿交替下混凝土中水和多离子传输耦合作用

上海交通大学全面考虑扩散、对流、电化学耦合效应以及固化作用，建立了干湿交替下混凝土中水分和多离子耦合传输模型[8]。非饱和混凝土中各离子浓度的时空变化满足如下的质量守恒方程：

$$\frac{\partial(\theta c_{\mathrm{bi}})}{\partial t} + \frac{\partial(\theta c_{\mathrm{fi}})}{\partial t} = -\nabla J_i \quad i = 1, 2, \cdots, N \tag{8.45}$$

式中，c_{bi} 为固化离子的浓度，$\mathrm{mol/m^3}$；c_{fi} 为自由离子的浓度，$\mathrm{mol/m^3}$；J_i 为第 i 种离子的通量，$\mathrm{mol/(m^2 \cdot s)}$；$N$ 为离子种类的数目；t 为传输时间。

不同于 8.1.3 小节中展示的饱和混凝土中的离子通量表达式，根据 Nernst-Planck 方程，非饱和混凝土中第 i 种离子的通量可表示为：

$$J_i = \underbrace{-\theta D_i(\theta)\nabla c_{\mathrm{fi}}}_{\text{扩散通量}} - \underbrace{\theta D_i(\theta)c_{\mathrm{fi}}\frac{z_i F}{RT}\nabla\Phi}_{\text{电迁移通量}} - \underbrace{\Phi D_i(\theta)\nabla\theta c_{\mathrm{fi}}}_{\text{对流通量}} \tag{8.46}$$

式中，$D_i(\theta)$ 为第 i 种离子的非饱和扩散系数，$\mathrm{m^2/s}$；θ 为饱和度；z_i 为第 i 种离子的电荷数；F 为法拉第常数，$96485\mathrm{C/mol}$；R 为理想气体常数，$8.314\mathrm{J/(mol \cdot K)}$；$T$ 为热力学温度，$298\mathrm{K}$；Φ 为静电势，V。

水饱和度影响着离子在非饱和混凝土中传输时的扩散系数，本研究采用幂函数来表示离子的扩散系数：

$$D_i(\theta) = \xi \, D_{i,1} \theta^{\varphi} \tag{8.47}$$

式中，ξ 为材料常数；$D_{i,1}$ 为第 i 种离子的饱和扩散系数，m^2/s；φ 为与混凝土孔隙率相关的常数。

如前所述，静电势由孔隙液中存在的电荷不平衡产生，采用基于严格 Gaussian（高斯）静电理论的水分饱和度修正的 Poisson（泊松）方程来表征静电势与电荷不平衡之间的关系：

$$\nabla^2 \Phi = -\frac{F}{\varepsilon_0 \varepsilon_r} \sum_N^{i=1} z_i c_{fi} \tag{8.48}$$

式中，ε_0 为真空介电常数，$8.854 \times 10^{-12} \, C/(V \cdot m)$；$\varepsilon_r$ 为水的相对介电常数。

混凝土的孔隙溶液中含有多种离子，其中能与水泥水化产物发生化学结合的主要是氯离子。采用水分饱和度修正的 Langmuir（朗缪尔）等温吸附曲线来表示氯离子与水泥基固相间的物理吸附及化学结合。至此，建立了考虑水和多离子耦合传输以及氯离子固化作用的非饱和混凝土内的物质传输方程。

当混凝土内部发生多离子耦合传输时，孔隙液中每一种自由离子的运动都会受到离子间电化学耦合作用的影响，然而这种相互作用在单一离子传输时并不存在。图 8.7 展示了考虑与未考虑离子间电化学耦合效应时第 10 个湿润过程结束氯离子和氢氧根离子的浓度分布情况。通过对比可以发现，多离子间的电化学耦合效应提高了氯离子的浓度，尤其在浅层混凝土中这种效应的影响更加显著。然而对于氢氧根离子，电化学耦合效应的影响并非是单调性的，在浅层混凝土中加速氢氧根离子的渗出而在深层混凝土中降低其渗出速率。

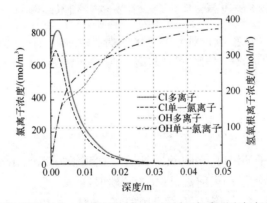

图 8.7　考虑多离子和仅考虑单一氯离子传输时干湿循环氯离子和氢氧根离子的浓度分布

8.3.2　氯离子传输

混凝土作为典型的多孔材料，在服役过程中外界环境中的氯离子不可避免地向混凝土内迁移，根据迁移原理可将氯离子的传输方式分为扩散、对流和电迁移，相应的质量守恒方程已经在本章 8.1 节做了详细介绍，在此不再赘述。

除了氯离子质量守恒方程，氯离子扩散系数是评估混凝土抗氯离子渗透性能和预测混凝土使用寿命的重要参数。通常，氯离子的扩散系数可通过试验测得。具体做法是，将混凝土试件浸泡在氯化钠溶液中一段时间后测定其在不同深度的氯离子浓度，再根据公式（8.2）所示的 Fick 第二定律拟合得到扩散系数。该方法较为准确、直观，但是试验周期长，需要耗费大量的时间。对此，人们试图采用其他快速测试方法获得氯离子扩散系数，比如本章 8.1.3 小节提到的稳态电迁移法、非稳态电迁移法和电导率法。然而大量数据表明，采用不同试验方法测得的扩散系数差别较大，无法进行有效的比较。若将电加速试验测量结果和混凝土微观结构表征结果联系起来，将形成更加合理、可靠的氯离子扩散系数计算方法。对此，本节将介绍三种基于混凝土材料组分和孔隙结构的氯离子扩散系数的数值计算方法。

（1）电模拟法计算氯离子扩散系数

电模拟法是将材料的数字化图像转换成相应的导体网络，根据 Nernst-Einstein 方程可知相对电导率等于相对扩散系数，因此将相对扩散系数求解问题转换成求解相应导体网格的电导率。如图 8.8 展示了硬化水泥浆体的二维数字化图像，黑色部分为未水化的水泥颗粒，灰色部分为 C-S-H 凝胶，白色部分为毛细孔。取每一像素的中心作为"电节点"，左、右、上、下相邻的节点之间用"导线"相连，在数字化图像的一侧（底部）施加"电极"，从而获取相应导体网络。"导线"两端相连的"电节点"为结点 i、j，对应的电导率分别为 σ_i、σ_j，由串联组合可知该"导线"的电导率为 σ_{ij}：

$$\sigma_{ij} = \frac{2}{1/\sigma_i + 1/\sigma_j} \tag{8.49}$$

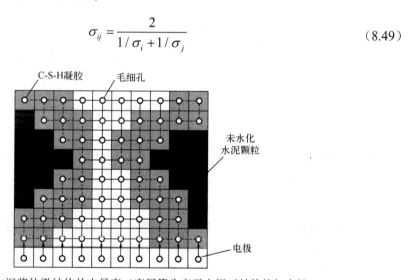

图 8.8　水泥浆体微结构的电导率（底层箭头表示电极对结构施加电场）

一旦导体网络建立之后，采用共轭梯度松弛算法计算该结构的有效电导率。该算法可以计算在电势差存在条件下复合材料中每个结点位置的电压，进一步求得电流并计算体系的等效电导率。该算法的输入参数为初始的电压分布，通常材料两端的电压分别为 1 和 0，结点之间符合线性插值。结点处的电压不断周期性更新，直到每个结点都在一定预设精度范围满足基尔霍夫定律，即在任意瞬时，流入某一结点的电流之和恒等于流出该结点的电流之和。相对电导率等于相对扩散系数，因此可以用该方法计算体系的氯离子扩散系数。

（2）蚂蚁随机行走法计算氯离子扩散系数

砂浆和混凝土通常是由水泥浆体包裹粗细集料以及气泡而成，但是集料与浆体之间存在界面过渡区，使得砂浆和混凝土的结构尤为复杂。界面过渡区具有与水泥浆体不同的微结构，扩散系数亦差别很大。东南大学建立了砂浆和混凝土的微观结构模型，并采用"蚂蚁随机行走法"预测混凝土的扩散系数，如图 8.9 所示[9]。

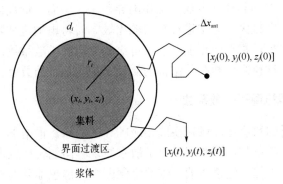

图 8.9 "蚂蚁随机行走法"原理图

随机在微结构模型中放置一定数量的"蚂蚁"（通常是上万只），每一只蚂蚁的起始位置为 $\left[x_j(0),y_j(0),z_j(0)\right]$，每次随机行走 Δx_{ant} 的步长。记录每只蚂蚁初始的位置、现在的位置、使用的时间 t_j。为区别集料、界面过渡区以及浆体，只允许蚂蚁在界面过渡区内和浆体中移动。界面过渡区与浆体的氯离子扩散系数不同，所以蚂蚁在这两者间移动的速率也不同，移动速率与二者的扩散系数成正比。通常在蚂蚁经过几十万次的行走后，微结构的相对氯离子扩散系数可以通过以下公式计算：

$$\frac{D_{\text{eff}}}{D_{\text{浆体}}}=\frac{<\overline{R_j^2/t_j}>}{\Delta x_{\text{ant}}^2}\times\left(1-V_{\text{集料}}\right) \tag{8.50}$$

式中，D_{eff} 为氯离子的有效扩散系数；$D_{\text{浆体}}$ 是氯离子在浆体中的扩散系数；t_j 为蚂蚁使用的时间；$V_{\text{集料}}$ 为集料颗粒的体积分数；R_j 为每只蚂蚁行走的距离。

$$R_j\left(t_j\right)=\sqrt{\left[x_j\left(t_j\right)-x_j\left(0\right)\right]^2+\left[y_j\left(t_j\right)-y_j\left(0\right)\right]^2+\left[z_j\left(t_j\right)-z_j\left(0\right)\right]^2} \tag{8.51}$$

式中，$\left[x_j\left(t_j\right),y_j\left(t_j\right),z_j\left(t_j\right)\right]$ 为蚂蚁在 t_j 时间的位置。

（3）格子迭代法计算氯离子扩散系数

水泥浆体作为一种多相非均质材料，微观组分具有不同的氯离子扩散系数，各组分占比和微观孔隙结构都显著影响水泥浆体的离子扩散性能，因此扩散系数的预测必须要考虑微观非均质性的影响。有研究者[10]提出了能够从宏观层面反映水泥浆体微观几何信息的像素化方法，较充分地考虑了水泥水化过程和结构的非均质性，并在此基础上进一步提出了格子迭代法，以高效地预测氯离子扩散系数。图 8.10（a）所示的是水泥浆体的像素网格模型。网格中每一点对应某一具体的水化产物，并且各水化产物相互夹杂，通过对网格内的每一个像素点所代表的水化产物赋予不同的扩散系数，可得到格子渗透网络。基于此渗透网络，可将泥浆体两端的离子浓度分别看作 C_1 和 C_0，迭代法可模拟经过一段时间的扩散后，水泥浆体中的氯离子浓度达到稳态的过程，此时每个格子输入的流量等于输出的流量，如图 8.10（b）所示。

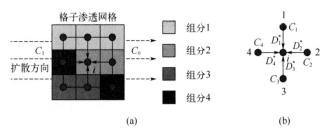

图 8.10 "格子迭代法" 原理图

基于浓度守恒定律，可采用公式（8.52）所示的更新迭代法得到第 i 个格子的离子浓度。该迭代过程将一直持续到输入的离子通量 Q 等于输出的离子通量。此时，水泥浆体的表观氯离子的扩散系数可以通过公式（8.53）进行计算。

$$C_i = \frac{D_1^* C_1 + D_2^* C_2 + D_3^* C_3 + D_4^* C_4}{D_1^* + D_2^* + D_3^* + D_4^*} \tag{8.52}$$

$$D_{cp} = \frac{Q}{A} \times \frac{L}{C_1 - C_0} \tag{8.53}$$

式中，A 为离子流过的截面积；L 为扩散距离。

通过格子迭代法模拟氯离子扩散时的稳态而忽略时间效应的影响，可显著提高氯离子扩散系数的计算效率并改善数值模型的收敛性能。

8.3.3　二氧化碳传输

暴露在大气环境下的混凝土通常受温度、湿度、空气中二氧化碳等因素的影响。混凝土的孔隙液中含有大量氢氧根离子，呈碱性环境，这为混凝土中的钢筋提供钝化条件，使其表面形成一层致密的保护膜。空气中的二氧化碳侵入混凝土，导致混凝土内部碱性降低，破坏钢筋钝化条件；同时，二氧化碳与混凝土发生碳化反应，改变混凝土内部孔隙结构，提高混凝土致密性与强度，同时也提高了其脆性。本节将介绍二氧化碳在混凝土中的传输过程及其模拟方法。

（1）二氧化碳扩散

二氧化碳在混凝土中的扩散符合 Fick 第一定律。一般情况下，二氧化碳入侵速度与时间之间存在着一定的关系。随着侵入程度的加深，碳化作用不断发生，由固体部分增多造成的堵塞，碳化作用的速度逐渐降低。碳化深度 x_c 与二氧化碳扩散时间 t 之间存在关系：

$$x_c = k\sqrt{t} \tag{8.54}$$

式中，k 为碳化速率系数。

尽管空气中二氧化碳所占空气的体积仅为 0.03%～0.04%，其仍是空气的重要组分之一，因此所有的混凝土保护层都会与二氧化碳接触，从而在混凝土内部发生扩散现象。

（2）碳化反应

混凝土的碳化速率主要取决于三个方面，一是化学反应本身的速率，二是二氧化碳向混凝土内部扩散的速率，三是混凝土孔隙中可碳化物质[主要为 $Ca(OH)_2$]的扩散速率。三者中最慢的速率决定了碳化的速率。其中二氧化碳的扩散速率是最慢的，因此研究普遍认为二氧化碳的入侵深度与碳化深度相同。并且二氧化碳到达的最深处称为二氧化碳锋面（carbonation front），这一深度处也是碳化到达的深度。将其称为"锋面"是因为，碳化从某一表面进入后侵蚀界面往往是均匀前进的，其侵蚀的最前沿会有相对整齐的一条界限。图 8.11 所示的是混凝土的加速碳化试验结果，所采用的试块直径为 46.1mm。可以看到图 8.11（a）为使用 1% 酚酞乙醇溶液进行检测的结果，混凝土已被碳化的部分呈现无色，而未被碳化的部分呈现红色，可以发现被碳化部分和未被碳化部分有着较为明显的界限；图 8.11（b）为 X 射线断层扫描结果，显示的是空间密度分布，密度较大处光线较亮，密度较小处光线较暗，而碳酸钙（$CaCO_3$）与氢氧化钙[$Ca(OH)_2$]的密度分别为 2711kg/m³ 与 2211kg/m³，即图中外围较亮部分为已被碳化的密度较大的碳酸钙部分，中间较暗部分为未被碳化的氢氧化钙部分；图 8.11（c）为 Gaetan 等人做的二氧化碳饱水砂浆浸泡试验后的 SEM 扫描结果。此图为便于描述与观察，将试块分成了不同尺度的 A、B 和 C 三块，A 为试验砂浆整体，B 为试验砂浆被碳化的表层，经放大可以清晰观察到碳化与未碳化区域的界面。在 C 中，碳化区与未碳化区存在明显的过渡界限。

 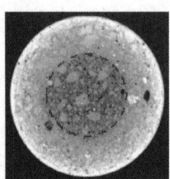 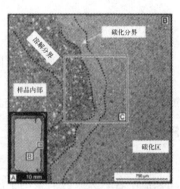

(a) 酚酞试剂检测结果　　　　　(b) X-CT扫描检测结果　　　　　(c) SEM检测结果

图 8.11　不同检测条件下的混凝土碳化表现

（3）考虑环境影响的碳化模型

混凝土碳化过程会受到多种因素的影响，其中四个最为重要的影响因素为湿度、二氧化碳浓度、碳化率和温度。碳化率 c 收集了上述影响因素，并将它们整合在一起，形成如下碳化模型[11]：

$$\frac{\partial c}{\partial t} = \alpha_1 f_1(h) f_2(g) f_3(c) f_4(T) \tag{8.55}$$

式中，α_1 为调节系数，其与混凝土砂浆的组分、水灰比，以及骨料级配等有关。其他影响因素将在下文作逐一解释。

首先是相对湿度 h 对碳化率的影响程度表达式：

$$f_1(h) = \begin{cases} 0 & 0 \leqslant h \leqslant 0.5 \\ \dfrac{5}{2}(h-0.5) & 0.5 \leqslant h \leqslant 0.9 \\ 1 & 0.9 \leqslant h \leqslant 1 \end{cases} \tag{8.56}$$

式中，h 为相对湿度。

其次，是二氧化碳浓度对碳化的影响程度表达式：

$$f_2(g) = \frac{g}{g_{\max}} \tag{8.57}$$

式中，g 为当前特定时间点与特定位置的二氧化碳浓度；$g_{\max}$ 为最大二氧化碳浓度。当二氧化碳浓度为最大时，影响程度为 1。

接着是碳化率本身对碳化反应的影响程度表达式：

$$f_3(c) = 1 - \left(\frac{c}{c_{\max}}\right)^m \tag{8.58}$$

式中，c 为碳化率；$c_{\max}$ 为最大碳化率，其取值为 1；m 为调整系数。因此，$f_3(c)$ 的取值范围为 $0 \sim 1$，$f_3(c)$ 对碳化程度的影响随着碳化率的增大而减小。

最后是碳化反应速率常数对碳化反应的影响程度表达式：

$$f_4(T) = A \mathrm{e}^{-\frac{E_0}{RT}} \tag{8.59}$$

式中，A 为指前因子；E_0 为活化能；R 为理想气体常数；T 为热力学温度。

上海交通大学基于碳化率模型，充分研究了上述四个影响因素之间的相互耦合作用，并建立了相应的传输模型[11]。

① 水分传输。

$$\frac{\partial h}{\partial t} = \mathrm{div}\left[D_\mathrm{h} \mathrm{grad}(h)\right] + \frac{\partial h_\mathrm{s}}{\partial t} + K(h)\frac{\partial T}{\partial t} + \frac{\partial h_\mathrm{c}}{\partial t} \tag{8.60}$$

式中，$\frac{\partial h_\mathrm{s}}{\partial t}$ 为混凝土内部孔隙的自干燥过程，一般可忽略；D_h 为水分的扩散系数；$K(h)$ 为湿热系数。

单位时间内被碳化影响的相对湿度 $\frac{\partial h_\mathrm{c}}{\partial t}$ 可表示为：

$$\frac{\partial h_\mathrm{c}}{\partial t} = \alpha_2 \frac{\partial c}{\partial t} \tag{8.61}$$

式中，α_2 为调节系数，α_2 与 α_1 一样受混凝土材料性质的影响。

湿热系数 $K(h)$ 可表示为：

$$K(h) = 0.0135h\frac{1-h}{1.25-h} \tag{8.62}$$

水分的扩散系数 D_h 可表示为：

$$D_\mathrm{h}(h, T, t_\mathrm{e}, c) = D_\mathrm{h28}\left[\alpha_0 + \frac{1-\alpha_0}{1 + \left(\frac{1-h}{1-h_\mathrm{c}}\right)^n}\right] \\ \exp\left(\frac{Q}{RT_0} - \frac{Q}{RT}\right)\left[\chi + \left(1 - \chi\sqrt{\frac{28}{t_\mathrm{e}}}(1 - \xi c)\right)\right] \tag{8.63}$$

式中，D_{h28} 为 28 天标准养护后的参考扩散系数；α_0 为最小和最大系数之比，其取值范围为 0.025~0.1；n 为扩散系数的递减分布，取值在 6~16 之间；h_c 为平均湿度；χ 为水化程度；Q 为扩散过程中的活化能；ξ 为碳化对混凝土孔隙率的影响；t_e 为等效水化时间。

可以看到，此处的水分扩散系数主要受湿度、温度与水化程度影响，且扩散系数公式是半经验公式与试验结果的结合。

② 热量传输。

$$\rho C_q \frac{\partial T}{\partial t} - \frac{\partial Q_h}{\partial t} - \frac{\partial Q_c}{\partial t} = \text{div}\left[(b)\,\text{grad}(T)\right] \tag{8.64}$$

式中，ρ 为混凝土的质量密度；C_q 为混凝土的等温热导率；Q_h 为固体单位的热量散失；b 为热量扩散系数，即热导率。

其中，

$$\frac{\partial Q_c}{\partial t} = \alpha_3 \frac{\partial c}{\partial t} \tag{8.65}$$

式中，$\dfrac{\partial Q_c}{\partial t}$ 为碳化影响下的单位时间内温度变化；α_3 为碳化率受混凝土性质影响的调整系数。

③ 二氧化碳传输。

$$\frac{\partial g}{\partial t} + \frac{\partial g_c}{\partial t} = \text{div}\left[D_g\,\text{grad}(g)\right] \tag{8.66}$$

式中，$\dfrac{\partial g_c}{\partial t}$ 为受碳化影响的单位时间内的二氧化碳浓度变化；D_g 为二氧化碳的扩散系数。

其中，

$$\frac{\partial g_c}{\partial t} = \alpha_4 \frac{\partial c}{\partial t} \tag{8.67}$$

式中，α_4 为与混凝土性质有关的调整系数。

$$D_g(h, T, t_e, c) = D_{g28}(1-h)^{2.5}$$
$$\exp\left(\frac{Q}{RT_0} - \frac{Q}{RT}\right)\left\{\chi + \left[1 - \chi\sqrt{\frac{28}{t_e}}(1-\xi c)\right]\right\} \tag{8.68}$$

式中，t_e 为等效水化时间；D_{g28} 为 28 天标准养护后的二氧化碳扩散系数。

④ 水化平衡点。

$$\frac{\partial t_e}{\partial t} = \beta_T \beta_h \tag{8.69}$$

式中，β_T 和 β_h 的表达式如下：

$$\beta_T = \exp\left[\frac{U_h}{R}\left(\frac{1}{T_0} - \frac{1}{T}\right)\right]$$

$$\beta_{\mathrm{h}} - \left[1 + (\mu - \mu h)^4\right]^{-1} \qquad (8.70)$$

式中，U_h 为水化反应的活化能，U_h / R 为经验公式，通常取 $U_h / R = 4600\left[30 / (T - 263)\right]^{0.39}$。根据文献试验数据给出 μ 的值为 5。由于水化过程在混凝土中一直存在，且并不属于外界环境变化控制的因素，因此水化过程在整个研究过程中只作为环境影响因素，而不作为分析对象。

图 8.12 展示的是基于有限元的混凝土中二氧化碳传输的混凝土多相结构模型。此模型表示一个 100mm×100mm 的正方形混凝土试块切面，模型中正圆形代表骨料，阴影部分为砂浆。该结构模型采用自由三角形划分网格，并采用有限元法进行计算。对于模型的边界条件，除上部表面以外，其他三个表面都以石蜡密封，以隔绝热量、水分和二氧化碳传输。本模型采用普通硅酸盐水泥（OPC）。当所有的气相和液相物质接触到砂浆表面并开始渗透时，碳化过程被认定为正式开始。

假定在温度 20℃、相对湿度 70%、二氧化碳浓度 20% 的情况下，碳化率随碳化深度分布的变化曲线如图 8.13 所示。此模型同时考虑了温度、湿度和二氧化碳浓度的耦合，因此模拟结果更为复杂且更贴近真实的碳化过程。

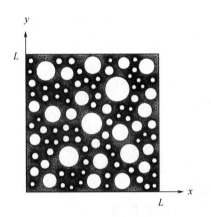

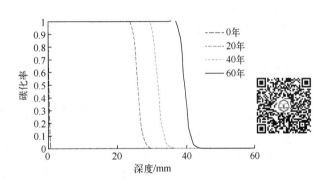

图 8.12　混凝土试样截面模型有限元划分　　图 8.13　碳化率随碳化深度分布变化曲线

8.3.4　硫酸根离子传输

在我国西北部地区分布着大小数百个盐湖，盐湖资源的开采利用主要以食盐（NaCl）和天然碱（Na_2CO_3 和 $NaHCO_3 \cdot 2H_2O$）为主，而盐湖中所含的硫酸盐不仅难以开发利用，而且还是侵蚀混凝土结构的主要腐蚀物。因此明确硫酸盐对混凝土的侵蚀机理对提升混凝土结构的耐久性能意义重大。

（1）目前硫酸盐建模主要问题

硫酸盐传输模型较氯离子传输模型发展较晚，由于硫酸盐较氯离子具有更复杂的传输行为，且易与水泥浆体发生化学反应，难以量化离子和产物间的定量关系。氯离子传输模拟更倾向于对扩散系数的探讨，由于氯离子传输过程中少部分被水泥浆体固化，因此仅通过结合系数 R 即可表征物理/化学吸附效应。反观硫酸盐传输模拟更倾向于对化学侵蚀的表征，大量硫酸根侵入混凝土后与水化产物反应生成钙矾石和石膏等侵蚀产物，堆积于孔隙中并产生极大的扩体应变，随着应变积累加剧造成混凝土保护层剥落，进而加剧离子侵入，出现恶性循环。

最初众学者对硫酸盐侵蚀的认知仅停留在宏观现象和力学性能层面，随着微观检测手段的出现，硫酸盐复杂的机理才逐渐被揭露，但其损伤劣化的数学本构方程却难以建立。目前，尚存在三点主要问题[12]。

① 硫酸盐侵蚀行为很难量化，先进的微观检测手段可以定性检测某种腐蚀物的存在，但无法定量描述其含量及产生多大程度的侵蚀破坏。

② 硫酸盐侵蚀过程存在复杂的拓扑化学反应，并且它们之间保持相应化学平衡，某一条件的改变（例如温度、孔隙、浓度等）会影响整个系统的化学平衡。

③ 硫酸盐腐蚀在不同环境和浓度条件下生成不同的侵蚀产物：通常情况下，侵蚀早期主要产物为钙矾石，后期为石膏；在低温、高湿以及二氧化碳充足的环境中易生成碳硫硅钙石；干湿循环制度下，由水分蒸发导致溶液浓缩为过饱和状态，从而析出大量硫酸钠晶体；低浓度下主要侵蚀产物为钙矾石，而高离子浓度下主要侵蚀产物为石膏。

可见，硫酸盐侵蚀过程是化学侵蚀和物理作用的耦合结果。硫酸根离子不仅会消耗 Ca^{2+} 和 C-S-H 凝胶，而且其侵蚀产物还会填充于孔隙中导致混凝土开裂，加速离子侵入，形成恶性循环。

（2）硫酸根离子侵蚀混凝土全过程劣化模型

随着计算机硬件和有限元软件的不断发展，对于模型的微小网格划分和复杂算法几乎都能够被轻易解决。除了基于 Nernst-Planck 的多离子传输模型，众多学者逐渐从损伤力学-化学平衡关系-侵蚀产物累积等方面，试图对水泥基材料从初始水化到侵蚀劣化到最终破坏的全过程建立定量的关系，并通过数值模型进行表征。本节将介绍目前在硫酸盐侵蚀模拟方面比较出色的三个模型：Marchand 模型、Sarkar 模型以及 Zuo 模型。

① Marchand 模型。

Marchand 模型也叫 STADIUM 模型[13]，其核心组成分成 4 个部分：离子扩散、水分传输、化学反应和化学损伤。STADIUM 模型的核心方程是依据 Nernst-Planck 模型。STADIUM 中影响离子传输过程的因素除了考虑扩散、电势能以及化学活度势能影响外，也考虑了溶液对流项。因此 STADIUM 是针对于非饱和状态离子传输行为的数值模型。

STADIUM 模型通过引入化学反应对离子的消耗项来描述沉淀/溶解反应对运移过程的影响。通过每一点的离子浓度和化学平衡常数 K_{sp} 来表征各节点离子和侵蚀产物的定量关系，例如氢氧化钙的平衡常数如下（式中{⋯}指代化学活性）：

$$K_{sp} = \left\{ Ca^{2+} \right\} \left\{ OH^- \right\}^2 \tag{8.71}$$

图 8.14 所示的是用 STADIUM 模拟三个月后各侵蚀产物在砂浆中的分布情况。STADIUM 模型以 Samson 模型作为基础，考虑了离子传输行为和化学反应过程的相互独立建模，该模型为后人模拟硫酸盐侵蚀过程提供了新思路。

② Sarkar 模型。

Sarkar 模型[14]是以 STADIUM 建模思路为基础，将离子传输和化学反应相互耦合，建立了较为完整的传输体系。除此之外，Sarkar 在宏观损伤角度通过累积损伤将混凝土劣化后期溃散开裂导致扩散行为改变的现象也进行了模拟。

首先，Sarkar 模型明确了水泥砂浆中硫酸盐侵蚀过程可能发生的化学侵蚀行为，如图 8.15 所示。其次，以 STADIUM 为基础建立离子传输方程：

$$\frac{\partial(\varphi C_k)}{\partial x} = \frac{\partial}{\partial x}\left(\frac{D_k \varphi}{\tau} \times \frac{\partial C_k}{\partial x} + C_k \frac{\partial \ln \gamma_k}{\partial x}\right) \tag{8.72}$$

式中，φ 为孔隙率；C_k 为第 k 种离子的浓度；D_k 为第 k 种离子的自由扩散系数；τ 为孔隙曲折度；γ_k 为 k 离子的化学活度系数。

由上式可知，Sarkar 模型并未考虑离子电势能的影响和对流项，因此可以看作是完全饱和及低离子浓度环境下的数值模型。

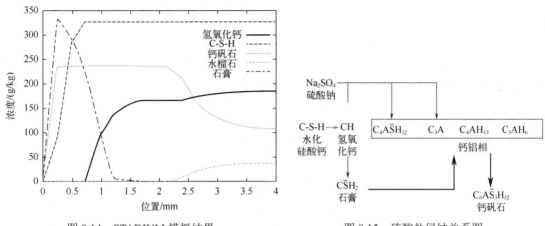

图 8.14 STADIUM 模拟结果　　　　　　图 8.15 硫酸盐侵蚀关系图

Sakar 模型同样根据化学平衡关系定量描述化学反应过程，但它在此基础上考虑了化学产物的体积膨胀以及对混凝土产生的填充效应，因此混凝土的孔隙率可表示为：

$$\varphi = \varphi_0 - \Delta V_s \tag{8.73}$$

式中，φ 为混凝土孔隙率；φ_0 为混凝土初始孔隙率；V_s 为侵蚀产物填充量。

对于侵蚀产物对混凝土的填充效应存在两种假设：①晶体生长压力假设；②膏体均匀膨胀假设。Sarkar 模型通过上述两种假设定义侵蚀产物结晶在水泥孔隙中的填充情况：当侵蚀产物未填充满孔隙时就产生环向拉应力且产生的拉应力均匀分布在孔径周围（图 8.16）。

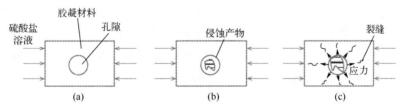

图 8.16 侵蚀产物对混凝土填充过程

Basista 和 Krajcinovic[15-16]量化水泥基材料中扩散系数与裂缝密度的关系，并根据裂缝密度推导微裂缝区和贯通裂缝渗流区扩散系数的修正关系：

$$\begin{cases} D_c = D\left(1 + \dfrac{32}{9}C_d\right) & C_d \leqslant C_{dc} \\[3mm] D_c = D\left[\left(1 + \dfrac{32}{9}C_d\right) + \dfrac{(C_d - C_{dc})^2}{(C_{dec} - C_d)}\right] & C_{dc} \leqslant C_d \leqslant C_{dec} \end{cases} \tag{8.74}$$

式中，D_c 为修正后的扩散系数；D 为损伤混凝土的扩散系数；C_{dc} 为传导渗透阈值下的裂缝密度；C_{dec} 为弹性或刚性渗透阈值下的裂缝密度；C_d 为裂缝密度，见下式。

$$\begin{cases} C_d = k_1 \left(1 - \dfrac{\varepsilon_{th}}{\varepsilon_x}\right)^{m_1} & \varepsilon_x > \varepsilon_{th} \\ \omega = \dfrac{16}{9} C_d \end{cases} \tag{8.75}$$

式中，k_1 和 m_1 为修正系数；ω 为损伤度，表示同一截面损伤面积与未损伤面积的比值；ε_x 和 ε_{th} 分别为化学产物产生的环向拉应变和混凝土的极限抗拉应变。

至此，Sarkar 模型实现了从离子传输—化学反应—损伤累积—传输行为改变的水泥基材料在硫酸盐环境下的全过程模拟，该模型也是目前硫酸盐侵蚀模拟中较为完善的一种。

③ Zuo 模型。

Zuo 模型[17]是以 Sarkar 模型为基础考虑混凝土在硫酸盐环境下的劣化模型，该模型在砂浆基础上考虑了骨料的曲折效应。该模型较 Sarkar 模型考虑了多离子耦合作用，并对扩散系数进行了修正，相应的离子传输方程如下：

$$\frac{\partial c_t}{\partial t} = \frac{\partial}{\partial x}\left(D_k \frac{\partial c_t}{\partial x}\right) + \frac{\partial c_d}{\partial t} \tag{8.76}$$

式中，t 为时间；x 为距离混凝土表面的距离；D_k 为扩散系数；C_t 和 C_d 为 t 时刻距混凝土表面 x 处的硫酸根离子浓度和化学反应所消耗的硫酸根离子浓度。

由上式可知，Zuo 模型在第二项考虑了固化行为的影响，此外 Zuo 模型所示的扩散系数考虑因素更多：

$$D_k = \frac{RT\varphi}{z_k^2 F^2}\left\{1 - \left[\frac{1}{4\sqrt{I}(1+a_k B\sqrt{I})^2} - \frac{0.1 - 4.17 \times 10^{-5} I}{\sqrt{1000}}\right]A c_k z_k^2\right\} \\ \left[\Lambda^0 - \left(Cz_k^2 + Dz_k^3 \omega \Lambda^0\right)\sqrt{c_k}\right] \tag{8.77}$$

式中，R 为理想气体常数；T 为温度；ψ 为电势；z_k 为第 k 种离子的价电子数；F 为法拉第常数；a_k 为第 k 种离子的经验常数；c_k 为第 k 种离子的浓度。

上式前半部分考虑温度、孔隙率等对扩散系数的影响，后半部分考虑多种离子之间耦合作用的影响。其中 Λ^0 为离子的导电率，m^2/mol；ω 为离子活度相关系数；A、B、C、D 为温度相关系数；I 为离子强度。

$$A = \frac{\sqrt{2}eF^2}{8\pi\varepsilon(\varepsilon RT)^{3/2}}, B = \sqrt{\frac{2F^2}{\varepsilon RT}} \\ C = \frac{\sqrt{2\pi}eF^2}{3\pi\eta\sqrt{1000\varepsilon RT}}, D = \frac{\sqrt{2\pi}eF^2}{3\sqrt{1000}(\varepsilon RT)^{3/2}} \tag{8.78}$$

式中，e 为基本电荷，取 1.6×10^{-19}C；$\varepsilon = \varepsilon_0 \varepsilon_r$，$\varepsilon_0$ 为真空介电常数，取 8.854×10^{-12}F/m，ε_r 为相对介电常数，取 80；η 为水在 298.15K 时黏度系数，取 8.9×10^{-3}kg/(m·s)。根据 Zuo 模型，可以预测离子浓度在混凝土不同位置的分布规律，如图 8.17 所示。

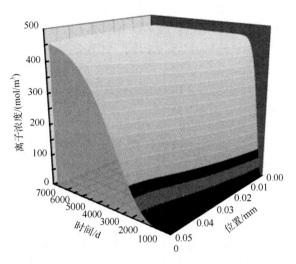

图 8.17　离子浓度在混凝土不同位置的分布

8.4　混凝土微观结构中的传输数值模拟

物质传输的数值模拟过程离不开混凝土的几何建模。目前常用的混凝土建模方法可分为有限元法和离散元法。相对说来，有限元法在处理多场耦合作用下的复杂边界问题，特别是在模拟混凝土内骨料、砂浆与交界层等组分的接触问题时会受到较大限制。离散元法是基于微观粒子的运动而建立的，具备物理概念清晰、边界条件易处理、编程简单等优点。鉴于此，本节将从微观尺度出发，结合经典案例，首先在 8.4.1 小节介绍基于离散元的水泥基材料多相结构建模方法；接着以混凝土耐久性劣化研究中人们最为关心的氯离子传输为例，在 8.4.2 和 8.4.3 小节中介绍物质传输数值模拟的两种典型方法：基于 Boltzmann 的离散元建模法和基于分子动力学的纳米孔道建模法。

8.4.1　基于离散元的混凝土多相模型构建

在不同尺度上，混凝土均可被视作颗粒状材料堆积的微观结构。颗粒堆积特性不仅可以模拟材料的内部结构，而且可以表征其宏观性能，如力学性能和耐久性能等。离散元可以模拟混凝土颗粒的堆积过程，并且可以准确表征颗粒间的相互作用力，因此在材料尺度的建模中得到了越来越多的重视。

（1）离散元法简介

在不同尺度上，混凝土均可被视作颗粒状材料，如骨料堆积的介观结构和水泥颗粒堆积的微观结构等。因此，颗粒堆积特性不仅会影响材料的内部结构，而且决定了其宏观性能（如力学性能和耐久性）。连续随机添加法被广泛应用于水泥基材料建模中，其核心思想是对所有颗粒由大到小依次进行随机分布，当新增颗粒拟放置的位置与原有颗粒无重合时便能成功添加，由此构建出紧密堆积的材料模型。然而，随着颗粒数目的增大，颗粒之间产生重合的概率增大，计算效率急剧下降，能够达到的最大堆积密度十分有限。此外，连续随机添加法并未考虑颗粒之间的相互作用，不能准确反映真实情况。

与随机连续添加法不同，离散元模拟中的颗粒被同时添加到一个大容器中，随后容器尺寸逐渐缩小，颗粒因受相互作用力而在容器中自由运动，该过程直至达到了最终的堆积密度才停止。离散元方法克服了随机连续添加法的不足，不仅能够考虑颗粒之间真实的相互作用，而且能够实现更大的堆积密度，尤其适用于模拟材料的结构敏感性能。基于离散元法和随机连续添加法生成的颗粒堆积结构如图 8.18 所示，在颗粒数量与粒径分布相同的条件下，由不同方法得到的堆积结构呈现出一定的差异。

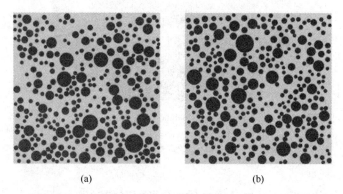

图 8.18　基于离散元方法（a）和随机连续添加法（b）生成的颗粒堆积结构

在离散元法中，真实颗粒之间的相互作用力通常用法向、径向以及转动方向上的接触模型来表示，如图 8.19 所示。法向和径向上的作用力控制颗粒的平动，转动接触模型则决定了颗粒的旋转。通过分析不同方向上颗粒的受力情况，便可得到颗粒运动的加速度和转动速度，从而推算出颗粒的运动轨迹。对于水泥基材料，不同颗粒（如骨料、水泥颗粒和水化硅酸钙凝胶粒子）之间的作用力并不相同，因此如何选取合理的接触模型来表征材料内部的不同作用力，对混凝土材料的建模过程非常重要。

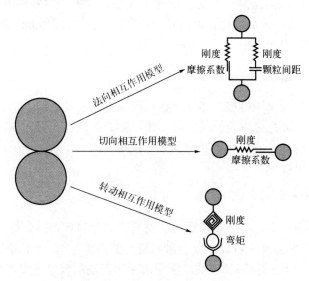

图 8.19　离散元方法中颗粒之间常见的作用模型

（2）颗粒堆积与接触判定

在混凝土的组成中，粗、细骨料和水泥熟料多为不规则颗粒，如何进行颗粒之间的接触判定从而避免发生重合现象，这对于混凝土材料结构建模具有重要意义。对于具有规则形状的颗粒而言（如球体），进行颗粒之间的接触与重叠判定较为简单，只需计算出相邻两个颗粒之间的球心距离，然后将其与两者的半径之和进行比较。如果球心距大于或等于两者的半径之和，则颗粒之间不存在重合；若球心距小于两者的半径之和，则可以判定颗粒之间存在重合，颗粒需要进行移动以避免产生重合。对于不规则颗粒而言，颗粒之间的接触判定更加复杂。以图 8.20 中所列的二维凸边形为例，为了对相邻颗粒是否产生重合进行判断，通常在颗粒表面附上一定厚度的边界层，当边界层发生重叠时，颗粒之间会产生排斥力，以此来实现不规则颗粒的紧密堆积。

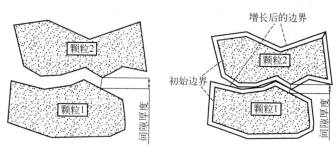

图 8.20　不规则颗粒的重合判定

湖南大学以所构建的颗粒模型和颗粒重叠为判定准则，采用离散元方法实现了不同形状颗粒的紧密堆积过程[18]。图 8.21 展示的是单一粒径条件下五面体、七面体、八面体以及任意形状颗粒的紧密堆积结构。近年来，随着计算机模拟技术的快速发展，出现了许多新兴的颗粒建模方法，如球簇模型、超椭球模型、Voronoi 切分法等。此外，对基于 X 射线 CT 扫描获得的颗粒形貌图像进行三维结构重构，亦可获得能够反映真实颗粒形状特征的模型。这种方法在水泥基材料研究中逐渐受到青睐。目前，X 射线 CT 扫描法已被用于分析水泥基材料的孔隙率、物相特征、失效机制、介质传输行为和力学性能等。

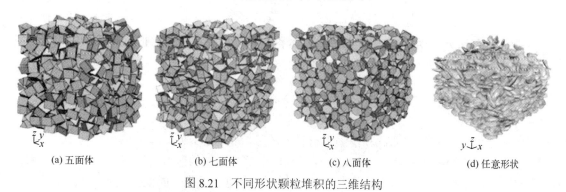

(a) 五面体　　　　　　(b) 七面体　　　　　　(c) 八面体　　　　　　(d) 任意形状

图 8.21　不同形状颗粒堆积的三维结构

（3）混凝土多相结构模型构建

混凝土是一种多相材料，其组成与结构十分复杂，涵盖了多个尺度（宏观—介观—微观—纳米）。在宏观尺度和介观尺度上，混凝土和砂浆通常被视作由粗（细）骨料、水泥浆体和界面过渡区组成的三相材料，水泥浆体被简化为均质材料，其结构需要通过微观分析来确定。在微观尺度上，水泥浆体则由未水化水泥颗粒、毛细孔、内部水化产物（高密度水化硅酸钙凝胶）和外部水化产物（低密度水化硅酸钙凝胶）所构成。由于水泥水化机制仍存在争议，水化硅酸钙的组成与结构并未完全解析清楚。分子动力学、密度泛函、纳米压痕等新兴理论与测试技术的出现，为解析水化硅酸钙的纳米结构提供了新途径。其中，分子动力学模拟可以真实再现水分子在水化硅酸钙凝胶内部（硅氧四面体）的吸附与脱附行为，从而有助于阐明混凝土材料的劣化过程。关于分子动力学建模过程，将在 8.4.3 小节中进行详细介绍。

8.4.2　基于 Boltzmann 模型的非饱和混凝土中氯离子传输模拟

8.1 节已介绍混凝土中物质传输原理和相应的质量守恒方程。8.3.2 小节详述了氯离子扩散系数的预测方法。鉴于氯离子传输在混凝土的耐久性劣化中占据非常重要的地位，且传统有限元法在处理多场耦合作用下的复杂边界问题时受到较大限制，因此，本节将介绍一种基于离散 Boltzmann（玻尔兹曼）模型的非饱和混凝土中氯离子传输模拟方法。

（1）饱和度与饱和函数

饱和度 S 用来表征混凝土材料孔隙被液体（水或溶液）填充的比例：

$$S = \frac{V_{\text{fluid}}}{V_{\text{pore}}} \tag{8.79}$$

式中，V_{pore} 和 V_{fluid} 分别为孔隙和流体体积。在试验测试中，通常用下式来计算混凝土材料的饱和度：

$$S = \frac{m_{\text{wet}} - m_{\text{dry}}}{m_{\text{sat}} - m_{\text{dry}}} \tag{8.80}$$

式中，m_{sat}、m_{wet} 和 m_{dry} 分别为饱和、非饱和和干燥情况下混凝土材料的质量。

根据 Snyder[19]，混凝土材料的孔隙结构可以用结构因子 F 来表征：

$$F = \frac{\Phi_0}{\Psi_0} \tag{8.81}$$

式中，Φ_0 和 Ψ_0 分别为氯离子在孔隙流体和饱和混凝土材料中的扩散系数。结构因子只依赖于混凝土材料的配合比和水化程度。在此基础上，Weiss[20]提出饱和函数 $f(S)$ 的概念：

$$f(S) = \frac{\Psi}{\Psi_0} \tag{8.82}$$

式中，Ψ 为氯离子在非饱和混凝土材料中的扩散系数。

假定氯离子的扩散只发生在孔隙流体（水或溶液）填充的区域且速率恒定，显然随着混凝土材料饱和度的降低，相应的氯离子传输系数也会随之下降。因此，饱和函数 $f(S)$ 满足限定条件 $f(S=1)=1, f(S<1)<1, f(S=1)=0$，且 $f(S)$ 为单调函数。饱和度对氯离子在非饱和孔隙扩散系数的影响可用线性近似来估计：

$$\Phi = \Phi_0 S \tag{8.83}$$

式中，Φ 为氯离子在非饱和孔隙中的扩散系数。因此：

$$\Psi = \frac{\Phi}{S} \times \frac{1}{F} f(S) \tag{8.84}$$

上式反映的是氯离子在非饱和混凝土中的传输系数与其饱和度、饱和函数之间的关系。由于氯离子在非饱和孔隙中的扩散系数不仅与饱和度有关，而且与孔隙流体的化学成分有关：

$$\Phi = \Phi_0 S^{\delta-1} \tag{8.85}$$

式中，δ 为待定参数。饱和函数有多种选取方法，广泛采用的是幂函数型关系：

$$f(S) = S^n \tag{8.86}$$

式中，n 为饱和系数。

（2）水泥浆体结构模型

如图 8.22 所示，东南大学采用离散 Boltzmann 方法，建立了水泥浆体的固相分形模型[21]。水泥浆体结构模型包括两相成分，即孔隙相和迭代相。具体而言，先在 E 维空间中定义边长为 L 的空白区域，该区域可以进一步分成 $N=nE$ 的小空白区域，正整数 n 表示每个维度上的小空白区域数目。基本迭代结构由变量 w 和 b 定义，即每次迭代过程迭代相所占的比例和数目，满足关系 $b=wN$。迭代过程作用于迭代相。随着迭代步骤的进行，孔隙相增多，迭代相减少。

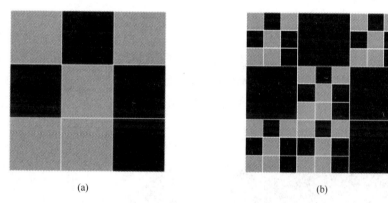

(a)　　　　　　　　　　(b)

图 8.22　固相分形模型（E=2, n=3, b=5）

黑色：孔隙相；灰色：迭代相

因此，生成的多孔结构密实度 χ 为：

$$\chi = \frac{V_{\text{total}} - V}{V_{\text{total}}} \tag{8.87}$$

式中，V_{total} 为孔隙相和固相部分的总体积；V 为孔隙相的体积。经过 i 次迭代步骤之后，多孔结构的密实度为 $\chi_i = w_i$。定义参数 $D = \lg(N_w)/\lg(n)$，再代入关系式 $a_i = L/n_i$ 和 $N = nE$，则多孔结构的密实度为 χ_i 可以表示如下：

$$\chi_i = \left(\frac{a_i}{L}\right)^{E-D} \tag{8.88}$$

上式表示的是迭代过程所构造的多孔结构属于 E 维空间的固相分形，且其分形维数为 D。

（3）数值模拟方法

离子扩散过程可由离散 Boltzmann 方程描述如下：

$$f_\alpha(x + e_\alpha \Delta t) - f_\alpha(x,t) = -\frac{1}{\tau}\left[f_\alpha(x,t) - f_\alpha^{eq}(x,t)\right] \tag{8.89}$$

式中，α 为离散方向；e_α 为离散速度；x 为坐标变量；t 为时间变量；$f_\alpha(x,t)$ 为 α 方向上的非平衡态分布函数；$f_\alpha^{eq}(x,t)$ 为 α 方向上的平衡态分布函数；Δt 为时间变量的增量；τ 为弛豫时间变量。离子浓度与分布函数满足关系 $C(x,t) = \sum\alpha f_\alpha(x,t) = \sum\alpha f_\alpha^{eq}(x,t)$。对于纯扩散问题，7 个离散方向 $(\alpha = 0,\cdots,6)$ 可满足精度要求。平衡态分布函数满足：

$$f_\alpha^{eq}(x,t) = \frac{1}{7}C(x,t) \tag{8.90}$$

弛豫时间变量与离子扩散系数 ξ 满足关系如下：

$$\xi = \frac{2}{7}\left(\tau - \frac{1}{2}\right)\frac{(\Delta x)^2}{\Delta t} \tag{8.91}$$

离子扩散通量 M 满足关系如下：

$$M = \sum_\alpha\left[e_\alpha f_\alpha(x,t)\frac{\tau - 0.5}{\tau}\right] \tag{8.92}$$

（4）非饱和扩散模拟

如图 8.23 所示，硬化水泥浆的多孔结构模拟分为两部分，即结构 S1 和结构 S2。结构 S1 代表毛细孔部分，孔隙尺寸为 0.1～2μm，包含孔隙相、固相和凝胶相。结构 S2 代表凝胶孔部分，孔隙尺寸为 0.004～0.1μm，包含孔隙相和固相。

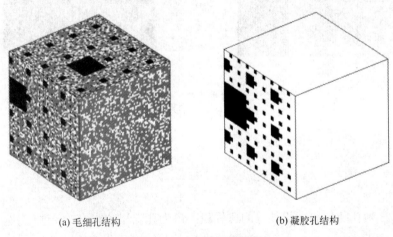

(a) 毛细孔结构   (b) 凝胶孔结构

图 8.23　水泥浆结构模拟

黑色：孔隙相；灰色：迭代相；白色：固相

采用数值模拟手段研究非饱和状态下的氯离子扩散性能，需要确立一定体积的流体在硬化水泥浆孔隙中的分布情况。具体而言，液态水充满硬化水泥浆的毛细孔按照孔隙尺寸先小后大的顺序逐级进行，饱水孔隙的最大尺寸与一定的饱和度相对应。图 8.24 所示为基于固相分形模型得到的不同饱和度下的硬化水泥浆多孔结构。

对于非饱和硬化水泥浆的氯离子相对扩散系数的格子玻尔兹曼方法计算，考虑氯离子只在饱和凝胶孔与饱和毛细孔中扩散。针对于不同饱和度下的硬化水泥浆氯离子扩散，图 8.25

展示出相应的浓度分布。对比不同水灰比（0.4，0.5，0.6）硬化水泥浆在不同饱和度下的硬化水泥浆氯离子扩散，得出饱和函数$f(S)$与饱和度S的关系如图8.26所示。结果表明，若采用幂函数型关系，饱和系数n的合理取值在4～5之间。

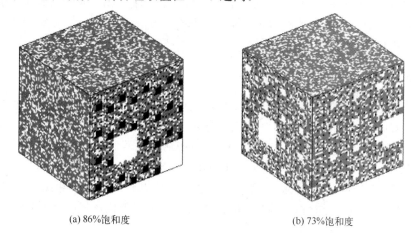

(a) 86%饱和度　　　　　　　　　　　　　(b) 73%饱和度

图 8.24　不同饱和度硬化水泥浆多孔结构

黑色：饱和毛细孔；灰色：饱和凝胶孔；白色：干燥毛细孔或固相

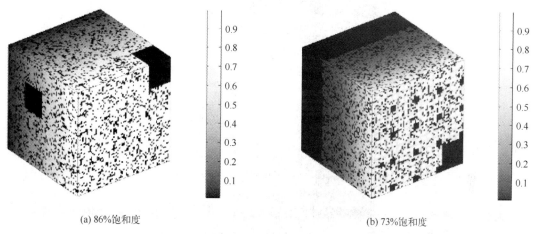

(a) 86%饱和度　　　　　　　　　　　　　(b) 73%饱和度

图 8.25　硬化水泥浆氯离子扩散浓度分布图

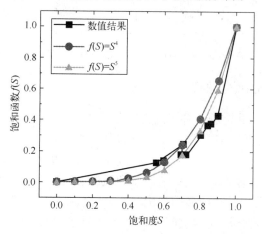

图 8.26　饱和函数$f(S)$与饱和度S的关系

8.4.3 基于分子动力学的C−S−H纳米孔道中氯离子传输模拟

从分子尺度，水和离子在水化硅酸钙纳米孔隙中的吸附和传输机理对于水泥基材料的耐久性设计至关重要。C-S-H凝胶作为水泥基材料的主要水化产物，其纳米孔中水分和离子的传输决定了钢筋混凝土结构的服役性能。本节将从分子尺度阐述水分子和氯离子在C-S-H纳米孔中的传输机理。

（1）模拟方法

以C-S-H模型为起始结构建立C-S-H纳米孔道模型。图8.27为包含孔溶液的C-S-H纳米孔道模型，C-S-H表面分布着具有"三元重复"结构的硅氧四面体链，其中桥硅氧四面体顶部的硅氧键处于质子化状态。层间Ca^{2+}分布在纳米孔两边，成为表面Ca^{2+}吸附在硅氧链上平衡其负电荷，与硅氧链共同构成了C-S-H的表面结构，沿y轴方向分布的硅氧四面体链之间存在孔隙，构成了硅氧链通道结构，通道中可以容纳水分子和离子。建立模型后，利用ClayFF经验力场进行模拟，收集3000个原子轨迹用于描述模拟体系的结构和动力学特征。

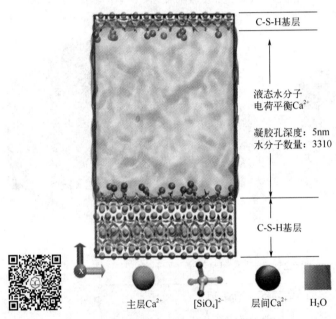

图8.27 C-S-H纳米孔道模型的分子结构图

（2）C−S−H纳米孔中水分的吸附与传输

图8.28为C-S-H纳米孔道中水分子的密度分布图，从图中可以看出，C-S-H界面周围的Ow和Hw（水分子中的O和H原子）密度分布具有明显的波动。氧原子和氢原子具有三处有明显的密度峰。在第四个峰之后，氧原子和氢原子的密度峰的波动程度开始减弱，直至固液界面10Å外，密度峰基本平稳，此时氧原子和氢原子密度值与自由水的密度接近。密度波动说明了此处界面处水分子具有明显的择优取向、层状排布结构特征，且该结构是由C-S-H表面基团的亲水作用和表面形貌的空间约束作用共同导致的。随着水分子远离固液界面，C-S-H对水分子吸附作用减弱，水分子更加倾向于随机取向，密度趋近平稳。

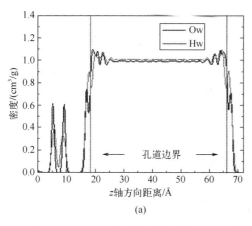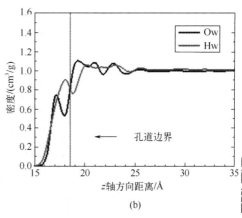

图 8.28　C-S-H 模型中水分子沿 z 轴方向的密度分布（a）与水分子密度分布中在 z 轴 15～35Å
范围的放大图（b）

图 8.29 为 C-S-H 纳米孔道中水分子沿 yz 面运动能力的分布云图，z 轴范围 0～14Å 处为层间水分子，z 轴范围 14～70Å 处为纳米孔中水分子，白色区域为水分子无法渗透进入的空间，即钙硅主层的位置，颜色棒中数字表示水分子的扩散系数值。从图中可以看出，C-S-H 界面处的水分子运动能力均存在梯度分布，说明钙硅主层附近的水分子与主层间吸附很紧密，导致水分子几乎无运动能力。随着水分子与界面之间的距离增加，其与钙硅主层间作用减弱，水分子的运动能力增加。当水分子距离表面 10Å 时，其运动特性已达到自由水状态。

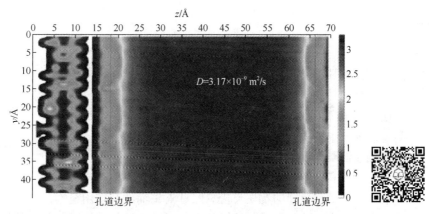

图 8.29　C-S-H 纳米孔道中水分子沿 yz 面的扩散系数（$\times 10^{-9} \mathrm{m}^2/\mathrm{s}$）

（3）C-S-H 纳米孔中氯离子的吸附和传输

为了描述氯离子在纳米孔中的传输和吸附过程，向 C-S-H 纳米孔中加入 $CaCl_2$ 溶液以模拟侵蚀溶液，如图 8.30 所示。

氯离子在 C-S-H 纳米孔道的传输和吸附机理可用分子动力学为描述。由于氯离子与水分子间的作用、氯离子与 C-S-H 主层的作用、氯离子与阳离子间的作用相比均较弱，因此氯离子在 C-S-H 纳米孔中的动力学特性主要受阳离子影响。①在 C-S-H 表面，氯离子易与 C-S-H 表面平衡电荷阳离子结合，从而以阴阳离子对的形式吸附在 C-S-H 表面，此时氯离子的动力学特性主要受到离子间化学键的影响，即阳离子与 C-S-H 表面的氯离子的结合力越强，氯离子在 C-S-H 表面的吸附越稳定。②在纳米孔中央，阴、阳离子运动受到 C-S-H 表面的影响均较小，此时氯离子的动力学特性主要受到孔溶液中游离阳离子的影响。阳离子结合周围水分子及氯离子形成其溶剂化膜。阳离子与水分子和氯离子的吸附越强，其周围的溶剂膜越稳定，整个团簇的运动能力越低。氯离子的运动受到阳离子及其溶剂化膜的影响，因此运动能力也降低。

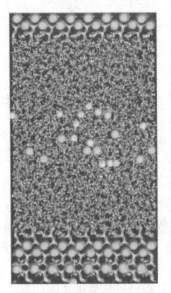

图 8.30　CaCl$_2$ 在 C-S-H 纳米孔道中的传输和吸附模型

习题

1．简述常见的几种物质迁移原理并给出相应的质量守恒方程。

2．总结常见的几种混凝土传输性能的影响因素。

3．简述水和多离子耦合传输原理。

4．简述混凝土中物质的电迁移方程。

5．如何描述混凝土中多离子间的相互作用原理？

6．饱和混凝土和非饱和混凝土中的物质传输原理有何不同？

7．影响混凝土传输性能的物质反应有哪些？请简述其作用机理。

8．什么是混凝土的固化作用？简述几种常见的描述氯离子固化作用的模型。

9．什么是混凝土中的碳化反应？影响混凝土碳化率的因素有哪些？这些因素之间是如何相互作用的？

10．简述几种常见的描述混凝土中硫酸根离子的侵蚀模型。

11．简述有限元法和离散元法在混凝土结构建模和传输性能模拟中的优缺点。

12．简述基于离散元的混凝土多相模型构建过程。

13．简述基于 Boltzmann 模型的混凝土中物质传输建模原理。

参考文献

[1]　Liu Q, Easterbrook D, Yang J, et al. A three-phase, multi-component ionic transport model for simulation of chloride penetration in

concrete [J]. Engineering Structures, 2015, 86: 122-133.

[2] Multon S, Sellier A, Cyr M. Chemo-mechanical modeling for prediction of alkali silica reaction (ASR) expansion [J]. Cement and Concrete Research, 2009, 39: 490-500.

[3] Shen X, Jiang W, Hou D, et al. Numerical study of carbonation and its effect on chloride binding in concrete [J]. Cement and Concrete Composites, 2019, 104: 103402.

[4] Zhang C, Chen W, Mu S, et al. Numerical investigation of external sulfate attack and its effect on chloride binding and diffusion in concrete [J]. Construction and Building Materials, 2021, 285: 122806.

[5] Pignat C, Navi P, Scrivener K. Simulation of cement paste microstructure hydration, pore space characterization and permeability determination [J]. Mat. Struct, 2005, 38: 459-466.

[6] Aït-Mokhtar A, Amiri O, Dumargue P, et al. A new model to calculate water permeability of cement-based materials from MIP results [J]. Advances in Cement Research, 2002, 14: 43-49.

[7] Zhang M. Pore-scale modelling of relative permeability of cementitious materials using X-ray computed microtomography images [J]. Cement and Concrete Research, 2017, 95: 18-29.

[8] 陈伟康, 刘清风. 干湿交替下混凝土中水分和多离子耦合传输的数值研究[J]. 水利学报, 2021, 51: 622-632.

[9] Liu C, Qian C, Qian R, et al. Numerical prediction of effective diffusivity in hardened cement paste between aggregates using different shapes of cement powder [J]. Construction and Building Materials, 2019, 223: 806-816.

[10] Tong L Y, Liu Q, Xiong Q X, et al. Modelling the chloride transport in concrete from microstructure generation to chloride diffusivity prediction [J]. Computers and Structures, 2024: 21.

[11] Shen X, Liu Q, Hu Z, et al. Combine ingress of chloride and carbonation in marine-exposed concrete under unsaturated environment: A numerical study [J]. Ocean Engineering, 2019, 189: 106350.

[12] 乔宏霞, 周茗如, 何忠茂, 等. 硫酸盐环境中混凝土的性能研究[J]. 应用基础与工程科学学报, 2009, 17: 77-84.

[13] Marchand J. Modeling the behavior of unsaturated cement systems exposed to aggressive chemical environments [J]. Mat. Struct, 2001, 34: 195-200.

[14] Sarkar S, Mahadevan S, Meeussen J C L, et al. Numerical simulation of cementitious materials degradation under external sulfate attack [J]. Cement and Concrete Composites, 2010, 32: 241-252.

[15] Basista M, Weglewski W. Chemically Assisted Damage of Concrete: A Model of Expansion Under External Sulfate Attack [J]. International Journal of Damage Mechanics, 2009, 18: 155-175.

[16] Krajcinovic D, Basista M, Mallick K, et al. Chemo-micromechanics of brittle solids [J]. Journal of the Mechanics and Physics of Solids, 1992, 40: 965-990.

[17] 左晓宝, 孙伟. 硫酸盐侵蚀下的混凝土损伤破坏全过程[J]. 硅酸盐学报, 2009, 37: 1063-1067.

[18] Stroeven P, Li K, Le N L B, et al. Capabilities for property assessment on different levels of the micro-structure of DEM-simulated cementitious materials[J]. Construction and Building Materials, 2015, 88: 105-117.

[19] Snyder K A. The relationship between the formation factor and the diffusion coefficient of porous materials saturated with concentrated electrolytes: Theoretical and experimental considerations[J]. Concrete Science and Engineering, 2001,3(12):216-224.

[20] Weiss J, Snyder K, Bullard J, et al. Using a Saturation Function to Interpret the Electrical Properties of Partially Saturated Concrete[J]. Journal of Materials in Civil Engineering, 2013, 25: 1097-1106.

[21] Gao Y, Jiang J, Wu K. Modeling of Ionic Diffusivity for Cement Paste with Solid Mass Fractal Model and Lattice Boltzmann Method[J]. Journal of Materials in Civil Engineering, 2017, 29: 04016287.

第 9 章

陶瓷压制成型及烧结过程数值模拟

陶瓷材料由于具有高强度、抗腐蚀、耐高温等优良性能，被广泛用于机械加工、冶金工业、航空航天等领域。粉末的压制烧结过程对陶瓷产品性能起着决定性作用，传统的陶瓷制备主要依靠经验，产品从设计到生产需进行多次尝试和修正，成本很高且存在盲目性。成熟合理的压制和烧结理论是指导生产实践的基础，能为改进工艺提供依据，提高陶瓷产品的各项性能。通过对陶瓷粉末压制烧结过程进行数值模拟，可以优化工艺、降低成本和缩短研发周期。此外，将试验与数值模拟相结合，能大幅提高计算模型的可靠性和实用性，实现理论、试验、数值模拟三者的相互验证，更好地为工业生产做出指导。

9.1 颗粒堆积结构生成

陶瓷粉末材料可以等效为粉末本身与其之间的孔隙组成的多相材料，在压制成型过程中，粉末材料从类似于液体材料的易流动性转化为类似于固体材料的不可变形性，这是一个复杂的非线性过程，其大致可以分为三个阶段。①粉末颗粒重排阶段。松装状态的陶瓷粉末由于颗粒表面互相接触产生的摩擦力作用会存在许多孔隙，这使得其材料整体相对密度较低。在这一阶段，压力造成的位移主要使松装粉末中的拱桥效应减弱，粉末颗粒之间发生流动和重新排列使得大的孔隙得到有效减少。②弹性变形和塑性变形阶段。因每个陶瓷粉末颗粒都可视为完全致密的陶瓷单体，当陶瓷颗粒间的压力逐渐增大时，陶瓷粉末颗粒将会发生细微的弹性变形以及塑性变形，粉末颗粒之间相互接触的面积也会随之增大。③粉末颗粒脆性断裂阶段。当粉末颗粒所受到的实际应力超过其强度极限后，粉末颗粒将发生脆性断裂，这时粉末材料整体的孔隙率大幅下降且相对密度会进一步提高[1]。

9.1.1 密度梯度的分析

随着粉末压制成型技术的不断发展，各国研究者提出了众多描述粉末压制成型过程的理论方法用于数值模拟，进而指导实际的生产以及对工艺参数和模具结构等进行优化。为描述粉末压制成型过程，需准确构建其力学行为、位移等参数之间的相互关系即构建本构模型。目前，非连续介质力学方法和连续介质力学方法是两种常用于研究粉末压制成型的数值模拟方法[2]。这里以非连续介质力学方法来对粉体压制过程的密度变化进行分析。

非连续介质力学方法将松装粉末视为众多粉末颗粒堆叠在一起的形态，即对每个粉末颗粒进行单独建模并研究其流动与力学行为。非连续介质力学方法又分为两种，即离散单元法（discrete element method，DEM）和多颗粒有限元法（multiparticle finite element method，MPFEM）。离散单元法（DEM）最早由 Cundall 等人[3]在 20 世纪 70 年代提出，该方法首先分析离散单元间的接触行为，建立接触的力学模型以及本构关系，再根据物理力学定律建立各参数之间的相互关系以实现对非连续离散单元进行模拟仿真。该方法将每个粉末颗粒等效为刚体，即受力时不会发生变形，将粉末材料的压制成型过程等效为刚体之间的接触与重叠。Martin 等人[4]利用离散单元法研究了粉末模压和等静压工艺中的粉末颗粒重排规律。如图 9.1 所示，东北大学的研究者[5]利用 DEM 方法，将粉末等效为由多个球体组合而成的立方体模型，模拟机械振动对松装粉末性能的影响规律，结果表明，适当振幅和频率的机械振动有利于颗粒的致密化。

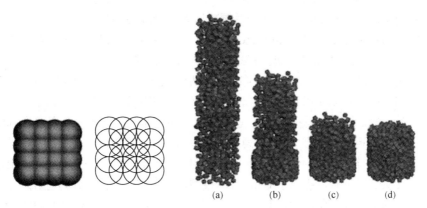

(a)　　　　(b)　　　　(c)　　　　(d)

图 9.1　利用 DEM 方法研究松装粉末的机械振动过程[5]

另一种非连续介质力学方法，多颗粒有限元法（MPFEM）同样将松装粉末视为众多粉末颗粒堆叠在一起的形态，但它并非将粉末材料视为刚体，而是考虑了每个粉末颗粒自身的弹塑性变形。研究者[6]利用多颗粒有限元方法对不同粒度钨粉的单轴模压和固态烧结过程进行数值模拟，对整体相对密度、局部应力分布等进行了表征且通过试验验证了模拟结果。如图 9.2 所示，Han 等人[7]采用 MPFEM 对铁铝复合粉末的二维压实过程进行了数值模拟。系统研究分析了铝粉含量对压实过程中坯体变化和制件最终性能的影响。结果表明，在相同压实压力下，随着铝含量的增加，可获得较高的相对密度，且力链结构变得松散。当铝含量固定时，应力主要集中在形成接触力网的铁颗粒上，阻碍了材料的压实致密化。

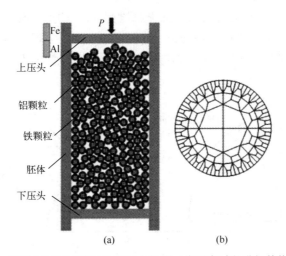

(a)　　　　　　(b)

图 9.2　采用 MPFEM 法对铁铝复合粉末二维压实过程进行数值模拟[7]

9.1.2　尺寸变化的描述

　　粉体整体尺寸变化应将其视作一个整体，连续介质力学方法则是将所有粉末颗粒的堆积形态视作一个整体，使用传统的弹塑性力学方法对其成型过程进行研究。这种方法通过构建本构关系来描述粉末在压制过程中的力学行为。连续介质力学方法主要指经典弹塑性模型法和广义塑性力学方法，经典弹塑性模型法的目的是为材料建立一个屈服准则或是屈服函数，20 世纪，各国研究者基于经典的 Von-Mises 屈服理论建立了各种适合描述粉末压制成型的本构方程。1976 年，Shima 和 Oyane 等人[8]对铜粉压制成型坯体的烧结体进行了力学性能测试，根据其应力-应变曲线提出了 Shima-Oyane 屈服准则，并将该方程用于忽略摩擦的粉末闭模压制成型，计算了轴向应力与相对密度的关系，且与试验结果进行了比较。

　　广义塑性力学方法则是由对岩土材料的塑性变形研究发展而来，由于在压制成型过程中，粉末材料与岩土材料的应力变化以及材料内部流动情况极为相似，该方法可被用于对粉末材料的压制成型过程进行研究。粉末材料在压制过程中，材料内部会出现剪切应力，故经典弹塑性模型法未对其进行考虑有一定缺陷，而广义塑性力学方法考虑了这一现象以及材料在压制过程中相对密度的变化对材料力学行为变化的作用。1968 年，英国剑桥大学 Roscoe 等人[9]假定土体是加工硬化材料，服从相关流动准则，提出了 Cam-Clay 模型，后来该模型被修改为适合进行金属、陶瓷粉末的压制成型研究，在子午面内，其屈服曲线为经过原点的椭圆形状，如图 9.3 所示。

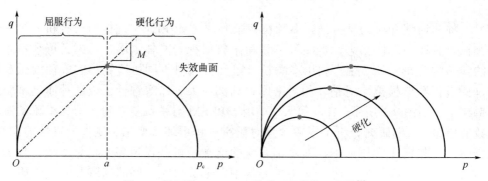

图 9.3　修正的 Cam-Clay 模型屈服曲线及硬化[9]

　　1957 年，Drucker 团队[10]对 Drucker-Prager 屈服准则进行改进，为其增添了一个类似 Cam-Clay 模型的"帽"状屈服面，从而建立了 Drucker-Prager Cap（DPC）模型，如图 9.4 所示。随后该模型被不断修正和扩展，并广泛应用于岩土力学和陶瓷、金属、药物粉末的压制成型领域研究。

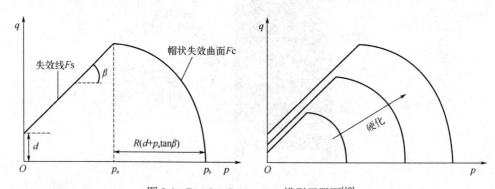

图 9.4　Drucker-Prager Cap 模型屈服面[10]

综上，尽管对每一个粉末颗粒进行建模的非连续介质力学方法更符合实际粉末成型过程，可以更加直观地观察单个粉末颗粒在压制过程中的力学行为、变形、位移等，但这种方法仍存在较多缺点。目前国内外学者进行的研究中，通常只是象征性地对部分粉末颗粒进行建模，其数量与实际压制成型过程往往相差甚远，且难以考虑实际压制成型过程中每个粉末颗粒形状、粒径的细微差别，因而限制了其在粉末压制成型数值模拟研究中的进一步应用。

9.2 压制过程的数值模拟

9.2.1 算法描述

（1）连续介质力学方法在陶瓷粉末压制中的应用

相较于非连续介质力学方法，连续介质力学方法更适合对复杂形状成型过程进行模拟。连续介质力学方法中，相较于经典弹塑性模型法，广义塑性力学方法对陶瓷粉末压制过程中粉块内部的剪切应力进行了考虑且体现了相对密度变化对材料力学行为变化的影响效应。在广义塑性力学方法中，较为常用的粉末本构模型包括 Shima-Oyane 模型、Drucker-Prager Cap 修正模型以及 Cam-Clay 修正模型，而 Drucker-Prager Cap 修正模型中 Cap 屈服曲面的存在使得该模型更适合用来描述陶瓷粉末在压制、卸压、脱模过程中的粉末流动、位移、力学性能变化等。如表 9.1 所示。

表 9.1　常用的粉末材料本构模型

材料模型	屈服函数	参数含义
Shima-Oyane 模型	$F = \{\frac{1}{2}[(\sigma_1-\sigma_2)^2+(\sigma_2-\sigma_3)^2+(\sigma_3-\sigma_1)^2]+\frac{\sigma_m^2}{f^2}\}^{\frac{1}{2}}$	F 为外力；f 为静水压力的影响程度；σ_1、σ_2、σ_3 为三个主应力；σ_m 为静水压力
Drucker-Prager Cap 修正模型	$F_s = q - p\tan\beta - d = 0$ $F_t = \sqrt{(p-p_a)^2+[q-(1-\alpha/\cos\beta)(d+p_a\tan\beta)]^2}-\alpha(d+p_a\tan\beta)=0$ $F_c = \sqrt{(p-p_a)^2+(Rq/(1+\alpha-\alpha/\cos\beta))^2}-R(d+p_a\tan\beta)=0$	d 为内聚力，β 为摩擦角，p 和 q 分别为静水应力和 Mises（米塞斯）等效应力。p_a 为演化参数；p_b 为压缩屈服平均应力；R 为偏心距，控制帽子面的几何形状；α 为过渡面曲率系数，取值范围 0.01~0.05，决定着过渡区的形状
Cam-Clay 模型	$F_s = \frac{1}{\beta^2}\left(\frac{p}{a}-1\right)^2+\left(\frac{t}{Ma}\right)^2-1=0$	β 为摩擦角；a 为屈服面尺寸；M 为材料常数；p 为静水压力；t 等于 Mises 等效应力

（2）Drucker-Prager Cap 修正模型

如图 9.5 所示，Drucker-Prager Cap 修正模型被定义在 p-q 子午面，即静水压应力-米塞斯等效应力平面上。

可以看到本构模型在 p-q 子午面中分为三段：剪切屈服面 F_s、过渡曲面 F_t、帽屈服面 F_c。剪切屈服面 F_s 主要描述材料的剪切流动规律，帽屈服面 F_c 主要描述一种非弹性硬化机制来解释材料的塑性压实过程并且帮助控制材料在剪切屈服时的体积膨胀。过渡曲面 F_t 是一段小圆弧，形状主要由常数 α 控制，若 $\alpha=0$，模型中仅存在 F_s 和 F_c 两段屈服曲线，这两段屈服曲线的交界处会存在一个尖角，这可能会影响数值模拟计算的进行。材料力学行为曲线若与剪

切屈服曲面 F_s 相交，表示材料在受力过程中发生了剪切屈服进而失效。材料力学行为曲线与帽屈服面 F_c 相交时，表示材料在受力过程中产生塑性压实效应进而导致材料硬化。

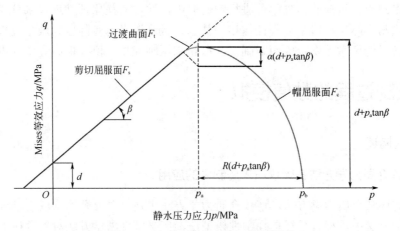

图 9.5　Drucker-Prager Cap 修正模型

除屈服曲面外，本构模型中还需包括粉末材料的塑性流动法则，在 Drucker-Prager Cap 修正模型中，塑性流动法则由塑性流动势决定。如图 9.6 所示，在帽屈服面 F_c 上，该塑性流动势与屈服面相关，即塑性势曲面和帽屈服面 F_c 重合，其表达式也相同。在剪切屈服面 F_s 和过渡曲面 F_t 上塑性流动势与屈服面不相关，即塑性势曲面的表达式与屈服曲面表达式不同。剪切屈服面 F_s 和过渡曲面 F_t 上的塑性流动势函数如下[11]：

$$G_s = G_t = \sqrt{\left[\left(p_a - p\right)\tan\beta\right]^2 + \left[q / \left(1 + \alpha - \alpha / \cos\beta\right)\right]^2} \tag{9.1}$$

帽屈服面 F_c 上的塑性流动势函数如下：

$$G_c = \sqrt{\left(p - p_a\right)^2 + \left(Rq / \left(1 + \alpha - \alpha / \cos\beta\right)\right)^2} \tag{9.2}$$

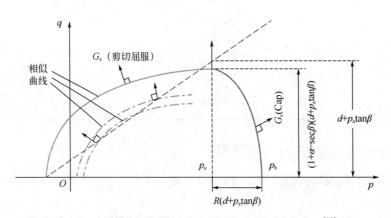

图 9.6　Drucker-Prager Cap 修正模型中的塑性势曲面[11]

（3）粉末材料参数的确定方法

剪切屈服面 F_s 包括两个材料参数，即内聚力 d 和摩擦角 β。由图 9.6 可以看出，内聚力即剪切屈服曲线与 q 轴的截距，摩擦角则是剪切屈服曲线的斜率。这两个参数与粉末材料的相对密度存在一定的函数关系，即在粉末压制过程中，这两个参数会随着相对密度的变化而变化。部分学者采用简单的模压试验来进行测量，但在使用该测量方法获取的参数进行数值模拟时，压制坯体的卸载阶段模拟结果存在较大的误差，而粉坯强度测试法则更为精确，该方法原理如图 9.7 所示。其包括四种不同的粉坯强度测试方法，即单轴拉伸测试、纯剪切测试、巴西圆盘测试以及单轴压缩测试，使用这四种方法对粉坯施加载荷时，粉坯的力学行为曲线均由原点出发且在 F_s 屈服曲面上发生屈服，即材料在剪切作用下发生材料软化现象进而失效，四条直线的斜率分别为-3、∞、$3\sqrt{13}/2$、3，因此通过两种强度测试方法可确定某一相对密度下的剪切屈服面 F_s，即可确定直线的截距以及斜率从而算得内聚力和摩擦角。拟选取单轴压缩测试和巴西圆盘测试测量内聚力和摩擦角，计算得到的表达式分别为：

$$d = \frac{(\sqrt{13}-2)\sigma_c \sigma_t}{\sigma_c - 2\sigma_t} \tag{9.3}$$

$$\beta = \tan^{-1}\left[\frac{3\left(\sigma_c - \sqrt{13}\sigma_t\right)}{\sigma_c - 2\sigma_t}\right] = \tan^{-1}\left[\frac{3\left(\sigma_c - d\right)}{\sigma_c}\right] \tag{9.4}$$

式中，σ_c 为压坯的轴向压缩强度；σ_t 为压坯的径向压缩强度。

帽屈服面包含三个参数 p_a、p_b 以及 R，在 ABAQUS 帮助文档中，官方给出测量这些参数的推荐方法是进行三轴压缩试验，该试验设备较为复杂且求解计算量大。而 Zhang 等采用的单轴模压试验[12]则更加简便，测试原理如图 9.8 所示。

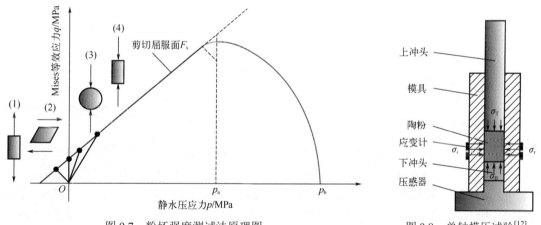

图 9.7 粉坯强度测试法原理图   图 9.8 单轴模压试验[12]

单轴模压试验中粉末材料的加载路径如图 9.9 所示，AB 段为上冲头下压加载阶段，粉末材料的力学行为曲线与帽屈服面相交，粉末材料发生塑性压实效应从而硬化，$BCDE$ 段则为卸载阶段。偏心率 R 可由帽屈服面上的一个最大加载点 $B(p_0, q_0)$ 来确定，计算后可得：

$$R = \sqrt{\frac{2(1+\alpha - \alpha/\cos\beta)^2}{3q_0}(p_0 - p_a)} \tag{9.5}$$

查阅 ABAQUS 帮助文档，可由下式表示：

$$Rp_a = \frac{p_b - Rd}{1 + R\tan\beta} \tag{9.6}$$

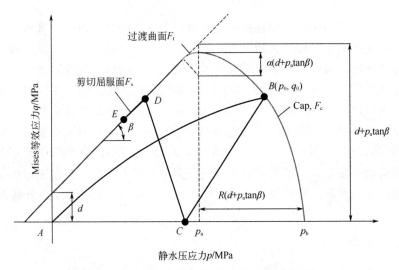

图 9.9　单轴模压试验中圆柱陶瓷坯体加载路径

　　进行有限元模拟时，除上述 DPC 本构模型的材料参数外，还需获取陶瓷粉末材料的弹性参数。研究陶瓷粉末材料的弹性行为时可将其等效为各向同性材料。且可以使用线弹性准则描述陶瓷粉末材料压制或回弹过程中的弹性变形特征。杨氏模量（E）和泊松比（v）与体积模量（K）和剪切模量（G）有关，关系式如下：

$$K = \frac{E}{3(1-2v)} \tag{9.7}$$

$$G = \frac{E}{2(1+v)} \tag{9.8}$$

9.2.2　模型验证

（1）几何模型及网格划分

　　本例使用 ABAQUS/Standard 模块对陶瓷粉末干压成型过程进行有限元模拟，将整个模拟过程分为两个分析步，即加载和卸载，均采用静力通用分析步。为了方便对有限元模拟结果进行试验验证，选取单轴模压试验中的一组对其成型过程进行模拟。为了节省计算资源，本研究对模具以及陶瓷粉末的 1/4 进行建模，如图 9.10 所示（本研究中统一使用 mm 单位制）。由于干压成型过程中粉末的变形远大于模具的变形且模具的弹性模量和屈服应力较大，可将上下冲头和阴模均选取为"壳"状的离散刚体（discrete rigid），与单轴模压试验中模具尺寸相同，半径为 5mm。陶瓷粉末则定义为三维可变形体（deformable solid），高度与 1.869g 的某陶瓷粉末相同，即 20mm。

　　此外，需对陶瓷粉末材料进行参数赋予，ABAQUS 软件自带有 Drucker-Prager Cap 修正模型，可将随密度变化的材料本构模型参数直接输入软件中，此外还需将相对密度定义为用户自定义场变量，从而利用 USDFLD 用户子程序实现材料参数的实时更新。利用某陶瓷粉末容积密度 1.19g/cm³ 以及其完全致密时的密度 3.894g/cm³ 可算得松装粉末的初始相对密度为 30.6%，该值同样被输入 USDFLD 用户子程序中。

　　网格划分方面，阴模和上下冲头可直接划分为离散刚体网格，单元属性为 R3D4 四节点三维双线性刚性四边形。粉末模型为三维可变形实体，三维网格单元一般有六面体、四面体、楔形三种，四面体网格和楔形网格容易划分，几何适应性较强，但相对六面体网格，其模拟精度较差，网格数量较多且计算量大，所以应尽可能进行六面体网格划分。本例对陶瓷粉末模型划分六面体网格，单元属性为三维应力单元中的 C3D8R 八节点线性六面体单元，网格近似全局尺寸定义为 0.4，即六面体网格单元的边长尽量接近 0.4mm。划分网格后有限元模型如图 9.11 所示，陶瓷粉末模型网格总数为 8000。

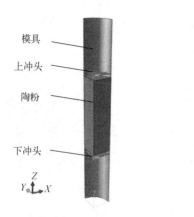

图 9.10　圆柱试样干压成型建模　　　　图 9.11　模具以及陶瓷粉末模型网格划分

（2）相互作用、边界条件及载荷设置

由于粉末与模具间的摩擦作用对粉末流动、致密度、应力分布有着重要的影响，本例采用基本的库仑摩擦模型（basic Coulomb friction model）定义粉末与模具间的摩擦作用，即摩擦力与接触面上的接触应力相关，将摩擦系数 μ 定义为 0.074。

因本例仅对模具以及陶瓷粉末的 1/4 进行建模，需对粉末模型的两侧面分别设置 X 轴方向对称和 Y 轴方向对称的边界条件。在整个分析过程中，阴模和下冲头设置为完全固定。上冲头则在第一个分析步中下压 10.5168mm 代表加载过程，在第二个分析步中回到原点代表卸压过程。

（3）USDFLD 用户子程序

在 ABAQUS/Standard 中，可引入 USDFLD 用户子程序来求解变量。用户子程序使用 FORTRAN 语言在 Visual Basic 平台中编写调试。该子程序允许用户在材料单元积分节点上定义一个随时间变化的场变量。在 USDFLD 用户子程序中，可以通过 GETVRM 命令获取每一个增量步中所有网格单元的塑性体积应变 ε_{v}^{pl}，通过下式即可将其换算为每个网格单元的相对密度 RD，在子程序中将 RD 定义为场变量即可实现 DPC 模型中材料参数随相对密度的变化实时更新的功能。

$$RD = \sum_{i=1}^{n}(\rho_i V_i) / \sum_{i=1}^{n} V_i$$

式中，ρ_i 为网格单元 i 的相对密度；V_i 为网格单元 i 的体积。

（4）数值模拟结果与分析

图 9.12 为 1/4 圆柱状某陶瓷粉末干压成型模拟结果的相对密度分布云图。图 9.12（a）为第一个分析步完成时即加载过程完成卸载开始前的相对密度分布云图，可以看到干压坯体整体相对密度在 60% 左右，而上表面边缘处相对密度最大，下表面边缘处相对密度最小，中心

区域相对密度分布则较为均匀。造成这种相对密度分布不均的主要原因是陶瓷粉末与模具内壁之间的摩擦力，干压过程中，上冲头向下移动，型腔上表面边缘附近的陶瓷粉末首先受到方向竖直向上的摩擦力的作用,这导致该部分的粉末向下流动受阻从而聚集在上表面边缘处,进而导致了上表面边缘处相对密度最大。这种趋势在干压过程中一直持续从而导致了粉末靠近阴模的部分在竖直方向上产生了相对密度分布梯度，即从上往下相对密度逐渐降低。粉末材料中心区域则不会受到摩擦力的作用，因此相对密度分布较为均匀。对比图 9.12（a）与 9.12（b）可发现在卸载分析步后坯体的整体相对密度相较于干压完成时有一定程度的降低，这是由于干压坯体发生了一定程度的回弹。

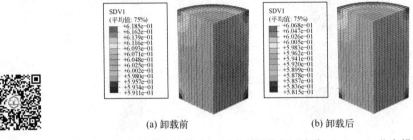

(a) 卸载前　　　　　　　　　　(b) 卸载后

图 9.12　圆柱状某陶瓷粉末干压成型坯体相对密度（SDV1）分布模拟结果

图 9.13 为 1/4 圆柱状某陶瓷粉末干压成型模拟结果的 Mises 应力分布云图。从图 9.13（a）中可以看出干压过程完成时 Mises 应力分布与相对密度分布基本一致，即坯体上表面边缘区域应力最大，下表面边缘区域应力则相对较小，即摩擦力导致的相对密度分布不均导致了干压坯体内部的应力不均。对比图 9.13（a）与图 9.13（b）可发现干压坯体在卸载后，内应力在一定程度上延展到坯体中心区域。图 9.14 为卸载过程中坯体内部的应力变化图，即介于图 9.13（a）与图 9.13（b）两时间节点之间的应力分布图。可以看到，在卸载过程开始时，坯体上表面边缘区域应力最低，这是由于上冲头与粉末上表面分离，干压坯体上半部分的内部弹力方向向上，与相对密度较大区域的粉末内应力相互平衡。随着回弹过程结束，坯体内部弹力消失，即仅剩下由相对密度差异导致的应力差异。

(a) 卸载前　　　　　　　　　　(b) 卸载后

图 9.13　圆柱状某陶瓷粉末干压成型坯体 Mises 应力分布模拟结果

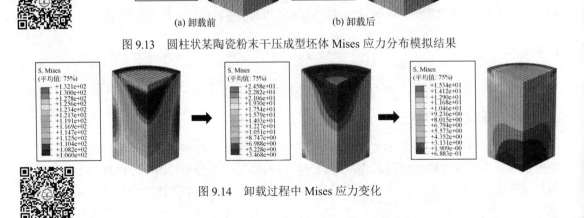

图 9.14　卸载过程中 Mises 应力变化

图 9.15 为 1/4 圆柱状某陶瓷粉末干压成型模拟结果的轴向应力分布云图。可以看出干压过程完成时，坯体内部轴向应力为负，即坯体内部受到压缩应力的作用。对比图 9.15（a）和图 9.15（b）可发现，在卸载完成后，干压坯体上半部分轴向应力方向发生了变化，这意味着坯体内一部分受到压缩应力的作用而另一部分受到拉伸应力的作用，这使得坯体在脱模时产生裂纹甚至断裂的可能性大大提高，且对最终制件的性能有一定程度的影响。

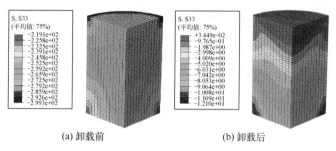

(a) 卸载前　　　　　　　　　　(b) 卸载后

图 9.15　某陶瓷粉末干压成型坯体轴向应力分布模拟结果

圆柱状某陶瓷试样粉末干压成型过程中，造成相对密度差异以及应力差异的外在原因是粉末与模具内壁的摩擦力，根本原因则是粉末重排以及流动。因此，对陶瓷粉末干压成型过程中的粉末流动规律进行研究有着重要的指导意义。图 9.16 为 1/4 圆柱状某陶瓷粉末干压成型模拟结果的粉末轴向位移分布云图，可以看出在坯体内部从上往下粉末位移量逐渐减小，而在同一水平线上粉末位移量有着微小的偏差，即由于摩擦力的作用靠近模具内壁区域的粉末位移量相对于靠近坯体中心区域的粉末位移量较小。选取图 9.16 中箭头标注的上、中、下三个不同高度的粉末层，读取其单元节点的轴向位移量后可得图 9.17 所示结果。可以看出中间层粉末靠近模具内壁区域的粉末位移量与中心区域粉末位移量偏差相对上、下两层较大。这是因为上层粉末虽然首先受到摩擦力的作用，但其距离上冲头较近，靠近模具内壁区域的粉末受到一定的推进作用，减小了这种位移偏差，而坯体下层粉末位移原本就较中上层小，这就导致中层区域粉末的轴向位移偏差量最大。

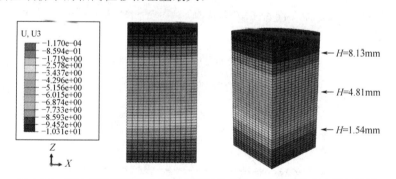

图 9.16　圆柱状某陶瓷粉末干压成型坯体中粉末轴向位移分布模拟结果

图 9.18 为干压坯体内粉末径向位移分布云图，可以看到，干压坯体上层靠近边缘区域的粉末向中心区域流动，下层则是靠近中心区域的粉末向边缘区域流动，并且位移绝对值大小由中心向四周呈水滴状扩散。这是由于在摩擦力的作用下，上层靠近边缘区域相对密度不断增大，导致周边粉末趋向于向相对密度较小的中心区域流动，随着这种趋势的持续，坯体中下层中心区域相对密度逐渐增大，边缘区域相对密度较小，则坯体下层中心区域的粉末产生

了向边缘区域流动的趋势。选取图 9.18 中箭头标注的上、中、下三个不同高度的粉末层，读取其单元节点的径向位移量后可得图 9.19 所示结果，可以发现上下两层粉末径向位移大小基本相等，方向相反，而中间层粉末则几乎没有径向位移。

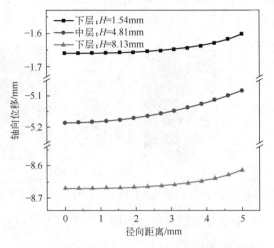

图 9.17　不同高度粉末轴向位移量随径向距离的变化

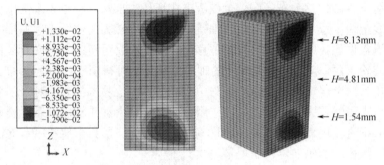

图 9.18　圆柱状某陶瓷粉末干压成型坯体中粉末径向位移分布模拟结果

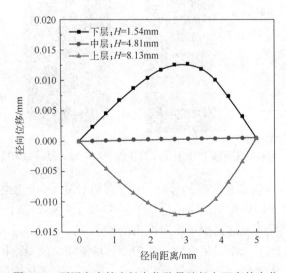

图 9.19　不同高度粉末径向位移量随径向距离的变化

9.2.3　粉体和模具壁摩擦的影响

（1）摩擦系数的测定及其对粉末压制的影响

在陶瓷粉末压制过程中，粉末与模具内壁会存在一定的摩擦力，且该摩擦力会对粉末的流动以及坯体的性能造成一定程度的影响。因此有必要通过试验测得粉末与模具内壁材料之间的摩擦系数。基于詹森-沃克理论[13]（Janssen-Walker theory），摩擦系数也可通过单轴模压试验中获取的数据计算得出，试验中模具内粉坯应力分析如图9.20所示。单轴模压试验中，上模的压力高达数百兆帕，而粉末重力的影响非常小，可忽略不计，因此不考虑粉末重力的影响，摩擦系数 μ 的计算公式为：

$$\mu = \frac{D}{4H} \times \frac{\sigma_B}{\sigma_r}\left(\frac{\sigma_T}{\sigma_B}\right)^{\frac{Z}{H}} \ln \frac{\sigma_T}{\sigma_B} \tag{9.9}$$

式中，D 为圆柱形压坯的直径；H 为圆柱形压坯的高度；Z 为内部单元距离粉体下表面的高度；σ_B 为粉体压坯底面处的轴向应力；σ_r 为径向应力；σ_T 为粉体压坯上表面的轴向应力。

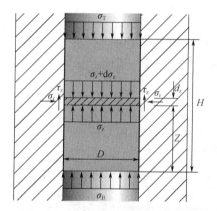

图9.20　粉末内部单元层应力分析

在粉末干压成型中，一些工艺参数或工艺条件会对干压过程中粉末的流动、坯体的致密度差异以及应力分布差异产生重要的影响进而对微波介质陶瓷制件的性能造成影响。在圆柱状试样干压成型过程中，粉末与阴模内壁的摩擦作用是干压坯体产生相对密度梯度以及应力集中的主要原因。因此，对摩擦系数在某陶瓷粉末干压成型过程中的影响进行分析有着重要的意义。

在单轴模压试验中，模具内壁涂上饱和的硬脂酸锌乙醇溶液后，干压过程中粉末与内壁的摩擦系数趋近于 0.074。本例在有限元模拟软件中设置了一系列相近的摩擦系数（0～0.2），分别进行了干压过程的模拟以研究其对坯体性能的影响。图9.21为不同摩擦系数下某陶瓷干压坯体的相对密度分布云图，可以看到摩擦系数为 0 的时候，干压坯体内部相对密度分布几乎没有差异，随着摩擦系数的增加，坯体内部相对密度差异越来越大，这说明在圆柱形状陶瓷试样干压成型过程中，造成相对密度差异的主要原因是粉末与模具内壁的摩擦力。

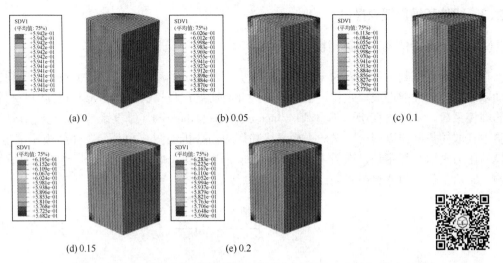

(a) 0 　　　(b) 0.05 　　　(c) 0.1

(d) 0.15 　　　(e) 0.2

图 9.21　不同摩擦系数下某陶瓷干压坯体相对密度（SDV1）分布云图

（2）摩擦系数对相对密度偏差率与应力的影响

根据数值模拟结果，定义相对密度偏差率 δ，其由式（9.10）算得，同时导出压制过程中的最大压应力 P，图 9.22 为相对密度偏差率以及最大压应力与摩擦系数的关系，可以看出，摩擦系数的增大也会导致压制过程所需的压力增大，相对密度偏差率与最大压应力随摩擦系数的增大基本呈现线性增大的趋势。

$$\delta = \frac{\text{RD}_{max} - \text{RD}_{min}}{\overline{\text{RD}}} \times 100\% \qquad (9.10)$$

式中，RD_{max} 和 RD_{min} 分别为坯体相对密度最大值、最小值；$\overline{\text{RD}}$ 为坯体整体平均相对密度。

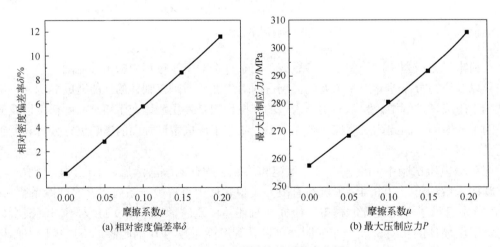

(a) 相对密度偏差率 δ 　　　(b) 最大压制应力 P

图 9.22　部分参数随摩擦系数变化图

图 9.23 可以直观地表达在陶瓷粉体干压过程中相对密度偏差率随相对密度的变化以及摩擦系数对其的影响，从图中可以看到相对密度偏差率在干压过程中基本随相对密度呈线性

增长，且摩擦系数越大，相对密度偏差率的增长速度越快，即坯体内部相对密度分布差异越大，在摩擦系数较大时，相对密度偏差率甚至呈现出一定程度的指数增长趋势。

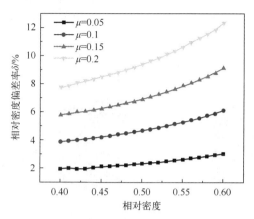

图 9.23   不同摩擦系数下相对密度偏差率在压制过程中的实时变化

（3）摩擦系数对应力分布与粉末流动的影响

图 9.24 与图 9.25 为不同摩擦系数下陶瓷干压坯体的 Mises 应力及轴向应力分布云图。从 Mises 应力分布云图中可以看出，摩擦系数为 0 时，坯体内部无应力集中处，而随着摩擦系数的增大，坯体内最大 Mises 应力逐渐增大，最小 Mises 应力逐渐减小。此外，云图中红色部分越来越少，即应力集中现象更加明显，而蓝色部分即应力相对较低区域越来越多。造成这种现象的原因是摩擦力的增大导致坯体内部相对密度分布差异越来越大，粉末在上表面边缘处聚集程度越来越大，进而导致坯体下表面边缘附近区域相对密度越来越小。从轴向应力分布云图中可以看出，随着摩擦系数的增大，干压坯体内部最大轴向应力即上半部分区域所受到的拉伸应力不断增大，下半部分所受到的压缩应力绝对值也不断增大，即坯体内不同区域所受的轴向应力方向不同且这种差异随着摩擦系数的增加而不断变大，坯体在脱模过程或是后续烧结过程中产生缺陷的概率也大大提高。

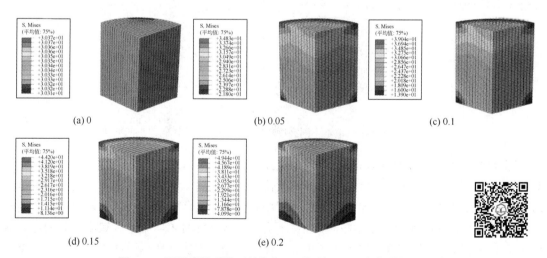

图 9.24   不同摩擦系数下某陶瓷干压坯体 Mises 应力分布云图

圆柱状试样粉末干压成型过程中，造成相对密度差异以及应力差异的外在原因是粉末与模具内壁的摩擦力，根本原因则是粉末重排以及流动。因此，摩擦系数对干压坯体性能的影响主要是由粉末流动的差异造成的。当输出摩擦系数为 0.074 和 0.2 时，干压坯体内不同高度粉末轴向位移量随径向距离的变化如图 9.26 所示，可以看出摩擦系数较大时，边缘区域粉末轴向位移量与中心区域粉末轴向位移量差异更大，即边缘区域粉末因受到摩擦力变大的影响流动受阻，最终导致了坯体内部相对密度分布差异变大且应力集中现象更加明显。

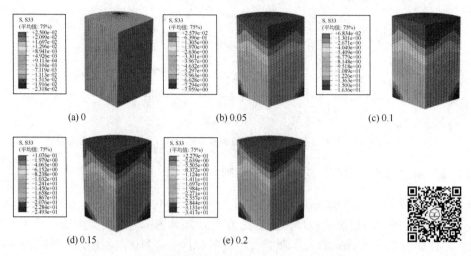

图 9.25　不同摩擦系数下某陶瓷干压坯体轴向应力分布云图

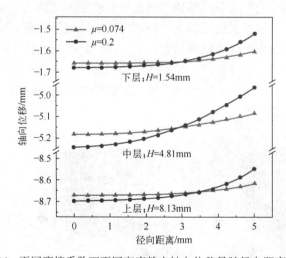

图 9.26　不同摩擦系数下不同高度粉末轴向位移量随径向距离的变化

图 9.27 为摩擦系数为 0.074 和 0.2 时干压坯体内不同高度粉末径向位移量随径向距离的变化规律，与轴向位移相同，摩擦系数的增大使同一高度粉末径向位移的差异增大。这是因为摩擦系数的增大导致坯体上层靠近边缘区域相对密度更大，增强了周边粉末向相对密度较小的中心区域流动的趋势，同时增强了坯体下层中心区域的粉末向边缘区域流动的趋势。这种粉末流动趋势的差异同样最终导致了干压坯体内部相对密度分布以及应力分布差异现象更加明显。

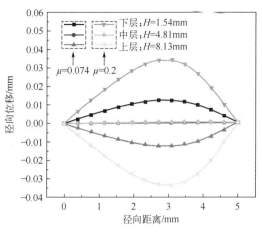

图 9.27　不同摩擦系数下不同高度粉末径向位移量随径向距离的变化

9.2.4　Z轴压力差异的分析

在圆柱状陶瓷试样干压成型过程中，粉末与侧壁的摩擦会对成型制件的性能产生较大的影响。在粉末松装体积一定的情况下，高径比会对干压过程中陶瓷粉末与侧壁的接触面积、位移量产生一定的影响。

选取粉末松装高径比（高度/直径）分别为1:2、1:1、3:2、2:1、5:2、3:1，分别进行建模和数值模拟。如图9.28所示，随着高径比的增大，相对密度分布云图中绿色部分占比越来越少，这意味着相对密度分布更加不均匀，相对密度过大或者过小的区域占比越来越大。这是由于将同等体积的松装粉末压制到相同相对密度时，高径比越大，粉末位移距离越大，即粉末受侧壁摩擦力的作用影响更加明显，导致坯体内部相对密度梯度变大。图9.29为相对密度偏差率和最大压制应力随高径比的变化曲线图，可以看出两者基本随粉末松装高径比的增大呈线性增长，即除相对密度偏差率外，所需压制压力也随高径比的增大而不断增大。

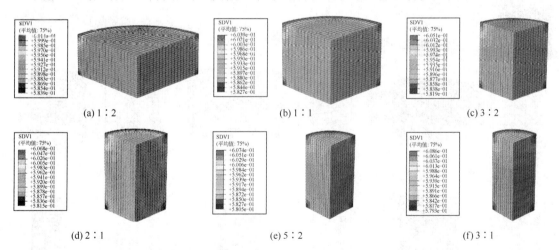

图 9.28　不同松装高径比下某陶瓷干压坯体相对密度（SDV1）分布云图

图9.30和图9.31分别为不同松装高径比下某陶瓷干压坯体Mises应力分布云图和轴向应力分布云图。可以看出，随着粉末松装高径比的增大，干压坯体应力集中区域占比增多，内部最大应力逐渐增大，最小应力则逐渐减小，即内部应力

梯度越来越大。坯体内部受到拉伸应力作用的区域随着高径比的增大而不断减少，且最大拉伸应力逐渐减小，坯体内部所受的最大压缩应力绝对值则逐渐增大。

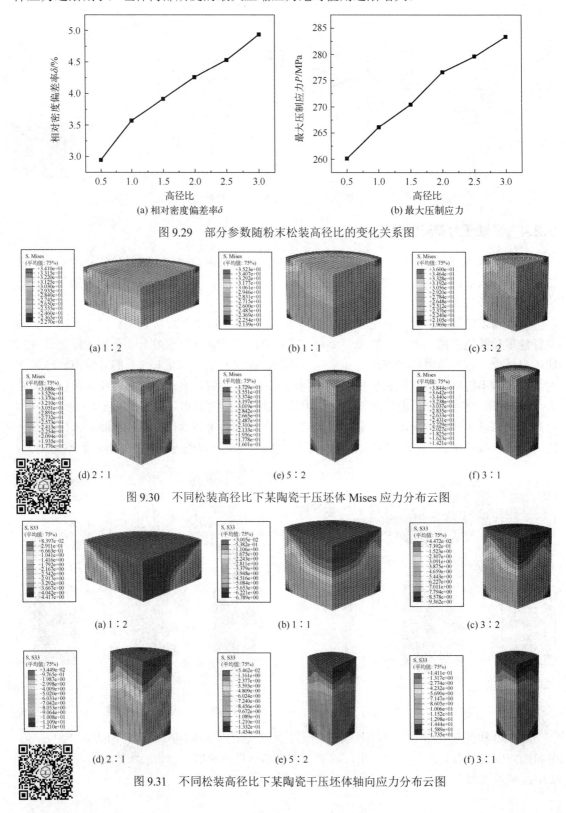

(a) 相对密度偏差率 δ

(b) 最大压制应力

图 9.29　部分参数随粉末松装高径比的变化关系图

图 9.30　不同松装高径比下某陶瓷干压坯体 Mises 应力分布云图

图 9.31　不同松装高径比下某陶瓷干压坯体轴向应力分布云图

9.2.5　加压方式对陶瓷粉末成型过程的影响

（1）干压成型

圆柱状试样干压成型过程中，陶瓷粉末与侧壁的摩擦导致粉末流动受阻，从而导致坯体内部相对密度分布不均以及应力集中现象。前文的分析都是基于下模固定、上模移动的压制工艺，该种加压方式导致干压坯体上表面边缘区域相对密度较大且有一定的应力集中现象，而下表面边缘区域相对密度和应力则相对较小。为研究不同的加压方式对干压坯体性能的影响，对圆柱状某陶瓷粉末双向加压干压过程进行数值模拟，如图 9.32（a）所示，与单向加压不同，采用双向加压时干压坯体上下表面边缘区域相对密度最高，侧面中间区域相对密度最低，相对密度偏差率由单向加压时的 4.26% 下降到 3.23%。如图 9.32（b）所示，相较于单向加压成型，双向加压干压坯体最大应力值有一定下降而最小应力值有一定上升，即坯体内部应力分布更加均匀。

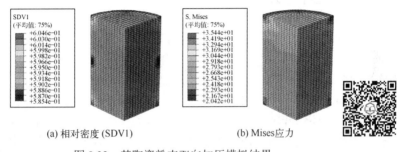

(a) 相对密度 (SDV1)　　　　　　(b) Mises应力

图 9.32　某陶瓷粉末双向加压模拟结果

（2）等静压成型

等静压成型是工业生产中常用的一种粉末成型技术，由于陶瓷粉末冷等静压过程中，密度的增加会使材料显示出弹性变形的特征，且使用的模具是属于弹性体的橡胶，因此陶瓷粉末在等静压成型过程采用弹塑性有限元法进行数值模拟。Neo-Hookean 为最常用的橡胶材料模型，其应变能函数如下：

$$W = C_{10}(I_1 - 3) \tag{9.11}$$

式中，C_{10} 为材料常数；W 为应变能函数；I_1 为弹性应变的第一不变量[14]。本例分别选用 Shima-Oyane 模型和 Neo-Hookean 模型来描述粉末、橡胶包套材料，对某陶瓷坯体的冷等静压（CIP）过程进行数值模拟，研究了该工艺过程中的相对密度分布情况。结果表明，齿轮组件在 CIP 后发生明显收缩［如图 9.33（a）所示］，试验和仿真数据吻合较好，径向相对误差为 3.55%，轴向相对误差为 7.49%，这主要是由零件的结构各向异性造成的。从图 9.33（b）可以看出，齿轮部件的 Mises 应力分布不均匀，主要集中分布在齿轮和齿槽附近，呈现的规律为齿轮外部区域应力集中，中心区域应力低。图 9.33（c）为 CIP 后齿轮的相对密度分布，中心区域最大可达 61.89%，在齿顶附近最小可达 50.13%。这是因为齿形的突然变化导致压应力的不均匀性，从而限制这些区域的致密化过程[15]。

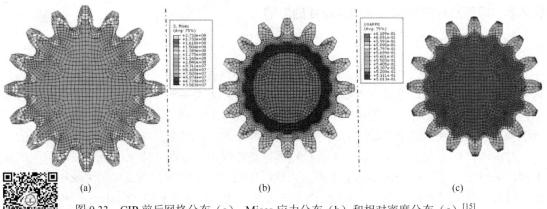

(a)   (b)   (c)

图 9.33 CIP 前后网格分布（a）、Mises 应力分布（b）和相对密度分布（c）[15]

9.3 烧结过程的数值模拟

由于陶瓷具有耐高温、耐腐蚀、耐磨损、抗氧化、良好的化学稳定性等优良性能，被广泛应用于航空航天、电子电器、机械加工、冶金工业等各方面，如飞机制造中许多关键零件采用陶瓷件替代金属材料。陶瓷产品的制备过程一般可分为三个阶段：坯体成型、干燥和烧结，其中烧结是陶瓷制备及应用的重要工序。复杂陶瓷件形式多样、结构复杂，如果烧结工艺选择不当，会造成坯体开裂、密度低、力学性能差等缺陷。传统的陶瓷烧结过程主要依靠"经验+试验"来确定工艺，这将浪费大量的时间和人力。随着计算机技术的发展，陶瓷制备技术发生了很大变化，采用计算机技术对陶瓷生产过程进行数值模拟，可以节约大量的时间和成本，对生产工艺进行验证、优化，缩短开发周期、提高产品质量等。

9.3.1 算法描述——SVOS 模型

粉末烧结的宏观力学模型比较多，如 Riedel 和 Svoboda 模型，但是这些模型的参数都较多，模型参数的确定比较困难，特别是与尺度有关的参数。压制得到的陶瓷坯体主要由粉末和孔隙组成，视为可压缩连续体。假设材料各向同性，这种多孔连续体具有高的表面能。随着温度的升高，原子或分子运动加剧，体内的表面能减少，为烧结提供了驱动力。基于烧结理论和连续介质力学原理，常采用 SVOS 黏塑性模型来描述生坯件在烧结过程中的塑性变形、相对密度等结果[16]。一般而言，非线性多孔材料的 SOVS 本构关系可表示为：

$$\sigma_{ij} = 2\eta\left(\phi\varepsilon'_{ij} + \psi e\delta_{ij}\right) + P_{\mathrm{L}}\delta_{ij} \tag{9.12}$$

式中，σ_{ij} 为柯西应力张量；ε'_{ij} 为偏应变速率张量；e 为应变速率张量的迹；δ_{ij} 为克罗内克系数；ϕ 和 ψ 为标准化剪切黏度和体积黏度；P_{L} 为烧结应力；η 为固体的剪切黏度。随着烧结的进行，晶界随着温度的增加而扩散，晶粒尺寸也随之增大。Guillaume Bernard-Granger 描述的生长规律如下：

$$G = \frac{G_0}{\sqrt{G_0 k_1 \left(\rho_0 - \rho\right) + 1}} \tag{9.13}$$

式中，G 为晶粒尺寸；G_0 为初始平均晶粒尺寸；k_1 为不随温度变化的常数；ρ_0 为初始相对密度；ρ 为烧结过程中不断变化的相对密度。

Cocks 定义了烧结过程中的体膨胀应变增量 $\Delta\bar{\varepsilon}^{\mathrm{SW}}$ 和剪切蠕变应变增量 $\Delta\bar{\varepsilon}^{\mathrm{cr}}$，定义如下：

$$\Delta\bar{\varepsilon}^{\mathrm{SW}} = -\frac{P+\sigma_{\mathrm{s}}}{2\varphi\psi}\Delta t \tag{9.14}$$

$$\Delta\bar{\varepsilon}^{\mathrm{cr}} = -\frac{\tilde{q}}{3\varphi\psi}\Delta t \tag{9.15}$$

式中，P 为等效静水压力；$\tilde{q}$ 为米塞斯等效偏差应力；σ_{s} 为烧结应力；φ 和 ψ 分别为有效剪切模量系数和体积模量系数。

9.3.2 模型验证

（1）模型建立及网格划分

采用压制法制备半径为 5mm、高度为 10mm 的圆柱形样品作为标准样品。初始温度为 20℃，连续加热 4.5h 后，烧结温度最高可达 1350℃，保温时间为 3h，粉末自然冷却至室温。在数值模拟中，考虑到试件的对称性，选取 1/4 的样本作为研究对象，而后采用 ABAQUS 对数值区域进行网格划分，将其划分成若干个有限单元。

（2）模型及参数确定

本例将修正了蠕变特性的 SOVS 模型嵌入有限元软件中，模拟某陶瓷粉末在 ABAQUS 中的无压烧结过程，分析了相对密度、收缩率、烧结应力和晶粒生长随烧结过程的变化规律，并进行了试验验证。表 9.2 列出了某陶瓷粉末的烧结模拟材料参数。

表 9.2　烧结模拟材料参数

参数	数值
比表面能	34.7mN/m
初始平均晶粒尺寸	0.5～?μm
表面活化能	2.73×10^5J/mol
初始剪切黏度	2.09×10^{-8}GPa·s
热导率	3.548～12.908W/(m·K)(199.7～1400℃)
比热容	1169700～1441000J/(g·K)(199.7～1400℃)
气体常数	8.314J/(mol·K)

（3）数值模拟结果

① 某圆柱状陶瓷干压坯体烧结的数值模拟结果。

为了验证仿真方法的可靠性和准确性，对某陶瓷的烧结过程进行了数值模拟。图 9.34 为某陶瓷干压坯体烧结前后相对密度的模拟结果。烧结前，干压坯体不同区域的相对密度是不同的，平均值约为 0.6，且圆柱体上表面边缘区域的相对密度较大，而下表面边缘区域的相对密度较小。烧结后，圆柱体上表面中心区域的相对密度较低，而下表面中心区域的相对密度较高，总体相对密度也从 0.6 上升到 0.97。

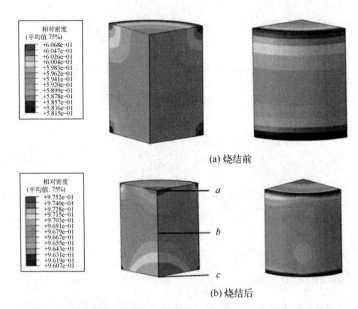

(a) 烧结前

(b) 烧结后

图 9.34 某陶瓷干压坯体烧结前后相对密度分布的模拟结果

从图 9.34 中选取相对密度差异较大的三个点（a、b、c 点），其相对密度变化曲线如图 9.35 所示。可以看到，当温度接近烧结温度（1350℃）时，陶瓷坯体的相对密度开始增大，到达最大值后保持不变。烧结后，a 点的相对密度最低，c 点的相对密度最高。这是因为压紧后，顶面即 a 点与冲床接触，受力略高于其余面，因此相对密度也较高。

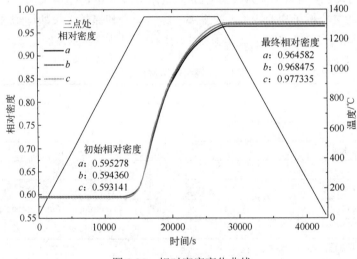

图 9.35 相对密度变化曲线

图 9.36 为圆柱状陶瓷坯体在不同烧结时期的应力分布图。由图可知，烧结初期的外应力大于内应力，这是由于挤压产生了残余应力。当温度上升到 1350℃ 时，圆柱体从顶部到底部的应力逐渐增大，这是由于底部 Z 方向的位移受到限制，在烧结应力的作用下，应力向下积累，最终集中在底部。在烧结冷却阶段，应力集中区域逐渐消除。图 9.37 为材料烧结后的位移（变形）分布图。可以看出，烧结后，圆柱状陶瓷坯体发生一定程度的收缩变形，方向为从上到下、从外到内。

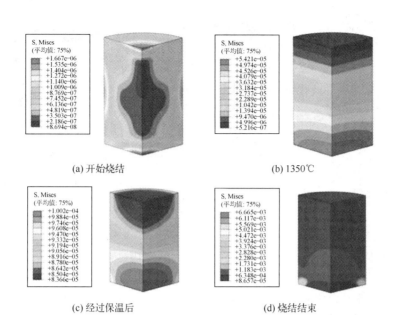

(a) 开始烧结

(b) 1350℃

(c) 经过保温后

(d) 烧结结束

图 9.36　Mises 应力分布图

图 9.38 为圆柱状陶瓷坯体的晶粒生长模拟结果图。可以看出，晶粒生长与相对密度的变化密切相关。当相对密度小于 80% 时，晶粒生长缓慢。当相对密度大于 90% 时，晶粒生长加快。陶瓷的无压烧结是一个非常复杂的过程，在烧结初期，烧结温度不够高，无法提供足够的活化能。此时，表面扩散是材料扩散的主要形式，而表面扩散只是改变了颗粒间气孔的形状，并没有改变气孔的体积，所以烧结体的相对密度没有改变。随着烧结温

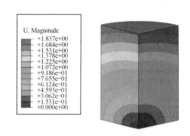

图 9.37　材料位移（变形）分布图

度的升高，温度达到临界烧结温度，晶界扩散成为主要的扩散形式。随着烧结过程的进行，颗粒堆积，颗粒之间的接触面积增大，晶界逐渐形成。同时，孔洞的形状会发生变化，孔洞的大小会减小。连接的大气孔变成孤立的气孔，气孔逐渐缩小，直到大部分或全部从晶体中消失。当晶粒密度较低时，晶界数目较少，晶粒生长速度较慢。密度越高，晶界越多，晶粒生长越快。

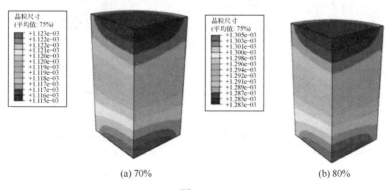

(a) 70%

(b) 80%

图 9.38

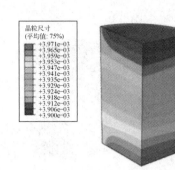
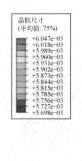

(c) 90%　　　　　　　　　　　　　　　(d) 97%

图 9.38　晶粒生长的模拟结果图

② 某陶瓷复杂构件烧结的数值模拟结果。

采用 SVOS 烧结模型模拟了某陶瓷复杂构件的致密化过程。由图 9.39 可知，烧结后，陶瓷复杂构件的不同区域，相对密度也不同。其中，盲孔底部和槽底部的相对密度较大，最大值接近 100%，而盲孔上缘和槽边缘的相对密度较低。图 9.40 为晶粒尺寸分布图。在相对密度高的区域，晶粒之间的间隙小，扩散阻力大，因此晶粒生长缓慢。

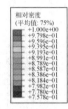
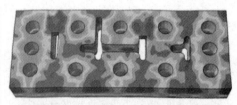

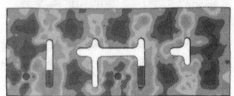

图 9.39　某陶瓷复杂构件的相对密度分布

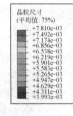

图 9.40　某陶瓷复杂构件的晶粒尺寸分布图

为进一步了解某陶瓷复杂构件的烧结应力分布情况，选取了三个不同区域的点进行分析

（图 9.41）。a 点为盲孔底部，烧结应力最大，约为 6700Pa。b 点和 c 点都是圆槽的侧壁，而 b 点的烧结应力最小，仅为 3800Pa 左右。这是因为薄壁区烧结驱动力远小于厚壁区烧结驱动力，c 点距离零件边缘较远，厚度较大，而 b 点靠近边缘，比较薄。因此 b 点的烧结应力最小，相对密度也最小。在复杂的陶瓷构件设计中，应尽量避免有弧度的凹槽和盲孔，槽的深度不宜太大。槽的设计应尽量靠近零件的中心，而不是靠近边缘。

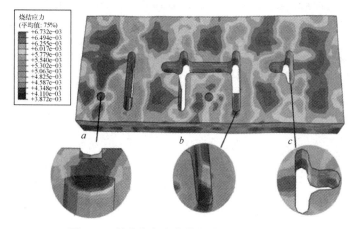

图 9.41　某陶瓷复杂构件的烧结应力分布图

习题

1. 在粉末干压成型过程，造成相对密度和 Z 轴压力差异的原因分别是什么？
2. 简述加压方式对陶瓷粉末干压成型过程的影响。
3. 常用的粉末材料本构模型有哪些？请阐述它们的屈服函数及各参数含义。
4. 试阐述粉末与芯棒及橡胶袋间的摩擦系数对坯体密度分布的影响。
5. 圆柱状陶瓷坯体的晶粒生长和相对密度的变化之间有着怎样的关系？原因是什么？

参考文献

[1] 王次明, 杨正方, 马红霞. 数值模拟在陶瓷粉末压制成型中的应用[J]. 人工晶体学报, 2007(02):415-418.

[2] 周梦成. 银基钎料系多元混合金属粉末压制成型机理研究[D]. 武汉: 武汉理工大学, 2018.

[3] Cundall P A, Strack O D L. A discrete numerical model for granular assemblies [J]. Geotechnique, 1979, 29(1):47-65.

[4] Martin C L, Bouvard D, Shima S. Study of particle rearrangement during powder compaction by the Discrete Element Method[J]. Optics Communications, 2003, 51(4):667-693.

[5] Wu Y, An X, Yu A. DEM simulation of cubical particle packing under mechanical vibration[J]. Powder Technology, 2017, 314(S1):89-101.

[6] Jia Q, An X, Zhao H, et al. Compaction and solid-state sintering of tungsten powders: MPFEM simulation and experimental verification[J]. Journal of Alloys and Compounds, 2018, 750: 341-349.

[7] Han P, An X, Zhang Y, et al. Particulate scale MPFEM modeling on compaction of Fe and Al composite powders[J]. Powder Technology, 2017, 314: 69-77.

[8] Shima S, Oyane M. Plasticity theory for porous metals[J]. International Journal of Mechanical Sciences, 1976, 18(6):285-291.

[9] Roscoe K H. On the generalised stress-strain behaviour of 'wet' clay [J]. Engineering Plasticity, 1968, 535-609.

[10] Drucker D C, Gibson R E, Henkel D J. Soil mechanics and work hardening theories of plasticity [J]. Transactions of the American Society of Civil Engineers, 1957, 122: 338-346.

[11] SIMULIA Inc. Abaqus 6.9.1 theory manual[M]. Providence: Dassault Systemes, 2009: 115-120.

[12] Zhang B, Jain M, Zhao C, et al. Experimental calibration of density-dependent modified Drucker-Prager/Cap model using an instrumented cubic die for powder compact[J]. Powder Technology, 2010, 204(1):27-41.

[13] Sinka I C, Cunningham J C, Zavaliangos A. The effect of wall friction in the compaction of pharmaceutical tablets with curved faces: A validation study of the Drucker-Prager Cap model[J]. Powder Technology, 2003, 133(1):33-43.

[14] 贺峻, 康永林, 任学平. 陶瓷粉末冷等静压成型密度缺陷模拟分析[J]. 粉末冶金技术, 2001(06):339-342.

[15] Wang Z J, He W T, Shi Y S, et al. Experimental based full process simulation of alumina selective laser processed parts densified by cold isostatic pressing and solid state sintering[J]. Journal of the European Ceramic Society, 2014, 34(7):1853-1863.

[16] 杜艳迎, 刘凯. 不锈钢金属多孔材料固相烧结热变形特性研究[J]. 稀有金属材料与工程, 2022, 51(7): 2552-2559.

第 10 章

玻璃第一性原理计算

本章主要介绍玻璃的第一原理计算，包括玻璃的原子结构、电子结构、化学键结构、力学性能及光学性能的理论计算。对玻璃的其他物理特性，如孔隙率、断裂韧性、硬度、黏度及与温度和成分有关的特性，均可以基于上述物理化学性能通过一定的理论推导获得，包括离子扩散常数、离子交换模型和玻璃化转化温度等在内的重要物理化学性能，可以通过经典的分子动力学（MD）获得。然而，对于复杂体系如玻璃态，分子动力学用势函数往往很难获得。采用从头算分子动力学的方法，可以解决势函数的问题，但是这种方法也仅局限于较小的体系。因此，开发新的计算方法和平台，利用基于第一原理计算产生的大量高质量数据的材料信息学概念，与试验测量数据并行，在未来几年对玻璃的研究具有重要意义。

10.1 氧化物玻璃

氧化物玻璃是玻璃体系中研究较多的一个体系，在这里我们介绍了具有代表性的氧化物玻璃如硅酸盐玻璃（a-SiO$_2$）、锗酸盐玻璃（a-GeO$_2$）及多组分杂化氧化物玻璃的第一性原理计算。在计算过程中我们使用了一个相当大的（含 1296 个原子）、近乎完美的连续随机网络（CRN）模型来描述氧化物玻璃。该模型没有缺陷，没有过配位或缺配位的 Si 或 O 原子，是一个非常理想的非晶态模型[1-2]。在碱金属修饰的硅酸盐玻璃体系中，碱金属离子打破了硅酸盐网络结构，导致了非桥氧（NBO）离子的产生，使多组分玻璃的结构更加复杂。应该指出的是，Al$_2$O$_3$、CaO、B$_2$O$_3$、P$_2$O$_5$ 也是非常好的玻璃修饰体，相关玻璃体系已经有相关报道[3-5]。

10.1.1 硅酸盐玻璃

1981 年，美国密苏里大学堪萨斯城大学 Ching 教授曾经报道过一个有趣的非晶氧化硅玻璃（a-SiO$_2$）模型，该模型有 162 个原子（54 个 SiO$_2$ 分子），并且具有周期性边界条件[6]。这个模型有近乎完美的局部键合，没有过配位或缺配位的 Si 或 O 原子，且有真实的环状结构分布。其强定向共价 Si—O 键跨越周期性边界条件的限制，因此这样一个近乎理想的 a-SiO$_2$ 模型是非常难构建的。这样一个近乎完美的 CRN 模型对于研究硅酸盐玻璃的本征结构与性能是非常有价值的。这个模型主要包含五元和六元环（分别为 30% 和 32%）以及相当数量的七元、八元环（18% 和 17%）和少量的九元环（3%），但没有四元环。该模型最初是从一个精心建立的无定形 Si 的周期性模型中获得的[7]，模型构建方法是在 Si—Si 键中间插入 O 原子，并在简单的 Keating 电势[6]弛豫之前重新调整晶胞大小以适应硅酸盐玻璃的密度。

多年来，这个具有 162 个原子的 a-SiO$_2$ 模型已经扩大，得到了一个足够大的 a-SiO$_2$（1296 原子）模型并且利用最新的量子化学势函数进一步优化模型结构，并利用该模型来计算硅酸盐玻璃的各种物理化学性质[8-11]。图 10.1（a）是由 1296 个原子构成的 a-SiO$_2$ 模型，它保留了与原始 162 个原子模型相同的拓扑结构。该模型已被用于研究结构、配位和键级以及能带边缘态的局域化指数（LI）等性质[8]。经过四种经验势的进一步改进，它也被用于声子计算[11]。特别地，低能振动模式被证明源于长度约为 13Å 的六个 Si 和五个 O 原子组成的分支链。这给出了在低能振动中原子运动范围的估计。

最近，Ching 课题组首次获得了这个大型玻璃模型的光学和力学性能[10]。我们的研究集中于该模型在均匀压缩至 80GPa 压力下的致密化行为[11]。通过评估其纳微结构，包括原子结构、成键特性、有效电荷、键序、电子态密度、力学性能及每个压力下的带间光吸收在内的全部特性，我们揭示了这个玻璃模型在压力下的相关细节并且它们都证实了一个主要的结论：在这个近乎理想的 a-SiO₂ 网络模型中，在 20～35GPa 的压力下会发生从低密度到高密度的非晶态相变。相变的根源在于键合特性的变化，从低压下离子的共价混合型到高压下的高度共价型，同时配位数也随之变化。图 10.1（b）显示了密度随压力的变化，提供了在 20～35GPa 范围内从低密度过渡到高密度的证据，并且与报告的试验数据[12-14]相一致。

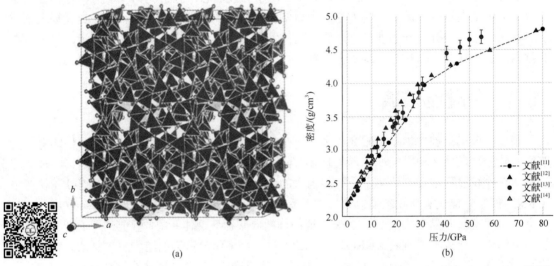

图 10.1 1296 原子的 a-SiO₂ 模型的四面体结构图（a）与 a-SiO₂ 密度在压力下致密化（b）[11-14]

图 10.2（a）～（c）显示了 Si—O 键的键序密度（BOD）在三种情况下随压力的变化情况：图 10.2（a）为密度与压力的线性关系图；图 10.2（b）为不同压力下 Si—O 键序（BO）分布的二维图，用不同颜色描述了不同压力下 Si—O 的键序分布；还显示了 Si—O 键序与键长大致成比例；图 10.2（c）为与图 10.2（b）中相同数据的三维图，但更清楚地说明了压力依赖性。这些图生动地展示了使用 BO 值和 BOD 来描述 CRN 模型中 a-SiO₂ 非晶态到非晶态的复杂转变过程。玻璃模型的折射率首次被报道为压力的函数。

如图 10.3 所示，我们计算出 a-SiO₂ 模型在零压力下的介电函数（$\varepsilon=\varepsilon_1+i\varepsilon_2$）的实部和虚部。为了与观测到的三个激发峰相匹配，$\varepsilon_2$ 曲线向下偏移了 2.37eV[15]。计算不考虑在晶体和非晶态 SiO₂ 中观察到的激子峰（阴影部分）的存在。折射系数（n）在 $\varepsilon_2(\omega)$ 受到激发峰的影响。为了确定由激子峰的省略而造成 n 的差异，我们添加了一个与试验观察到的峰具有相同的宽度和位置的模拟高斯峰以模拟激子峰的效果（图 10.3 中灰色阴影峰）。修正过的 $\varepsilon_2(\omega)$ 和后面的 $\varepsilon_1(\omega)$ 的折射率为 1.51，稍高于没有激子峰的折射率值 1.46，落在 a-SiO₂ 可接受的 n 值区间内。基于 DFT 的方法存在典型缺陷，因此导致对带隙的低估。如果将这种影响也考虑在内，计算出的折射率将略有降低，得出的值更接近试验值 1.458[16-17]。因此，可以通过添加模拟来解释绝缘体中的激子效应。更多细节可以在[10-11, 16, 18]中找到。

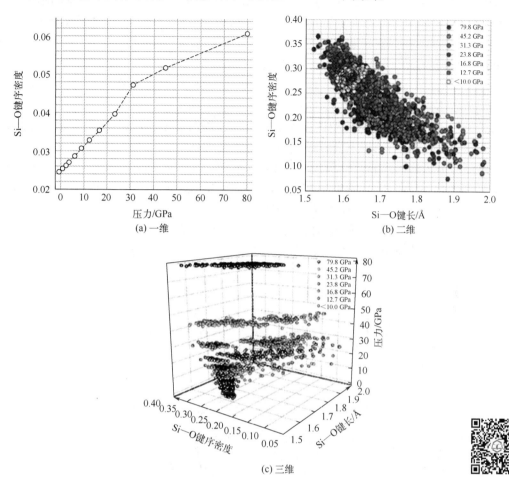

(a) 一维

(b) 二维

(c) 三维

图 10.2　a-SiO₂ 致密化模型中键序与键长的关系图[11]

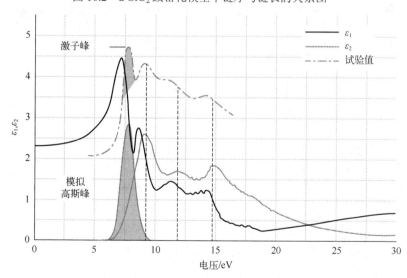

图 10.3　计算的 a-SiO₂ 介电函数的实部和虚部[15-16]

10.1.2 锗酸盐玻璃

随着 a-SiO$_2$ 的大型 CRN 模型的应用及运用第一原理计算得出的许多特性的结果，自然可以将该模型扩展到另一种重要的氧化物玻璃：锗酸盐玻璃（a-GeO$_2$）。锗系玻璃的应用，特别是在光纤方面，已经有了相当充分的记载[19]。锗酸盐玻璃（a-GeO$_2$）模型与硅酸盐玻璃（a-SiO$_2$）模型具有相同的拓扑结构，但其性质不同。

因此，我们基于 a-SiO$_2$ 模型，利用 Ge 取代 Si，并运用最新的量子化学势函数对该模型进行完全的结构优化，并依托结构优化后的模型计算其物理化学性质[16]。图 10.4（a）和（b）分别比较了 a-GeO$_2$ 和 a-SiO$_2$ 模型计算的 TDOS 和 PDOS。与石英结构中的 c-GeO$_2$ 晶胞相比，由于 a-GeO$_2$ 的短程有序和长程无序，所以 a-GeO$_2$ 的 DOS 变宽了[16]。图 10.4 显示了 a-GeO$_2$ 和 a-SiO$_2$ 的电子结构差异。计算出的 a-GeO$_2$ 的带隙为 2.42eV，远远小于 a-SiO$_2$ 的带隙（5.37eV），也略小于 c-GeO$_2$ 的带隙（2.66eV）。Si 的 3d 轨道和 Ge 的 4d 轨道都是空轨道。在图 10.4（a）和（b）中，PDOS 占据的价带里存在 Si 的 3d 和 Ge 的 4d 轨道，这反映了 Si 和 Ge 的 d 轨道与 O 之间存在强烈的相互作用。这两种玻璃的电子结构之间的细微差别仅仅表明 Ge 是一个较大的原子，有被占领的半核 3d 轨道，而 Si 中没有被占领的 d 轨道。

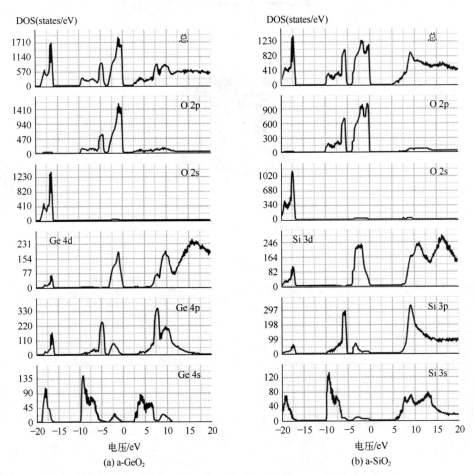

图 10.4　计算关于 a-GeO$_2$ 和 a-SiO$_2$ 的 TDOS 和轨道分辨的 PDOS[16]

在图 10.5 中，我们比较了 a-SiO$_2$ 和 a-GeO$_2$ 的键序分布，结果表明 a-SiO$_2$ 的键合强于

a-GeO$_2$，反映在较大的 BO 值上，主要是因为 Si—O 键较短。两幅图都显示了近似的高斯分布，因为两个模型都有一个近乎完美的 CRN 结构。

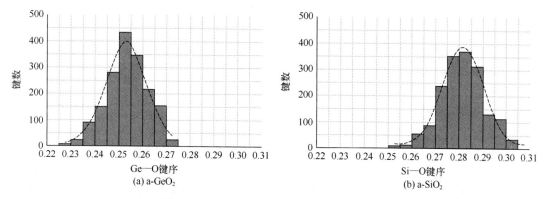

图 10.5　a-GeO$_2$ 和 a-SiO$_2$ 键序分布的比较[16]

图 10.6 显示了计算出的 a-GeO$_2$ 的介电函数的虚部，它与 a-SiO$_2$（图 10.5）有很大的不同。图 10.6 中的虚线代表试验数据[20]，与计算结果比较吻合。为了抵消低估的带隙，将试验得到的 $\varepsilon_2(\omega)$ 曲线向左偏移 1.8eV 使其与计算的峰 1 对齐。$\varepsilon_2(\omega)$ 在阈值 2.7eV 时迅速上升，两个主峰 1（5.2eV）和主峰 2（9.4eV）与 Pajasová 报道的试验数据相符合[20-21]。计算得到谱图中还显示了两个小的特征峰 3 和 4，分别位于 10.5 和 12.7eV 处，未能与试验数据完全符合。与 a-SiO$_2$ 不同，a-GeO$_2$ 中不存在激子峰，它可能被埋没在导带内[22]。

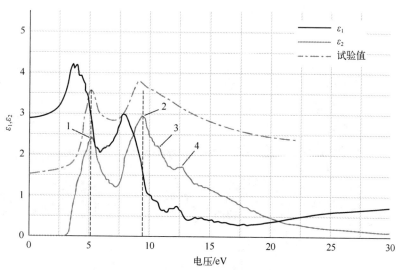

图 10.6　计算的 a-GeO$_2$ 介电函数的实部和虚部[16]（试验值来自参考文献[20]）

到目前为止，我们还没有提供关于 1296 个原子模型的 a-SiO$_2$ 和 a-GeO$_2$ 的力学性能的结果。它们将在下一节中作为两种混合玻璃 $(a\text{-}SiO_2)_{1-x}(a\text{-}GeO_2)_x$ 扩展研究的最终部分（x=1 和 0）进行讨论。

10.1.3　锗硅酸盐玻璃

有了上面描述的 a-SiO$_2$ 和 a-GeO$_2$ 的模型，很自然地考虑到两种模型的混合[23]，因此，构建了两种玻璃的混合模型。在第一种类型或第一部分中，$(a\text{-}SiO_2)_{1-x}(a\text{-}GeO_2)_x$ 模型是由 Ge 随机取代 Si 而得到的，其中 x 的范围是 0～1。图 10.7（a）显示了这些模型的结构图，包括 $x=0$（$a\text{-}SiO_2$）和 $x=1$（$a\text{-}GeO_2$）的最终组分，并且获得了该系列玻璃的结构、电子、力学和光学性能[23]，分析了性能随 x 的变化，并与现有的试验数据进行了比较。第二类或第二部分，研究了颗粒包容的性质而不是 $x = 0.5$（50% 的 $a\text{-}SiO_2$ 和 50%的 $a\text{-}GeO_2$）的均匀替代。构建了六个不同的颗粒浸泡模型来测试一种玻璃的球形颗粒包含在另一种玻璃介质中产生的性能差异［图 10.7（b）］。我们研究了三种尺寸的球形粒子，结果表明粒子尺寸确实会影响浸泡模型的性质。但是，约束颗粒与介质扩展区域的差异相对较小[23]。这种类型的模拟可以深入了解 $a\text{-}SiO_2$ 和 $a\text{-}GeO_2$ 玻璃的混合物和纳米复合材料的特性。

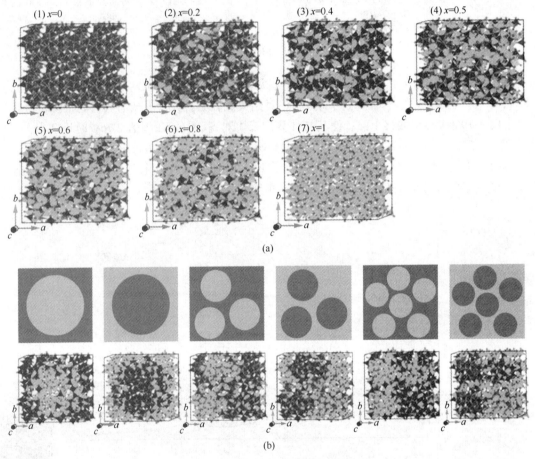

(1) $x=0$ (2) $x=0.2$ (3) $x=0.4$ (4) $x=0.5$

(5) $x=0.6$ (6) $x=0.8$ (7) $x=1$

(a)

(b)

图 10.7　两种玻璃的混合模型

（a）第一部分中，$(a\text{-}SiO_2)_{1-x}(a\text{-}GeO_2)_x$ 玻璃（0≤x≤1）最后放松的七个模型的多面体结构；(b)第二部分的六个模型的二维和三维图示，其中一个玻璃的球形粒子包含到另一个玻璃的介质中（蓝色=Si 原子，绿色=Ge 原子，红色=O 原子）[23]

图 10.8 显示了 $(a\text{-}SiO_2)_{1-x}(a\text{-}GeO_2)_x$ 的计算折射率（n）与 x 的关系以及现有的试验数据。折射率与 x 是近乎线性的，但 x 的变化斜率比试验数据更陡峭[24-26]。这是由于 $\alpha\text{-}GeO_2$ 计算的 n 比 $a\text{-}SiO_2$ 计算的 n 更接近于试验数据，$a\text{-}GeO_2$ 在导带（CB）边缘附近有一个激化峰。由 $(a\text{-}SiO_2)_{1-x}(a\text{-}GeO_2)_x$（第一部分）模型计算得到的弹性和力学性能列在表 10.1 中，这包括最终组分 $a\text{-}SiO_2$ 和 $a\text{-}GeO_2$ 的结果。只有非常有限的试验数据可供比较。剪切模量和体积模量的比

值（*G/K*），即 Pugh 模量，是一种表征材料脆韧性的指标[27-29]。表 10.1 展示了随着 *x* 从 0（a-SiO₂）增加到 1（a-GeO₂），G/K 比值下降或者说玻璃逐渐变脆。这个结论是十分重要的，因为两种玻璃都被应用于光纤。更多的细节可以在相应文献中找到[23]。

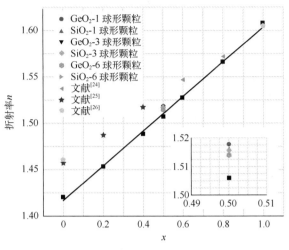

图 10.8　计算出的(a-SiO₂)₁₋ₓ(a-GeO₂)ₓ玻璃的折射率（*n*）与 *x* 的函数图[23]

表 10.1　(a-SiO₂)₁₋ₓ(a-GeO₂)ₓ（第一部分）模型计算得到的弹性和力学性能

项目	*x*=0	*x*=0.2	*x*=0.4	*x*=0.5	*x*=0.6	*x*=0.8	*x*=1
弹性常数 C_{11}/GPa	102.16	93.33	80.94	77.28	72.67	64.03	56.53
弹性常数 C_{22}/GPa	89.00	83.72	72.75	67.13	65.01	58.73	51.47
弹性常数 C_{33}/GPa	101.45	89.32	81.23	76.64	70.05	66.44	59.77
弹性常数 C_{44}/GPa	34.97	32.32	28.68	27.67	24.72	22.93	19.84
弹性常数 C_{55}/GPa	40.68	35.62	31.91	31.93	29.7	27.88	23.5
弹性常数 C_{66}/GPa	38.33	32.59	29.77	29.39	26.8	24.38	20.45
杨氏模量 *E*/GPa	88.95,73[27]	79.76	70.86	68.03	63.01	57.73	49.85, 43.3[28]
体模量 *K*/GPa	44.28, 36.1[27]	42.31	38.08	36.18	34.22	31.79	28.75, 23.9[28]
剪切模量 *G*/GPa	38.17, 31.4[27]	33.63	29.78	28.66	26.4	24.11	20.58, 18.1[28]
泊松比 *ν*	0.165, 0.162[27]	0.186	0.19	0.187	0.193	0.197	0.211, 0.192[28]
Pugh 模量（*G/K*）	0.862	0.795	0.782	0.792	0.771	0.758	0.716

10.2　金属玻璃

金属玻璃（bulk metallic glasses, BMG）是一类独特的无定形材料，它是在半个多世纪前通过将熔融玻璃从熔化温度以上快速冷却而被发现的[30-31]。将金属玻璃扩展到大块的金属玻璃[32-33]导致其应用范围扩大，这主要是因为 BMG 中没有晶界的存在[34-35]。关于金属玻璃和大块金属玻璃都有很多出色的评论[36-40]。Ching 教授使用早期版本的 OLCAO 方法的第一性原理计算的金属玻璃可以追溯到 30 多年前[41-50]。由于需要相当大的周期性模型，其他研究小组使用第一性原理来计算 MG 电子结构的研究相对较少。大多数类似的计算都通过使用不同几何构型的团簇来说明特定的观点。这些模型通常忽略了团簇表面引入的影响，这可能导致电子结构的结论错误。Ching 教授课题组早期的计算也使用较小的模型和不太精确的方法，但模型是周期性的。他们对不同类型的 MG 提供了很多见解，在当时是相当领先的。

在本节中，我们介绍了一些关于二元 Zr-Cu 和三元 Zr-Cu-Al BMG 的初步结果，其中的模型是含有 1024 个原子的周期性模型。主要目的是倡导使用 TBOD（总键序密度）作为研究 BMG 的有用指标，并说明在自由体积理论[51]等主流理论中使用几何参数对 BMG 进行结构表征，以及使用 Voronoi 细分方案[52]分配多面体单元作为 MG[37]基本构件的不足之处。本节中还介绍了另一个 MG Ni$_{60}$Nb$_{40}$ 的试验结果，并结合弹性变形的试验工作，证明了第一性原理模型在 MG 力学性能上的适用性。最后我们介绍了非晶态金属（Zr$_{41.2}$Ti$_{13.8}$Cu$_{12.5}$Ni$_{10}$Be$_{22.5}$），一种多组分的 BMG，其电学结构的计算还没有人尝试过。组分多的 BMG 比组分少的 BMG 更容易玻璃化。这里的重点是证明使用 AIMD 为玻璃合金建立结构模型的必要性，以及 OLCAO 方法在描述这种复杂系统中电子结构的有效性。

10.2.1　Zr$_x$Cu$_{1-x}$和 Zr$_x$Cu$_y$Al$_z$金属玻璃

Ching 课题组将使用二元 Zr$_x$Cu$_{1-x}$ 和三元 Zr$_x$Cu$_y$Al$_z$ 作为 BMG 原型来测试一些与 MG 的原子尺度结构相关的假设。这两个 BMG 系统已经得到了充分的研究[53-69]，产生了大量的试验数据和不同的结论。因此，它们非常适合作为基准系统使用，在此基础上测试关于 MG 理论的新概念和新方法。尽管经过数年的努力，但是这里提出的大多数结果尚未发表且被认为是初步的。在从头算 DFT 计算中，BMG 模型的大小被限制 1000 个原子内。研究采用两步法构建了一系列具有 1024 个原子的 Zr$_x$Cu$_{1-x}$ 周期性模型，Zr 浓度范围为 32%～55%。正如稍后的解释，本研究的目的是根据与基准相同范围内的薄膜密度测量的试验数据，测试使用 TBOD 作为描述 Zr$_x$Cu$_{1-x}$ 中玻璃形成能力（GFA）相关参数的假设[70]。

研究从使用 LAMMPS[71]和成熟的 EAM[72]势电位的嵌入式原子方法（EAM）的经典分子动力学模拟开始。这些模型在 300～2000K 的温度范围内进行退火，具有高达数百 ps 的多级 MD 步数，然后使用 VASP[73]对 MD 生成的模型进行充分的弛豫，不限制晶胞体积和形状（例如体积和原子位置的改变）的变化。这些模型的构建是非常复杂的，并且不能保证最终的弛豫结构与真实样品中的结构足够接近，从而产生精确的电子结构。到目前为止，已经构建了 17 个 Zr$_x$Cu$_{1-x}$ 模型进行初始评估，x 的范围为 0.34～0.54，这与相应的文献[70]大致相同。在表 10.2 中，列出了从电子结构结果计算的总键序和总键序密度，以及这些模型的体积和质量密度。我们将首先介绍一些选定的电子结构结果和使用总键序密度测试玻璃形成能力的原因，然后利用这些数据对 Zr$_x$Cu$_{1-x}$ 的玻璃形成能力（GFA）进行测试。

表 10.2　第一性原理计算包括 17 个 Zr$_x$Cu$_{1-x}$ 模型（初步结果）的总键序（TBO）和总键序密度（TBOD）

序号	名称	原子百分比（Zr、Cu）/%		体积/A^3	密度/(g/cm^3)	TBO	TBOD
1	Zr$_{328}$Cu$_{696}$	32.03	67.79	16044.276	7.674	520.689	0.03245
2	Zr$_{343}$Cu$_{681}$	33.50	66.50	16211.666	7.735	521.655	0.03218
3	Zr$_{358}$Cu$_{666}$	34.96	65.04	16385.371	7.599	522.269	0.03187
4	Zr$_{374}$Cu$_{650}$	36.52	63.48	16571.365	7.558	523.653	0.03160
5	Zr$_{389}$Cu$_{635}$	37.99	62.01	16738.197	7.524	524.552	0.03134
6	Zr$_{404}$Cu$_{620}$	39.45	60.55	16882.613	7.500	525.526	0.03113
7	Zr$_{420}$Cu$_{604}$	41.02	58.98	17068.420	7.462	526.340	0.03084
8	Zr$_{435}$Cu$_{589}$	42.48	57.52	17278.339	7.412	527.169	0.03051

序号	名称	原子百分比（Zr、Cu）/%		体积/Å³	密度/(g/cm³)	TBO	TBOD
9	$Zr_{451}Cu_{573}$	44.04	55.96	17465.693	7.373	527.359	0.03019
10	$Zr_{466}Cu_{558}$	45.51	54.49	17585.667	7.362	529.821	0.03013
11	$Zr_{481}Cu_{543}$	46.97	53.03	17755.120	7.331	530.475	0.02988
12	$Zr_{497}Cu_{527}$	48.54	51.46	17955.229	7.290	530.528	0.02955
13	$Zr_{512}Cu_{512}$	50.00	50.00	18144.629	7.252		0.02930
14	$Zr_{527}Cu_{497}$	51.46	48.54	18270.668	7.240	534.421	0.02925
15	$Zr_{543}Cu_{481}$	53.03	46.97	18461.494	7.205	534.002	0.02893
16	$Zr_{558}Cu_{466}$	54.49	45.51	18635.664	7.174	535.470	0.02873
17	$Zr_{369}Cu_{655}$	36.04	63.96	16516.317	7.569	522.783	0.03165

为了更仔细地探索用 TBOD 描述 BMG 内部键合的概念，我们还将第一原理计算从二元 Zr_xCu_{1-x} 体系扩展到三元 $Zr_xCu_yAl_z$ 体系。众所周知，Al 的加入极大地改变了 Zr-Cu BMG 的结构和性能[74]。目前，22 个与 $Zr_xCu_yAl_z$ 类似的模型正在研究中，一些初步结果列于表 10.3 中。我们从上面的二元 Zr_xCu_{1-x} 和三元 $Zr_xCu_yAl_z$ 体系中选择了两个具有代表性的模型 $Zr_{50}Cu_{50}$ 和 $Zr_{50}Cu_{40}Al_{10}$，并给出了第一性原理计算得到的电子结构。图 10.9 显示了这两个结构的球棍模型图。

表 10.3　第一性原理计算包括 22 个 $Zr_xCu_yAl_z$ 模型（初步结果）的总键序（TBO）和总键序密度（TBOD）

序号	名称	原子百分比（Zr、Cu、Al）/%			体积/Å³	密度/(g/cm³)	TBO	TBOD
1	$Zr_{512}Cu_{512}Al_0$	50	50	0	18144.629	7.252	531.594	0.02930
2	$Zr_{512}Cu_{410}Al_{102}$	50	40	10	18504.271	6.777	549.746	0.02971
3	$Zr_{512}Cu_{430}Al_{82}$	50	42	8	18371.668	6.891	546.914	0.02977
4	$Zr_{491}Cu_{492}Al_{41}$	48	48	4	17965.541	7.132	538.808	0.02999
5	$Zr_{471}Cu_{471}Al_{82}$	46	46	8	17893.246	6.971	545.369	0.03048
6	$Zr_{450}Cu_{451}Al_{123}$	44	44	12	17048.541	7.262	540.796	0.03172
7	$Zr_{435}Cu_{435}Al_{154}$	42.5	42.5	15	17730.644	6.694	559.672	0.03157
8	$Zr_{419}Cu_{451}Al_{154}$	40.9	44.1	15	17507.915	6.737	563.697	0.03220
9	$Zr_{435}Cu_{461}Al_{128}$	42.5	45	12.5	17590.756	6.838	557.422	0.03169
10	$Zr_{462}Cu_{408}Al_{154}$	45.1	39.8	15.1	18024.009	6.654	561.813	0.03117
11	$Zr_{419}Cu_{400}Al_{205}$	40.9	39.1	20	17606.786	6.524	575.372	0.03268
12	$Zr_{538}Cu_{435}Al_{51}$	52.5	42.5	5	18590.275	6.976	542.155	0.02916
13	$Zr_{486}Cu_{512}Al_{26}$	47.5	50	2.5	17879.205	7.205	536.633	0.03001
14	$Zr_{461}Cu_{512}Al_{51}$	45	50	5	17661.299	7.142	541.580	0.03066
15	$Zr_{461}Cu_{486}Al_{77}$	45	47.5	7.5	17752.031	7.017	546.519	0.03079
16	$Zr_{614}Cu_{307}Al_{103}$	60	30	10	19671.835	6.609	552.963	0.02811
17	$Zr_{563}Cu_{358}Al_{103}$	55	35	10	19052.541	6.702	553.255	0.02904
18	$Zr_{614}Cu_{358}Al_{52}$	60	35	5	19466.063	6.838	546.416	0.02807
19	$Zr_{563}Cu_{410}Al_{51}$	55	40	5	18871.133	6.933	543.664	0.02881
20	$Zr_{410}Cu_{512}Al_{102}$	40	50	10	17246.186	6.999	550.962	0.03195
21	$Zr_{666}Cu_{307}Al_{51}$	65	30	5	20050.613	6.762	549.074	0.02738
22	$Zr_{410}Cu_{563}Al_{51}$	40	55	5	17730.644	7.260	540.830	0.03172

在图 10.10 中，我们绘制了两个模型中距离为 4.5Å 范围内每对原子的计算键序值与分离距离［键长（BL）］。从图中可以看出，当键长值为定值时，键序值有较大的分布范围，并且当键序值为定值时，键长值也有较大分布范围。换句话说，金属玻璃中的原子间键合不能用

一个确定的键长值来精确定义。任何基于这些参数进行解释的理论都是非常值得怀疑的。图 10.10 还显示，键序值随键长值先增加后下降的总体趋势是正确的，但具有分离的原子对远远超过普遍接受的键长值对 TBO 有很大的贡献，这一点不能忽略。另一方面，由晶胞体积或 TBOD 归一化整个体系的 TBO 值是表征玻璃结构内部内聚力的有效参数。从图 10.10 中可以很明显地看出，在 Zr-Cu 系统中加入 Al 会改变其性质，主要是因为 Cu-Al 对的键序更强，并且键长更短。图 10.10 的下半部分显示了不同原子对总键序密度的贡献。

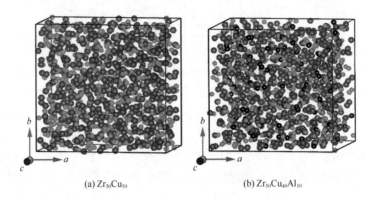

(a) $Zr_{50}Cu_{50}$ (b) $Zr_{50}Cu_{40}Al_{10}$

图 10.9 $Zr_{50}Cu_{50}$ 和 $Zr_{50}Cu_{40}Al_{10}$ 的结构模型图

红色：Zr；绿色：Cu；黑色：Al[75]

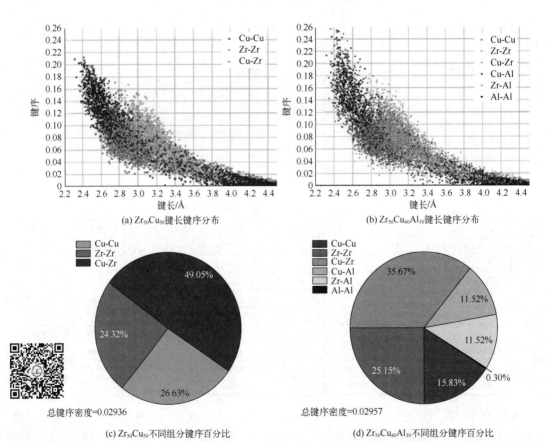

(a) $Zr_{50}Cu_{50}$键长键序分布   (b) $Zr_{50}Cu_{40}Al_{10}$键长键序分布

总键序密度=0.02936   总键序密度=0.02957

(c) $Zr_{50}Cu_{50}$不同组分键序百分比   (d) $Zr_{50}Cu_{40}Al_{10}$不同组分键序百分比

图 10.10 $Zr_{50}Cu_{50}$、$Zr_{50}Cu_{40}Al_{10}$ 的键长和键序的分布图和 $Zr_{50}Cu_{50}$、$Zr_{50}Cu_{40}Al_{10}$ 中不同组分的键序百分比[75]

上述关于使用几何参数来表征 MG 结构的不恰当性的论断，可以通过图 10.11 中 $Zr_{50}Cu_{50}$ 用不同的 BL 截止值（球体半径）围成的具有特定原子数的球形团簇的分布来进一步说明。团簇半径为 3.5Å，其分布在原子配位数为 12 时达到最大值，接近于许多研究人员在 MG 中所主张的二十面体结构。但图 10.11 显示了团簇大小（团簇中的总键合数）的分布，由于团簇的配位数不明确并且在很大程度上随球体半径或截止距离的变化而变化。

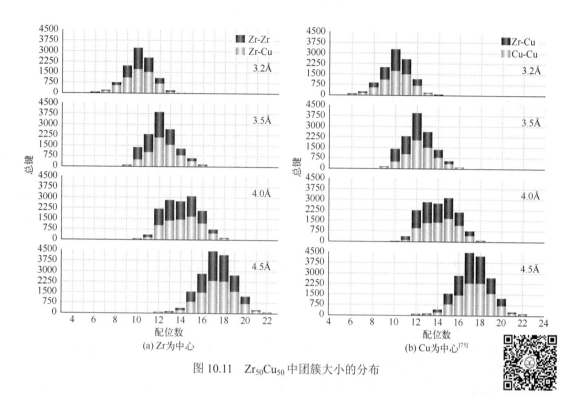

图 10.11　$Zr_{50}Cu_{50}$ 中团簇大小的分布

图 10.11 无法精确定义团簇的大小。直方图分布还取决于中心原子（Zr 或 Cu 中心）。此外，它表明，即使在给定的半径下，不同大小的团簇也可以共存。显然，三元 $Zr_xCu_yAl_z$ 体系中的情况将比二元 Zr_xCu_{1-x} 体系中的情况更加复杂。用二十面体或类似的多面休团簇的概念来描述 BMG 中的结构单元，并没有得到第一性原理计算结果的证实。图 10.12 是 $Zr_{50}Cu_{40}Al_{10}$ 中原子位置的快照，显示了以 Cu 原子为中心的球形外壳中的 Zr、Cu 和 Al 原子的位置。这明显地强调了缺乏任何二十面体单位或基于几何长度作为 BMG 参数的类似单位的证据，这与上一节中讨论的无机玻璃中原子间键合的性质形成了鲜明对比。

GFA 是 BMG 中备受争议的话题,它涉及复杂的热力学问题和许多与原子间相互作用相关的其他因素。BMG 的 GFA 仅仅反映了其抗结晶性。我们想使用第一性原理计算的结果来检验其可能与上面讨论的 TBOD 相关的假设。为了证明或推翻这一假设，我们进行了一项宏大的任务，对表 10.2 中列出的 17 个 Zr_xCu_{1-x} 样品进行建模并计算 TBOD。从经典的 MD 开始，模型的构建遵循一系列步骤，如前面所述，使用 VASP 对结构进行完全弛豫。图 10.13（a）显示了 17 个模型的密度变化，这表明从初始 MD 模拟得到的密度低估了测量值，从头算弛豫法显著提高了密度，使其更接近一致。然而，数据无法如实地复刻测量的密度波动，用于解释 Zr_xCu_{1-x}[70]中的 GFA 成分依赖性。

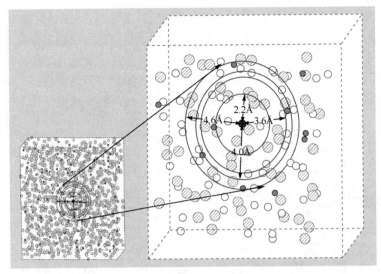

图 10.12　不同半径的铜心团聚的二维投影[75]

我们提出了一个假设，即在 Zr_xCu_{1-x} 中 GFA 的测量数据可以用 TBOD 来解释，TBOD 描述了在量子水平上原子间的相互作用并将其凝聚成一个单一的参数 TBOD。TBOD 包括通过其密度的 MG 结构方面和通过 BO 分布的原子间相互作用，因此反映了玻璃的内部凝聚力可能与 GFA 相关，至少是间接相关。我们使用表 10.2 中列出的 17 个模型的初步 TBOD 值，并且将数据作为 x 的函数与三阶多项式进行拟合，这提供了 TBOD 对 x 依赖性的总体趋势 [图 10.13（b）]。我们的假设是，在特定成分上对这一总体趋势的偏离是 GFA 升高或降低的一个指标。图 10.13（b）显示，具有特定 Zr 浓度的个别点与拟合值存在偏差。

这一初步结果被用来检验上述假设，比较 TBOD 的偏差与使用固定支架的微悬臂测量薄膜厚度的偏差[70]。有研究者[70]认为，Zr_xCu_{1-x} 中的 GFA 反应在玻璃的密度上，因此也表现在薄膜厚度上。Zr 浓度为 36%、44% 和 49% 的三种成分具有最大的薄膜厚度，与最大密度相对应，并被确定为高 GFA 的标志。在图 10.13（c）中，我们显示了单个 TBOD 与图 10.13（b）中的拟合值的偏差与试验数据的比较，试验数据的误差区间相当大[70]。

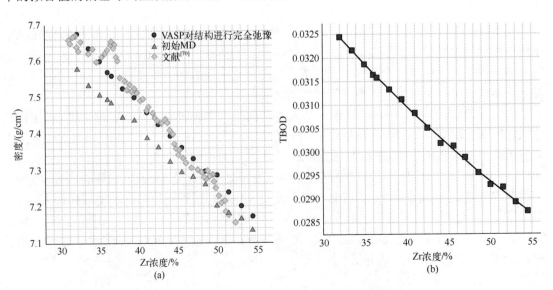

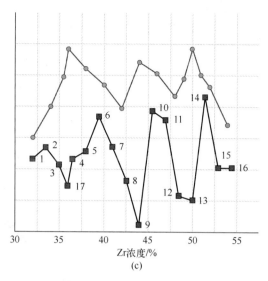

图 10.13　Zr_xCu_{1-x} 的相关模型

(a) 17 个 Zr_xCu_{1-x} 模型的密度图；(b) 17 个 Zr_xCu_{1-x} BMG 模型的数据的三阶多项式拟合；(c) 试验膜厚（圆圈）和 TBOD 假设（正方形）预测的 GFA 作为 Zr 含量的函数进行定性比较，这些数字对应于表 10.2 中的序号[75]

　　三个峰的结构得到了重现，但不是精确的组成。这些结果令人鼓舞，显示了 Zr_xCu_{1-x} 中 GFA 和 TBOD 之间可能存在的相关性。我们正在改进计算以获得更高的精度，特别是在最后的弛豫结构中，因为它们控制了模型的密度。必须强调的是，Zr_xCu_{1-x} 和 $Zr_xCu_yAl_z$ 的上述结果本质上是初步的，为了进一步提高准确性，研究仍在进行中。假设有足够的计算机资源可用，我们预计它将很快完成。我们还计划包括那些 MG 系列的力学性能的计算，并扩大 $Zr_xCu_yAl_z$ 中的列表，这样我们将有足够的数据来构建三元图，以确定特定性能的最佳成分，特别是剪切模量和泊松比。我们提出的用于表征 BMG 结构的键序概念是 BMG 理论向前迈出的重要一步。对 BMG 结构的纯几何分析是不够的。

10.2.2　NiNb 金属玻璃

　　第一性原理计算已应用于大型金属玻璃模型，并结合试验测量研究了 $Ni_{60}Nb_{40}$ MG 在拉伸应变下的变形行为[75]。本文的目的是回答为什么 $Ni_{60}Nb_{40}$ MG 薄膜具有高弹性应变极限。显然，许多因素促成了这个答案。在本节中，我们主要将讨论限制在使用第一性原理方法研究的计算和建模部分。从头算模拟可以验证提出的一些问题，并提供必要的见解。此外，有研究者[36]首次使用第一性原理方法计算了 $Ni_{60}Nb_{40}$ MG 的电子结构和力学性能。归根结底，任何材料的所有物理性质都与其电子结构密切相关。与前一节中 Zr_xCu_{1-x} 和 $Zr_xCu_yAl_z$ 过程的描述类似，我们首先构建一个具有 1024 个原子（614 个 Ni 和 410 个 Nb）的周期性立方盒子，用带有 EAM 势能的 LAMMPS[71] 来模拟升温退火过程。将样品加热到 2400K 然后在常温常压（NPT 系综）下以 1011K/s 的冷却速度淬火到 300K。然后，在没有对晶胞形状和原子位置进行限制的情况下将得到的构型用 VASP 进行完全弛豫，与之前 Zr-Cu 和 Zr-Cu-Al BMG 体系的模拟相似。弛豫模型的晶胞参数为 $a=24.362Å$，$b=24.341Å$，$c=24.096Å$，$\alpha=89.53°$，$\beta=89.87°$，$\gamma=90.03°$，最终密度为 $8.571g/cm^3$ 与试验值 $8.5\pm0.05g/cm^3$ 相符合[76]。

　　利用 OLCAO[18] 方法计算了这种弛豫 $Ni_{60}Nb_{40}$ 模型的电子结构。图 10.14（a）显示了零应力下 $Ni_{60}Nb_{40}$ 模型计算的 TDOS 和 PDOS。DOS 由两个相当宽的峰组成，一个低于费米能

（EF）以-2.0eV 为中心的来自 Ni 3d 轨道，另一个在 2.4eV 处高于 EF 来自 Nb 4d 轨道。费米能级位于 DOS 的陡坡上，有一些证据表明在 EF 附近存在局域最小值。像许多其他的 MG 系统一样，我们不能将 $Ni_{60}Nb_{40}$ 的电子结构与其他测量的性质相关联。一个明显的目标就是计算 TBOD 和确定其对应变的依赖性，这能够确定 TBOD 和下面将要讨论的力学性能之间的联系。

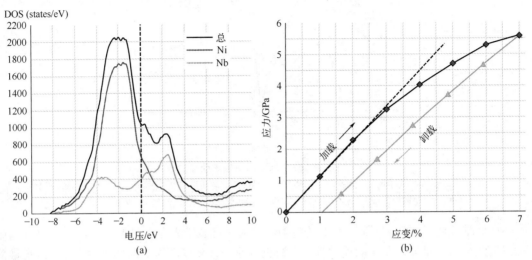

(a)   (b)

图 10.14   在零应力下计算 $Ni_{60}Nb_{40}$ 的 TDOS 和 PDOS (a) 与 $Ni_{60}Nb_{40}$ 加载和卸载时 VASP 模拟的应力-应变曲线（b）[75]

完全弛豫模型的弹性系数和力学性能可以通过应力-应变[77]方法计算，以获得下列的体积力学性能：体积模量 K=192.7GPa，剪切模量 G=43.6GPa，杨氏模量 E=121.7GPa 和基于 VRH 方法[78]得到的平均泊松比 ν=0.395。这些值与 $Ni_{50}Nb_{50}$ MG[79]的试验值相当，体积模量 K=174.9GPa，剪切模量 G=48.2GPa，杨氏模量 E = 132.0GPa 和泊松比 ν=0.37。然后该模型在 x 方向上连续延伸，每步延伸率为 1%。在每一步中，模型都使用 VASP 进行充分弛豫，并根据方向相关的泊松比调整晶胞在其它两个方向上的尺寸和体积。然后记录每一步的应力和模型的原子坐标。在单轴拉伸模拟中使用调整后的泊松比进行变形行为的过程对于获得可靠的结果非常重要，因为即使在 1024 个原子的规模下，模型仍然被认为很小。我们以前也用类似的方法研究了晶间玻璃膜（IGF）在多晶 Si_3N_4[80]、晶体 B_4C_2[81]和生物陶瓷晶体羟基磷灰石[82-83]中的拉伸行为。

$Ni_{60}Nb_{40}$ 模型在延伸到 7% 的应变后，再逐步释放（卸载），但应力并没有恢复到零应力时的原始值，与试验数据一致[75]。结果显示在图 10.14（b）。$Ni_{60}Nb_{40}$ 的第一性原理拉伸模拟结果提供了如何在 BMG 中实现超弹性极限的见解。当应变大于 2% 时，单个原子和特定原子群的空间不均匀响应随外加应力的增加而产生显著变化，导致了固有的黏弹性行为。同样，这项工作指出了追踪原子运动及其相互作用变化的重要性，这是通过电子结构变化从根本上理解力学性能的关键要素。显然，应力-应变数据的分析可以进一步扩展到包括模型的压缩和计算的 TBOD 的变化作为应变函数。对每个应变速率下的原子运动进行更详细的监测是非常有帮助的。研究在各向同性压力下 BMG 的变化是非常需要的，因为这可以提供相关原子运动和原子间键合变化的相关证据，正如最近在 $Zr_{66.7}Cu_{33.3}$ BMG[84]中观察到的那样。不幸的是，目前计算资源的不足限制我们继续进行这样的分析。

10.2.3　Zr-Ti-Cu-Ni-Be 金属玻璃

我们讨论的有关金属玻璃的最后一个项目是非晶态玻璃[85]。非晶态玻璃是一种特殊的多组分 BMG，具有一些非常好的性能,包括抗腐蚀性、独特的力学性能和高的抗形变性。它能较容易地浇铸成复杂的形状，成为 3D 打印的理想选择，大大降低了成本。但是它的电子结构和原子间的键合尚未被研究，因为没有可靠的势能，使用经典 MD 无法获得其准确的模型。大多数非晶态玻璃现有的数据是通过试验室中昂贵的试验和试错得到的。我们发起的可能是由 Peker 和 Johnson 在 1993 [86]年首次提出的广为人知的非晶态玻璃 $Zr_{41.2}Ti_{13.8}Cu_{12.5}Ni_{10}Be_{22.5}$（也被称为 Vit1）的唯一的第一性原理计算。非晶态玻璃通常具有五种以上原子的组合，其大小不同，组成的比例范围很广。在 Vit1 中，Zr 的原子半径比 Be 的大 84%。Vit1 具有极高的 GFA，临界冷却速率低（1K/s）和优异的力学性能[87]。关于 Vir1 进行了大量试验工作并建立了一些关键参数。Vir1 的玻璃转化温度（T_g）为 623K[88]，结晶起始温度（T_x）为 705.0K，起始熔融温度（R_m）为 705.0K 并且具有相对较低的密度 6.11g/cm^3。其他的工作由 Busch[89]等人报道，包括示差扫描量热法（DSC）以研究热力学性质。我们所知道的原子尺度上唯一的工作是在一个 200 原子的小模型上使用 AIMD[90]进行结构因子、相关函数、坐标数、键对和 Voronoi 多面体分析的原子计算。Vit1 的原子结构未知,因此不存在对其电子性质的理论计算。因此，缺乏对 Vit1 的短程序（SRO）和中程序（MRO）的原子尺度相互作用的理解。

在这里，我们报告了一项最近使用 AIMD 在一个足够大的 512 个原子[85]模型上的 Vit1 的热力学特性的第一性原理计算。OLCAO[18]方法用于计算电子结构和原子间键合。我们首先通过将 512 个原子（211 Zr、71 Ti、64 Cu、51 Ni 和 115 Be）随机地放置在一个模型中，其组成接近 $Zr_{41.2}Ti_{13.8}Cu_{12.5}Ni_{10}Be_{22.5}$，周期性晶胞大小为 2.0292nm×2.0292nm×2.0292nm，与测得的质量密度一致。接下来，使用 VASP[73]对该随机模型进行模拟退火和优化。我们在恒压恒温（NPT）系综下使用 AIMD，具有以下特征：

① 广义梯度近似（GGA）内的 PAW-PBE 电位[91-92]。

② 电子收敛标准为 10^{-4}eV，能量截断能为 400eV。

③ 步长为 3fs。

④ 单点 Γ 抽样。

在更高的能量截止值进行测试时，没有观察到明显的改善。我们将 Langevin 恒温用于 NPT 模拟，这更适合于退火和合金化过程中发生的体积变化[93]。AIMD 分两个阶段进行。首先，512 个原子在高于熔化温度（932K）的温度下进行熔化；其次，从 300~1500K 的温度下连续进行 8 个阶段的淬火，平均冷却速率为 $6×10^{13}$K/s。在淬火的每个阶段，模型在各自的温度下保持 600 个时间步长，并密切监测热力学波动，以确保真实的淬火。在 300K 的最终松弛后，我们从最接近 300K 的 600 个 MD 步中选择快照模型，然后选定的模型完全放松。选择总能量最低的结构作为最合适的模型。最终模型的计算密度为 6.055g/cm^3 与 300K 下 6.11g/cm^3 的试验密度非常吻合。该过程为我们提供了室温下最具代表性的结构[94]。我们在过程中执行的过滤过程对于获得可靠的结构至关重要。图 10.15 显示了使用 AIMD 的非静态玻璃的 512 个原子的最终模型。

$Zr_{41.2}Ti_{13.8}C_{12.5}Ni_{10}Be_{22.5}$ 模型的总对分布函数（PDF）$G(r)$显示在图 10.16（a）中。使用归一化系数与 Y 轴上的试验数据保持一致。试验 PDF[95]的良好一致性验证了我们的模型。图 10.16（a）的插图给出了 r<4Å 更详细的比较。在一个多组分的 BMG 中，将总的 PDF 分解

成部分组分或 PPDF（投影概率密度）是一个巨大的试验挑战。对于有五个不同成分的 Vit1 来说，这是一项艰巨的任务。另一方面，这一信息很容易从模型结构中获得。图 10.16（b）显示了 Vit1 中八个最主要的部分对总 PPDF 的贡献。试验观察到的 2.3Å 处的第一个突出的峰实际上是由 Be-Be、Ni-Be 和 Cu-Be 对的贡献组合而成的。以 2.75Å 为中心的主宽峰由许多对（Zr-Be、Zr-Cu、Zr-Ni 和 Zr-Ti）的贡献组成，但细节都被埋没在叠加中。我们的 PPDF 表明，对总 PDF 的主要贡献来自 Zr-Be 和 Zr-Cu 对，而 2.98Å 附近的轻微肩部来自 Zr-Zr 对，由介于两者中间的 Zr-Ti 对介导。可以清楚地看到，定义为 PDF 中第一个深度最小值（3.7Å）的距离的第一个壳层在这个多组分 BMG 中密集堆积，不能用于定义用于潜在函数的任何原子的原子半径，就像在经典 MD 中常规执行的那样。

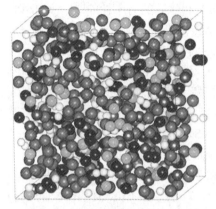

图 10.15　AIMD 模拟中的配组分快照

红色：Zr，蓝色：Ti，绿色：Cu，黄色：Ni，灰色：Be

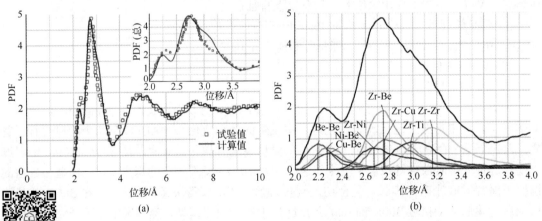

图 10.16　$Zr_{41.2}Ti_{13.8}Cu_{12.5}Ni_{10}Be_{22.5}$ 的总对分布函数（a）和部分对分布函数（b）

图 10.17（a）显示了这个模型的计算总态密度（TDOS），其被分解为各个类型原子的 PDOS。EF 位于 TDOS 的局部最小值附近，该值经常被用来证明 Vit1 在该成分下的稳定性。然而，这样的结论是不成立的，因为：

① 最小值并不突出，计算是基于 512 个原子的单一模型。

② 更重要的是，实际上没有严格的理论可以将 BMG 的稳定性纯粹归因于定义不清的非定量参数。

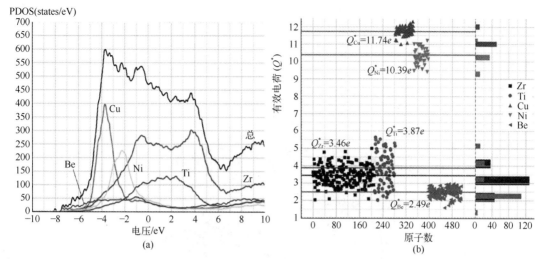

图 10.17　Vitl 中 Zr、Ti、Cu、Ni 和 Be 的计算 TDOS 和 PDOS (a)与 Vitl 模型中计算的有效电荷 Q^* 分布（b）

TBOD 将是一个更可靠的参数，但我们需要在不同成分下进行许多这样的计算来验证它。然而，N（EF）的值及其组成对于 Vitl 的其他特性（如导电性和传输特性）是很重要的。对于金属合金来说，N（EF）的计算值为每单位体积晶胞 468.7 个状态（或每电子伏特每个原子 0.916 个状态），是一个相当大的数字。在表 10.4 中，我们列出了五种原子对 N（EF）的贡献。最大的贡献来自 Zr，其次是 Ti，因为 EF 主要来自 Zr 的 4d 轨道和 Ti 的 3d 轨道，而且 Zr 和 Ti 也都有很大的原子百分比。尽管在 Vit1 中有 22.5%的 Be，但它对 N（EF）的贡献很小，因为它没有被占用的 d 电子。铜和镍都有 3d 轨道，但这些状态都远远低于费米级。

表 10.4　费米级每个组分的能量和贡献百分比

	Zr	Ti	Cu	Ni	Be	总
PDOS (state/eV)	250.969	106.455	33.9444	42.519	34.8595	468.748
对 TDOS 的贡献/%	53.54	22.71	7.24	9.07	7.44	100

接下来，我们介绍有效电荷（Q^*）的结果。它们显示在图 10.17（b）中，并注明了其平均值。图中还显示了柱状图形式的分布图。我们可以看到，各类原子的平均 Q^* 值为：Zr 为 3.46e，Ti 为 3.87e，Cu 为 11.74e，Ni 为 10.39e，Be 为 2.49e（e 为基本电子变化）。这些原子的中性原子中的价壳电子如下：Zr（4）、Ti（4）、Cu（11）、Ni（10）和 Be（2）。因此，平均而言，Zr 和 Ti 分别失去 0.54e 和 0.13e，而 Cu、Ni 和 Be 获得的电子量分别为 0.74e、0.39e 和 0.49e。图 10.17（b）中的右图描述了每一类原子的有效电荷的直方图分布，它以高斯分布的形式显示了一个合理的范围。Ti 原子的 Q^* 值的分布范围更广，为 2.0～5.8e，平均为 3.87e，表明其与相邻原子的相互作用更加多样化。然而，BMG 中的原子有可能失去或获得电子并明显偏离其平均值。这与无机玻璃的情况完全不同，在无机玻璃中，特定类型的原子要么获得电子，要么失去电子。这一事实进一步证明了金属玻璃中原子间键合的复杂性，特别是在 Vitl 等多组分 BMG 中。

所有的原子间 BO 值都是针对 Vitl 模型计算的。这里没有列出 BO 与 BL 的关系图[85]，因为大量可能的对以相当复杂的模式分布。与图 10.10 中 $Zr_{50}Cu_{50}$ 和 $Zr_{50}Cu_{40}Al_{10}$ 的情况类似，散点图再次显示，对于具有固定 BL 的特定原子对，BO 的数值范围很广，对于固定的 BO 值，

BL 可以跨越相当大的分离距离，支持 BMG 中 BL 是一个不明确的量的说法。相反，我们在图 10.18 中显示了每一对 TBOD 的贡献百分比。Zr-Be 和 Zr-Zr 的贡献最大，分别为 13.65% 和 15.74%，因为它们的原子数量最多，BO 值相对较强。这个图表考虑到了键的组合和强度的影响远比简单的原子组成或原子大小更有用。

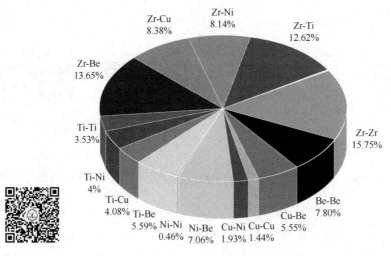

图 10.18　饼图显示了 Vitl 中所有原子对 TBOD 的贡献

　　上述结果强调了使用 AIMD 研究多组分 BMG（如 Vitl）的结构和性能的必要性。在密度泛函理论水平上对于 Vitl 中的电子结构和键合的计算是特别重要的，因为目前还没有这样的结果。在这样的体系中，使用 TBO、TBOD 和 PBOD 作为表征原子间键合的参数是非常可取的。在未来的工作中，使用具有不同成分的更大的模型可以促进系统地寻找具有优良特性的 BMG。需要足够的计算资源，但这并不是一个不可逾越的障碍[96-112]。

10.3　结论与未来展望

　　本章我们主要介绍了基于量子力学计算三大类玻璃的物理化学性能，特别重要的是引入了总键序密度（TBOD）的概念来表征玻璃的微观结构。TBOD 包含了许多玻璃特性，包括化学成分、体积、尺寸、密度、孔隙率、样品尺寸、内部缺陷、老化和溶剂效应等，其中许多特性需要复杂的仪器和严格的加工控制才能通过试验获得。可以说，通过第一原理计算与分子动力学计算模拟相结合，可以对试验室不容易得到的或者成本太高的东西发挥重要的补充作用。从头算模拟可以被认为是另一种类型的试验，其使用的仪器是复杂的计算包，现在快速增长的计算能力在未来几年内将走向超大规模。因此，在使用第一原理计算进行玻璃设计时，必须具有易于量化和理解的关键参数，而不是依靠大量的数据或图形形式的模拟数据，TBOD 恰好满足了这一要求。

　　在过去的半个世纪里，由于样品和加工方式的不同，许多关于测量特性的数据仍然存在巨大的差异。尽管硅酸盐玻璃仍然是主要成分，但将有选择地研究含有铝酸盐（Al_2O_3）、硼酸盐（B_2O_3）和磷酸盐（P_2O_5）的混合玻璃，从而导致更复杂的网络结构，包括表面建模和分级掺杂物浓度分布。例如，康宁公司开发的大猩猩玻璃，基本上是 Na 掺杂的氧化铝硅酸盐玻璃[113]，因其耐用性和表面灵敏度而精心设计用于手机外壳等特殊应用。

本章中没有讨论过的一类重要的无机玻璃是硫系玻璃。它们通常含有比硅酸盐玻璃重得多的元素，并具有不同类型的原子间键合，从而产生非常不同的结构、较小的带隙和一些迷人的特性。最常见的是第Ⅳ和第Ⅴ族元素之间的二元化合物，但也可以是除 O 以外的其他元素的多组分。它们不如硅酸盐玻璃研究得多，特别是在使用第一原理计算方面。硫系玻璃中的电子结构和原子间键合也与硅酸盐玻璃有很大差别，具有非常有趣的电子和光学特性[114]。硫系玻璃在红外玻璃光学器件方的发展中具有特殊的优势，有许多有前途的应用[115]。它们的物理特性，如高折射率、低声子能量和高的非线性，使其成为激光技术和其它特殊光学应用的理想选择。特别值得关注的是 $GeSe_2$ 晶体[116-117]和玻璃[118-120]。当与杂质如 Ag[121]或与其他硫系玻璃[122-123]混合时，可以通过控制成分来进行微调其性能，以达到理想状态。到目前为止，已经有大量的关于硫系玻璃的研究，但都局限于小尺寸[124-126]。我们正在使用 AIMD 将我们的第一原理计算延伸到硫系玻璃。

另一种更复杂的网络无机玻璃是磷酸盐基玻璃组。像硅酸盐玻璃一样，它们有许多结晶多晶型，包括羟基磷灰石，以及各种形式的二磷酸盐和多磷酸盐，有水分子和无水分子[127]。然而，无定形或玻璃相（生物活性玻璃）具有许多重要的实际应用，特别是在生物医学和健康相关领域[128-132]。生物玻璃的第一性原理计算更为重要，因为其具有复杂的多组分结构，并且需要考虑溶剂效应，这就排除了使用经典 MD 的可能性。许多此类计算都是用从头算分子动力学[133-134]或经典 MD 中的校准力场方法[135-136]进行的。生物活性玻璃远比上述描述的无机玻璃复杂，涉及许多与活体组织生理状况有关的关键问题，如溶剂效应、氢键、pH 值和 pK_a 指数等。在这方面，对涉及磷酸盐和其他成分（如 CaO_2 和 Na_2O 复合环境）的生物玻璃界面和原子间相互作用进行精确的量子力学计算是绝对必要的。我们已经朝着这个方向前进，首先研究了含有 P_2O_5 基团的焦磷酸盐晶体的复杂结构和性质[137]，并计划继续进行下一个具有挑战性的任务，用 AIMD 模拟大型生物玻璃模型。

对于金属玻璃，这是一种完全不同类型的玻璃，重点将放在更复杂的多组分玻璃或高熵合金上，在这种情况下，从头算模拟是唯一可行的方法，可以在组成空间的天文数字中提供信息。作者认为，我们必须超越对金属玻璃结构的严格的几何描述，并关注所有原子之间的原子尺度相互作用及其相关运动，以制定一个更稳健的、可预测的理论，并通过精心设计的试验进行测试[84,138]。特别是，金属玻璃的弹性和力学性能应与基于原子集体结键合的原子尺度理论更紧密地联系起来[74]。具有特殊高强度应用的金属玻璃复合合金存在巨大的优势，例如 SAM2X5-630 钢合金[139]。诚然，这是一个崇高的目标，需要很多年才能确定在这个方向上是否有可能取得实质性的进展。在类似于金属玻璃的相关系统中，是对熔盐的模拟，熔盐本质上是高于熔化温度的液体。熔盐是用作核反应堆冷却剂的氟化物，已在全球范围内开发和使用[140-141]。在下一代核反应堆技术中，开发反应堆容器中的特殊熔融盐及其腐蚀作用是最重要的。从头算建模肯定能发挥关键作用。目前可行的高温反应堆熔盐候选物包括 Li_2BeF_4（FLiBe）和具有优化混合比例的 $(LiF)_x(NaF)_y(KF)_z$（FLiNaK)的复杂三元混合结构[141-142]。

对于与金属有机框架有关的玻璃，目标是完全不同的，因为该主题仍处于早期发展阶段。主要目标是易于制造以实现大规模应用，特别是用作除二氧化碳或甲烷以外的不同气体分子的筛选材料[111,143]。在这方面，与不同类别的 MOF 晶体（其中一些具有非常大的单元格）的平行工作是必须的。另一个新兴的非晶有机材料领域是 COF[144-145]，这是 MOF 的一个主要延伸，其中包括普通的世俗材料，如织物。对于 MOF 和 COF 的结构来说，晶体和玻璃结构之间的界限变得模糊不清，而诸如孔隙率、密度和连通性等因素在其性能和应用方面起着更重要的作用。有机玻璃和绝缘玻璃之间的界面是另一个有前途的领域，有许多机会和不可预见的后果。其中一些材料在自然界中确实存在。

最后，上面简要提到的生物玻璃领域，其中溶剂效应发挥着关键作用，应积极进行研究。这包括将多肽、蛋白质和寡核苷酸等生物实体纳入玻璃系统，在原子水平上仍然缺乏基本的了解。例如，与基因组设计、病毒包装、氢键和基因突变有关的问题，在传统的玻璃研究中从未遇到过，是不可避免的。这将是计算材料科学的一片神奇土地。

习题

1. 非晶氧化硅玻璃模型有何结构特征？请简述如何构建该模型。
2. 锗酸盐玻璃模型与硅酸盐玻璃模型拓扑结构相似，其性质有何不同？
3. 如何构建非晶氧化硅玻璃与锗酸盐玻璃的混合模型？
4. 使用第一性原理计算金属玻璃有何困难？
5. 如何构建 Zr_xCu_{1-x} 周期性模型？

参考文献

[1] Baral K, Ching W Y. Electronic structures and physical properties of Na$_2$O doped silicate glass[J]. J. Appl. Phys,2017,121: 245103.

[2] Baral K, Li A, Ching W Y. Ab initio modeling of structure and properties of single and mixed alkali silicate glasses[J]. J. Phys. Chem. A, 2017,121: 7697-7708.

[3] Yu Y, Edén M. Structure-composition relationships of bioactive borophosphosilicate glasses probed by multinuclear ^{11}B, ^{29}Si, and ^{31}P solid state NMR[J]. RSC Advances 2016,6: 101288-101303.

[4] Tilocca A, Cormack A N, de Leeuw N H. The structure of bioactive silicate glasses: New insight from molecular dynamics simulations[J].Chem. Mater, 2017,19: 95-103.

[5] Zeidler A, Wezka K, Whittaker D A, et al. Density-driven structural transformations in B$_2$O$_3$ glass[J]. Phys. Rev. B,2014,90: 024206.

[6] Ching W Y. Microscopic calculation of localized electron states in an intrinsic glass[J]. Phys. Rev. Lett, 1981, 46: 607.

[7] Guttman L, Ching W Y, Rath J. Charge-density variation in a model of amorphous silicon[J]. Phys. Rev. Lett, 1980, 44: 1513.

[8] Huang M Z, Ching W Y. Electron states in a nearly ideal random-network model of amorphous SiO$_2$ glass[J]. Phys. Rev. B,1996, 54: 5299.

[9] Huang M Z, Ouyang L, Ching W Y. Electron and phonon states in an ideal continuous random network model of a-SiO$_2$ glass[J]. Phys. Rev. B,1999, 59: 3540.

[10] Li N, Ching W Y. Structural, electronic and optical properties of a large random network model of amorphous SiO$_2$ glass[J]. J. Non-Cryst. Solids, 2014, 383: 28-32.

[11] Li N, Sakidja R, Aryal S, et al. Densification of a continuous random network model of amorphous SiO$_2$ glass[J]. Phys. Chem. Chem. Phys, 2014, 16: 1500-1514.

[12] Wu M, Liang Y, Jiang J Z, et al. Structure and properties of dense silica glass[J]. Sci. Rep, 2012, 2: 398.

[13] Sato T, Funamori N. High-pressure structural transformation of SiO$_2$ glass up to 100 GPa[J]. Phys. Rev. B, 2010, 82: 184102.

[14] Zha C S, Hemley R J, Mao H K,et al. Acoustic velocities and refractive index of SiO$_2$ glass to 57.5 GPa by Brillouin scattering[J]. Phys. Rev. B, 1994, 50: 13105.

[15] Tarrio C, Schnatterly S E. Optical properties of silicon and its oxides[J]. J. Opt. Soc. Am. B, 1993, 10: 952-957.

[16] Walker B, Dharmawardhana C C, Dari N, et al. Electronic structure and optical properties of amorphous GeO$_2$ in comparison to amorphous SiO$_2$[J]. J. Non-Cryst. Solids, 2015, 428: 176-183.

[17] Weast R C, Astle M J, Beyer W H. CRC Handbook of Chemistry and Physics[J]. American Journal of the Medical Sciences, 1982,

257(6):423.

[18] Ching W Y, Rulis P. Electronic Structure Methods for Complex Materials: The Orthogonalized Linear Combination of Atomic Orbitals [M]. Oxford: Oxford Univ. Press, 2012.

[19] Dianov E M, Mashinsky V M. Germania-based core optical fibers[J]. J. Lightwave Technol, 2005, 23(11): 3500-3508.

[20] Pajasová L. Optical properties of GeO_2 in the ultraviolet region[J]. Czechoslov. J. Phys. B, 1969, 19: 1265-1270.

[21] Pajasová L, Chvostová D, Jastrabík L, et al. Optical properties of reactively sputtered GeO_2 in the vacuum ultraviolet region[J]. J. Non-Cryst. Solids, 1995, 182: 286-292.

[22] Trukhin A N. Luminescence of a self-trapped exciton in GeO_2 crystal[J]. Solid State Commun, 1993,85: 723-728.

[23] Baral K, Adhikari P, Ching W Y. Ab initio modeling of the electronic structures and physical properties of a-$Si_{1-x}Ge_xO_2$ glass ($x = 0$ to 1) [J]. J. Am. Ceram. Soc, 2016, 99: 3677-3684.

[24] Huang Y, Sarkar A, Schultz P. Relationship between composition, density and refractive index for germania silica glasses[J]. J. Non-Cryst. Solids, 1987, 27: 29-37.

[25] Ho C, Pita K, Ngo N, et al. Optical functions of $(x)GeO_2$:$(1-x)SiO_2$ films determined by multi-sample and multi-angle spectroscopic ellipsometry[J]. Opt. Express, 2005, 13: 1049-1054.

[26] Fleming J W. Dispersion in GeO_2-SiO_2 glasses[J]. Appl. Opt, 1984, 23: 4486-4493.

[27] Makishima A, Mackenzie J D. Calculation of bulk modulus, shear modulus and Poisson's ratio of glass[J]. J. Non-Cryst. Solids, 1975, 17: 147-157.

[28] Bridge B, Patel N, Waters D. On the elastic constants and structure of the pure inorganic oxide glasses[J]. Phys. Status Solidi (a),1983, 77: 655-668.

[29] Pugh S. XCII. Relations between the elastic moduli and the plastic properties of polycrystalline pure metals[J]. Lond. Edinb. Dublin Philos. Mag. J. Sci,1954, 45: 823-843.

[30] Duwez P, Willens R, Klement Jr W. Continuous series of metastable solid solutions in silver-copper alloys[J]. J. Appl. Phys,1960, 31: 1136-1137.

[31] Klement W, Willens R, Duwez P. Non-crystalline structure in solidified gold-silicon alloys[J]. Nature, 1960,187: 869-870.

[32] Chen H. Thermodynamic considerations on the formation and stability of metallic glasses[J]. Acta Metall, 1974, 22: 1505-1511.

[33] Kui H, Greer A L, Turnbull D. Formation of bulk metallic glass by fluxing[J]. Appl. Phys. Lett, 1984,45: 615-616.

[34] Ashby M F, Greer A L. Metallic glasses as structural materials[J]. Scr. Mater, 2006,54: 321-326.

[35] Telford M. The case for bulk metallic glass[J]. Mater. Today, 2004,7: 36-43.

[36] Greer A L. Metallic glasses[J]. Science, 1995, 267(5206): 1947-1953.

[37] Sheng H, Luo W, Alamgir F, et al. Atomic packing and short-to-medium-range order in metallic glasses[J]. Nature, 2006, 439: 419-425.

[38] Inoue A. Bulk amorphous and nanocrystalline alloys with high functional properties[J]. Mater. Sci. Eng A, 2001,304: 1-10.

[39] Wang W H, Dong C, Shek C. Bulk metallic glasses[J]. Mater. Sci. Eng. R. Rep, 2004,44: 45-89.

[40] Schroers J. Bulk metallic glasses[J]. Phys. Today, 2013,66: 32.

[41] Jaswal S S, Ching W Y, Sellmyer D J, et al. Electronic structure of metallic glasses: $CuZr_2$[J]. Solid State Commun, 1982,42: 247-249.

[42] Jaswal S S, Ching W Y. Electronic structure of $Cu_{60}Zr_{40}$ glass[J]. Phys. Rev. B, 1982,26: 1064.

[43] Jaswal S S, Ching W Y. Electronic structure of $Pd_{41}Zr_{59}$ glass[J]. J. Non-Cryst. Solids, 1984,61: 1273-1276.

[44] Ching W Y. Electronic structures of amorphous $Ni_{1-x}P_x$ glasses[J].Phys. Rev. B, 1986,34: 2080.

[45] Zhao G L,Ching W Y. Microscopic real-space approach to the theory of metallic glasses[J]. Phys. Rev. Lett, 1989,62: 2511.

[46] Ching W Y. Ching replies[J]. Phys. Rev. Lett, 1990,64: 1181.

[47] Ching W Y, Zhao G L, He Y. Theory of metallic glasses[J]. I . Electronic structures, Phys. Rev. B, 1990,42: 10878.

[48] Zhao G L, He Y, Ching W Y. Theory of metallic glasses. II . Transport and optical properties[J]. Phys. Rev. B, 1990,42: 10887.

[49] Ching W Y, Xu Y N. Electronic structure and Fe moment distribution in a-$Fe_{1-x}B_x$ glass by first-principles calculations[J]. J. Appl. Phys,1991,70: 6305-6307.

[50] Zhong X F, Ching W Y. First-principles calculation of orbital moment distribution in amorphous Fe[J]. J. Appl. Phys, 1994,75: 6834-6836.

[51] Egami T, Waseda Y. Atomic size effect on the formability of metallic glasses[J]. J. Non-Cryst. Solids, 1984,64: 113-134.

[52] Medvedev N N, Voloshin V P, Luchnikov V A, et al. An algorithm for three-dimensional Voronoi S-network[J]. J. Comput. Chem, 2006,27: 1676-1692.

[53] Kang K H, Park K W, Lee J C, et al. Correlation between plasticity and other materials properties of Cu-Zr bulk metallic glasses: An atomistic simulation study[J]. Acta Mater, 2011,59: 805-811.

[54] Park K W, Jang J I, Wakeda M, et al. Atomic packing density and its influence on the properties of Cu-Zr amorphous alloys[J]. Scr. Mater,2007, 57: 805-808.

[55] Lewandowski J J, Shazly M, Nouri A S. Intrinsic and extrinsic toughening of metallic glasses[J]. Scripta Materialia, 2006, 54(3):337-341.

[56] Wang C,Tu S, Yu Y, et al. Experimental investigation of phase equilibria in the Zr-Cu-Al system[J]. Intermetallics, 2012,31: 1-8.

[57] Yang H, Wang J, Li Y. Glass formation in the ternary Zr-Zr$_2$Cu-Zr$_2$Ni system[J]. J. Non-Cryst. Solids,2006, 352: 832-836.

[58] Oka Y, Tomozawa M. Effect of alkaline earth ion as an inhibitor to alkaline attack on silica glass[J]. J. Non-Cryst. Solids, 1980,42: 535-543.

[59] Bai X, Li J, Cui Y, et al. Formation and structure of Cu-Zr-Al ternary metallic glasses investigated by ion beam mixing and calculation[J]. J. Alloy. Compd, 2012,522: 35-38.

[60] Peng H, Li M, Wang W. Structural signature of plastic deformation in metallic glasses[J]. Phys. Rev. Lett, 2011,106: 135503.

[61] Antonowicz J, Pietnoczka A, Pękała K, et al. Local atomic order, electronic structure and electron transport properties of Cu-Zr metallic glasses[J]. J. Appl. Phys, 2014,115: 203714.

[62] Yang L, Guo G, Chen L, et al. Atomic-scale mechanisms of the glass-forming ability in metallic glasses[J]. Phys. Rev. Lett, 2012,109: 105502.

[63] Kumar G, Ohkubo T, Mukai T, et al. Plasticity and microstructure of Zr-Cu-Al bulk metallic glasses[J]. Scr. Mater,2007,57: 173-176.

[64] Yokoyama Y, Yamasaki T, Liaw P K, et al. Relations between the thermal and mechanical properties of cast Zr-TM-Al (TM: Cu, Ni, or Co) bulk glassy alloys[J]. Mater. Trans, 2007,48: 1846-1849.

[65] Cheng Y, Ma E, Sheng H. Atomic level structure in multicomponent bulk metallic glass[J]. Phys. Rev. Lett, 2009,102: 245501.

[66] Yokoyama Y, Tokunaga H, Yavari A R, et al. Tough hypoeutectic Zr-based bulk metallic glasses[J]. Metall. Mater. Trans. A,2011,42: 1468-1475.

[67] Hwang J, Melgarejo Z, Kalay Y, et al. Nanoscale structure and structural relaxation in Zr$_{50}$Cu$_{45}$Al$_5$ bulk metallic glass[J]. Phys. Rev. Lett, 2012,108: 195505.

[68] Bendert J, Gangopadhyay A, Mauro N, et al. Volume expansion measurements in metallic liquids and their relation to fragility and glass forming ability: An energy landscape interpretation[J]. Phys. Rev. Lett, 2012,109: 185901.

[69] Yang L, Ge T, Guo G, et al. Atomic and cluster level dense packing contributes to the high glass-forming ability in metallic glasses[J]. Intermetallics, 2013,34: 106-111.

[70] Li Y, Guo Q, Kalb J, et al. Matching glass-forming ability with the density of the amorphous phase[J]. Science, 2008,322: 1816-1819.

[71] Plimpton S, Crozier P, Thompson A. LAMMPS-large-scale atomic/molecular massively parallel simulator[J]. Sandia Natl. Laboratories, 2007,18: 43.

[72] Daw M S, Baskes M I. Embedded-atom method: Derivation and application to impurities, surfaces, and other defects in metals[J]. Phys. Rev. B, 1984,29: 6443.

[73] Kresse G, Jürgen H. Ab initio molecular dynamics for liquid metals[J]. Physical review, 1993, 47(1):558.

[74] Rouxel T, Yokoyama Y. Elastic properties and atomic bonding character in metallic glasses[J]. J. Appl. Phys,2015, 118: 044901.

[75] Wang X D, Aryal S, Zhong C, et al. Atomic picture of elastic deformation in a metallic glass[J]. Sci. Rep, 2015,5: 9184.

[76] Jiang Q, Liu P, Ma Y, et al.Super elastic strain limit in metallic glass films[J]. Sci. Rep, 2012,2: 852.

[77] Yao H, Ouyang L, Ching W Y. Ab initio calculation of elastic constants of ceramic crystals[J]. J. Am. Ceram. Soc, 2007,90: 3194-3204.

[78] Hill R. The elastic behaviour of a crystalline aggregate[J]. Proc. Phys. Soc. A, 1952,65: 349.

[79] Wang W H. Correlations between elastic moduli and properties in bulk metallic glasses[J]. J. Appl. Phys, 2006,99: 093506.

[80] Ching W Y, Rulis P, Ouyang L, et al. Theoretical study of the elasticity, mechanical behavior, electronic structure, interatomic bonding, and dielectric function of an intergranular glassy film model in prismatic β-Si$_3$N$_4$[J]. Phys. Rev. B, 2010,81: 214120.

[81] Aryal S, Rulis P, Ching W. Mechanism for amorphization of boron carbide B$_4$C under uniaxial compression[J]. Phys. Rev. B, 2011,84, 184112.

[82] Ching W Y, Rulis P, Misra A. Ab initio elastic properties and tensile strength of crystalline hydroxyapatite[J]. Acta Biomater, 2009,5: 3067-3075.

[83] Misra A, Ching W Y. Theoretical nonlinear response of complex single crystal under multi-axial tensile loading[J]. Sci. Rep, 2013,3: 1488.

[84] Antonowicz J, Pietnoczka A, Evangelakis G, et al. Atomic-level mechanism of elastic deformation in the Zr-Cu metallic glass[J]. Phys. Rev. B, 2016,93: 144115.

[85] Hunca B, Dharmawardhana C, Sakidja R, et al. Ab initio calculations of thermomechanical properties and electronic structure of vitreloy $Zr_{41.2}Ti_{13.8}Cu_{12.5}Ni_{10}Be_{22.5}$[J]. Phys. Rev. B,2016, 94: 144207.

[86] Peker A, Johnson W L. A highly processable metallic glass: $Zr_{41.2}Ti_{13.8}Cu_{12.5}Ni_{10.0}Be_{22.5}$[J]. Appl. Phys. Lett,1993, 63: 2342-2344.

[87] Wang W H. The elastic properties, elastic models and elastic perspectives of metallic glasses[J]. Prog. Mater. Sci, 2012,57: 487-656.

[88] Lu J, Ravichandran G, Johnson W L. Deformation behavior of the $Zr_{41.2}Ti_{13.8}Cu_{12.5}Ni_{10}Be_{22.5}$ bulk metallic glass over a wide range of strain-rates and temperatures[J]. Acta Mater,2003, 51: 3429-3443.

[89] Busch R, Kim Y, Johnson W. Thermodynamics and kinetics of the undercooled liquid and the glass transition of the $Zr_{41.2}Ti3_{8}Cu_{10.0}Ni_{10.0}Be_{22.5}$ alloy[J]. J. Appl. Phys, 1995,77: 4039-4043.

[90] Hui X, Fang H, Chen G, et al. Atomic structure of $Zr_{41.2}Ti_{13.8}Cu_{12.5}Ni_{10}Be_{22.5}$ bulk metallic glass alloy[J]. Acta Mater,2009, 57: 376-391.

[91] Blöchl P E. Projector augmented-wave method[J]. Phys. Rev. B, 1994,50: 17953.

[92] Perdew J P. Accurate density functional for the energy: Real-space cutoff of the gradient expansion for the exchange hole[J]. Phys. Rev. Lett, 1985,55: 1665-1668.

[93] Dharmawardhana C, Sakidja R, Aryal S, et al. In search of zero thermal expansion anisotropy in Mo_5Si_3 by strategic alloying[J]. J. Alloys Compd, 2015,620: 427-433.

[94] Dharmawardhana C, Sakidja R, Aryal S, et al. Temperature dependent mechanical properties of Mo-Si-B compounds via ab initio molecular dynamics[J]. APL Materials, 2013,1: 012106.

[95] Gerold U, Wiedenmann A, Bellissent R, et al. Local atomic correlations of bulk amorphous ZrTiCuNiBe alloys[J]. Nanostruct. Mater, 1999,12: 605-608.

[96] Adhikari P, Xiong M, Li N, et al. Structure and electronic properties of a continuous random network model of amorphous zeolitic imidazolate framework (a-ZIF) [J]. J. Phys. Chem. C, 2016,28: 15362-15368.

[97] Rao C, Cheetham A, Thirumurugan A. Hybrid inorganic-organic materials: A new family in condensed matter physics[J]. J. Phys. Condens. Matter,2008, 20: 083202.

[98] Férey G. Some suggested perspectives for multifunctional hybrid porous solids[J]. Dalton Trans,2009, 23: 4400-4415.

[99] Furukawa H, Cordova K E, O'Keeffe M, et al. The chemistry and applications of metal-organic frameworks[J]. Science, 2013,341: 1230444.

[100] Mondloch J E, Katz M J, Isley W C, et al. Destruction of chemical warfare agents using metal-organic frameworks[J]. Nature Mater,2015, 14: 512-516.

[101] Banerjee R, Phan A, Wang B, et al. High-throughput synthesis of zeolitic imidazolate frameworks and application to CO_2 capture[J]. Science, 2008,319: 939-943.

[102] Tran U P, Le K K, Phan N T. Expanding applications of metal-organic frameworks: Zeolite imidazolate framework ZIF-8 as an efficient heterogeneous catalyst for the Knoevenagel reaction[J]. ACS Catalysis, 2011,1: 120-127.

[103] Tian Y Q, Cai C X, Ren X M, et al. The silica-like extended polymorphism of cobalt (II) imidazolate three-dimensional frameworks: X-ray single-crystal structures and magnetic properties[J]. Chem. Eur. J, 2003, 9: 5673-5685.

[104] Liu S, Xiang Z, Hu Z, et al. Zeolitic imidazolate framework-8 as a luminescent material for the sensing of metal ions and small molecules[J]. J. Mater. Chem, 2011,21: 6649-6653.

[105] Bennett T D, Tan J C, Yue Y, et al. Hybrid glasses from strong and fragile metal-organic framework liquids[J]. Nat. Commun, 2015,6: 8079.

[106] Bennett T D, Yue Y, Li P, et al. Melt-quenched glasses of metal-organic frameworks[J]. J. Am. Chem. Soc, 2016,138: 3484-3492.

[107] Bennett T D, Goodwin A L, Dove M T, et al. Structure and properties of an amorphous metal-organic framework[J]. Phys. Rev. Lett, 2010, 104: 115503.

[108] Bennett T D, Simoncic P, Moggach S A, et al. Reversible pressure-induced amorphization of a zeolitic imidazolate framework (ZIF-4) [J]. Chem. Commun,2011, 47: 7983-7985.

[109] Bennett T D, Cao S, Tan J C, et al. Facile mechanosynthesis of amorphous zeolitic imidazolate frameworks[J]. J. Am. Chem. Soc, 2011,133: 14546-14549.

[110] Bennett T D, Cheetham A K. Amorphous metal-organic frameworks[J]. Acc. Chem. Res,2014, 47: 1555-1562.

[111] Gaillac R, Pullumbi P, Beyer K A, et al. Liquid metal-organic frameworks[J]. Nat. Mater, 2017,16: 1149.

[112] Blaha P K S, Schwarz K, Madsen G,et al. WIEN2k: An Augmented Plane Wave plus Local Orbitals Program for Calculating Crystal Properties[M]. Vienna: Techn. Universitat, 2019.

[113] Onbaşlı M, Adama Tandia, Mauro J. Adama Tandia, and John C. Mauro. Mechanical and compositional design of high-strength Corning Gorilla® Glass [J]. Handbook of materials modeling: applications: current and emerging materials, 2020: 1997-2019.

[114] Zakery A, Elliott S R. Optical Nonlinearities in Chalcogenide Glasses and Their Applications[J]. Springer Series in Optical Science, 2007, 135.

[115] Zhang X, Bureau B, Lucas P, et al. Glasses for seeing beyond visible[J]. Chem. Eur. J, 2008,14: 432-442.

[116] Fuentes-Cabrera M, Wang H, Sankey O F. Phase stability and pressure-induced semiconductor to metal transition in crystalline $GeSe_2$, J. Phys[J]. Condens. Matter,2002, 14: 9589.

[117] Grzechnik A, Stølen S, Bakken E, et al. Structural transformations in three-dimensional crystalline $GeSe_2$ at high pressures and high temperatures[J]. J. Solid State Chem, 2000, 150: 121-127.

[118] Guin J P, Rouxel T, Sanglebœuf J C, et al. Hardness, toughness, and scratchability of germanium-selenium chalcogenide glasses[J]. J. Am. Ceram. Soc, 2002, 85: 1545-1552.

[119] Mauro J C, Varshneya A K. Modeling of rigidity percolation and incipient plasticity in germanium-selenium glasses[J]. J. Am. Ceram. Soc, 2007, 90: 192-198.

[120] Wei W H, Wang R P, Shen X, et al. Correlation between structural and physical properties in Ge-Sb-Se glasses[J]. J. Phys. Chem. C, 2013, 117: 16571-16576.

[121] Fischer-Colbrie A, Bienenstock A, Fuoss P, et al. Structure and bonding in photodiffused amorphous $Ag-GeSe_2$ thin films[J]. Phys. Rev. B, 1988, 38: 12388.

[122] Yang G, Zhang X, Ren J, et al. Glass formation and properties of chalcogenides in a $GeSe_2-As_2Se_3-PbSe$ system[J]. J. Am. Ceram. Soc, 2007, 90: 1500-1503.

[123] Mao A, Aitken B, Sen S. Synthesis and physical properties of chalcogenide glasses in the system $BaSe-Ga_2Se_3-GeSe_2$, J. Non-Cryst[J]. Solids, 2013,369: 38-43.

[124] Durandurdu M, Drabold D. Simulation of pressure-induced polyamorphism in a chalcogenide glass $GeSe_2$[J]. Phys. Rev. B, 2002, 65: 104208.

[125] Holomb R, Mitsa V, Akyuz S, et al. New ring-like models and ab initio DFT study of the medium-range structures, energy and electronic properties of $GeSe_2$ glass[J]. Philos. Mag, 2013, 93: 2549-2562.

[126] Holomb R, Mitsa V, Akyuz S, et al. Ab initio and Raman study of medium range ordering in $GeSe_2$ glass[J]. J. Non-Cryst. Solids, 2013, 373: 51-56.

[127] Durif A. Crystal Chemistry of Condensed Phosphates[M]. Berlin: Springer Science & Business Media, 2013.

[128] Hench L. Biomaterials[J]. Science,1980, 208: 826-831.

[129] Allan I, Newman H, Wilson M. Antibacterial activity of particulate Bioglass® against supra- and subgingival bacteria[J]. Biomaterials, 2001, 22: 1683-1687.

[130] Hayem G. Tenology: A new frontier[J]. Joint Bone Spine, 2001, 68: 19-25.

[131] Kim B S, Mooney D J. Development of biocompatible synthetic extracellular matrices for tissue engineering[J]. Trends Biotechnol, 1998, 16: 224-230.

[132] Bitar M, Salih V, Mudera V, et al. Soluble phosphate glasses: In vitro studies using human cells of hard and soft tissue origin[J]. Biomaterials, 2004, 25: 2283-2292.

[133] Tang E, Di Tommaso D, De Leeuw N H. Hydrogen transfer and hydration properties of $H_nPO_4^{3-n}$ ($n=0\sim3$) in water studied by first principles molecular dynamics simulations[J]. J. Chem. Phys, 2009, 130: 234502.

[134] Tang E, Di Tommaso D, De Leeuw N H. An ab initio molecular dynamics study of bioactive phosphate glasses[J]. Adv. Eng. Mater,

2010,12: B331-B338.

[135] Tilocca A. Structural models of bioactive glasses from molecular dynamics simulations[J]. Proc. R. Soc. A, 2009, 465: 1003-1027.

[136] Martin R A, Mountjoy G, Newport R J. A molecular dynamics model of the atomic structure of dysprosium alumino-phosphate glass[J]. J. Phys. Condens. Matter, 2009, 21: 075102.

[137] Adhikari P, Khaoulaf R, Ez-Zahraouy H, et al. Complex interplay of interatomic bonding in a multi-component pyrophosphate crystal: $K_2Mg(H_2P_2O_7)_2 \cdot 2H_2O$ [J]. R. Soc. Open Sci, 2017, 4: 170982.

[138] Ma D, Stoica A, Wang X L, et al. Elastic moduli inheritance and the weakest link in bulk metallic glasses[J]. Phys. Rev. Lett, 2012, 108: 085501.

[139] Khanolkar G R, Rauls M B, Kelly J P, et al. Shock wave response of iron-based in situ metallic glass matrix composites[J]. Sci. Rep, 2016, 6: 22568.

[140] Lane J. Fluid Fuel Reactors [M]. Boston: Addison-Wesley, 1958.

[141] Roper R, Harkema M, Sabharwall P, et al. Molten salt for advanced energy applications: A review[J]. Annals of Nuclear Energy, 2022, 169: 108924.

[142] Williams D F, Toth L M, Clarno K T. Assessment of Candidate Molten Salt Coolants for the Advanced High Temperature Reactor (AHTR) [J]. Office of scientific & technical information technical reports, 2006.

[143] Cadiau A, Adil K, Bhatt P, et al. A metal-organic framework-based splitter for separating propylene from propane[J]. Science, 2016, 353: 137-140.

[144] El-Kaderi H M, Hunt J R, Mendoza-Cortés J L, et al. Designed synthesis of 3-D covalent organic frameworks[J]. Science, 2007, 316: 268-272.

[145] Liu Y, Ma Y, Zhao Y, et al. Weaving of organic threads into a crystalline covalent organic framework[J]. Science, 2016, 351: 365-369.